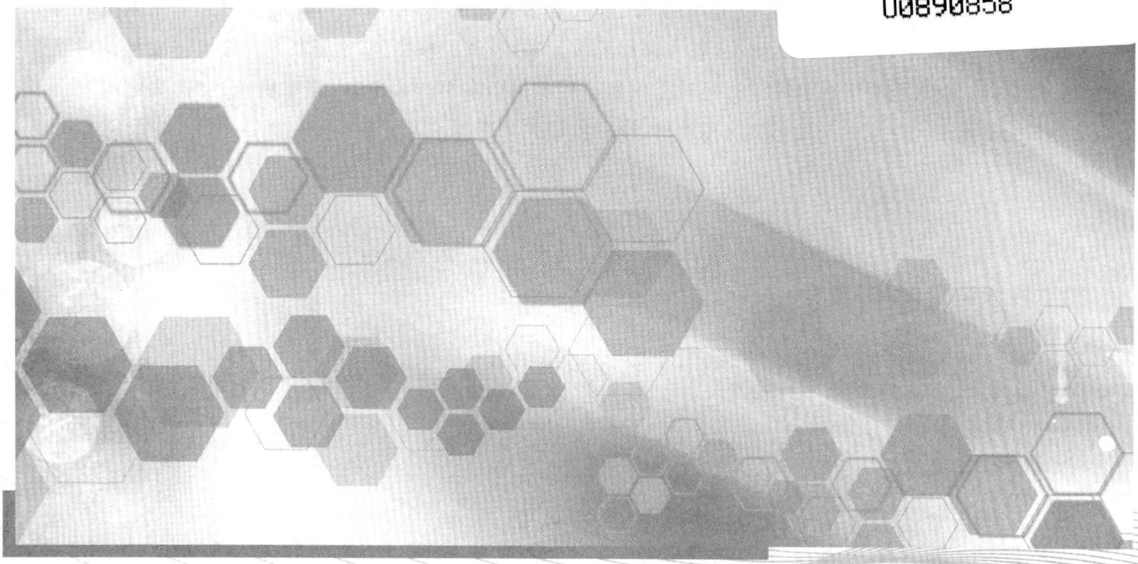

工程化学基础

编　　著：江苏大学化学化工学院大化部

主　　编：朱文帅　张锡凤　刘　辉

参编人员：（以姓氏笔画为序）

王爱健　王德萍　吴沛文　路桂芬

江苏大学出版社
JIANGSU UNIVERSITY PRESS
镇　江

内容提要

本书是根据高等院校理工类非化学化工类专业学生对化学学习的需求及特点编写而成，是集理论、应用、实验于一体的工程化学教改教材。全书共12章：前8章为理论部分，后4章为实验部分。本书在反映学科行业新知识、新技术、新成果的基础上，融入课程思政元素，强调工科特色，紧密联系当今迅速发展的材料、生命、信息、能源、环境等工程领域中的化学应用和工程实例。本书内容创新、富有特色，可作为高等院校理工类非化学化工类专业的工程化学课程教材，也可供相关工程技术人员参考使用。

图书在版编目(CIP)数据

工程化学基础 / 江苏大学化学化工学院大化部编著 ；朱文帅，张锡凤，刘辉主编. — 镇江 ：江苏大学出版社，2021.8(2025.1 重印)
ISBN 978-7-5684-1655-9

Ⅰ. ①工… Ⅱ. ①江… ②朱… ③张… ④刘… Ⅲ. ①工程化学－高等学校－教材 Ⅳ. ①TQ02

中国版本图书馆 CIP 数据核字(2021)第 163639 号

工程化学基础
Gongcheng Huaxue Jichu

编　　著/江苏大学化学化工学院大化部
主　　编/朱文帅　张锡凤　刘　辉
责任编辑/王　晶
出版发行/江苏大学出版社
地　　址/江苏省镇江市京口区学府路 301 号(邮编：212013)
电　　话/0511-84446464(传真)
网　　址/http://press.ujs.edu.cn
排　　版/镇江市江东印刷有限责任公司
印　　刷/江苏扬中印刷有限公司
开　　本/787 mm×1 092 mm　1/16
印　　张/20.75
字　　数/495 千字
版　　次/2021 年 8 月第 1 版
印　　次/2025 年 1 月第 5 次印刷
书　　号/ISBN 978-7-5684-1655-9
定　　价/58.00 元

前　言

随着大学化学教学改革的不断深入，根据当前科技和化学教学形式发展的需要，遵循教育部印发《高等学校课程思政建设指导纲要》中的明确要求，肩负起学生思想政治教育和创新创业教育的神圣使命，充分发掘运用课程蕴含的思想政治教育资源，明确课程育人目标，为适应高等院校理工类非化学专业本科生的大学化学课程的学习，编写了此《工程化学基础》教材。

本次编写将大学化学和大学化学实验两门课程的教学内容融为一体组成新教学体系，既体现实验教学教材的改革创新又满足新形势、新教学培养计划下课程压缩、学时数减少的现状。同时，根据《中国教育现代化 2035》《教育部关于深化本科教育教学改革　全面提高人才培养质量的意见》《教育部关于加快建设高水平本科教育全面提高人才培养能力的意见》等文件的要求，本书融入课程思政元素，强调工科特色，并紧密联系当今迅速发展的材料、生命、信息、能源、环境、国防等工程领域中的化学应用和工程实例，以培养德智体美劳全面发展的社会主义合格接班人为根本任务，以培养具有科学人文素养、创新精神、实践能力和国际视野的高级专门人才为基本要求。教材的编写体现如下特色：

通俗易懂、详略得当。本教材面向材料、生命、信息、能源、环境、军事、航空航天、交通运输等工程类及各类的物资流通、管理等专业学生。考虑到这些学生在高中阶段普遍只参加化学会考，基础较薄弱，因此本教材按原理、结构、实验三大板块优化重组，通俗易懂、详略得当，并设置大量的例题利于学生巩固所学知识。

合理定位实验内容。实验是化学学科的基本特征。本教材改革创新实验内容，既可使学生掌握坚实的理论基础，又提高学生的实验操作能力，还能培养学生的创新意识和应用能力。

体现工科化学教材特色。合理处理经典与现代、理论与实践、基础与前沿、深度与广度、知识与能力、继承与创新之间的关系，突出教材的社会性、实用性。自学能力是创新的基础能力之一。本教材各章节自成体系，便于教师合理删取，方便学生在有限课时数外进行自主学习。

突出工程应用。拓展的应用实例、设置的例题与习题等尽量与工程实践相结合，与环境、生产、生活相联系，强调工程应用中的化学思维，促使学生审视当今社会关注的环境污染、能源及资源危机、工程选材等问题。渗透工程意识，培养创新能力，努力体现工科化学教材的特色。

培养科学素养。注重科学思维方法的训练和科学伦理的教育。“化学给人以知识，化学史给人以智慧。”本教材融合相关化学家的名人轶事、化学发展史、历史逸闻等展现化学的亲和力，以增加学生对科学发现过程的了解，提高学生的学习兴趣，培养学生的科学思维和创新意识。引导学生树立正确的世界观、方法论及工程伦理观、绿色可持续发展观。注重强化工程伦理教育，培养精益求精的大国工匠精神，激发科技报国的家国情怀和使命担当。

远瞻学科前沿。引入前沿新知识，反映时代科技发展、学科行业新知识、新技术、新成果。

本书共12章，主要涉及化学热力学、化学动力学、化学平衡(酸碱解离平衡、沉淀溶解平衡、氧化还原平衡和配位平衡)、物质结构(原子结构、分子结构和配合物结构)、化学实验(基本知识、常用仪器、基本操作和实验内容)。

书中或附录引用数据主要录自 David R Lide, *CRC Handbook of Chemistry and Physics*, 97th ed., CRC Press, 2016－2017 及 James G. Speight, *Lange's Handbook of Chemistry* 16th, ed., McGraw-Hill, 2005。

参与本书编写的有张锡凤(第1,2,9章)，朱文帅(第3章)，刘辉(第4,11章)，王爱健(第6,7章)，王德萍(第5章)，路桂芬(第8章)，吴沛文(第10,12章)，附录由吴沛文校正。全书由张锡凤和刘辉统稿。

本书在编写过程中得到了化学化工学院有关领导和教师的大力支持。江苏大学出版社有关领导和编辑对本书的策划、编写和出版给予高度重视与指导。南京理工大学钟秦教授对本书的编写提出了很多建设性的意见及建议，并热诚为本书撰写了绪论。全体编写人员在此向他们表示衷心的感谢。

由于编者水平有限，恳请读者对本书的疏漏和不妥之处提出批评指正意见。

编 者

2021年7月

目　录

绪 论

化学始终都存在于人们的生命和活动之中，是人们认识物质世界、改造物质世界所必需的方法之一。随着科技进步，化学已经成为满足社会需要的中心科学，逐渐与生命科学、材料科学、环境科学、能源科学和信息学等众多学科相互交叉、渗透、融合并促进，成为国际上学科研究和产业化的新的增长点。

化学也是一门基础学科，是高等院校实施自然科学教育的基础，化学科学素养是高等教育中必不可少的一部分。基于化学科学与其他相关学科之间的融合和渗透，国内外的高等教育对化学教育是相当重视的。许多高等学校普遍开设化学方面的课程，作为公共必修课和选修课的重要内容，支撑相关学科专业建设国家一流专业，如“大学化学”“普通化学”“工程化学”“化学与环境”“化学与人类”等。重视理工科非化工类各专业的化学教育，业已受到社会各界有识之士的广泛认同。

材料、生命、信息、能源、环境、军事、航空航天、交通运输等工程类及物资流通、管理等专业在本科化学教育教学中属于第三大类。当今，第三大类的学生量多面广。在科学研究和工程实践中，第三大类的工程技术人员常常需要运用化学知识、化学的思维方法和化学的手段来解决问题。化学是各门工程技术之间的纽带，对培养基础厚、口径宽、能力强、素质高的具有创新意识和能力的人才具有重要的支撑作用。因此，第三大类化学教育教学的目的是适应学科融合、交叉和渗透背景下对复合型技术人才的需求，向学生传授工程化学基础知识，健全学生的知识结构体系，训练学生掌握专业工程实际应用中涉及的基础化学知识和实验操作技能，为学生未来工作中的发现、发明和创造夯实坚实的基础。

本教材针对第三大类化学教育教学，以社会需求为导向，深化国家工程教育认证理念，强化实验实践内容，不断完善化学基础理论与专业教育的融合，提高课程教学质量和对工科专业人才培养质量，对新工科建设具有重要的支撑作用。高等学校是培养社会主义建设者和接班人的主要阵地。本教材的教学内容注重突出工科特色、渗入思政元素，加强对学生思想价值观的引领，贯彻习近平总书记的系列讲话精神，尊重教育规律、教学规律和人才成长规律，落实好立德树人根本任务，把思想政治教育贯穿人才培养全过程和各个环节，培育“立大志、明大德、成大才、担大任”的“国之大者”。

一切学科的发展都是为人类和社会经济服务。当今，人类研究化学的根本目的，就是通过广泛研究物质的组成、结构、性质及变化规律，使之造福人类。化学作为自然科学中的核心基础学科，主要是在原子、分子或离子水平上研究和认识自然界，并创造自然界没有的新物质并研究其性质和应用。一般来说，自然科学的研究方法有实验方法、归纳演绎法、数学统计处理法、模型假设法等。虽然化学研究的对象与其他科学不尽相同，但这些研究方法在化学领域依然是适用的。例如，金属腐蚀是我们熟知的自然现象，通过实验研究和机理分析，可将金属腐蚀分为“化学腐蚀”和“电化学腐蚀”两类。基于腐蚀机理的差别，人们在施工和设计中，应尽量减少或避免金属腐蚀，这对增产节约、安全生产都有着十分重要的意义。再如在大规模工业化合成氨时为获得高产率，需综合考虑化学平衡、平衡移动、化学反应速率等多方面的因素来确定最适宜工艺条件。乙烯、甲醇和乙醇等加工过程大都需要催化剂，因此掌握催化基础理论，对于解决实际问题和生产过程中的节能减排具有重要意义。

本教材主要分为两大部分：

(1) 理论部分，主要包括化学热力学、化学动力学、化学平衡、物质结构、溶液与胶体、配位化合物等。

(2) 实验部分，主要包括化学实验基本操作、仪器使用、物质制备与性质、重要数据测定、综合性和设计性实验等，由此训练学生的实验技能和灵活运用知识的能力。

通过本课程的教学活动，可使学生掌握现代化学的基本知识和实验技能，了解化学科学与其他学科相互交叉、渗透和促进的鲜明特点，了解化学科学在工程技术、生活、社会等领域中发挥的重要作用。

关于如何学习“工程化学基础”这门课程，编者提出如下几点学习方法，供读者参考。

(1) 带着问题、理论联系实际进行学习。学习每一章时，要明确了解这一章的主要内容，注意把握：问题是如何提出的？通过什么方法解决了现实生活中的相关问题？采用什么定律、实验和理论来解释有关现象等问题，通过针对性的解决问题达到掌握本章节知识的目的。

(2) 重视预习。课前要进行必要的预习，对难以理解的内容和知识点做备注，以便上课时引起注意，再结合教师的针对性讲解而得到进一步理解和巩固。

(3) 注意相关知识点之间的联系。化学科学中的许多概念、公式和定律，在许多不同章节中都有一些关联。因此复习已经学过的内容，反复思考，是确保学习新内容、巩固新内容的有效手段。

(4) 注重练习。要培养和提高独立分析问题和解决问题的能力，就必须通过解题这一重要的学习环节来实现，同时提高对概念、公式和定律等的理解。重视各章节的例题和习题练习。

(5) 重视实验。实验是化学学科的基本特征。在实验中学习化学，是最有效和最重要的化学学习方法之一。实验前要做好预习，认真阅读实验教材和课程教材中有关实验的相关知识，了解实验原理、内容和步骤等，熟悉常见仪器的使用方法。实验过程中要严格按规范操作，仔细观察，认真记录实验现象，并对实验数据进行合理分析。通过该实践环节的练习，不仅能够培养和提高学生的实验操作技能，而且还能巩固理论知识。

南京理工大学教授、博导：
国家“万人计划”教学名师

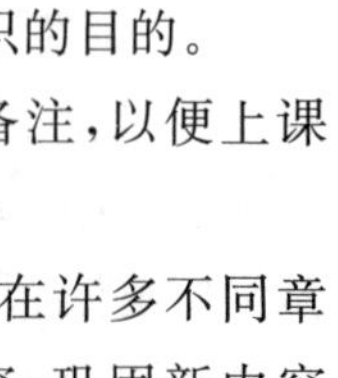

2021 年 6 月 20 日

第 1 章　化学热力学基础

热力学是 19 世纪发展起来的一门学科，主要研究热与功相互转化的规律。通过热力学研究，能预测物理过程与化学变化自发进行的方向，衡量其进行的限度，了解其伴随的能量变化，这些研究形成了化学热力学（chemical thermodynamics）。它是化学学科的一个重要分支，内容极其丰富。

本章主要介绍化学热力学的基本内容，即热力学第一定律、热力学第二定律和热力学第三定律等，并应用热力学数据说明一些化学现象。

1.1　基本概念

1.1.1　体系与环境

应用化学热力学进行研究和实验时，为了研究方便，常把被研究的对象从其他物质中划分出来。在化学热力学中被划定的研究对象称为体系（system），体系又称为系统；体系之外，并且与体系密切相关的部分称为环境（surroundings），环境又称为外界。

按照体系与环境之间有无物质交换和能量交换，可将体系分为三类：

（1）敞开体系（opened system）。该体系是指与环境之间既有物质交换又有能量交换的体系，又称开放体系。

（2）封闭体系（closed system）。该体系是指与环境之间没有物质交换，但可以有能量交换的体系。化学热力学主要研究封闭体系。本章以后提到的体系，如未特别说明，均指封闭体系。

（3）隔离体系（isolated system）。该体系是指与环境之间既无物质交换又无能量交换的体系，又称孤立体系。应当注意，真正的隔离体系是不存在的，热力学中有时把与体系有关的部分环境与体系合并在一起视为隔离体系。

以置于室温下的一满瓶热水为例。当瓶未加盖时热水是敞开体系，此时体系与环境之间既有物质交换（水的蒸发），又有能量交换（传热）。当瓶加上盖时热水则为封闭体系，此时体系与环境之间只有能量交换（传热），没有物质交换。当瓶加上隔热盖变为保温瓶时，则近似为隔离体系，此时体系与环境之间既无物质交换又无能量交换。

1.1.2 相与态

物质在一定的温度和压强条件下所处的相对稳定的状态是其聚集状态(state of aggregation),简称聚集态。自然界的物质通常有固态、液态和气态三种存在状态。物质的这三种状态在一定温度、压力条件下可以互相转化。在足够高的温度或辉光发电等条件下,气体分子会部分甚至几乎完全解离为原子,并进一步电离为带电的离子和自由电子,它们的电荷数相等、符号相反,物质呈现为等离子态(plasma state),即物质的第四态。此外,还有超固态和玻色-爱因斯坦凝聚态。

体系中任何物理性质与化学性质完全相同的均匀部分称为相(phase)。所谓均匀是指其分散度达到分子或离子大小的数量级。根据外界条件如温度、压力等,任一个相可以单独存在,也可以两个或三个相共存。相变是指物质体系不同相之间的相互转变。相与相之间有明确的界面,超过此相界面,一定有某些宏观性质(如密度、组成等)发生突变。相的存在和物质的量的多少无关,可以连续存在,也可以不连续存在。体系内只有一个相的为单相(均相)体系,具有两个或两个以上相的为多相(不均相)体系。

对于相的概念,需要分清几种情况。首先,一个相内不一定只含一种物质。例如,各种气体能以任何比例混合,所以体系内无论含有多少种气体一般总是形成一个相,称为气相;均匀的液体或溶液也是一个相,称为液相。其次,注意区别相和态。聚集状态下相同的物质在一起不一定是单相。例如,把油和水混在一起,虽然都是液体,但两者互不相溶,彼此之间存在明显的界面,故形成两相。几种不同成分的固体物质混合起来所得的体系是多相体系(固溶体的情况除外)。最后,同一种物质可形成多相体系。例如,冰水混合物体系具有两个相。

1.1.3 状态与状态函数

1. 状态

热力学认为,若已知某一体系中物质的化学成分、数量与形态,且体系的温度、压力与体积等都有确定的值时,则称该体系处于一定的状态(state)。状态是体系内各种性质的综合表现。

例如,理想气体 $n=1$ mol、$p=100$ kPa、$V=22.4$ dm^3、$T=273.15$ K,这就是一种状态。理想气体的状态就是 n,p,V,T 等性质的综合表现,它们之间存在 $pV=nRT$ 的函数关系,其中,R 为摩尔气体常数,n,p,V,T 均为变量。当状态性质都有确定的值时,体系就处于一个确定的热力学状态,而当其中某些性质发生变化时,体系的状态也发生变化。通常将体系变化前的状态称为始态(initial state),变化后的状态称为终态(final state)。

2. 状态函数

用来表征体系状态的物理量称为状态函数(state function)。状态函数的变化值用希腊字母 Δ 表示。例如,理想气体的始态为 p_1,V_1,T_1,终态为 p_2,V_2,T_2,则状态函数 p 的变化

值 $\Delta p=p_2-p_1$，V 的变化值 $\Delta V=V_2-V_1$，T 的变化值 $\Delta T=T_2-T_1$。

状态函数的一个最基本特征是体系的状态发生改变时，部分或全部状态函数的数值会改变，但是状态函数的变化值只取决于体系的始态和终态，而与体系变化的具体途径无关。

1.1.4 广度性质与强度性质

根据体系状态的宏观性质与体系物质的量之间的关系，体系性质可分为广度性质和强度性质两类。

1. 广度性质

广度性质(extensive property，或称容量性质)的数值与体系中物质的量成正比。将体系分割为若干部分时，体系的某一性质等于各部分该性质之和。体积、质量、热力学能、焓、熵等均为广度性质。

2. 强度性质

强度性质(intensive property)是体系本身的特性，其数值与体系中物质的量无关，不具有加和性。如分割为两部分的理想气体混合，该混合气体的温度绝不是混合前两部分气体的温度之和。温度、密度、浓度、黏度等均为强度性质。

一般而言，两个广度性质的比值是体系的强度性质。如密度＝质量/体积，其中，质量、体积均为广度性质，而密度则为强度性质。

1.1.5 过程和途径

体系的状态发生变化，从始态变到终态，体系经历了一个热力学过程，简称过程(process)。实现这个过程所经历的具体步骤，称为途径(path)。

常见的热力学过程可分为以下几类：

(1) 等压过程(isobaric process)。体系的始态和终态压力相等，这种过程是等压过程。

(2) 等温过程(isothermal process)。体系的始态和终态温度相等，这种过程是等温过程。

(3) 等容过程(isochoric process)。体系的始态和终态体积相同，这种过程是等容过程。

这三种过程称为简单状态变化过程，它是指体系的化学组成、物相不变，只是温度、压力或体积发生变化的过程。若这个过程中体系与环境不发生热交换，称为绝热过程(adiabatic process)。若体系从某一状态出发，经过一系列变化，最后又回到原来的状态，称为循环过程(cyclic process)。

应该指出，体系在一定的始态和终态之间完成状态变化的具体途径可能有无数条，但其状态函数的变化量总是相等的，与所经历的途径无关。

1.2 热力学第一定律

1.2.1 热与功

体系在发生状态变化的过程中与环境之间交换能量的形式有两种，即热（heat）和功（work）。

体系和环境之间因温度差而传递的能量称为热，用符号 Q 表示。热力学中以 Q 值的正、负号来表明热传递的方向。一般规定，当体系从环境吸热时 Q 为正值，即 $Q>0$；体系向环境放热时 Q 为负值，即 $Q<0$。除热以外，体系和环境之间以其他各种形式传递的能量统称为功，用符号 W 表示。规定环境对体系做功时 W 为正值，即 $W>0$；体系对环境做功时 W 为负值，即 $W<0$。热和功的单位均为能量单位，以 J 或 kJ 表示。

需要指出的是，体系在与环境交换能量时，体系的状态必定要发生变化，即体系必定要经历一个过程。没有过程就没有能量交换，亦没有热和功。因此，热和功不是状态函数，不可以用其来描述状态，体系在某一状态下有多少热和功的表述是毫无意义的。

热力学中将功分为体积功和非体积功两类。因体系的体积变化而与环境交换的功，称为体积功（膨胀功），用 $W_{体}$ 表示。除体积功之外的其他各种类型的功都属于非体积功（有用功），用 W' 表示。常见的非体积功有电功、机械功、表面功等。

化学反应通常只涉及体积功。若体系经历一个恒外压过程，则体积功为

$$W_{体} = -\int p_{外}\,\mathrm{d}V = -p_{外}(V_2 - V_1) = -p_{外}\Delta V \tag{1-1}$$

若体积变化 $\Delta V=0$，则 $W_{体}=0$。

1.2.2 热力学能

体系的热力学能（thermodynamic energy）是体系内部一切能量的总和，用符号 U 表示，单位为 J 或 kJ。热力学能包括体系内分子的动能（平动能、转动能、振动能），分子之间的相互作用能（分子的吸引能、排斥能、化学键能），分子内各种粒子（原子、原子核、电子等）的动能及相互作用能等。热力学能是描述体系状态的一个宏观物理量，是体系的广度性质，其值与物质的量成正比。

体系在一定状态下的热力学能具有唯一的确定值，但其绝对值目前尚无法求得。不过这并不影响应用热力学能解决实际问题。对热力学来说，重要的不是热力学能的绝对值，而是热力学能的变化值 ΔU（$\Delta U = U_{终态} - U_{始态}$）。在实际计算各种过程的能量转换关系时，涉及的正是热力学能的变化，具体的传递方式只有传热和做功两种。

理想气体是最简单的体系，可以认为理想气体的热力学能只是温度的函数，温度一定，则 U 一定，即 $\Delta T=0$，则 $\Delta U=0$。

1.2.3 热力学第一定律

从 17 世纪开始，人们幻想制造一种不需要消耗能量或只需要消耗很少能量就能连续不

断做功的机器(第一类永动机),但是无数人怎么努力都未能取得成功。因为这种机器违背了能量守恒和转化定律。

“自然界的一切物质都具有能量,能量有不同的形式,能够从一种形式转化为另一种形式,在转化的过程中,不生不灭,能量的总值不变。”这就是能量守恒及转化定律(law of energy conservation and transformation),是自然科学中最重要的一条普遍规律。

把能量守恒与转化定律应用于具体的热力学体系,就是热力学第一定律(first law of thermodynamics)。它指出,若封闭体系由始态1(热力学能为U_1)变化到终态2(热力学能为U_2),体系从环境吸热为Q,环境对体系做功为W,则体系热力学能的变化为

$$\Delta U=U_2-U_1=Q+W \tag{1-2}$$

式(1-2)就是封闭体系的热力学第一定律的数学表达式。不难看出,热力学第一定律的实质就是能量守恒,它指出热力学能、功和热之间可以相互发生转化,在转化过程中必须遵循能量守恒与转化定律。热力学第一定律是一个普遍规律,对具体事物还可以衍生出许多其他规律。

1.3 热化学

化学反应进行时,总是伴随着各种形式的能量变化,通常表现为放热或吸热。把热力学第一定律应用于化学反应,讨论和计算化学反应热量问题的学科称为热化学(thermochemistry)。将热力学第一定律用于描述化学反应的能量变化,可得到化学反应热效应的计算方法。

1.3.1 化学反应热效应

当生成物和反应物的温度相同时,化学反应过程中吸收或放出的热量称为化学反应的热效应(exothermal effect of chemical reaction),简称热效应(heat of reaction)或反应热(thermal effect)。热效应是重要的热力学数据,它是通过实验测定的,所用的主要仪器称为“热量计”(见图1-1)。根据不同的反应条件,热效应常分为等容热效应Q_V(定容反应热)和等压热效应Q_p(定压反应热)。

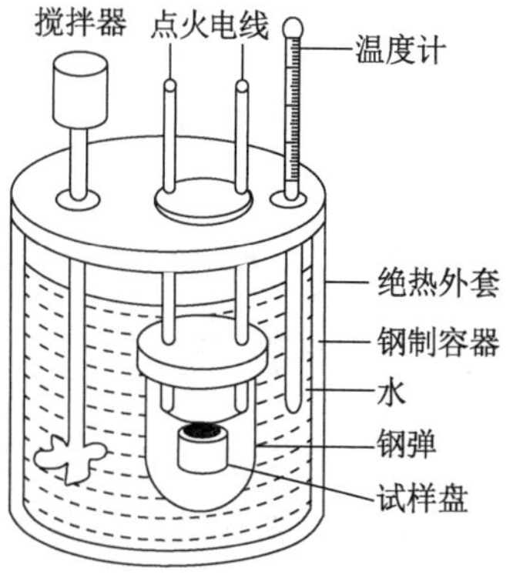

图1-1 热量计示意图

1. 等容热效应

在等温条件下,若体系发生的化学反应是在容积恒定的容器中进行,且为不做非体积功的过程,则该过程与环境之间交换的热量就是等容热效应。

等容过程中,因为$\Delta V=0$,根据式(1-1),体系的体积功$W=0$。根据式(1-2)可得

$$\Delta U=U_2-U_1=Q_V \tag{1-3}$$

式(1-3)表明,等容热效应Q_V在量值上等于热力学能的变化值,这是等容热效应的特点。前面提到,体系和环境间的热量交换不是状态函数,但在某些特定条件下,某一特定过程的热

量却可以是一个定值，该定值只取决于体系的始态和终态。因此，虽然热力学能 U 的绝对值无法求得，但可以通过测定体系状态变化的等容热效应 Q_V，得到热力学能的变化 ΔU。

2. 等压热效应

在等温条件下，若体系发生的化学反应是在恒定压力下（如敞口容器中）进行，且为不做非体积功的过程，则该过程与环境之间交换的热量就是等压热效应。

等压过程且不做非体积功的条件下，体系与环境之间交换的功 $W=-p\Delta V$，根据式(1-2)可得

$$\Delta U=Q_p-p\Delta V$$

移项后得

$$\begin{aligned} Q_p &= \Delta U+p\Delta V \\ &=(U_2-U_1)+p(V_2-V_1) \\ &=(U_2+pV_2)-(U_1+pV_1) \end{aligned} \tag{1-4}$$

由式(1-4)可见，Q_p就是终态的$(U+pV)$和始态的$(U+pV)$之差。由于 U，p，V 都是体系的状态函数，它们的复合函数当然也是体系的状态函数。因此，在热力学中，将$(U+pV)$定义为新的状态函数，称为焓(enthalpy)，用符号 H 表示，即

$$H\equiv U+pV \tag{1-5}$$

焓的单位与热力学能的单位一样，都是 J 或 kJ。由于热力学能的绝对值目前尚无法求得，因此，焓的绝对值也无法确定。但由式(1-4)和式(1-5)可知，当体系状态改变时，焓的改变量（即焓变）ΔH 如下：

$$\Delta H=H_2-H_1=(U_2+pV_2)-(U_1+pV_1)=Q_p \tag{1-6}$$

式(1-6)表明，在等压、不做非体积功的过程中，体系与环境所交换的热 Q_p 在数值上等于体系的焓变 ΔH。由于通常情况下反应在恒压条件下进行，所以常用焓变来表示反应的热效应。$\Delta H>0$，表示体系是吸热反应；$\Delta H<0$，表示体系是放热反应。

1.3.2 反应进度

化学反应方程式是根据质量守恒定律，用元素符号和化学式表示化学变化中质和量关系的式子。对于任一化学反应，其化学反应方程式可以写作

$$a\mathrm{A}+b\mathrm{B}=\!=\!=d\mathrm{D}+e\mathrm{E}$$

移项后表示为

$$0=-a\mathrm{A}-b\mathrm{B}+d\mathrm{D}+e\mathrm{E}$$

或

$$0=\nu_\mathrm{A}\mathrm{A}+\nu_\mathrm{B}\mathrm{B}+\nu_\mathrm{D}\mathrm{D}+\nu_\mathrm{E}\mathrm{E}$$

即

$$0=\sum_\mathrm{B}\nu_\mathrm{B}\mathrm{B} \tag{1-7}$$

式(1-7)为化学计量方程式的通式（任一反应的标准缩写法）。通式中，B 表示反应中任一物

质的化学式，$\sum_{B}$表示对参与反应的所有物质求和，ν_B为数字或简分数，称为物质B的化学计量数，量纲为1。根据反应式所描述的变化，反应物的化学计量数为负值，生成物的化学计量数为正值。

由于化学反应热量的变化与发生反应的物质的量有关，为了确切描述化学反应过程中体系热量的变化，国际纯粹与应用化学联合会(IUPAC)推荐使用比利时化学家唐德(T. de Donder)提出的“反应进度”(extent of reaction)的概念，用符号ξ表示。

反应进度的微分定义为

$$d\xi=\frac{dn_B}{\nu_B} \tag{1-8}$$

式(1-8)中，n_B为物质B的物质的量；ν_B为物质B的化学计量数；ξ的单位为mol。

若体系发生有限的化学反应，则

$$n_B(\xi)-n_B(\xi_0)=\nu_B(\xi-\xi_0)$$

式中，$n_B(\xi)$，$n_B(\xi_0)$分别代表反应进度为ξ和ξ_0时物质B的物质的量。对于化学反应，始态一般选反应未发生时，此时$\xi_0=0$，因此，

$$\Delta n_B=\nu_B\xi$$

即

$$\xi=\frac{\Delta n_B}{\nu_B} \tag{1-9}$$

随着反应的进行，反应进度逐渐增大。当反应进行到Δn_B的数值恰好等于ν_B值时，反应进度$\xi=1$ mol的反应即为摩尔反应或单位反应。后文的各热力学函数变化的计算中，都是以摩尔反应为计量基础的。

引入反应进度的最大优点是在反应进行到任意时刻时，可以用参加反应的任何一种反应物或生成物来表示反应进行的程度，所得到的数值总是相等的。

【例1-1】 将一定量的H_2和N_2放入反应器中进行合成NH_3的反应，一定时间后有2 mol NH_3生成，同时相应减少了3 mol H_2和1 mol N_2。

(1) 设合成氨反应式为$1.5H_2+0.5N_2 = NH_3$，试应用该反应式分别用NH_3，H_2，N_2计算反应进度ξ；

(2) 若将合成氨反应写为$3H_2+N_2 = 2NH_3$，试应用该反应式计算反应进度ξ。

解：(1) $\xi=\frac{\Delta n_{NH_3}}{\nu_{NH_3}}=\frac{2}{1}=2\text{ mol}$，$\xi=\frac{\Delta n_{H_2}}{\nu_{H_2}}=\frac{-3}{-1.5}=2\text{ mol}$，$\xi=\frac{\Delta n_{N_2}}{\nu_{N_2}}=\frac{-1}{-0.5}=2\text{ mol}$

(2) $\xi=\frac{\Delta n_{NH_3}}{\nu_{NH_3}}=\frac{2}{2}=1\text{ mol}$

由例1-1可知，对于同一化学反应方程式，不论选用哪种物质表示，反应进度均是相同的。但是，化学计量数与化学反应方程式的写法有关。对同一反应，反应方程式写法不同，ν_B就不同，ξ也就不同。反应进度是计算化学反应中质量和能量变化及反应速度时常用的物理量，应用此量时必须指明相应的化学反应计量方程式。

1.3.3 标准状态

虽然一些热力学函数(如 H,U 等)的绝对值无法确定,但在实际应用中只需要知道在反应或过程中它们的变化量(如 ΔH,ΔU 等)即可。因此,需要规定一个状态作为比较的标准,这就是热力学标准状态(standard state)。根据国际上的共识及我国的国家标准,规定标准状态是指在温度 T 及标准压力$p^{\ominus}$($p^{\ominus}=100$ kPa,过去曾规定 $p^{\ominus}=1$ atm$=101.325$ kPa)下的状态,简称标准态,用右上标"$\ominus$"表示。标准态的规定如下:

(1) 纯理想气体的标准态是气体处于标准压力 $p^{\ominus}$下的状态,混合理想气体中任一组分的标准态是该气体组分的分压为 $p^{\ominus}$时的状态。

(2) 纯液体或纯固体物质的标准态是标准压力 $p^{\ominus}$下的纯液体或纯固体。

(3) 溶液中溶质的标准态是标准压力 $p^{\ominus}$下溶质的浓度为 $c^{\ominus}$($c^{\ominus}=1$ mol · dm^{-3})的溶液,严格来说是质量摩尔浓度为 1 mol · kg^{-1}的理想溶液。

在实际工程中,绝对理想的标准态是不存在的,但标准态的规定提供了一个估算的依据。必须注意的是,标准态没有指定温度。处于 $p^{\ominus}$下的各种物质,如果改变温度就有很多个标准态。IUPAC 推荐选择 298.15 K 作为参考温度。

1.3.4 反应的标准摩尔焓变

对于某一化学反应的焓变,由于参与反应的物质的量及所处的状态不同,测得的 ΔH 值往往不同,为了便于比较和运算,定义反应的标准摩尔焓变。规定在某一温度下,反应体系中各物质处于标准态,按照相应的化学反应计量方程式,反应进度为 1 mol 时的焓变称为反应的标准摩尔焓变(standard molar enthalpy of reaction),以符号 $\Delta_r H_m^{\ominus}(T)$表示,单位为 kJ · mol^{-1}。符号中的上标"$\ominus$"表示标准态,下标"r"表示化学反应,下标"m"表示按给定反应方程式进行,反应进度为 1 mol。例如:

$$H_2(g)+0.5O_2(g)\xlongequal{}H_2O\,(l)\quad \Delta_r H_m^{\ominus}=-285.8\ \text{kJ}\cdot\text{mol}^{-1}$$

上式表示:标准态下,1 mol 纯态的 H_2(g)和 0.5 mol 纯态的 O_2(g)完全反应生成 1 mol H_2O(l)时体系放热 285.8 kJ。

1.3.5 热化学方程式

表示化学反应与热效应关系的方程式称为热化学方程式。例如:

$$C(\text{石墨})+O_2(g)\xlongequal{}CO_2(g)\quad Q_p=\Delta_r H_m^{\ominus}=-393.5\ \text{kJ}\cdot\text{mol}^{-1}$$

上式表示:在 298.15 K、标准态下,当反应进度 ξ 为 1 mol 时(即 1 mol 石墨与 1 mol 氧气反应生成 1 mol 二氧化碳气体),体系向环境放出 393.5 kJ 的热量。

由于反应热效应与许多因素有关,因此在书写热化学方程式时必须注意以下几点:

(1) 正确书写化学反应计量方程式。同一反应,以不同的化学反应计量方程式表示,其反应热效应的数值不同。例如:

$$2C(\text{石墨})+O_2(g)\xlongequal{}2CO(g)\quad Q_p=\Delta_r H_m^{\ominus}=-221\ \text{kJ}\cdot\text{mol}^{-1}$$

$$C(\text{石墨})+0.5O_2(g)\xlongequal{}CO(g)\quad Q_p=\Delta_r H_m^{\ominus}=-110.5\ \text{kJ}\cdot\text{mol}^{-1}$$

(2) 注明反应的温度和压力。若温度和压力分别是 298.15 K 和标准压力 $p^{\ominus}$，可略去不写，如 $\Delta_r H_m^{\ominus}$ 表示 $\Delta_r H_m^{\ominus}(298.15\ K, p^{\ominus})$。严格来说，反应温度对化学反应的焓变值是有影响的，但一般影响不大，如果无相变发生，通常计算可按 298.15 K 处理，即

$$\Delta_r H_m^{\ominus}(T) \approx \Delta_r H_m^{\ominus}(298.15\ K)$$

(3) 注明参与反应的各物质的聚集态。通常用 g，l，s 分别表示气态、液态、固态，用 aq 表示水合离子状态。如果固态物质有多种晶态，也要同时注明。

(4) 同一反应，正、逆反应的热效应绝对值相同，符号相反。例如：

$$CO(g) = C(石墨) + 0.5O_2(g) \quad Q_p = \Delta_r H_m^{\ominus} = 110.5\ kJ \cdot mol^{-1}$$

1.3.6 盖斯定律

1836 年，俄国化学家盖斯(Germain Henri Hess)在总结大量热化学实验数据的基础上，提出了“热效应总值一定定律”：恒压或恒容条件下的任一化学反应，不论是一步完成，还是分多步完成，其热效应都是相同的。这个定律也可表述为：任何一个化学反应，在不做其他功且处于恒压或恒容条件下时，化学反应热效应仅与反应的始态和终态有关，与反应经历的途径无关。1860 年该定律以热的加和性守恒定律形式发表，这就是著名的盖斯定律(Hess's law)，又称反应热加和定律。

盖斯定律是断定能量守恒的先驱，也是化学热力学的基础。当需要计算一个不能直接发生的反应的反应热时，可以利用分步法测定各步反应的反应热并加和起来间接求得，故盖斯常被称为热化学的奠基人。盖斯定律为热力学第一定律的建立奠定了坚实的基础，而在热力学第一定律建立后，它就成为热力学第一定律推论的必然结果。它在理论上的意义，在于它先于热力学第一定律，从化学运动与热运动相关联的角度，得出了能量转化及守恒的结论。

从热力学观点出发，化学反应的热效应只与始态和终态有关，而与变化过程的具体途径无关。由于 H 和 U 都是状态函数，只要给定始态和终态，则 ΔH 或 ΔU 必然有定值，与反应是一步完成还是分步完成无关。盖斯定律表明，热化学方程式可以像普通代数方程式一样进行加减运算。利用一些已知的热效应数据，可以计算出其他反应的热效应。尤其是对于反应速度太慢或反应程度不易控制而无法直接测量其热效应的化学反应，常可利用盖斯定律来进行计算。

【例 1-2】 已知：(1) $C(石墨) + O_2(g) = CO_2(g) \quad \Delta_r H_{m,1}^{\ominus} = -393.5\ kJ \cdot mol^{-1}$

(2) $CO(g) + 0.5O_2(g) = CO_2(g) \quad \Delta_r H_{m,2}^{\ominus} = -283.0\ kJ \cdot mol^{-1}$

计算反应(3) $C(石墨) + 0.5O_2(g) = CO(g)$ 的 $\Delta_r H_{m,3}^{\ominus}$。

解：方法一　可将 $C(石墨) + O_2(g)$ 作为始态，$CO_2(g)$ 作为终态。反应可一步完成，也可分两步完成，如下所示：

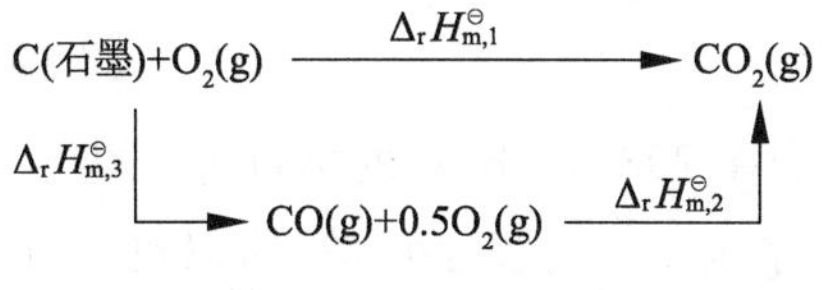

根据盖斯定律，有

$$\Delta_r H_{m,3}^{\ominus} + \Delta_r H_{m,2}^{\ominus} = \Delta_r H_{m,1}^{\ominus}$$

从而有

$$\begin{aligned}\Delta_r H_{m,3}^{\ominus} &= \Delta_r H_{m,1}^{\ominus} - \Delta_r H_{m,2}^{\ominus} \\ &= (-393.5)-(-283.0) \\ &= -110.5\ \text{kJ}\cdot\text{mol}^{-1}\end{aligned}$$

方法二　将题目中的热化学方程式看作普通代数方程式。可以发现，反应式(3)等于反应式(1)减去反应式(2)，即式(3)＝式(1)－式(2)。因此，可以利用热化学方程式进行代数运算求得相应的反应热，$\Delta_r H_{m,3}^{\ominus}=\Delta_r H_{m,1}^{\ominus}-\Delta_r H_{m,2}^{\ominus}$。算式如下：

$$\begin{array}{ll} \text{C(石墨)}+O_2(g) = CO_2(g) & \Delta_r H_{m,1}^{\ominus}=-393.5\ \text{kJ}\cdot\text{mol}^{-1} \\ -\ CO(g)+0.5O_2(g) = CO_2(g) & \Delta_r H_{m,2}^{\ominus}=-283.0\ \text{kJ}\cdot\text{mol}^{-1} \\ \hline \text{C(石墨)}+0.5O_2(g) = CO(g) & \Delta_r H_{m,3}^{\ominus}=-110.5\ \text{kJ}\cdot\text{mol}^{-1} \end{array}$$

从上例可知，若几个反应式之间存在一定的代数关系，根据盖斯定律，则相应的反应热效应之间也存在着相同的代数关系，即若反应式(1)、(2)、(3)之间存在代数关系：

$$a\times \text{反应式(1)}+b\times \text{反应式(2)}=c\times \text{反应式(3)}$$

则它们各自对应的 $\Delta_r H_{m,1}^{\ominus}$、$\Delta_r H_{m,2}^{\ominus}$ 和 $\Delta_r H_{m,3}^{\ominus}$ 存在如下关系：

$$a\times \Delta_r H_{m,1}^{\ominus}+b\times \Delta_r H_{m,2}^{\ominus}=c\times \Delta_r H_{m,3}^{\ominus} \tag{1-10}$$

即可用热化学方程式通过代数方法计算反应热。在计算时，相同的物质(状态也要相同)可合并、消去，物质可在等式两边移项，移项时要改变符号。

1.3.7 热化学基本数据与反应焓变的计算

1. 标准摩尔生成焓

标准摩尔生成焓为物质的相对焓值。规定在某一温度 T 及标准态下，由最稳定单质(磷除外)生成 1 mol 某纯物质 B 时反应的焓变称为物质 B 在温度 T 时的标准摩尔生成焓(standard molar enthalpy of formation)，又称为标准摩尔生成热(standard molar heat of formation)，用符号$\Delta_f H_m^{\ominus}$(B,相态,T)表示，单位为 kJ・mol^{-1}，下标"f"表示生成(formation)反应，T 通常为 298.15 K。如 $\Delta_f H_m^{\ominus}$($CaCO_3$，方解石，298.15 K)＝－1207.6 kJ・mol^{-1}。

定义中的最稳定单质通常是温度为 298.15 K 和标准压力 $p^{\ominus}$下单质的最稳定形态，如氢是 $H_2(g)$，氧是 $O_2(g)$，溴是 $Br_2(l)$，碳是石墨。但是，个别情况例外，如磷指定单质为白磷，而不是热力学上更稳定的红磷或黑磷。

对于水溶液中进行的离子反应，常涉及水合离子标准摩尔生成焓。水合离子标准摩尔生成焓是指在温度 T 及标准态下，由最稳定单质生成溶于大量水(形成无限稀薄溶液，用∞表示)的水合离子 B(aq)的标准摩尔焓变，其符号为$\Delta_f H_m^{\ominus}$(B,∞,aq,T)，T 通常也选定为 298.15 K。

最稳定单质和水合氢离子在 298.15 K 时的标准摩尔生成焓为零。因为从最稳定单质和水合氢离子生成其本身，体系根本没有发生反应，所以也没有热效应。

一些常见物质在温度为298.15 K时的$\Delta_f H_m^\ominus$均已被人们直接或间接测定出来。例如：

$$C(石墨)+0.5O_2(g)=\!=\!=CO(g) \quad \Delta_r H_m^\ominus=\Delta_f H_m^\ominus(CO,g,298.15\ K)=-110.5\ kJ\cdot mol^{-1}$$

可知CO(g)在298.15 K时的$\Delta_f H_m^\ominus$为$-110.5\ kJ\cdot mol^{-1}$。部分物质在298.15 K时的$\Delta_f H_m^\ominus$见附录5。

2. 标准摩尔燃烧焓

在某一温度T及标准态下，1 mol物质B完全燃烧(或完全氧化)生成标准态的产物的反应热效应称为该物质B的标准摩尔燃烧焓(或标准摩尔燃烧热)，用符号$\Delta_c H_m^\ominus$(B,相态，T)表示，单位为$kJ\cdot mol^{-1}$，下标"c"表示燃烧(combustion)。燃烧的物质可以是单质，也可以是化合物。所谓完全燃烧是指被燃烧反应物中的C，S，P，H，N等分别变为$CO_2(g)$，$SO_2(g)$，$P_2O_5(s)$，$H_2O(l)$和$N_2(g)$等，反应物中如含有金属原子，燃烧后则变成游离状态。由于反应物已完全燃烧(或氧化)，所以反应后的产物必不能再燃烧了。因此上述定义中暗含着"各燃烧反应中所有产物的燃烧焓都是0"。

一般的有机化合物难以直接从单质合成，其标准摩尔生成焓的数据无法或不易直接测定。但大多数有机化合物均可燃烧，其燃烧焓容易测得，可以利用燃烧焓来计算反应热。标准摩尔燃烧焓也是热化学的基本数据之一。

3. 标准摩尔焓变的计算

根据盖斯定律和物质的标准摩尔生成焓的定义，对于在指定温度和标准态下进行的任意化学反应：

$$aA+bB=\!=\!=dD+eE$$

只要已知各物质在此温度的$\Delta_f H_m^\ominus$，就可以根据$\Delta_f H_m^\ominus$计算出该反应的$\Delta_r H_m^\ominus$。这可由盖斯定律加以证明。以最稳定单质为始态，以D，E为终态，则由稳定单质生成D，E的反应可以一步完成，也可以分两步完成，如下所示：

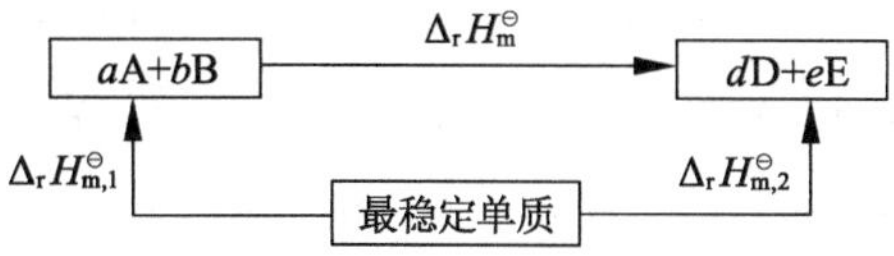

根据盖斯定律，有

$$\Delta_r H_{m,1}^\ominus+\Delta_r H_m^\ominus=\Delta_r H_{m,2}^\ominus$$

即

$$\Delta_r H_m^\ominus=\Delta_r H_{m,2}^\ominus-\Delta_r H_{m,1}^\ominus$$

式中，$\Delta_r H_m^\ominus$为任一温度T时反应的标准摩尔焓变；$\Delta_r H_{m,1}^\ominus$是在标准态下由最稳定单质生成a mol A和b mol B的总焓变；$\Delta_r H_{m,2}^\ominus$是在标准态下由最稳定单质生成d mol D和e mol E的总焓变。即

$$\Delta_r H_{m,1}^\ominus=a\Delta_f H_m^\ominus(A)+b\Delta_f H_m^\ominus(B)$$

$$\Delta_r H_{m,2}^\ominus=d\Delta_f H_m^\ominus(D)+e\Delta_f H_m^\ominus(E)$$

代入前面的公式，得

$$\Delta_r H_m^\ominus = [d\Delta_f H_m^\ominus(D) + e\Delta_f H_m^\ominus(E)] - [a\Delta_f H_m^\ominus(A) + b\Delta_f H_m^\ominus(B)]$$
$$= \nu_D \Delta_f H_m^\ominus(D) + \nu_E \Delta_f H_m^\ominus(E) + \nu_A \Delta_f H_m^\ominus(A) + \nu_B \Delta_f H_m^\ominus(B)$$

即

$$\Delta_r H_m^\ominus = \sum_B \nu_B \Delta_f H_m^\ominus(B, 相态, T) \tag{1-11}$$

式(1-11)为由标准摩尔生成焓计算反应焓变的公式。由式(1-11)可知，化学反应的标准摩尔焓变等于此反应中各物质的化学计量数与其标准摩尔生成焓的乘积之和。通过式(1-11)可以由有限的生成焓数据来计算成千上万种由这些物质参加的化学反应的热效应。

若体系的温度不是 298.15 K，反应的焓变会随温度的改变而有所变化，但一般影响不大，如果无相变发生，通常可按 298.15 K 处理，采用 $\Delta_r H_m^\ominus(T) \approx \Delta_r H_m^\ominus(298.15\ K)$。

【例 1-3】 计算下列反应在 298.15 K、标准态下的反应热。

$$Fe_2O_3(s) + 3CO(g) = 2Fe(s) + 3CO_2(g)$$

解：查附录 5 得到各物质的标准摩尔生成焓数据

	$Fe_2O_3(s)$	$+3CO(g)$	$=2Fe(s)$	$+3CO_2(g)$
$\Delta_f H_m^\ominus(298.15\ K)/(kJ \cdot mol^{-1})$	−824.2	−110.5	0	−393.5

$$\Delta_r H_m^\ominus(298.15\ K) = \sum_B \nu_B \Delta_f H_m^\ominus(B, 298.15\ K)$$
$$= [2\Delta_f H_m^\ominus(Fe, s) + 3\Delta_f H_m^\ominus(CO_2, g)] + [(-1) \times \Delta_f H_m^\ominus(Fe_2O_3, s) + (-3) \times \Delta_f H_m^\ominus(CO, g)]$$
$$= 2 \times 0 + 3 \times (-393.5) + (-1) \times (-824.2) + (-3) \times (-110.5)$$
$$= -24.8\ kJ \cdot mol^{-1}$$

【例 1-4】 金属铝粉和三氧化二铁的混合物(铝热剂)点火时，反应放出的大量热能使铁熔化，可应用于轨道焊接等高温户外作业。计算铝粉和三氧化二铁反应的 $\Delta_r H_m^\ominus(298.15\ K)$。

解：铝粉和三氧化二铁反应如下，查附录 5 得到各物质的标准摩尔生成焓数据

	$2Al(s)$	$+Fe_2O_3(s)$	$=Al_2O_3(s)$	$+2Fe(s)$
$\Delta_f H_m^\ominus(298.15\ K)/(kJ \cdot mol^{-1})$	0	−824.2	−1675.7	0

$$\Delta_r H_m^\ominus(298.15\ K) = \sum_B \nu_B \Delta_f H_m^\ominus(B, 298.15\ K)$$
$$= -1675.7 + (-1) \times (-824.2)$$
$$= -851.5\ kJ \cdot mol^{-1}$$

1.3.8 化学反应热的应用

营养学中通常用热值来表示各种食物提供热量的多少。规定 1g 食物完全氧化时的反应热为食物的热值。摄入机体的食物在体内需要多步反应、经历极其复杂的过程才能完全氧化。根据盖斯定律，食物在机体内的总反应热与其在体外一步完全氧化的反应热是相等的，因此可以利用有关热化学数据和盖斯定律来求得食物的热值。

【例 1-5】 葡萄糖在体内氧化供给能量的反应是最重要的生化反应之一，其完全氧化的

总反应为 $C_6H_{12}O_6(s)+6O_2(g)=\!=\!=6CO_2(g)+6H_2O(l)$。计算葡萄糖在 298.15 K、标准态下氧化反应的热效应。

解:查附录 5 得到各物质的标准摩尔生成焓数据

$$C_6H_{12}O_6(s)+6O_2(g)=\!=\!=6CO_2(g)+6H_2O(l)$$

$\Delta_f H_m^{\ominus}(298.15\ K)/(kJ\cdot mol^{-1})$ −1273.3 0 −393.5 −285.8

$$\begin{aligned}\Delta_r H_m^{\ominus}(298.15\ K)&=\sum_B \nu_B \Delta_f H_m^{\ominus}(B,298.15\ K)\\&=[6\times(-393.5)+6\times(-285.8)]+[(-1)\times(-1273.3)+(-6)\times 0]\\&=-2802.5\ kJ\cdot mol^{-1}\end{aligned}$$

计算结果表明,葡萄糖的氧化是强烈的放热反应。每摩尔葡萄糖氧化时可放出 2802.5 kJ 的热量。利用该数据可计算出葡萄糖的热值为 $-15.57\ kJ\cdot g^{-1}$。糖类、脂肪和蛋白质的平均热值分别为 $-17.15\ kJ\cdot g^{-1}$、$-38.91\ kJ\cdot g^{-1}$ 和 $-17.15\ kJ\cdot g^{-1}$。这些数值科学地表明了食物能给人体提供多少能量。各种食物的热量是营养学计算合理食谱的重要依据。

热化学在火箭推进技术上具有非常重要的作用,火箭推力的大小与燃料(燃烧剂和氧化剂)的热效应紧密相关。联氨(N_2H_4)又称肼,与氧或氧化物反应时放出大量的热,且燃烧速率极快,产物稳定无害,是理想的高能燃料。

【例 1-6】 计算反应 $2N_2H_4(l)+N_2O_4(g)=\!=\!=3N_2(g)+4H_2O(g)$的标准摩尔焓变。

解:查附录 5 得到各物质的标准摩尔生成焓数据

$$2N_2H_4(l)+N_2O_4(g)=\!=\!=3N_2(g)+4H_2O(g)$$

$\Delta_f H_m^{\ominus}(298.15\ K)/(kJ\cdot mol^{-1})$ 50.6 11.1 0 −241.8

$$\begin{aligned}\Delta_r H_m^{\ominus}(298.15\ K)&=\sum_B \nu_B \Delta_f H_m^{\ominus}(B,298.15\ K)\\&=4\times(-241.8)+[(-2)\times 50.6+(-1)\times 11.1]\\&=-1079.5\ kJ\cdot mol^{-1}\end{aligned}$$

若该反应热能完全转变为使 100 kg 重物垂直升高的势能,此重物可升高 1100 m。实际上,由于该反应的产物都为气体,更有利于推动火箭升空。

目前,火箭燃料有两种形式,一种是液态物质,另一种是固态物质。美国“大力神”号运载火箭采用液态 N_2H_4 作燃烧剂、气态 N_2O_4 作氧化剂,属于前者。我国新型四级全固体运载火箭——长征十一号运载火箭是中国运载火箭技术研究院研制的首枚固体运载火箭,属于后者。化学燃料可使火箭或飞船达到极限速度为数十 $km\cdot s^{-1}$ 的量级,时至今日,火箭用化学燃料已无潜力。要获得突破,必须采用核能原理的火箭燃料,如裂变燃料能使飞船达到极限速度为数千 $km\cdot s^{-1}$ 的量级。这在太阳系内层空间也许足够,但还远远满足不了恒星际旅行的需要,所以还需要探索聚变燃料如氘-氚混合燃料。然而即使穷尽氢聚变能,飞船也难以达到或超过十万 $km\cdot s^{-1}$ 的量级(相当于光速的 30%),仅能满足临近恒星的长周期探测需要。未来是否会有引力能燃料、反物质燃料、真空相变能燃料等能源呢?让我们拭目以待吧。

化学反应热也有有害的一面,如爆炸、温室效应等。一般以煤或燃油为燃料的热电厂,只有 1/3 的热量能转变为电能,而其余 2/3 的热量被冷却水吸收或排入大气而造成热污染。热污染使得水温升高、水中溶氧量减少,影响水生态环境。若能综合利用热能,则能化害为利。

集中供热是国家能源合理分配和利用的一项重要措施，可使热电厂的综合热效率达85%。

1.4 热力学第二定律和化学反应的方向

科学研究和生产实践中化学家极为关注化学反应进行的方向和限度问题。例如，汽车尾气中含有NO和CO，能否使两者相互反应生成无毒的N_2和CO_2？又如，能否模拟植物的固氮过程并使之工业化？应用热力学第一定律可以定量地解决反应过程中的能量转换问题，但对于化学反应进行的方向和限度问题就无能为力，要解决这类问题就需要应用热力学第二定律(second law of thermodynamics)。

1.4.1 自发过程与热力学第二定律

1. 自发过程

自然界中的任何变化都是有方向性和限度的。在一定条件下，体系不需要任何外力，自动从一个状态改变到另一个状态的过程为自发过程(spontaneous process)。自发过程在自然界中大量存在，可以是物理过程，也可以是化学过程(自发反应，spontaneous reaction)。例如，水能自发地从高处流向低处，直至高处的水流完或两处水位相同；高温物体能自发地把热传给低温物体，直至两物体的温度相同；铁在潮湿空气中会生锈。

自发过程具有以下三个特点：

(1) 自发过程有方向性。任何自发过程都具有不可逆性。所谓不可逆性，是指当体系经历一个自发过程发生某种变化后，它不会自动复原；要使体系复原，就必然会在环境中留下某种"痕迹"。非自发过程不是不能进行，而是不能自发进行。化学反应的方向就是指反应自发进行的方向。

(2) 自发过程通过一定装置可以做功。世界上规模最大的水电站——三峡水电站于2012年正式投产，其工作原理便是利用水位差发电，实现了孙中山先生百年之前提出的建设三峡工程的设想。

(3)自发过程只能进行到一定限度。这个限度就是平衡态。

很早以前，化学家们就致力于研究化学反应方向和限度的规律。汤姆森-贝特洛原理(Thomsen-Berthelot principle)是化学发展史上关于热力学方面的一个假设。1854年丹麦化学家汤姆森(Julius Thomsen)认为所有自发的化学反应都伴随着热的产生，1864年法国化学家贝特洛(Marcellin Berthelot)提出并强调自发的化学反应会朝着放出热量最多的方向进行。这一假设解释了一些自发过程或反应。从能量角度来看，放热反应体系能量下降，放出的热量越多，体系能量降得越低，反应越完全。也就是说，体系有趋于最低能量状态的倾向，称为最低能量原理。

然而，汤姆森-贝特洛原理在解释自发发生的吸热过程或反应及可逆反应方面遇到了困难。例如，273.15 K下，水可自动凝固成冰($\Delta H<0$)，但冰也可自发地融化为水($\Delta H>0$)。又如，在一定条件下NH_4Cl的溶解($NH_4Cl(s) = NH_4^+(aq) + Cl^-(aq)$，$\Delta_r H_m^\ominus = 14.0\ kJ \cdot mol^{-1}$)能自发进行。

美国理论物理学家吉布斯(Josiah Willard Gibbs)于1876年、德国生物物理学家亥姆霍兹(Hermann von Helmholtz)于1882年分别证实了化学反应并非趋于放出最大热量,而是趋于产生最大功,从而否定了汤姆森-贝特洛原理。

2. 热力学第二定律

人们对于自发过程进行了大量的研究,发现自发过程的内部都是有某种联系的,从某一个自发过程的不可逆性可知另一个自发过程的不可逆性。人们尝试用多种不同的表述和方法来描述或判断过程的性质,并赋予理论的解释,这便导致热力学第二定律的诞生。

热力学第二定律是人类长期实践经验的总结,有多种表述方式,常用的有克劳修斯表述和开尔文说法。

1850年,德国科学家鲁道夫·克劳修斯(Rudolf Clausius)提出:"不可能把热量从低温物体传到高温物体而不引起其他变化。"

1851年,英国科学家开尔文(William Thomson Lord Kelvin)提出:"不可能从单一热源取热,使之完全变为功而不引起其他变化。"

这两种说法都是指某一种自发过程的逆过程不能自动进行,它们是等效的。

开尔文说法后来被奥斯特瓦德(Friedrich Willhelm Ostward)表述为"第二类永动机是不可能造成的"。这里提到的第二类永动机是指从单一热源吸热使之完全变为功而不留下任何影响的机器,它不违反热力学第一定律,但违反热力学第二定律。

1.4.2 熵和热力学第三定律

1. 熵的概念

在探寻自发过程判据的研究中,人们发现许多自发的吸热变化有混乱程度增加的趋势。例如,在一杯水中滴入几滴墨水,过一段时间后墨水就会自发地扩散到整杯水中,这表明该过程能自发地向着混乱程度增加(有序变为无序)的方向进行,即这类体系有趋于最大混乱度(或无序度)的倾向。类似的例子如冰的融化、水的蒸发。

那么,如何定量描述体系自发变化与混乱度的关系?混乱度是与体系内物质的微观状态数密切相关的。热力学中用熵(entropy)来表达体系内微观粒子的混乱度,以符号 S 表示,单位为 $J\cdot K^{-1}$。1878年奥地利物理学家玻尔兹曼(Ludwig Edward Boltzmann)提出了微观状态数(Ω)与 S 之间的定量关系式(玻尔兹曼公式):$S=k\ln\Omega$,表明熵是体系混乱度的量度。体系的熵值越大则混乱度越大。体系的状态一定,其混乱度的大小就一定,相应地必有一个确定的熵值。因此,熵是一个状态函数。

2. 热力学第三定律和标准摩尔熵

体系内物质的微观粒子的混乱度与物质的聚集状态和温度等有关。当物质粒子的排列规则有序达到最高有序程度时,其微观状态数为1,此时熵值为0。20世纪初,人们根据一系列低温实验事实和推测，总结出“在绝对零度时，一切纯物质的完美晶体的熵值都等于零”，这就是热力学第三定律(third law of thermodynamics)。以此为基准，若知道某一物质从绝对零度到指定温度下的一些热化学数据如热容等，就可以确定此温度下该物质的熵值，这样求得的熵值称为规定熵(或绝对熵)。在温度 T 及标准态下，1 mol 某物质 B 的规定熵称为标准摩尔熵(standard molar entropy)，记作 $S_m^\ominus$(B,相态,T)，单位为 $J \cdot mol^{-1} \cdot K^{-1}$。显然，所有物质(包括单质)在 298.15 K 下的 $S_m^\ominus$(B,相态,298.15 K)均大于零。附录 5 中列出了一些物质在 298.15 K 时的标准摩尔熵。

物质的标准摩尔熵与聚集态、温度及其微观结构密切相关。通过对一些物质的标准摩尔熵进行比较和分析，可得出一般规律：同一物质在同一温度时，气态熵值最大，液态次之，固态最小；同一物质同一聚集态时，其熵值随温度的升高而增大；同一聚集态的混合物或溶液的熵值往往比相应的纯净物的熵值大；分子结构相似的物质，其熵值随相对分子质量的增大而增大。

3. 标准摩尔熵变的计算

利用 $S_m^\ominus$ 可以计算有关反应在标准态下反应进度为 1 mol 时的标准摩尔熵变 $\Delta_r S_m^\ominus$。

与反应的标准摩尔焓变的计算相似，对于任意化学反应，有

$$0 = \sum_B \nu_B B$$

在 298.15 K 下，反应的标准摩尔熵变的计算公式为

$$\Delta_r S_m^\ominus = \sum_B \nu_B S_m^\ominus(\text{B,相态,298.15 K}) \tag{1-12}$$

即反应的标准摩尔熵变等于此反应中各物质的化学计量数与其标准摩尔熵乘积的总和。

若体系的温度不是 298.15 K，反应的熵变会随温度的改变而有所变化，但一般影响不大，如果无相变发生，通常可按 298.15 K 处理，采用 $\Delta_r S_m^\ominus(T) \approx \Delta_r S_m^\ominus(298.15\ K)$。

【例 1-7】 计算反应 $6CO_2(g)+6H_2O(l) = C_6H_{12}O_6(s)+6O_2(g)$ 在标准态、298.15 K 下的 $\Delta_r S_m^\ominus$。

解：查附录 5 得到各物质的标准摩尔熵数据

	$6CO_2(g)$	$+6H_2O(l)$	$= C_6H_{12}O_6(s)$	$+6O_2(g)$
$S_m^\ominus(298.15\ K)/(J \cdot mol^{-1} \cdot K^{-1})$	213.8	70.0	228.0	205.2

$$\begin{aligned}\Delta_r S_m^\ominus &= \sum_B \nu_B S_m^\ominus(\text{B,相态,298.15 K})\\ &= [S_m^\ominus(C_6H_{12}O_6,s)+6S_m^\ominus(O_2,g)]+[(-6)\times S_m^\ominus(CO_2,g)+\\ &\quad (-6)\times S_m^\ominus(H_2O,l)]\\ &= (228.0+6\times 205.2)+[(-6)\times 213.8+(-6)\times 70.0]\\ &= -243.6\ J \cdot mol^{-1} \cdot K^{-1}\end{aligned}$$

【例 1-8】 $CaCO_3$ 热分解反应为 $CaCO_3(s) = CaO(s)+CO_2(g)$。计算反应在标准态、298.15 K 下的 $\Delta_r H_m^\ominus$ 和 $\Delta_r S_m^\ominus$，并初步分析反应的自发性。

解：查附录 5 得到各物质的标准摩尔生成焓和标准摩尔熵数据

$$CaCO_3(s) \xlongequal{} CaO(s) + CO_2(g)$$

$\Delta_f H_m^{\ominus}(298.15\ K)/(kJ \cdot mol^{-1})$　-1207.6　　-634.9　-393.5

$S_m^{\ominus}(298.15\ K)/(J \cdot mol^{-1} \cdot K^{-1})$　91.7　　38.1　　213.8

$$\begin{aligned}\Delta_r H_m^{\ominus}(298.15\ K) &= \sum_B \nu_B \Delta_f H_m^{\ominus}(B, 298.15\ K) \\ &= [(-634.9)+(-393.5)]+(-1)\times(-1207.6) \\ &= 179.2\ kJ \cdot mol^{-1}\end{aligned}$$

$$\begin{aligned}\Delta_r S_m^{\ominus}(298.15\ K) &= \sum_B \nu_B S_m^{\ominus}(B, 298.15\ K) \\ &= (38.1+213.8)+(-1)\times(91.7) \\ &= 160.2\ J \cdot mol^{-1} \cdot K^{-1}\end{aligned}$$

热分解 $CaCO_3$ 的 $\Delta_r H_m^{\ominus}(298.15\ K)>0$，说明反应为吸热反应，从最低能量原理来看，体系吸热不利于反应的自发进行。但反应的 $\Delta_r S_m^{\ominus}(298.15\ K)$ 为正值，从体系倾向于取得最大的混乱度来看，熵值增大，有利于反应的自发进行。那么，该反应是否自发进行呢？这需要进一步探讨。

在隔离体系中发生的自发进行的反应必然伴随着熵的增加，这是隔离体系中自发过程的热力学准则，称为熵增原理(the principle of the increase of entropy)。熵增原理也可以理解成“不可逆热力学过程中熵的微增量总是大于零”，这是热力学第二定律的另一种说法。

由于真正的隔离体系并不存在，给应用熵判据带来很大的局限性，为此人们又寻找新的化学反应自发进行的判据。热力学的研究结果表明，要准确判断反应的自发性，可借助于吉布斯函数。

1.4.3　吉布斯函数和化学反应的方向

1. 吉布斯函数

1876 年，吉布斯在总结了大量实验的基础上，把焓与熵归并在一起，同时考虑了温度因素，提出了一个新的热力学函数——吉布斯函数(Gibbs function)，或称为吉布斯自由能(Gibbs free energy)。吉布斯函数用符号 G 表示，定义为

$$G \equiv H - TS \tag{1-13}$$

它是用以判断一个封闭体系内是否发生自发过程的状态函数。吉布斯函数是一个广度量，具有加和性，其值和体系物质的量成正比，其单位为 J 或 kJ。

1882 年，亥姆霍兹总结吉布斯的理论，提出了综合焓变、熵变和温度三者关系的方程式

$$\Delta G = \Delta H - T\Delta S \tag{1-14}$$

式(1-14)称为吉布斯-亥姆霍兹方程式(简称 G－H 方程、吉布斯公式)，是化学热力学中最重要、最有用的公式之一。ΔG 是吉布斯函数变(或吉布斯自由能变)，它是封闭体系在等温、等压条件下能向环境做的最大有用功，用于判断化学反应的方向。

2. 化学反应方向的判据

吉布斯提出：在等温、等压的封闭体系内，体系不做非体积功的前提下，可以用 ΔG 来判

断反应的自发性。即

$$\begin{cases}\Delta G<0\text{，自发过程，化学反应可正向进行；}\\ \Delta G=0\text{，平衡状态；}\\ \Delta G>0\text{，非自发过程，化学反应可逆向进行。}\end{cases}$$

这表明，在不做非体积功和等温、等压条件下，任何自发反应总是朝着吉布斯函数值减小的方向进行。

由于温度 T 对 ΔH 和 ΔS 的影响基本可以忽略，因此，由式(1-14)可见，温度 T 对 ΔG 的影响非常显著。按 ΔH 和 ΔS 值的正、负及温度 T 对 ΔG 的影响，反应进行的方向可能出现以下四种情况，见表 1-1。

表 1-1　ΔH、ΔS 及 T 对反应自发性的影响

ΔH	ΔS	$\Delta G=\Delta H-T\Delta S$	(正)反应的自发性	反应实例
－	＋	－	自发(任意温度)	(1) $H_2(g)+Cl_2(g)$ ══ $2HCl(g)$
＋	－	＋	非自发(任意温度)	(2) $CO(g)$ ══ $C(s)+0.5O_2(g)$
－	－	$T>\frac{\Delta H}{\Delta S}$时，＋ $T<\frac{\Delta H}{\Delta S}$时，－	降低温度有利于反应自发进行	(3) $3H_2(g)+N_2(g)$ ══ $2NH_3(g)$
＋	＋	$T>\frac{\Delta H}{\Delta S}$时，－ $T<\frac{\Delta H}{\Delta S}$时，＋	升高温度有利于反应自发进行	(4) $CaCO_3(s)$ ══ $CaO(s)+CO_2(g)$

针对表 1-1 中(3)和(4)两类反应类型，温度对此类反应的自发性有决定性影响，存在一个自发进行的最低或最高温度，称为转变温度 T_c(此时 $\Delta G=0$)。

$$T_c=\frac{\Delta H}{\Delta S} \tag{1-15}$$

1.4.4　吉布斯函数变的计算

对于等温、等压条件下的化学反应，当反应进度 ξ 为 1 mol 时，其吉布斯函数变称为化学反应的摩尔吉布斯函数变($\Delta_r G_m$)。如果化学反应在温度 T 及标准态下进行，且反应进度 ξ 为1 mol 时，则式(1-14)可改写为

$$\Delta_r G_m^{\ominus}(T)=\Delta_r H_m^{\ominus}(T)-T\,\Delta_r S_m^{\ominus}(T) \tag{1-16}$$

式中，$\Delta_r G_m^{\ominus}(T)$是温度为 T 时反应的标准摩尔吉布斯函数变。

1. 298.15 K 时反应的标准摩尔吉布斯函数变的计算

与物质的焓相似，物质的吉布斯函数也采用相对值。规定在某一温度 T 及标准态下，由最稳定单质(磷除外)生成 1 mol 某纯物质 B 时反应的吉布斯函数变称为物质 B 的标准摩尔生成吉布斯函数(standard molar Gibbs function of formation)，以符号 $\Delta_f G_m^{\ominus}$(B，相态，T)来表示，单位为 kJ·mol^{-1}。最稳定单质和水合氢离子在 298.15 K 时的标准摩尔生成吉布斯

函数为零。298.15 K 时,一些单质、化合物的标准摩尔生成吉布斯函数的数据见附录 5。

298.15 K 时,反应的标准摩尔吉布斯函数变 $\Delta_r G_m^\ominus(298.15\ K)$ 的计算与反应的标准摩尔焓变的计算方法相似,其公式为

$$\Delta_r G_m^\ominus(298.15\ K) = \sum_B \nu_B \Delta_f G_m^\ominus(B, 相态, 298.15\ K) \tag{1-17}$$

【例 1-9】 计算反应 $4NH_3(g) + 5O_2(g) = 4NO(g) + 6H_2O(l)$ 在 298.15 K 下的 $\Delta_r G_m^\ominus$,并判断反应在此条件下能否自发进行。

解:查附录 5 得到各物质的标准摩尔生成吉布斯函数数据

	$4NH_3(g)$	$+5O_2(g)$	$=4NO(g)$	$+6H_2O(l)$
$\Delta_f G_m^\ominus(298.15\ K)/(kJ \cdot mol^{-1})$	−16.4	0	87.6	−237.1

$$\begin{aligned}\Delta_r G_m^\ominus(298.15\ K) &= \sum_B \nu_B \Delta_f G_m^\ominus(B, 相态, 298.15\ K) \\ &= [4\times 87.6 + 6\times(-237.1)] + [(-4)\times(-16.4) + (-5)\times 0] \\ &= -1006.6\ kJ \cdot mol^{-1}\end{aligned}$$

$\Delta_r G_m^\ominus(298.15\ K) < 0$,说明该反应正向自发进行。

除利用式(1-17)之外,也可利用吉布斯-亥姆霍兹方程式来计算反应在 298.15 K 下的标准摩尔吉布斯函数变。首先,利用体系中各物质的 $\Delta_f H_m^\ominus(298.15\ K)$ 和 $S_m^\ominus(298.15\ K)$ 数据,根据式(1-11)、式(1-12)分别计算出反应的 $\Delta_r H_m^\ominus(298.15\ K)$ 和 $\Delta_r S_m^\ominus(298.15\ K)$,再代入式(1-16)来计算 $\Delta_r G_m^\ominus(298.15\ K)$,即

$$\Delta_r G_m^\ominus(298.15\ K) = \Delta_r H_m^\ominus(298.15\ K) - 298.15\,\Delta_r S_m^\ominus(298.15\ K) \tag{1-18}$$

2. 其他温度时反应的标准摩尔吉布斯函数变的计算

对于指定的反应,$\Delta_r G_m^\ominus$ 只随温度变化,在一定温度下,$\Delta_r G_m^\ominus$ 是定值。如果无相变发生,则有

$$\Delta_r H_m^\ominus(T) \approx \Delta_r H_m^\ominus(298.15\ K) \qquad \Delta_r S_m^\ominus(T) \approx \Delta_r S_m^\ominus(298.15\ K)$$

因此,可以采用吉布斯-亥姆霍兹方程式近似估算温度 $T \neq 298.15$ K 时反应的标准摩尔吉布斯函数变 $\Delta_r G_m^\ominus(T)$,其计算公式如下:

$$\begin{aligned}\Delta_r G_m^\ominus(T) &= \Delta_r H_m^\ominus(T) - T\,\Delta_r S_m^\ominus(T) \\ &\approx \Delta_r H_m^\ominus(298.15\ K) - T\,\Delta_r S_m^\ominus(298.15\ K)\end{aligned} \tag{1-19}$$

由于 $\Delta_r H_m^\ominus$ 和 $\Delta_r G_m^\ominus$ 的常用单位为 $kJ \cdot mol^{-1}$,而 $\Delta_r S_m^\ominus$ 的常用单位为 $J \cdot mol^{-1} \cdot K^{-1}$,所以在使用式(1-16)、式(1-18)、式(1-19)进行计算时必须注意单位的统一。

【例 1-10】 $CaCO_3$ 热分解反应为 $CaCO_3(s) = CaO(s) + CO_2(g)$。

(1) 计算反应在温度为 1273 K 时的 $\Delta_r G_m^\ominus$,并判断 1273 K、标准态下该反应能否自发进行;

(2) 估算温度要达到多少才可使该反应在标准态下自发进行。

解:(1) 由【例 1-8】可知,$CaCO_3$ 热分解反应的 $\Delta_r H_m^\ominus(298.15\ K) = 179.2\ kJ \cdot mol^{-1}$,$\Delta_r S_m^\ominus(298.15\ K) = 160.2\ J \cdot mol^{-1} \cdot K^{-1}$,代入式(1-19)得

$$\Delta_r G_m^\ominus(1273\ K) \approx \Delta_r H_m^\ominus(298.15\ K) - 1273\,\Delta_r S_m^\ominus(298.15\ K)$$

$$=179.2-1273\times160.2\times10^{-3}=-24.7\ \text{kJ}\cdot\text{mol}^{-1}$$

$\Delta_r G_m^{\ominus}(1273\ \text{K})<0$，说明该反应在 1273 K、标准态下能自发进行。

(2) 要使反应自发进行，需使 $\Delta_r G_m^{\ominus}(T)<0$，而

$$\Delta_r G_m^{\ominus}(T)\approx\Delta_r H_m^{\ominus}(298.15\ \text{K})-T\Delta_r S_m^{\ominus}(298.15\ \text{K})$$

$$T_c\approx\frac{\Delta_r H_m^{\ominus}(298.15\ \text{K})}{\Delta_r S_m^{\ominus}(298.15\ \text{K})}=\frac{179.2}{160.2\times10^{-3}}=1118.60\ \text{K}$$

故此反应在标准态下，温度要高于 1118.60 K 才能自发进行。

3. 任意状态下反应的摩尔吉布斯函数变的计算

应用 $\Delta_r G_m^{\ominus}(T)$ 只能判断标准态下反应进行的方向。当等温、等压下的反应体系中有物质处于非标准态时，就必须用 $\Delta_r G_m(T)$ 来判断反应的方向。对于任一反应

$$a\text{A}+b\text{B}=\!=\!=d\text{D}+e\text{E}$$

根据热力学推导，反应的 ΔG 与 $\Delta G^{\ominus}$ 有如下关系式：

$$\Delta_r G_m(T)=\Delta_r G_m^{\ominus}(T)+RT\ln Q \tag{1-20}$$

式(1-20)称为化学反应等温方程式(chemical reaction isotherm)，此式即为著名的范特霍夫方程(Van't Hoff equation)。式中，Q 为反应商；R 为摩尔气体常数，$R=8.314\ \text{J}\cdot\text{mol}^{-1}\cdot\text{K}^{-1}$。

对于水溶液中的(离子)反应：

$$Q=\frac{[c(\text{D})/c^{\ominus}]^d\,[c(\text{E})/c^{\ominus}]^e}{[c(\text{A})/c^{\ominus}]^a\,[c(\text{B})/c^{\ominus}]^b}\ \text{或}\ Q=\prod_{\text{B}}\left(\frac{c_{\text{B}}}{c^{\ominus}}\right)^{\nu_{\text{B}}} \tag{1-21}$$

对于气体反应：

$$Q=\frac{[p(\text{D})/p^{\ominus}]^d\,[p(\text{E})/p^{\ominus}]^e}{[p(\text{A})/p^{\ominus}]^a\,[p(\text{B})/p^{\ominus}]^b}\ \text{或}\ Q=\prod_{\text{B}}\left(\frac{p_{\text{B}}}{p^{\ominus}}\right)^{\nu_{\text{B}}} \tag{1-22}$$

书写反应商 Q 的表达式时还要注意以下三点：

(1) 固态、液态纯物质或稀溶液中的溶剂(如水)不列入 Q 的表达式中。

(2) Q 的表达式及其值与反应方程式的写法有关，因此书写 Q 的表达式时必须指明反应方程式。

(3) 如果反应体系中的物质既有溶液中的溶质，又有气体物质，则在写反应商 Q 的表达式时，溶质 B 用 $(c_{\text{B}}/c^{\ominus})^{\nu_{\text{B}}}$，$c_{\text{B}}/c^{\ominus}$ 称为相对浓度；气体 B 用 $(p_{\text{B}}/p^{\ominus})^{\nu_{\text{B}}}$，$p_{\text{B}}/p^{\ominus}$ 称为相对分压。从反应商 Q 的表达式可知，当各物质均处于标准态时，$Q=1$。

式(1-20)给出了非标准态的摩尔吉布斯函数变 $\Delta_r G_m$ 与标准摩尔吉布斯函数变 $\Delta_r G_m^{\ominus}$ 及反应商 Q 之间的关系。如果已知 $\Delta_r G_m^{\ominus}$ 和 Q，就可利用该公式求出 $\Delta_r G_m$，从而可判断在相应的等温、等压条件下反应的方向。

【例 1-11】 已知空气压力 $p=100$ kPa，空气中所含 CO_2 的体积分数 $\varphi(CO_2)=0.030\%$。估算 $CaCO_3$ 热分解反应 $CaCO_3(s)=\!=\!=CaO(s)+CO_2(g)$ 在空气中能自发进行的温度。

解： 由【例 1-8】可知，$CaCO_3$ 热分解反应的 $\Delta_r H_m^{\ominus}(298.15\ \text{K})=179.2\ \text{kJ}\cdot\text{mol}^{-1}$，$\Delta_r S_m^{\ominus}(298.15\ \text{K})=160.2\ \text{J}\cdot\text{mol}^{-1}\cdot\text{K}^{-1}$，代入式(1-19)得

$$\Delta_r G_m^{\ominus}(T) \approx \Delta_r H_m^{\ominus}(298.15\ \text{K}) - T\Delta_r S_m^{\ominus}(298.15\ \text{K})$$
$$= 179.2 - T \times 160.2 \times 10^{-3}$$
$$p(CO_2) = p \times \varphi(CO_2) = 100 \times 0.030\% = 0.030\ \text{kPa}$$
$$Q = [p(CO_2)/p^{\ominus}]^1 = 0.030/100^1 = 3.0 \times 10^{-4}$$

$\Delta_r G_m(T) < 0$ 时反应可自发进行，而

$$\Delta_r G_m(T) = \Delta_r G_m^{\ominus}(T) + RT\ln Q \approx \Delta_r H_m^{\ominus}(298.15\ \text{K}) - T\Delta_r S_m^{\ominus}(298.15\ \text{K}) + RT\ln Q$$

则有

$$\Delta_r H_m^{\ominus}(298.15\ \text{K}) - T\Delta_r S_m^{\ominus}(298.15\ \text{K}) + RT\ln Q < 0$$
$$179.2 - T \times 160.2 \times 10^{-3} + 8.314 \times T \times 10^{-3} \times \ln(3.0 \times 10^{-4}) < 0$$
$$T > 787.20\ \text{K}$$

说明在空气中，当温度高于 787.20 K 时，该反应能自发进行。

1.5　化学反应的限度——化学平衡

利用吉布斯函数不仅可以判断反应的自发方向，而且可以判断化学反应的限度(the limit of chemical reaction)。因为自发反应具有明显的方向性，总是单向地趋向于平衡状态，所以化学平衡(chemical equilibrium)是化学反应进行的最大限度。研究化学平衡及其规律，可以帮助人们找到适当的反应条件，使化学反应朝着人们所需要的方向进行。

1.5.1　化学平衡和标准平衡常数

在同一条件下，既能向正方向进行又能向逆方向进行的反应称为可逆反应(reversible reaction)。如 $CO_2(g) + C(s) \rightleftharpoons 2CO(g)$，在方程式中用“$\rightleftharpoons$”表示可逆反应。在化学反应中，原则上所有的反应都有可逆性，可逆反应在密闭容器中不能正向进行到底，有些反应的逆反应倾向比较弱。

等温、等压下，当化学反应正向自发进行时，$\Delta_r G_m(T) < 0$，根据式(1-20)有

$$\Delta_r G_m^{\ominus}(T) + RT\ln Q < 0$$

对于指定的反应，$\Delta_r G_m^{\ominus}(T)$在一定温度下是定值。随着反应的进行，反应物的浓度(或分压)不断降低，生成物的浓度(或分压)不断升高，由反应商 Q 的表达式(1-21)或式(1-22)可知，Q 随着反应的进行不断增大，$\Delta_r G_m(T)$则随着 Q 的增大逐渐趋向于零。当 Q 增大到一定限度最终使 $\Delta_r G_m(T)$等于零时，反应就达到平衡，此时正逆两个反应的反应速度相等，各物质的浓度(或分压)不再发生变化，称为平衡浓度(或平衡分压)。此时有

$$\Delta_r G_m^{\ominus}(T) + RT\ln Q^{eq} = 0$$

式中，Q^{eq}是平衡时的反应商。令 $K^{\ominus} = Q^{eq}$，$K^{\ominus}$称为标准平衡常数(或热力学平衡常数)。故

$$\Delta_r G_m^{\ominus}(T) = -RT\ln K^{\ominus} \tag{1-23}$$

$$\ln K^{\ominus} = \frac{-\Delta_r G_m^{\ominus}(T)}{RT} \quad 或 \quad \lg K^{\ominus} = \frac{-\Delta_r G_m^{\ominus}(T)}{2.303RT} \tag{1-24}$$

$K^{\ominus}$仅是温度的函数，与反应开始时各物质浓度(或分压)的大小无关，$K^{\ominus}$的大小可以表示一

定条件下反应进行的程度。

因为 $K^{\ominus}=Q^{eq}$，所以 $K^{\ominus}$ 表达式的书写与 Q 表达式的书写相似，气体的平衡分压为平衡态的相对分压，溶质的平衡浓度为平衡态的相对浓度；反应式中的固态、液态纯物质或稀溶液中的溶剂（如水）不列入 $K^{\ominus}$ 的表达式中。另外，$K^{\ominus}$ 的表达式及其值与反应方程式的写法有关，因此讨论 $K^{\ominus}$ 时必须指明对应的反应方程式。

例如，对于反应

$$MnO_2(s)+4H^+(aq)+2Cl^-(aq) \rightleftharpoons Mn^{2+}(aq)+Cl_2(g)+2H_2O(l)$$

$$K^{\ominus}=\frac{\dfrac{c(Mn^{2+})}{c^{\ominus}}\cdot\dfrac{p(Cl_2)}{p^{\ominus}}}{\left[\dfrac{c(H^+)}{c^{\ominus}}\right]^4\cdot\left[\dfrac{c(Cl^-)}{c^{\ominus}}\right]^2}$$

再如，对于合成氨反应，其反应式可以写成：

(1) $N_2(g)+3H_2(g) \rightleftharpoons 2NH_3(g)$ $\qquad K_1^{\ominus}=\dfrac{\left[\dfrac{p(NH_3)}{p^{\ominus}}\right]^2}{\dfrac{p(N_2)}{p^{\ominus}}\cdot\left[\dfrac{p(H_2)}{p^{\ominus}}\right]^3}$

也可以写成：

(2) $0.5N_2(g)+1.5H_2(g) \rightleftharpoons NH_3(g)$ $\qquad K_2^{\ominus}=\dfrac{\dfrac{p(NH_3)}{p^{\ominus}}}{\left[\dfrac{p(N_2)}{p^{\ominus}}\right]^{0.5}\cdot\left[\dfrac{p(H_2)}{p^{\ominus}}\right]^{1.5}}$

显然，反应式(1)＝2×反应式(2)。如果其他条件相同，仅反应式的写法不同，则有 $K_1^{\ominus}=(K_2^{\ominus})^2$。

标准平衡常数 $K^{\ominus}$ 的量纲为 1。对于溶液中的（离子）反应，由于 $c^{\ominus}=1\ mol\cdot dm^{-3}$，而溶质浓度常用单位也为 $mol\cdot dm^{-3}$，因此在简化计算中，常常直接用平衡浓度代替平衡态的相对浓度代入标准平衡常数的数学表达式，本书以后章节中也都进行了如此简化。对于涉及气体的反应，由于 $p^{\ominus}=100\ kPa$，因此不得直接用平衡分压代替平衡态的相对分压进行相关计算。

标准平衡常数是化学反应体系处于平衡状态时的一种数量标志，它常常用来判断反应程度（或限度）、预测反应方向及计算平衡组成，等等。

【例 1-12】 实验测得 SO_2 氧化为 SO_3 的反应在 1000 K 下，各物质的平衡分压为 $p(SO_2)=27.2\ kPa$，$p(SO_3)=32.9\ kPa$，$p(O_2)=4.07\ kPa$，计算 1000 K 下反应的 $K^{\ominus}$。

解： 由于需要利用平衡常数表达式来计算 $K^{\ominus}$，故首先写出反应方程式，再列出平衡常数表达式。

$$2SO_2(g)+O_2(g) \rightleftharpoons 2SO_3(g)$$

$$K^{\ominus}=\frac{\left[\dfrac{p(SO_3)}{p^{\ominus}}\right]^2}{\left[\dfrac{p(SO_2)}{p^{\ominus}}\right]^2\cdot\dfrac{p(O_2)}{p^{\ominus}}}=\frac{\left(\dfrac{32.9}{100}\right)^2}{\left(\dfrac{27.2}{100}\right)^2\cdot\dfrac{4.07}{100}}=35.9$$

1.5.2 多重平衡规则

化学反应的平衡常数也可以利用多重平衡规则计算获得。如果某一反应可以由几个相同条件下的反应相加(或相减)得到,则这个反应的平衡常数就等于几个反应的平衡常数的乘积(或商),这种关系称为多重平衡规则(或综合平衡法则)。例如:

(1) $H_2(g)+0.5O_2(g) \rightleftharpoons H_2O(g)$ $\qquad K_1^\ominus=\dfrac{\dfrac{p(H_2O)}{p^\ominus}}{\dfrac{p(H_2)}{p^\ominus}\cdot\left[\dfrac{p(O_2)}{p^\ominus}\right]^{0.5}}$

(2) $CO_2(g) \rightleftharpoons CO(g)+0.5O_2(g)$ $\qquad K_2^\ominus=\dfrac{\dfrac{p(CO)}{p^\ominus}\cdot\left[\dfrac{p(O_2)}{p^\ominus}\right]^{0.5}}{\dfrac{p(CO_2)}{p^\ominus}}$

(3) $H_2(g)+CO_2(g) \rightleftharpoons H_2O(g)+CO(g)$ $\qquad K_3^\ominus=\dfrac{\dfrac{p(H_2O)}{p^\ominus}\cdot\dfrac{p(CO)}{p^\ominus}}{\dfrac{p(H_2)}{p^\ominus}\cdot\dfrac{p(CO_2)}{p^\ominus}}$

显然,各反应及其平衡常数之间存在关系:反应式(1)+反应式(2)=反应式(3),则 $K_3^\ominus=K_1^\ominus\times K_2^\ominus$;或者反应式(3)-反应式(1)=反应式(2),则 $K_2^\ominus=K_3^\ominus/K_1^\ominus$。

多重平衡规则在化学上比较重要,许多反应的平衡常数较难测定或不能从参考书中查得时,即可利用已知的有关反应的平衡常数计算出来,此时需注意这些反应的条件应该相同。这对于尝试设计某产品新的合成路线而又缺乏实验数据时是很有用的。

【例 1-13】 已知下列反应在 1123 K 下的平衡常数,

(1) $C(s)+CO_2(g) \rightleftharpoons 2CO(g)$ $\qquad K_1^\ominus=1.3\times10^{14}$

(2) $CO(g)+Cl_2(g) \rightleftharpoons COCl_2(g)$ $\qquad K_2^\ominus=6.0\times10^{-3}$

计算反应(3) $2COCl_2(g) \rightleftharpoons CO_2(g)+C(s)+2Cl_2(g)$ 在 1123 K 下的平衡常数。

解:转变反应式(1)、(2)的反应方向

(1)′ $2CO(g) \rightleftharpoons CO_2(g)+C(s)$ $\qquad K_1^{\ominus\prime}=\dfrac{1}{K_1^\ominus}$

(2)′ $COCl_2(g) \rightleftharpoons CO(g)+Cl_2(g)$ $\qquad K_2^{\ominus\prime}=\dfrac{1}{K_2^\ominus}$

因为反应式(3)=反应式(1)′+2×反应式(2)′,所以

$$K^\ominus=K_1^{\ominus\prime}\times(K_2^{\ominus\prime})^2=2.1\times10^{-10}$$

1.5.3 化学平衡移动

一切平衡都是相对的和暂时的。化学平衡也是在相对一定条件下的动态平衡,如果改变反应条件使得平衡被破坏($Q\neq K^\ominus$),反应将继续进行,直至在新的条件下重新达到新的平衡为止。这种因条件的改变使化学平衡从原来的平衡状态转变到新的平衡状态的过程,称为化学平衡移动。

化学平衡移动在工业生产中有着重要意义,如合成氨时加高压、移除产物都是利用平衡移动的原理。为使反应向有利于需要的方向移动,了解影响反应平衡移动的规律很重要。

对于某给定反应,一定温度 T 下,其 $K^\ominus$ 有确定的值。将式(1-23)代入式(1-20),可得

$$\Delta_r G_m(T)=-RT\ln K^\ominus+RT\ln Q=RT\ln(Q/K^\ominus) \tag{1-25}$$

由式(1-25)可知：

$$\begin{cases} Q<K^{\ominus}, \Delta_r G_m(T)<0, \text{正向反应自发进行，即平衡向生成产物的方向移动；} \\ Q>K^{\ominus}, \Delta_r G_m(T)>0, \text{逆向反应自发进行，即平衡向生成反应物的方向移动；} \\ Q=K^{\ominus}, \Delta_r G_m(T)=0, \text{反应达到平衡。} \end{cases}$$

以上就是根据 Q 和 $K^{\ominus}$ 的相对大小来判断(或预测)反应的方向和限度。

1. 浓度对化学平衡的影响

在化学反应达到平衡时，$Q=K^{\ominus}$。根据反应商 Q 的表达式(1-21)可知，此时若增大反应物浓度或减小生成物浓度，将使 $Q<K^{\ominus}$，从而使反应正向自发进行以增大 Q 值，直至 Q 增大到与 $K^{\ominus}$ 相等，反应体系重新达到平衡。这一过程称为平衡向正反应方向移动。反之，减小反应物浓度或增大生成物浓度将使平衡向逆反应方向移动。

2. 压力对化学平衡的影响

如果反应体系中不存在气体物质，压力对反应商 Q 基本没有影响，即压力对无气体参与的反应的平衡基本没有影响。

从式(1-22)可知，对于气体反应而言，气体反应物的分压越大、气体生成物的分压越小，则 Q 值越小；反之，气体反应物的分压越小、气体生成物的分压越大，则 Q 值越大。当反应达到平衡后，增大气体反应物的分压或减小气体生成物的分压将使平衡向正反应方向移动，减小气体反应物的分压或增大气体生成物的分压将使平衡向逆反应方向移动。

当通过减小体系的体积来增大体系的总压力时，则气体反应物和生成物的分压都要增大，而减小体系的总压力时，则气体反应物和生成物的分压都要减小。此时，总压力对平衡的影响与反应前后气体分子总数的变化有关。增大总压力将使平衡向气体分子总数减少的反应方向移动，减小总压力将使平衡向气体分子总数增多的反应方向移动。如果反应前后气体分子总数不变，则改变总压力对平衡无影响。

3. 温度对化学平衡的影响

平衡常数是温度的函数，温度对化学平衡的影响主要是改变平衡常数。由式(1-16)和式(1-23)可知

$$-RT\ln K^{\ominus}=\Delta_r G_m^{\ominus}=\Delta_r H_m^{\ominus}-T\Delta_r S_m^{\ominus}$$

整理可得

$$\ln K^{\ominus}=-\frac{\Delta_r H_m^{\ominus}}{RT}+\frac{\Delta_r S_m^{\ominus}}{R} \tag{1-26}$$

若体系温度变化不大(无相变发生)，可忽略温度对 $\Delta_r S_m^{\ominus}$ 与 $\Delta_r H_m^{\ominus}$ 的影响，有 $\Delta_r S_m^{\ominus}(T)\approx \Delta_r S_m^{\ominus}(298.15\ \text{K})$，$\Delta_r H_m^{\ominus}(T)\approx \Delta_r H_m^{\ominus}(298.15\ \text{K})$。由式(1-26)可知，$\ln K^{\ominus}$ 与 $1/T$ 呈线性关系。设在温度为 T_1 和 T_2 时反应的标准平衡常数分别为 $K_1^{\ominus}$ 和 $K_2^{\ominus}$，且 $T_2>T_1$，则有

$$\ln K_1^{\ominus}=-\frac{\Delta_r H_m^{\ominus}-T_1\Delta_r S_m^{\ominus}}{RT_1}=\frac{\Delta_r S_m^{\ominus}}{R}-\frac{\Delta_r H_m^{\ominus}}{RT_1}$$

$$\ln K_2^\ominus = -\frac{\Delta_r H_m^\ominus - T_2 \Delta_r S_m^\ominus}{RT_2} = \frac{\Delta_r S_m^\ominus}{R} - \frac{\Delta_r H_m^\ominus}{RT_2}$$

将以上两式相减，整理后可得

$$\ln \frac{K_2^\ominus}{K_1^\ominus} = \frac{\Delta_r H_m^\ominus}{R}\left(\frac{1}{T_1} - \frac{1}{T_2}\right)$$

或

$$\ln \frac{K_2^\ominus}{K_1^\ominus} = \frac{\Delta_r H_m^\ominus}{R}\left(\frac{T_2 - T_1}{T_1 T_2}\right) \tag{1-27}$$

可利用式(1-27)计算反应在不同温度下的标准平衡常数，使用公式时需注意摩尔气体常数 R 与 $\Delta_r H_m^\ominus$ 单位的统一。由式(1-27)可知，温度对平衡常数的影响与 $\Delta_r H_m^\ominus$ 的正负有关。若 $\Delta_r H_m^\ominus > 0$，即正向反应是吸热反应，升高温度使平衡常数增大，降低温度使平衡常数减小。假设在温度 T_1 时反应已达平衡，即有 $Q = K_1^\ominus < K_2^\ominus$，因而在升高温度至 T_2 时，反应继续正向自发进行，反应商 Q 不断增大，直至 $Q = K_2^\ominus$ 达到新的平衡。由此可见，提高反应温度将使平衡向吸热反应方向移动。同理，降低反应温度将使平衡向放热反应方向移动。

法国化学家勒・夏特列(Henri Louis Le Châtelier)在综合考虑浓度、压力和温度等因素对化学平衡影响的基础上，总结出一条关于平衡移动的普遍规律：当体系达到平衡后，若改变平衡体系的条件之一(如浓度、温度或压力等)，平衡就向着能减弱这个改变的方向移动。这条规律称为勒・夏特列原理，又称平衡移动原理。

勒・夏特列原理是一条普遍规律。它不仅适用于化学平衡体系，也适用于物理平衡体系。但必须强调的是，它只能应用于已达平衡的体系，而不适用于非平衡体系。

【例 1-14】 已知合成氨反应 $N_2 + 3H_2 \rightleftharpoons 2NH_3$，$\Delta_r H_m^\ominus(298.15\ K) = -91.8\ kJ \cdot mol^{-1}$，$K^\ominus(298.15\ K) = 5.58 \times 10^5$，计算 673.15 K 时的 $K^\ominus$。

解：将各数据代入 $\ln \dfrac{K_2^\ominus}{K_1^\ominus} = \dfrac{\Delta_r H_m^\ominus}{R}\left(\dfrac{T_2 - T_1}{T_1 T_2}\right)$

$$\ln \frac{K^\ominus(673.15\ K)}{5.58 \times 10^5} = \frac{-91.8}{8.314 \times 10^{-3}} \times \left(\frac{673.15 - 298.15}{298.15 \times 673.15}\right)$$

$$\ln K^\ominus(673.15\ K) = -7.399$$

$$K^\ominus(673.15\ K) = 6.11 \times 10^{-4}$$

合成氨反应是大众熟识的工业反应之一。从以上计算可以看出，合成氨反应从常温升高到 400 ℃，其平衡常数几乎相差了 10^9 倍。因此可推断，为了获得合成氨的高产率，从化学热力学考虑，需要尽可能低的温度。但还应当指出，温度低时反应速率太慢，不利于大规模工业化生产。因此，在实际生产中，常常需要综合考虑化学平衡、平衡移动、化学反应速率等多方面的因素，选择最适宜的条件。

1.6　能源

能源(energy source)亦称能量资源或能源资源，是一种呈多种形式且可以相互转换的能量的源泉，也是人类赖以生存的重要物质基础，是 21 世纪人类社会的三大支柱之一。能源的开发和有效利用程度及人均消费量是生产技术和生活水平的重要标志。未来国家命运取决于对能源的掌控。

从历史来看，人类对能源利用的每一次重大突破都伴随着科技的进步。根据所使用的主要能源，可以把人类发展史分为柴草时期、煤炭时期、石油时期和新能源时期。

根据不同的划分方式，能源可分为不同的类型，详见表 1-2。水能、石油和天然气是一次能源的核心，它们成为全球能源的基础。

能源危机和全球变暖是人类 21 世纪面临的两大严峻问题。2006 年，科学家首次提出了“地球生态超载日”的概念，即人类在该年度的资源消耗量超过了资源再生量的那一日。目前，人类正在过度使用自然资本，开发未来资源。人类消耗水、土壤和清洁空气等自然资源的速度比地球再生资源的速度快 1.75 倍。人类提前消耗完地球可再生资源定量的情况正变得越来越严重。20 世纪 70 年代，“超载日”一般是 11 月或 12 月。进入 21 世纪以来，“超载日”较 20 年前提前了两个月。2013 年超载日为 8 月 20 日，2016 年为 8 月 10 日，2019 年为 7 月 29 日。尽管受新冠疫情影响，2020 年超载日也仅仅推迟了 24 天，为 8 月 22 日，2021 年超载日将落在 7 月 29 日。

表 1-2 能源的分类

划分方式	Ⅰ	Ⅱ	Ⅲ
来源	来自地球外部天体的能源：太阳能、煤炭、石油、天然气、水能、风能、海洋能	地球本身蕴藏的能量：原子核能、地热能	地球和其他天体相互作用而产生的能量——潮汐能
基本形态	一次能源：水能、石油、天然气、煤炭、太阳能、风能、地热能、海洋能、生物质能、核能	二次能源：电力、煤气、汽油、柴油、焦炭、洁净煤、激光、沼气、蒸汽、各种石油制品	
性质	燃料型能源：煤炭、石油、天然气、泥炭、木材	非燃料型能源：水能、风能、地热能、海洋能	
是否造成环境污染	清洁型能源：水力、电力、太阳能、风能、核能	污染型能源：煤炭、石油	
使用类型	常规能源：煤炭、石油、天然气、水能	新型能源：太阳能、氢能、核能、地热能、海洋能、风能、生物质能、化学电源	
一次能源的属性	可再生能源：太阳能、风能、地热能、水能、海洋能、潮汐能、生物质能、核能	不可再生能源：煤炭、石油、天然气、油页岩、核燃料	

长期以来，全球已出现了严重的环境污染、气候异常和能源短缺等问题。能源工业在很大程度上依赖于化学过程，90%以上的能源消费依靠化学和化学工程技术。欲实现既保护环境又降低能源成本的目标，化学工业面临的一大难题是控制低品位燃料的化学反应、提高能源转化效率。大力开发和合理利用能源，特别是大力开发新能源，是人类必须关注的一个重大社会问题。如何实现清洁能源开发制备或对 CO_2 温室气体进行捕捉并转化成有效能源

成为21世纪的一大科学热点。

新能源大多数是再生能源，资源丰富、分布广阔，是未来的主要能源之一。具有重要战略意义的新能源包括太阳能、生物质能、核能、天然气水合物、氢能、燃料电池。美国、加拿大、日本、欧盟等都在积极开发如太阳能、风能、海洋能(包括潮汐能和波浪能)等可再生新能源，或者将注意力转向海底可燃冰(水合天然气)等新的化石能源。这些新能源如何在实际中去应用？新能源的发展究竟会是怎样的格局？这些问题将是人们在今后的很长一段时间里需要探索的。

1.6.1 太阳能

太阳能是太阳内部连续不断的核聚变反应过程产生的能量。狭义的太阳能仅限于太阳辐射能的光热、光电和光化学的直接转化。广义上的太阳能是地球上许多能量的来源，如风能、化学能、水的势能等。植物通过光合作用释放氧气、吸收二氧化碳，并把太阳能转变成化学能贮存在植物体内。煤炭、石油、天然气等化石燃料也是古代埋在地下的动植物经过漫长的地质年代演变形成的。此外，水能、风能等也都是由太阳能转换来的。

在几十亿年内，太阳能是取之不尽、用之不竭的健康能源。太阳能既是一次能源，又是可再生能源。它资源丰富，既可免费使用，又无须运输，对环境无任何污染，为人类创造了一种新的生活形态，使社会及人类进入一个节约能源、减少污染的时代。在化石燃料日趋减少的情况下，太阳能必将成为今后的替代能源主流，它的利用及储存对于解决未来能源危机及环境问题起着至关重要的作用。

利用光化学反应可以将太阳能转化为化学能。主要有以下方法：植物的光合作用、太阳能制氢(如光分解水制氢)、利用太阳能合成化学品和光电转化(光转化为电后电解制氢)。

将太阳能转化为电能是大规模利用太阳能的重要技术基础，世界各国都十分重视。发展到今天，太阳能电池产业已经成为一个重要的能源产业，已用于为人造卫星提供能源。

太阳能光热技术是指将太阳辐射能收集起来，通过与物质的相互作用转换成热能加以利用的技术。目前使用最多的太阳能收集装置主要有平板型集热器、真空管集热器、陶瓷太阳能集热器和聚焦集热器4种。

太阳能发电是一种新兴的可再生能源。利用太阳能发电的方式有多种，主要有光—热—电转换、光—电转换两种。太阳能发电具有布置简便及维护方便等特点，应用面较广，全球装机总容量已经开始追赶传统风力发电，但还存在成本高、转换效率低、时间局限性等问题。

虽然太阳能资源总量相当于现在人类所利用能源的一万多倍，但太阳能的能量密度低，而且它因地而异，因时而变，这是开发利用太阳能亟待解决的主要问题。

1.6.2 风能

风能是因地球表面大量空气流动做功而提供给人类的一种可利用的能量。人类利用风能的历史可以追溯到公元前。中国是世界上最早利用风能的国家之一。风能利用的主要形式有风力发电、风力泵水、风力助帆、风力制热。

风力发电在19世纪末就开始登上历史的舞台，在一百多年的发展中，一直在新能源领域中占有一席之地，由于它造价相对低廉，是各个国家争相发展的新能源首选。然而，随着大型风电场的不断增多，占用的土地也日益扩大，产生的社会矛盾日益突出，如何解决这一难题是社会的又一困扰。

1.6.3 核能

地球本身蕴藏的能量通常是指与地球内部的热能有关的能源和与原子核反应有关的能源。与原子核反应有关的能源正是核能。原子核的结构发生变化时能释放出大量的能量，称为原子核能，简称核能，俗称原子能。核能可通过核裂变、核聚变、核衰变三种核反应之一释放。

地球上蕴藏着数量可观的核能资源。如来自于地壳中储存的铀、钚等发生裂变反应时的核裂变能资源，以及海洋中贮藏的氘、氚、锂等发生聚变反应时的核聚变能资源。这些物质在发生原子核反应时释放出能量。

目前核能最大的用途是发电。核反应所放出的热量较燃烧化石燃料所放出的能量要高很多(相差约百万倍)。核能发电所使用的铀235纯度只有3%～4%，其余皆为无法产生核分裂的铀238。举例而言，核电厂每年要用掉80吨的核燃料，只要2个标准货柜就可以运载。如果换成燃煤，需要515万吨，每天要用20吨的大卡车运705车才够。如果使用天然气，需要143万吨，相当于每天用去20万桶家用瓦斯。此外，核能还可以用作其他类型的动力源、热源等。

据估计，世界上核裂变的主要燃料铀和钍的储量分别约为490万吨和275万吨。这些裂变燃料足可以用到聚变能时代。轻核聚变的燃料是氘和锂，1升海水能提取30毫克氘，在聚变反应中能产生约等于300升汽油燃烧的能量，即“1升海水约等于300升汽油”，地球上海水中有40多万亿吨氘，足够人类使用百亿年。地球上的锂储量有2000多亿吨，锂可用来制造氚，足够人类在聚变能时代使用。况且以目前世界能源消费的水平来计算，地球上能够用于核聚变的氘和氚的数量，可供人类使用上千亿年。核能是可持续发展的能源，是未来能源系统的支柱之一。有关能源专家认为，如果掌握了核聚变技术，那么人类将能从根本上解决能源问题。

1.6.4 生物质能

所有含有内在化学能的非化石有机物质都称为生物质。生物质能(又名生物能源)是利用生物质(例如植物等)作为燃料，通过气体收集、气化(化固体为气体)、燃烧和消化作用(只限湿润废物)等技术产生能源。从广义上讲，是直接或间接来源于太阳能，并以有机物形式存储的能量，是一种可再生、天然可用、富含能量、可替代化石燃料的含碳资源，其碳中性的特点将对减缓全球气候变化问题具有重要作用。

全球范围曾炒作可用玉米、小麦、食糖等粮食制造汽油等燃料来满足能源日益增长的需求。但是，经过了几十年的探索后，国内外许多专家都表示生物质能这种能源方式不能大力发展，它不但会抢夺人类赖以生存的土地资源，更会导致社会不健康发展。

1.6.5 反物质

常见物质的原子核是由质子和中子构成的，核外有电子。1930 年，我国科学家赵忠尧院士首先发现了带正电的电子，即反电子(正电子)。后来人们又发现了反质子、反中子。由反质子和反中子构成的物质称反物质。

人们对反物质情有独钟。因为正反物质相遇、湮灭后会释放巨大能量，而不留下任何渣滓，绝无环境污染问题。如果用 2 吨正、反物质，即可解决全世界一年的能量所需。

为探索反物质之谜，目前除在实验室制造反物质外，科学家还在自然界寻找反物质。科学家认为，约在 140 亿年前，宇宙诞生时产生了大体相等的物质与反物质(也有人认为物质多于反物质)。1997 年，哈萨克斯坦科学家提出在太阳系相反的一面存在着一个大小与质量和地球相同的星球，即反地球。1997 年，美国五个著名科学机构的天文学家宣布：他们利用先进的 γ-射线探测卫星发现在银河系上方约 3500 光年处有一个不断喷射反物质的反物质源。喷出的反物质在宇宙中形成了一个高达 2490 光年的“喷泉”。这是宇宙反物质研究领域的重大突破。1998 年 6 月，美国“发现号”航天飞船把 α 频谱仪(AMS)带到太空。美国、中国、俄罗斯等十多个国家的 37 个科研机构参与了探测宇宙中的反物质这一计划。整个探测器的机械结构的制造和实验中最关键的永磁铁的研制及环境实验由中国运载火箭研究院承担，中科院高能物理所承担了磁谱仪复合计数器的研制工作。2001 年 5 月 30 日诺贝尔奖获得者丁肇中在北京市科学技术协会做前沿物理科普报告时说：“也许宇宙中还存在一个由反物质组成的北京科协呢。”他说：“正如电子有正负之分一样，物质也有正反两种。但是，它们组成的世界是什么样的呢？”

2010 年 11 月 17 日，欧洲研究人员在科学史上首次成功“抓住”微量反物质。500 g 反物质的能量可超过世界上最大的氢弹。2011 年 5 月初，中国科学技术大学与美国科学家合作制造了迄今最重反物质粒子——反氦 4。2011 年 6 月 5 日欧洲核子研究中心的科研人员宣布已成功抓取反氢原子超过 15 min。同时在自然界也有“反物质”的能动能效——反应为反物质凝聚。

“反物质说”虽然只是科学上的一种假说，还有待证实，但反粒子等“负性物质”是确实存在的，而且现在又发现了反氘、反氢、反氦等一系列反物质。

目前，对反物质的利用尚有困难。因为反物质能量太大，无法与正物质“和平共处”。因此，研究降能技术已成为当今的努力方向。相信随着科学技术的不断发展和科学研究的不断深入，人们对反物质作用的认识一定会越来越深刻，反物质世界必将为人类做出应有的贡献。

拓展知识

能量守恒的基本思想，最初是由法国哲学家笛卡尔(René Descartes)在 1644 年出版的《哲学原理》(*Principiae Philosophiae*)一书中提出来的。他指出，宇宙中存在的运动的量是永远一样的，这就阐明了运动既不能创造也不能消灭的基本思想。19 世纪 40 年代，随着大机器工业和自然科学的发展，德国物理学家迈尔(Julius Robert Mayer)和生物物理学家亥姆霍兹(Hermann von Helmholtz)、英国物理学家焦耳(James Prescott Joule)等人，都通过各自的实验和计算发现了这一普遍规律，并精确测定了能量转化的定量关系“热功当量”。但由于他们受形而上学机械论的束缚，片面地用“力的守恒”来表述能量的守恒和转化。德国哲学家恩格斯(Friedrich von Engels)正确理解和评价了这一自然界的普遍规律。他对能量守恒和转化问题做了深刻而透彻的分析，指出应当把它叫作“能量守恒与转化定律”。能量守恒和转化定律的发现，使哲学上运动不灭原理及运动形式相互转化原理获得了自然科学的证据。正如恩格斯所说：“自然界中整个运动的统一，现在已经不再是哲学的论断，而是自然科学的事实了。”科学家们这种求真求实、严谨缜密又勇于批判和创造的科学精神，贯穿着为人类福祉而奋斗的信念，是人类精神文明中最宝贵的一部分。

1850 年，科学界公认能量守恒及转化定律是自然界的普遍规律之一，它与细胞学说、进化论一起被称为“19 世纪自然科学的三大发现”。能量守恒及转化定律是人类长期经验的总结，实践是检验真理的唯一标准，它不需要再用什么理论予以证明。迄今为止，还没有发现例外情况，这有力地证明了它的正确性。由于第一类永动机永远无法制造成功，反过来也就证明了能量守恒及转化定律的正确性。

在热力学发展史甚至化学发展史上做出最突出贡献的科学家是吉布斯。1873—1878 年间，他相继发表三篇论文，对经典热力学规律进行了系统总结，并用几个热力学函数来描述体系的状态，使化学变化和物理变化的描述更为方便和实用。特别是 1876 年他所提出的“相律”是描述物相变化和多相物系平衡条件的重要规律。此外，吉布斯提出了吉布斯自由能及化学势，完成了用热力学理论处理界面问题的开创性工作。吉布斯是一位孤独的学者，他专注于自己的科研事业，勤奋钻研，不慕虚荣，不为名利遮望眼。他的思想超越了所处的时代，难觅知音，但是他的成就不应该被忘记，也不能被忘记，他淡泊名利、潜心研究的奉献精神更值得推崇。皮埃尔·杜安(Pierre Duhem)认为“三部曲”是 19 世纪科学成就的顶峰，奥斯特瓦尔德(Friedrich Wilhelm Ostwald)认为“无论从形式还是内容上”吉布斯赋予了物理化学整整一百年，勒·夏特列认为吉布斯开辟了化学的全新领域，可以同拉瓦锡(Antoine Laurent Lavoisier)对化学的贡献相提并论。

1901 年，德国化学家哈伯(Fritz Haber)和同事开始了合成氨的实验研究。他们先是按照传统的方法使氢气和氮气在常温、常压下反应，后来又采取了高温加热的方法，实验均以失败告终。但是，这并没有使他们停止研究的脚步。此时，他们得知勒·夏特列在高温、高压条件下合成氨时爆炸的事故，受此启发，他们决定从加高压和选择高效催化剂入手，实验研究取得了很大进展。1904 年，哈伯开始研究合成氨的工业化生产，并于 1909 年获得成功。他还提出了“循环”的新概念，即将氨冷凝分离出来，而将未反应的氮和氢重新作为原料。哈伯成为第一个从空气中制造出氨的科学家。工业化生产氨使人类从此摆脱了依靠天然氮肥的被动局面，加速了世界农业的发展，带来了巨大的经济效益和社会效益。因此，哈伯获得 1918 年诺贝尔化学奖。一个看似简单的化学反应，在实现工业化过程中却经历诸多失败，见证了理论化学在实践成功道路上所发挥的重要指导作用。整个过程中哈伯并未固守陈规，而是注重科学思维方法，正确认识、分析问题，在实践中大胆创新、创造，探索未知、追求真知，展现了他在追求真理的过程中艰难求索、百折不回的精神，值得我们学习与借鉴。但是，哈伯又因一战中发明毒气并首开化学战违背了科学伦理而受到后人的谴责。

习题

1-1 某理想气体，经过恒压冷却、恒温膨胀、恒容升温后回到初始状态。过程中体系做功15 J，求此过程的 Q 和 ΔU。

1-2 体系由状态A变化到状态B，经途径Ⅰ时放热90 J，环境对体系做功40 J。试计算：

(1) 体系由状态A经途径Ⅱ变化到状态B，体系对环境做功60 J，Q 为多少？

(2) 体系经途径Ⅲ从状态B变化到状态A时，体系吸热50 J，则 W 为多少？

1-3 判断下列说法是否正确并说明理由。

(1) 混合物一定是多相体系，纯物质一定是单相体系。

(2) 稳定单质在298.15 K下的标准生成焓和标准熵均为零。

(3) 恒压下，$\Delta H = Q_p$ 及 $\Delta H = H_2 - H_1$，因为 H_2 和 H_1 均为状态函数，故 Q_p 也是状态函数。

(4) 恒温、恒压条件下进行的一个化学反应，$\Delta H = \Delta U + p\,\Delta V$，所以 ΔH 一定大于 ΔU。

(5) 自发进行的反应，其焓总是下降的。

(6) 因0 K下任何完整晶体物质的熵值均为零，故任何稳定单质的 $S_m^\ominus$(298.15 K)均大于零。

(7) 自发过程是自动进行的过程，非自发过程是不能进行的过程。

(8) 对于反应 $C_2H_4(g) + 3O_2(g) \rightleftharpoons 2H_2O(l) + 2CO_2(g)$，当减小容器容积以增大总压力时，对其化学平衡体系并无影响。

1-4 已知在298.15 K时，有下列反应：

(1) $2H_2(g) + O_2(g) \xlongequal{} 2H_2O(l)$　$\Delta_r H_m^\ominus = -571.6\ kJ \cdot mol^{-1}$

(2) C(石墨) $+ O_2(g) \xlongequal{} CO_2(g)$　$\Delta_r H_m^\ominus = -393.5\ kJ \cdot mol^{-1}$

(3) $C_6H_{12}O_6(s) + 6O_2(g) \xlongequal{} 6CO_2(g) + 6H_2O(l)$　$\Delta_r H_m^\ominus = -2802.5\ kJ \cdot mol^{-1}$

计算反应 $6C$(石墨) $+ 6H_2(g) + 3O_2(g) \xlongequal{} C_6H_{12}O_6(s)$ 在298.15 K时的 $\Delta_r H_m^\ominus$。

1-5 已知在298.15 K、标准态下HgO在开口容器中加热分解，若吸收22.17 kJ热可生成Hg(l) 50.10 g，计算该反应的 $\Delta_r H_m^\ominus$。若在密闭容器中生成同样量的Hg (l)，需吸热多少？

1-6 计算下列反应的 $\Delta_r G_m^\ominus$，并判断反应在298.15 K及标准态下能否自发进行。

(1) $2SO_2(g) + O_2(g) \xlongequal{} 2SO_3(g)$

(2) $Fe_2O_3(s) + 3CO(g) \xlongequal{} 2Fe(s) + 3CO_2(g)$

1-7 某些技术处理中，往往由 NH_3 分解产生的 H_2 作还原性气体，N_2 作保护性惰气。已知反应方程式 $2NH_3(g) \xlongequal{} N_2(g) + 3H_2(g)$，试计算：

(1) 在298.15 K时，此反应的 $\Delta_r G_m^\ominus$ 为多少？标准态下，此反应达极限的温度是多少？

(2) 300 ℃时，体系中的 $p(N_2) = 1000$ kPa、$p(H_2) = 1000$ kPa、$p(NH_3) = 1000$ kPa，此

时反应的 $\Delta_r G_m$ 为多少？

1-8 已知反应方程式 $MnO_2(s)+4H^+(aq)+2Cl^-(aq)=\!=\!=Mn^{2+}(aq)+Cl_2(g)+2H_2O(l)$，欲用 MnO_2 和 HCl 反应制备 $Cl_2(g)$。

(1) 判断在 298.15 K 及标准态下，反应能否自发进行？

(2) 若使 HCl 的浓度为 12.0 $mol\cdot dm^{-3}$，其他物质仍为标准态，在 298.15 K 下反应能否自发进行？

1-9 甲醇的分解反应为 $2CH_3OH(l)=\!=\!=2CH_4(g)+O_2(g)$。

(1) 计算该反应在 298.15 K 时的 $\Delta_r S_m^\ominus$ 和 $\Delta_r H_m^\ominus$；

(2) 计算该反应在 298.15 K 时的 $\Delta_r G_m^\ominus$，并判断反应在 298.15 K 及标准态下能否自发进行；

(3) 要使该反应在标准态下自发正向进行，估算所需的最低温度。

1-10 化学反应方程式为 $BaCO_3(s)=\!=\!=BaO(s)+CO_2(g)$。

(1) 计算反应在 298.15 K 下的 $\Delta_r G_m^\ominus$，并判断在 298.15 K 和标准态下反应能否自发进行；

(2) 试估算温度要达到多少才可使该反应在标准态下自发进行。

1-11 将 NO 和 O_2 注入恒温 1000 K 的密闭容器中进行如下反应：$2NO(g)+O_2(g)\rightleftharpoons 2NO_2(g)$，在反应发生以前，NO 和 O_2 的分压分别为 100 kPa 和 300 kPa。达平衡时，NO_2 的分压为 12 kPa。计算该反应在 1000 K 下的 $K^\ominus$ 和 $\Delta_r G_m^\ominus$。

1-12 在 298.15 K 和标准态下，将 NO_2 和 N_2O_4 两种气体装入一注射器中，试计算：

(1) 达平衡时两种气体的分压；

(2) 在标准态下、温度升高 10 K 后，达平衡时两种气体的分压。

1-13 在 1273.15 K 时，反应 $FeO(s)+CO(g)\rightleftharpoons Fe(s)+CO_2(g)$ 的 $K^\ominus=0.5$，如果在 CO 的压力为 6000 kPa 的密闭容器中加入足量的 FeO，则这种情况下反应达到平衡时 CO 和 CO_2 的分压各为多少？

1-14 氮化硼(BN)是优良的耐高温、高导热、高绝缘材料，可用下列反应制取：

$$B_2O_3(s)+2NH_3(g)=\!=\!=2BN(s)+3H_2O(g)$$

(1) 判断该反应在 298.15 K 及标准态下能否自发进行；

(2) 要使该反应在标准态下正向自发进行，估算所需的最低温度；

(3) 简要(定性)说明温度及压力的高低对 BN 产率的影响。

拓展习题

第2章　化学动力学基础

人们研究化学反应时，一般涉及两方面的问题：第一是可能性问题，第二是现实性问题。化学热力学解决反应过程的"可能性"问题，即指定条件下反应能否发生、反应的方向和限度如何。但是，它不考虑时间因素，不能告诉人们化学反应进行的快慢，没有解决反应的"现实性"问题。化学动力学（chemical kinetics）研究的范畴是化学反应速率和反应机理，其任务就是回答化学反应的"现实性"问题。

有些化学反应进行的趋势很大，但速率太慢。例如，氢和氧的混合气体在室温下可以长久共存，难以察觉出有水生成。有些化学反应在不同条件下的反应速率也不相同。例如，钢在室温、干燥条件下氧化得较慢，在高温下则迅速氧化。在日常生活和生产实践中，人们总是希望化学反应按照所期待的途径和速率进行，有利的反应如氨的合成、钢铁的冶炼进行得快一些、完全一些以利增产；不利的反应如钢铁的腐蚀、橡胶的老化、食物的腐败等则进行得慢一些、不完全一些。这就必须从化学热力学和化学动力学两方面来讨论。

化学动力学这门学科在理论和实践上都具有十分重要的意义。通过对化学动力学的研究，我们能有效控制反应速率，使之为人类的生产和生活服务。

本章主要介绍化学反应速率及其影响因素，以及化学反应机理的初步知识。

2.1　化学反应速率表示方法

不同化学反应的快慢千差万别。有的反应快到瞬间完成，如炸药爆炸、胶片感光及酸碱在水溶液中中和；有的却很慢，以致在宏观上几乎觉察不出有变化，如煤、石油在地壳内的形成历时几万年甚至几十万年。即便是同一个反应，由于条件改变，快慢程度也会有很大的变化。为了比较各种化学反应进行的快慢，引入化学反应速率（chemical reaction velocity）的概念。简单来说，化学反应过程进行的快慢或参加反应的各物质的量随时间的变化率即为化学反应速率。

2.1.1　平均速率和瞬时速率

依照传统的定义，化学反应速率是指在一个特定的反应中单位时间内反应物转变为生成物的速率。对于在恒容条件下进行的均相反应，通常以单位时间内某一反应物浓度的减少或生成物浓度的增加来表示化学反应速率，并且习惯取正值。多数液相反应或者在密闭容器中进行的气相反应均可视为恒容反应。如非特别说明，本章所讨论的反应均为恒容反应。

反应速率用 v 来表示。由于浓度单位常以 $mol \cdot dm^{-3}$ 表示，而时间单位则根据反应的快慢选用秒(s)、分(min)或小时(h)等表示，因此反应速率的单位可以是 $mol \cdot dm^{-3} \cdot s^{-1}$，$mol \cdot dm^{-3} \cdot min^{-1}$，$mol \cdot dm^{-3} \cdot h^{-1}$等。

例如，H_2O_2在少量二氧化锰作用下的分解反应中，各物质浓度的变化如下：

$$2H_2O_2 = 2H_2O + O_2$$

	$2H_2O_2$	$2H_2O$	O_2
起始浓度/($mol \cdot dm^{-3}$)	0.1	0	0
30 min 后浓度/($mol \cdot dm^{-3}$)	0.04	0.06	0.03

该反应的速率可用反应物 H_2O_2浓度的减少来表示，也可以用生成物 H_2O 或 O_2浓度的增加来表示。此反应在 30 min 内的平均速率(average velocity)为

$$\bar{v}(H_2O_2) = -\frac{\Delta c(H_2O_2)}{\Delta t} = -\frac{c_2(H_2O_2) - c_1(H_2O_2)}{t_2 - t_1} = -\frac{0.04 - 0.1}{30}$$

$$= 0.002\ mol \cdot dm^{-3} \cdot min^{-1}$$

$$\bar{v}(H_2O) = \frac{\Delta c(H_2O)}{\Delta t} = \frac{c_2(H_2O) - c_1(H_2O)}{t_2 - t_1} = \frac{0.06 - 0}{30}$$

$$= 0.002\ mol \cdot dm^{-3} \cdot min^{-1}$$

$$\bar{v}(O_2) = \frac{\Delta c(O_2)}{\Delta t} = \frac{c_2(O_2) - c_1(O_2)}{t_2 - t_1} = \frac{0.03 - 0}{30}$$

$$= 0.001\ mol \cdot dm^{-3} \cdot min^{-1}$$

式中，Δt 表示反应的时间，$\Delta c(H_2O_2)$，$\Delta c(H_2O)$，$\Delta c(O_2)$分别表示 Δt 时间内反应物 H_2O_2和生成物 H_2O，O_2的浓度变化。由于反应物的浓度是随反应进行而减少的，为使反应速率为正值，故在式前加一负号。

显然，在这一反应中，用 H_2O_2，H_2O 或 O_2 浓度的变化来表示平均速率的数值并不相同。它们之间的关系为

$$\frac{1}{2}\bar{v}(H_2O_2) = \frac{1}{2}\bar{v}(H_2O) = \bar{v}(O_2)$$

对于一般反应

$$aA + bB = dD + eE$$

用不同物质浓度的变化来表示反应速率时，它们之间存在如下关系：

$$-\frac{1}{a} \cdot \frac{\Delta c(A)}{\Delta t} = -\frac{1}{b} \cdot \frac{\Delta c(B)}{\Delta t} = \frac{1}{d} \cdot \frac{\Delta c(D)}{\Delta t} = \frac{1}{e} \cdot \frac{\Delta c(E)}{\Delta t} \tag{2-1}$$

式(2-1)表示的反应速率都是在 Δt 时间间隔内的平均反应速率。对大多数化学反应而言，反应开始后，各物质的浓度在不断变化，反应速率也随之变化。为确切地表示化学反应在某一瞬间(即 $\Delta t \to 0$)的真实速率，应使用瞬时速率(instantaneous velocity)。瞬时速率可看作当时间间隔无限小时，浓度的变化与时间间隔的比值，即

$$v = \lim_{\Delta t \to 0} \frac{\Delta c}{\Delta t} = \frac{dc}{dt}$$

化学反应速率可以通过实验测定。用化学分析法或物理分析法监测反应物或生成物的浓度随时间变化的数据，以浓度 c 为纵坐标、时间 t 为横坐标，绘制浓度随时间变化的曲线，由任一时刻 t 处曲线的切线斜率，即可得到 t 时刻的反应速率。

例如，在选定的实验条件下，测得 H_2O_2 分解反应经历不同时间后的剩余浓度如表 2-1 所示。

表 2-1　H_2O_2 分解反应的实验数据

t/min	0	20	40	60	80
$c(H_2O_2)/(mol \cdot dm^{-3})$	0.80	0.40	0.20	0.10	0.050

以 H_2O_2 的浓度为纵坐标、时间为横坐标，绘制浓度随时间变化的曲线（见图 2-1）。反应的瞬时速率可通过作图法求得。在曲线上任意一点做切线，其斜率的负值即为该点对应时间的反应速率。例如，图 2-1 中点 a 的瞬时速率为

$$v(H_2O_2)=-\frac{dc(H_2O_2)}{dt}=-\frac{\Delta y}{\Delta x}$$

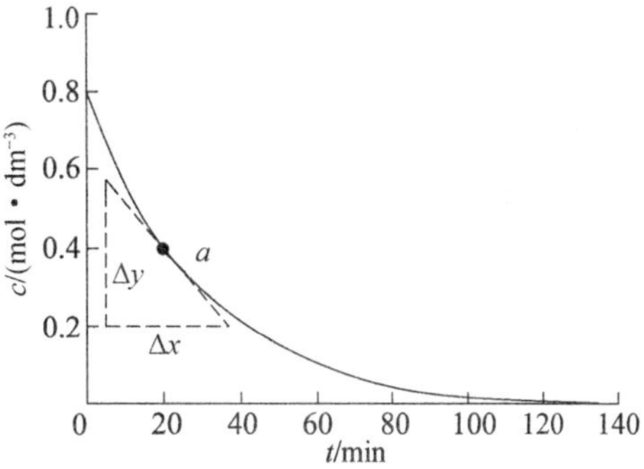

图 2-1　H_2O_2 分解反应的 $c-t$ 曲线

2.1.2　转化速率

由于化学计量数不同，选用不同物质的浓度变化来表示同一个化学反应的平均速率和瞬时速率时，其数值不一定相同。因反应进度与反应的物种无关，用反应式中任一物质表示的反应进度在数值上是一致的，故可把化学反应速率表示为单位时间、单位体积内发生的反应进度。用反应进度定义反应速率，亦称转化速率(conversion rate)。

转化速率定义为单位体积内反应进度 ξ 随时间的变化率，即

$$v=\frac{1}{V}\cdot\frac{d\xi}{dt} \tag{2-2}$$

式中，V 为体系的体积。

由式(1-8)可知，$d\xi=dn_B/\nu_B$，将其代入式(2-2)，得

$$v=\frac{1}{V}\cdot\frac{dn_B}{\nu_B dt}=\frac{1}{\nu_B}\cdot\frac{dn_B}{Vdt}=\frac{1}{\nu_B}\cdot\frac{dc_B}{dt} \tag{2-3}$$

对于任一反应：$aA+bB=\!=\!=dD+eE$

$$v=\frac{1}{\nu_B}\cdot\frac{dc_B}{dt}=-\frac{1}{a}\cdot\frac{dc(A)}{dt}=-\frac{1}{b}\cdot\frac{dc(B)}{dt}=\frac{1}{d}\cdot\frac{dc(D)}{dt}=\frac{1}{e}\cdot\frac{dc(E)}{dt}$$

此式与式(2-1)的形式一致。可见，一个反应只有一个反应速率，转化速率的量值只与计量数有关，与物质的选择无关。因此，在用转化速率表示反应速率时，必须写明相应的化学计量方程式。

2.2 化学反应速率理论简介

导致反应速率千差万别的因素主要有三个方面：一是反应物本身的性质；二是浓度（压力）、温度及催化剂等外界条件；三是光、电、磁、微波等外场。为了深入探讨反应速率的内在规律，人们提出了各种理论。自1889年瑞典物理化学家阿伦尼乌斯（Svante August Arrhenius）提出活化分子、活化能之后，在气体分子运动论和分子结构知识的基础上，逐渐形成两种主要的反应速率理论：碰撞理论（collision theory）和过渡状态理论（transition state theory）。

2.2.1 碰撞理论

1918年，美国化学家路易斯（Gilbert Newton Lewis）运用气体分子运动论的研究成果提出了反应速率的碰撞理论。该理论认为：化学反应的先决条件是反应物分子间相互碰撞。只有反应物分子间接触（碰撞）后，才可能引起化学反应。但并不是反应物分子间的每次碰撞都能发生反应。由气体分子运动理论计算得出：在标准状况下每秒钟每升分子间的碰撞可达10^{23}次，甚至更多。倘若每次碰撞都能反应，则所有化学反应都会瞬间完成。但事实并非如此，在亿万次碰撞中，只有极少数碰撞发生反应。碰撞理论把能够引起化学反应的分子间碰撞称为"有效碰撞"（effective collision），不能引起化学反应的碰撞则称为"弹性碰撞"（elastic collision）。

碰撞理论认为，反应物分子要发生有效碰撞，必须具备以下两个条件：

(1) 分子具备足够的能量。只有具有较高能量的分子相互碰撞时，才能克服分子无限接近时外层电子之间的排斥作用，从而使反应物分子充分接近并发生反应。

(2) 分子碰撞时要有适当的取向（或方位）。分子之间有不同取向的碰撞，只有取向适当，碰撞在能起反应的部位才有利于反应的发生。如果碰撞的部位不合适，即使反应物分子具有足够的能量，也不会起反应。一般而言，结构愈复杂的分子之间的反应，这种情况愈突出，其反应也就愈慢。例如：

$$CO(g)+NO_2(g)=\!=\!=CO_2(g)+NO(g)$$

在该反应中，当CO分子与NO_2分子碰撞时，只有CO分子中的碳原子与NO_2分子中的氧原子靠近并且沿着N—O···C—O直线方向碰撞，才能发生反应，如图2-2所示。

受以上两个条件影响，化学反应的实际速率远小于根据碰撞频率计算得到的速率。这两个条件亦理解成两个原因因素，分别对应于能量因素和方位因素（或概率因素）。

能够发生有效碰撞的分子称为活化分子（activated molecule），通常它只是反应物分子总数中的一小部分。图2-3给出了在某一温度下，气体分子能量分布的情况。图中，横坐标为能量，纵坐标为具有一定能量的分子所占的百分数；$\bar{E}$表示分子的平均能量，$\bar{E}^*$表示活化分子的平均能量。

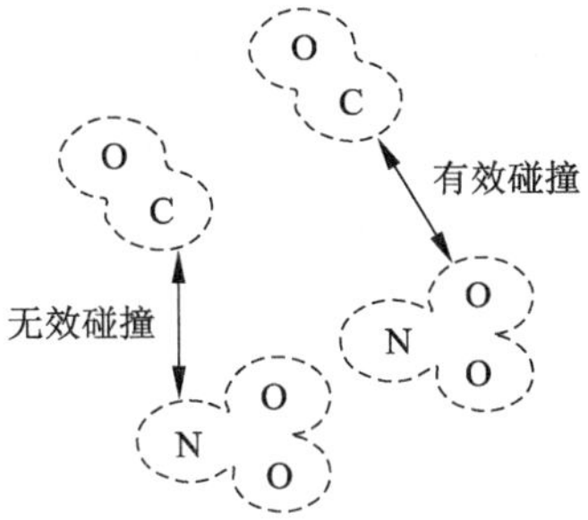

图 2-2　分子碰撞的不同取向

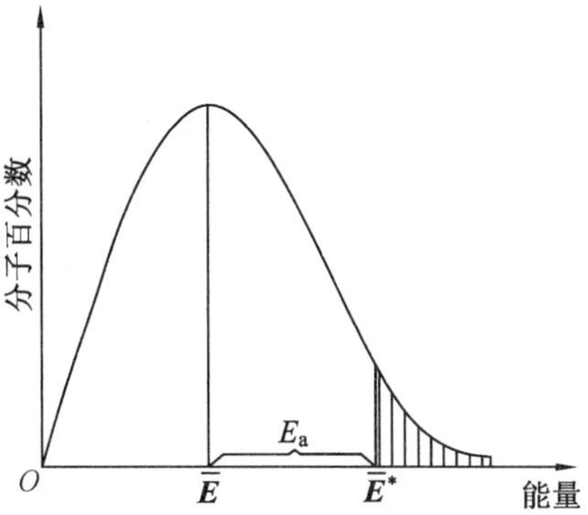

图 2-3　气体分子能量分布曲线

活化分子的平均能量 $\bar{E}^*$ 与所有分子的平均能量 $\bar{E}$ 之差，称为活化能（E_a，activation energy）。即

$$E_a = \bar{E}^* - \bar{E}$$

所有化学反应的活化能均为正值，其大小与破坏一般化学键所需要的能量相近，是影响反应速率的能量因素，由反应物的本性和反应途径决定，与反应物的浓度无关。不同的反应具有不同的活化能。因此，不同的化学反应有不同的反应速率。在一定条件下，活化能愈低的反应，其活化分子数愈多，发生有效碰撞的次数就愈多，反应速率愈快；相反，活化能愈高，则活化分子数愈少，反应速率愈慢。

一般化学反应的活化能范围为 40～400 $kJ \cdot mol^{-1}$，多数为 60～250 $kJ \cdot mol^{-1}$。E_a 可以通过实验测出，故称经验活化能。当化学反应的活化能小于 42 $kJ \cdot mol^{-1}$ 时，其反应速率极快，反应可瞬间完成；而活化能大于 420 $kJ \cdot mol^{-1}$ 的反应，其反应速率则很慢，甚至难以察觉。

碰撞理论比较直观，容易理解，但仅限于处理气体双分子反应，把分子当成刚性球体，忽略了其内部结构，难以解释结构较复杂的分子间的反应。

2.2.2　过渡状态理论

随着人们对原子和分子内部结构认识的深入，20 世纪 30 年代，美国物理化学家艾林（Henry Eyring）和英国科学家波拉尼（Michael Polanyi）、埃文森（Meredith Gwynne Evans）在碰撞理论的基础上，应用量子力学和统计力学的观点，提出了化学反应速率的过渡状态理论。

过渡状态理论认为，化学反应不是通过反应物分子之间的简单碰撞就能完成的，而是在发生碰撞后先形成一个中间过渡状态（过渡态，transition state），即反应物分子首先形成活化配合物（activated complex），然后再分解成产物或返回反应物。因此，过渡状态理论又称活化配合物理论（activated complex theory）。

例如，CO 和 NO_2 的反应中，当具有较高能量的 CO 和 NO_2 分子互相以适当的取向充分靠近时，价电子云可互相穿透，使原有的靠近 C 原子的 N—O 键变长，将断裂而尚未断裂，新的化学键 C—O 将形成而尚未形成，即形成一种活化配合物[O—N…O…C—O]（见图 2-4）。

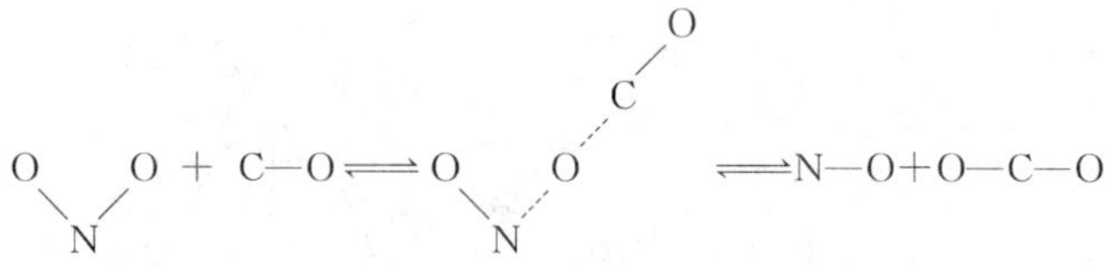

活化配合物（过渡状态）

图 2-4　NO_2 与 CO 的反应过程

在中间过渡状态中，反应物分子的动能暂时地转变为活化配合物的势能，旧化学键 N—O 的强度已被削弱，但还没有完全断开，新化学键 C—O 正在形成。处于这种状态下的活化配合物[O—N⋯O⋯C—O]具有较高的势能，通常是一种短暂的高能态的“过渡区物种”，极不稳定，因此一经形成就极易解离。它既可以生成产物，又有可能转变为原反应物。

整个反应过程中反应体系能量的变化用图 2-5 表示。图中点 A,C 对应的能量分别为基态反应物（NO_2＋CO）和基态产物（NO＋CO_2）的平均势能，点 B 对应的能量为基态活化配合物[O—N⋯O⋯C—O]的势能。在反应历程中，NO_2 和 CO 分子即使互相碰撞也并不发生反应，只有它们吸收了足够的能量转化为势能，使其势能达到活化配合物的势能点 B 时，分子间碰撞才能形成活化配合物。由图 2-5 可见，活化配合物处于比反应物和产物分子相对高的势能（称为“能垒”）状态。只有反应物分子有足够的动能转化为势能，才能“爬过”这个能垒，反应方可进行下去。通常把由反应物分子过渡到活化配合物的过程称为活化过程。能垒 ΔE_1 是所形成的活化配合物的势能与反应物的平均势能之差，称为“正反应的活化能 $E_{a,正}$”；能垒 ΔE_2 是活化配合物的势能与产物的平均势能之差，称为“逆反应的活化能 $E_{a,逆}$”。图 2-5 也说明正反应和逆反应都要经历相同的过渡状态。正反应活化能 $E_{a,正}$ 与逆反应活化能 $E_{a,逆}$ 之差即为该反应的热效应 $\Delta_r H_m$。活化能可以由分子的热运动提供，也可以通过光线照射等方式提供，但当处于过渡状态的活化配合物变为产物时，这部分能量将部分或全部甚至更多地被释放出来。

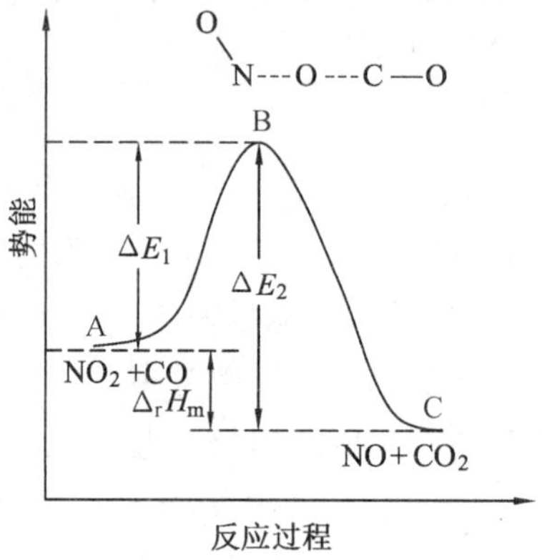

图 2-5　反应过程中的势能图

过渡状态理论中，活化能的实质为反应进行所必须克服的势能垒，因而属于理论活化能范畴。由此可见，过渡状态理论中活化能的定义与碰撞理论有所不同，但其含义实质上是一致的。

过渡状态理论尚未成熟，主要原因在于过渡态的寿命极短（一般为 10^{-12} s 左右），活化配合物不仅难以分离出来，甚至难以由仪器检测。由于过渡状态理论把反应速率与反应物分子的微观结构联系起来，因此被研究反应机理的化学家广泛采用。

20 世纪 60 年代以后，特别是近十几年来，随着激光技术、分子束技术、光电子能谱等实验技术的出现，过渡态的探测和研究大有进展，取得了可喜的成果，当然还存在不少困难和问题。然而，正因为这些困难和问题的存在，无时无刻不激励着科学家和科研工作者去探索科学更深层次的奥秘。

2.2.3　反应机理与基元反应

近年来,量子化学结合统计力学等方法,辅以现代化的实验技术手段来研究反应动力学,正在被科学家广泛应用,并已经揭示了众多化学反应的机理。例如,通过量子化学方法,已经可以确定过渡状态的几何构型,并从此入手,计算出反应过程中的最低能量路径,进而确认这一过渡状态沿该路径所连接的是何种反应物和何种产物(或中间产物),达到确认基元反应和反应历程的目的。

一个反应的化学方程式表示了反应物和最终产物之间的计量关系,仅从方程式看不出反应物经过怎样的途径、经历哪些具体步骤才变为产物。大量的实验事实表明,大多数反应的过程很复杂,需要经过两步或更多步才能变成最终产物。一个化学反应所经历的途径或具体步骤称为反应机制或反应机理(reaction mechanism)。研究反应机理,就可以找出决定反应速率的关键,使主反应按照希望的方式进行,并使副反应以最小的速率进行,在实际生产中就能够获得更大的产量和经济效益。

通常把反应物分子直接碰撞发生相互作用而生成产物的反应,称为基元反应(elementary reaction),也称元反应。例如:

(1) $SO_2Cl_2(g) \longrightarrow SO_2(g) + Cl_2(g)$

(2) $2NO_2(g) \longrightarrow 2NO(g) + O_2(g)$

(3) $NO_2(g) + CO(g) \longrightarrow NO(g) + CO_2(g)$

这些反应很简单,反应物分子相互碰撞一步直接转化为产物,都为基元反应。反应(1)中参加反应的分子数为 1,称为单分子反应,反应(2)、(3)中参加反应的分子数为 2,称为双分子反应。

若反应不是一步就能完成,而是经过两步或两步以上的过程才能完成,这样的反应就称为非基元反应或复杂反应(complex reaction)。非基元反应是由若干步(或若干个)基元反应构成的。例如:

$$2NO(g) + 2H_2(g) = N_2(g) + 2H_2O(g)$$

研究发现,上述反应要经历以下三步才能完成:

(1) $2NO(g) \longrightarrow N_2O_2(g)$　　(快反应)

(2) $N_2O_2(g) + H_2(g) \longrightarrow N_2O(g) + H_2O(g)$　　(慢反应)

(3) $N_2O(g) + H_2(g) \longrightarrow N_2(g) + H_2O(g)$　　(快反应)

也就是说,$2NO(g) + 2H_2(g) = N_2(g) + 2H_2O(g)$是由三个基元反应构成的非基元反应。

迄今为止,完全弄清楚反应机理的化学反应为数很少,这主要是由于实验技术满足不了研究反应机理的要求,不能直接跟踪化学反应,即观察不到反应是怎样一步一步发生的。

2.3　浓度对化学反应速率的影响

本节主要讨论浓度(压力)对化学反应速率的影响,此时默认其他反应条件不变。

2.3.1 质量作用定律

大量实验证明，在恒温条件下，若增加反应物的浓度，则单位体积内的活化分子数增加，使单位时间内的有效碰撞次数增加，导致反应速率加快。1862—1879 年，挪威化学家古德贝格(Cato Maximilian Guldberg)和瓦格(Peter Waage)总结出反应物浓度与反应速率间的定量关系，概括为在一定温度下，基元反应的反应速率与各反应物浓度幂的乘积成正比，浓度的幂次在数值上恰好等于化学计量方程式中反应物的化学计量数的绝对值。这一定量关系称为质量作用定律(law of mass action, Guldberg - Waage's law)。“质量”二字在此处意指浓度。

对于任一基元反应

$$aA + bB \longrightarrow dD + eE$$

$$v \propto [c(A)]^a \cdot [c(B)]^b$$

即

$$v = k \cdot [c(A)]^a \cdot [c(B)]^b \tag{2-4}$$

式(2-4)称为质量作用定律表达式，也称反应速率方程(reaction rate equation)。式中的比例常数 k 称为反应速率常数(rate constant)，又称比速常数或比速率，是表示反应速率快慢的特征常数。k 值可通过实验测定，与反应物本身的性质、温度和催化剂等因素有关，与反应物浓度无关。不同的反应在同一温度下有不同的 k 值，同一反应在不同温度或有无催化剂的不同条件下，k 值亦不同。k 的物理意义是各反应物浓度都为 1 $mol \cdot dm^{-3}$ 时的反应速率。k 是有量纲的，其单位取决于速率方程中浓度项指数的总和($a+b$)。如速率方程中浓度的指数和为 m，v 的单位为 $mol \cdot dm^{-3} \cdot s^{-1}$，则 k 的单位是 $(mol \cdot dm^{-3})^{1-m} \cdot s^{-1}$。

质量作用定律只适用于基元反应，不适用于非基元反应，但对组成非基元反应的各个基元反应是适用的。对于非基元反应，其速率方程通常有如下通式：

$$v = k \cdot [c(A)]^m \cdot [c(B)]^n \tag{2-5}$$

式(2-5)中，m，n 为各自浓度项的幂次，具体数值需通过实验确定。

例如，N_2O_5 的分解反应：

$$2N_2O_5(g) = 4NO_2(g) + O_2(g)$$

实验证明，其反应速率与 N_2O_5 浓度的一次方成正比，而不是与其浓度的平方成正比。

$$v = k \cdot c(N_2O_5)$$

这是因为 N_2O_5 分解反应分如下三步基元反应进行：

(1) $N_2O_5(g) \longrightarrow N_2O_3(g) + O_2(g)$　　(慢反应)

(2) $N_2O_3(g) \longrightarrow NO_2(g) + NO(g)$　　(快反应)

(3) $2NO(g) + O_2(g) \longrightarrow 2NO_2(g)$　　(快反应)

步骤(1)是慢反应，限制和决定了整个反应的速率，该步骤称为定速步骤或速率控制步骤(rate determining step)。非基元反应的速率取决于定速步骤的速率，或者说，在非基元反应中，慢的基元反应决定了总反应的速率。

当然，也有一些非基元反应，在其速率方程中，浓度项的指数正好等于反应方程式中各自的化学计量数，看似符合质量作用定律表达式，但不能据此断定该反应为基元反应。速率方程不符合质量作用定律表达式的反应一定是非基元反应。

例如：

$$H_2(g)+I_2(g)=\!=\!=2HI(g) \qquad v=kc(H_2)\cdot c(I_2)$$

长期以来，人们一直认为这个反应是基元反应。近年来，无论从实验或理论上都证明，它并不是一步完成的基元反应，它的反应历程可能经过如下两个基元反应：

(1) $I_2(g) \rightleftharpoons I+I$　　(快反应)

(2) $H_2(g)+2I \longrightarrow 2HI(g)$　　(慢反应)

步骤(2)是总反应的定速步骤，这一基元反应的速率方程为 $v=k_2\cdot c(H_2)\cdot[c(I)]^2$，步骤(2)的反应速率决定了总反应的速率。步骤(1)是快反应，很快就建立起平衡，并保持着正逆反应速率相等的平衡状态，因此有

$$v_{1,正}=v_{1,逆}$$

即

$$k_{1,正}c(I_2)=k_{1,逆}[c(I)]^2$$

$$[c(I)]^2=k_{1,正}\cdot(k_{1,逆})^{-1}\cdot c(I_2)$$

所以

$$v=k_2\cdot c(H_2)\cdot[c(I)]^2=k_2c(H_2)\cdot k_{1,正}\cdot(k_{1,逆})^{-1}\cdot c(I_2)=kc(H_2)\cdot c(I_2)$$

因此，判断反应是否为基元反应是以反应机理为依据的，而反应机理则要通过实验进行充分的验证。

在书写基元反应的速率方程时，应注意以下几点：

(1) 若反应在稀溶液中进行，且稀溶液的溶剂也作为反应物之一时，书写反应速率方程时可以不列出溶剂的浓度；对纯液体或纯固体参与的反应，反应过程中它们的浓度维持恒定，不必在反应速率方程中列出。例如：

$$C(s)+O_2(g)=\!=\!=CO_2(g) \qquad v=k\cdot c(O_2)$$

(2) 对有气态物质参加的反应来讲，总压力对反应速率的影响，实质上是浓度对反应速率的影响。因此，如果反应物是气体，可用浓度或气体分压表示反应速率方程。例如，NO_2 的分解为基元反应：

$$2NO_2(g)=\!=\!=2NO(g)+O_2(g)$$

用浓度表示反应速率为 $v=k_c\cdot[c(NO_2)]^2$，用分压表示反应速率为 $v=k_p\cdot[p(NO_2)]^2$。

2.3.2　反应级数

反应速率方程中各组分浓度项的指数称为参加反应组分的级数(reaction order)，浓度项指数总和称为总的反应级数(total orders)。反应级数可为正值、负值或零，也可为整数或分数，它表征反应物的浓度对反应速率影响的程度，是一个宏观物理量。在基元反应 $aA+bB=\!=\!=dD+eE$ 中，对反应物 A 为 a 级反应，对反应物 B 为 b 级反应，整个反应的总反应级数为 $(a+b)$。若由实验测得某反应的速率方程为 $v=k\cdot[c(A)]^{\alpha}\cdot[c(B)]^{\beta}$，则该反应的总反应级数为 $(\alpha+\beta)$。例如：

$2Na(s)+2H_2O(l)=\!=\!=2NaOH(aq)+H_2(g)$	$v=k$	零级反应
$C_2H_5Cl(g)=\!=\!=C_2H_4(g)+HCl(g)$	$v=kc(C_2H_5Cl)$	一级反应
$H_2(g)+Cl_2(g)=\!=\!=2HCl(g)$	$v=kc(H_2)\cdot[c(Cl_2)]^{\frac{1}{2}}$	1.5 级反应
$NO_2(g)+CO(g)=\!=\!=NO(g)+CO_2(g)$	$v=kc(NO_2)\cdot c(CO)$	二级反应
$2NO(g)+O_2(g)=\!=\!=2NO_2(g)$	$v=k[c(NO)]^2\cdot c(O_2)$	三级反应
$H_2(g)+Br_2(g)=\!=\!=2HBr(g)$	$v=\dfrac{kc(H_2)\cdot[c(Br_2)]^{\frac{1}{2}}}{1+k'\dfrac{c(HBr)}{c(Br_2)}}$	无法说出级数的反应

根据反应级数来划分反应，比较常见的为一级和二级反应，也有零级和三级反应，以及分数级反应，甚至无法说出级数的反应。纯固体或纯液体物质的分解反应，如碘化氢的分解是零级反应，表面上发生的多相反应，如酶的催化、光敏反应往往也是零级反应。乙醛的分解反应为 1.5 级反应，是典型的分数级反应。某些金属在空气中被氧化（生锈）生成氧化膜，膜越厚则膜的生长速率越慢，这是负一级反应，即所谓的"生锈越严重的金属越不易再生锈"。以上实例正说明了化学反应机理的复杂性。

2.3.3 简单级数反应的动力学特征

一些反应的级数为简单的整数，如零级、一级、二级等，因动力学处理较为简单，故把它们称为简单级数的反应。从机理上看，这些反应可能是基元反应，也可能是非基元反应。

在研究反应速率时，通常是研究反应经过的时间 t 与相应时刻的反应物或生成物浓度 c 之间的关系，以表示各级反应的特征。这方面的研究成果在药物代谢、酶的催化等方面均有重要意义。

1. 一级反应

反应速率与反应物浓度一次方成正比的反应为一级反应（reaction of the first order）。

一级反应较为普遍，也比较简单。某些元素的放射性衰变，一些物质（如 N_2O_5，H_2O_2 等）的分解反应，蔗糖转化为葡萄糖和果糖的反应等均属一级反应。

根据一级反应的速率方程，可得出有关一级反应的公式为

$$v=-\frac{dc}{dt}=kc \quad 即 \quad -\frac{dc}{c}=k\,dt \tag{2-6}$$

以 c_0 表示 $t=0$ 时反应物的起始浓度，以 c_t 表示反应进行到 t 时刻反应物的剩余浓度，对式(2-6)两边积分

$$\int_{c_0}^{c_t}-\frac{dc}{c}=\int_0^t k\,dt$$

$$\ln\frac{c_t}{c_0}=-kt \tag{2-7}$$

即

$$c_t=c_0\cdot e^{-kt}$$

或

$$\lg \frac{c_t}{c_0} = -\frac{kt}{2.303}$$

反应物消耗一半所需的时间称为半衰期(half-life period),用 $t_{1/2}$ 表示。当反应时间 $t=t_{1/2}$ 时,根据半衰期的定义,有 $c_t=\frac{1}{2}c_0$,由式(2-7)可得出一级反应的半衰期与其速率常数之间的关系式:

$$\ln \frac{\frac{1}{2}c_0}{c_0} = -kt_{1/2}$$

$$t_{1/2} = \frac{\ln 2}{k} \approx \frac{0.693}{k} \qquad (2\text{-}8)$$

式(2-8)表明一级反应的半衰期与反应物的浓度无关。

根据以上分析可得出一级反应的三个特征,其中任何一个特征均可作为判断反应是否为一级反应的依据。

(1) 若以 $\lg c_t$ 对 t 作图,可得一条直线(见图 2-6),直线的斜率为 $-\frac{k}{2.303}$。

(2) 在一定温度下,半衰期 $t_{1/2}$ 是一个常数,与反应物的起始浓度无关。

(3) 速率常数 k 具有(时间)$^{-1}$的量纲,其常用单位为 s^{-1}。

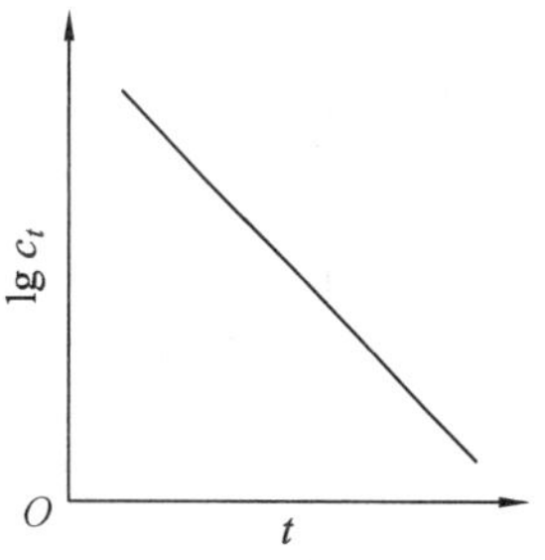

图 2-6　一级反应动力学图解

放射性核衰变反应都是一级反应,习惯上用半衰期来表示核衰变的快慢。可利用某些元素的放射性衰变来估算考古学发现物、化石、矿物、陨石、月亮岩石及地球本身的年龄。如 ^{40}K 和 ^{238}U 通常用于陨石和矿物年龄的估算,^{14}C 用于确定考古学发现物和化石的年代。

宇宙射线恒定地产生碳的放射性同位素 ^{14}C,$^{14}_{7}N+^{1}_{0}n \longrightarrow ^{14}_{6}C+^{1}_{1}H$,动植物又不断地将 ^{14}C 吸收进其组织中,使微量的 ^{14}C 在总碳含量中维持一个固定的比例,即 $1.10\times10^{-13}\%$。一旦树木被砍伐、种子被采摘,从空气中吸收 ^{14}C 的过程便停止了。由于 ^{14}C 不断地发生放射性衰变,使得 ^{14}C 在总碳中的含量不断降低。因此,活着的动植物体内 ^{14}C 和 ^{12}C 两种同位素的比值和大气中 CO_2 所含的这两种同位素的比值是相等的,但动植物死后,^{14}C 和 ^{12}C 的比值就不断下降,考古工作者正是根据动植物中 ^{14}C 和 ^{12}C 比值的变化,来推算生物化石等考古发现物的年龄。

【例 2-1】 已知 ^{14}C 的衰变反应为一级反应,$^{14}_{6}C \longrightarrow ^{14}_{7}N+^{0}_{-1}e$,$t_{1/2}=5720$ 年,如周口店山顶洞遗址出土的斑鹿骨化石的 ^{14}C 和 ^{12}C 的比值是现生存动植物的 0.109 倍,试估算该化石的年龄。

解: 根据 $t_{1/2}\approx\frac{0.693}{k}$,有　$k=\frac{0.693}{t_{1/2}}=\frac{0.693}{5720}\approx1.212\times10^{-4}$ 年$^{-1}$

根据 $\ln\frac{c_t}{c_0}=-kt$,有　$\ln\frac{0.109c_0}{c_0}=-1.212\times10^{-4}t$

得 t=18290 年

因此,该化石距现在已有 18290 年。

【例 2-2】 某药物的初始含量为 $5.0\ g \cdot dm^{-3}$,在室温下放置 10 个月后,含量降为 $4.5\ g \cdot dm^{-3}$。此药物的分解为一级反应,在其分解 30%后该药物失效。计算该药物的储藏有效期及半衰期。

解:因药物分解为一级反应,故

$$k=\frac{2.303}{t}\lg\frac{c_0}{c_t}=\frac{2.303}{10}\lg\frac{5.0}{4.5}=0.0105\ 月^{-1}$$

分解 30%时药物含量为 $c_t=c_0(1-30\%)$,故有效期应为

$$t=\frac{2.303}{k}\lg\frac{c_0}{c_t}=\frac{2.303}{0.0105}\lg\frac{5.0}{5.0(1-30\%)}\approx 33\ 月$$

$$t_{1/2}=\frac{0.693}{k}=\frac{0.693}{0.0105}=66\ 月$$

2. 二级反应

凡是反应速率与反应物浓度二次方成正比的反应称为二级反应(reaction of the second order)。二级反应最为常见,在溶液中许多有机反应属于二级反应,如一些加成反应、分解反应、取代反应等。

二级反应有两种类型:$2A \longrightarrow$产物;$A+B \longrightarrow$产物。以前一种类型为例,其反应速率方程可表示为

$$v=-\frac{dc}{dt}=kc^2 \quad 即 \quad -\frac{dc}{c^2}=k dt$$

两边积分可得

$$\frac{1}{c_t}=\frac{1}{c_0}+kt \tag{2-9}$$

由半衰期的定义可得

$$t_{1/2}=\frac{1}{k}\left(\frac{1}{1/2c_0}-\frac{1}{c_0}\right)=\frac{1}{kc_0} \tag{2-10}$$

二级反应有以下特征:

(1) 以 $1/c_t$ 对 t 作图,可得一直线(见图 2-7),直线的斜率正好等于反应速率常数 k。

(2) 半衰期与反应物的起始浓度 c_0 成反比。

(3) 速率常数 k 的量纲是(浓度)$^{-1}$ ·(时间)$^{-1}$,因此 k 的单位与浓度的单位有关。

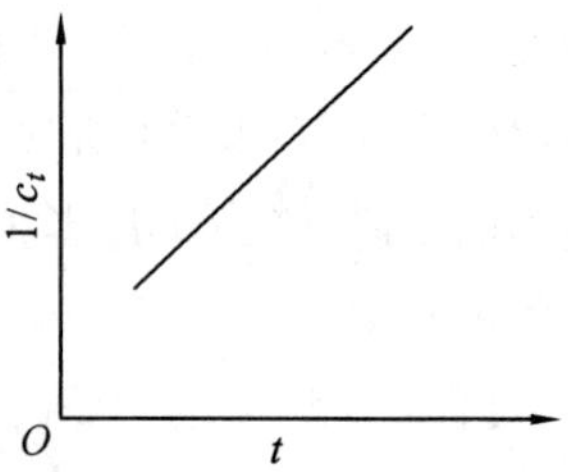

图 2-7 二级反应动力学图解

3. 零级反应

反应速率与反应物浓度无关的反应为零级反应(reaction of the zero order)。在整个反应过程中,零级反应的速率为一常数。总级数为零的反应并不多。某些光化反应、表面催化

反应、酶催化反应属零级反应。近年来发展的一些缓释长效药，其释药速率在相当长的时间内比较恒定，即属零级反应。

零级反应的反应速率方程可表示为

$$v=-\frac{\mathrm{d}c}{\mathrm{d}t}=kc^0=k$$

即

$$-\mathrm{d}c=k\mathrm{d}t$$

两边积分可得

$$c_t=c_0-kt \tag{2-11}$$

半衰期为

$$t_{1/2}=\frac{c_0}{2k} \tag{2-12}$$

零级反应有以下特点：

(1) 浓度 c_t 对 t 作图为一直线(见图 2-8)，直线的斜率为 $-k$。

(2) 半衰期与反应物起始浓度 c_0 成正比，与速率常数 k 成反比。

(3) 速率常数 k 的单位是(浓度)·(时间)$^{-1}$。

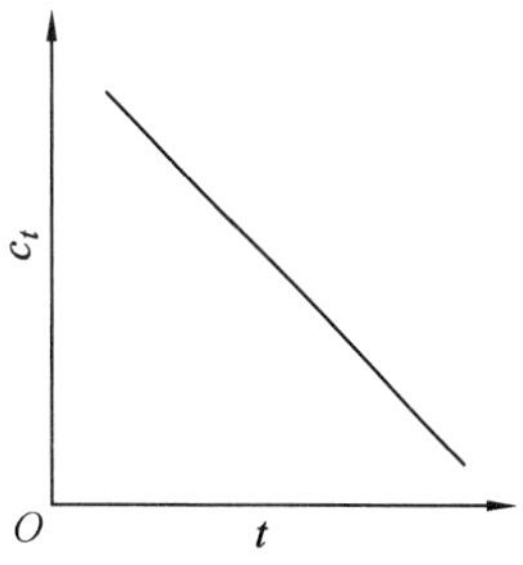

图 2-8　零级反应动力学图解

化学是一门实验的学科，化学理论的发展离不开化学实验，对化学工作者来说，实验技术和实验能力的培养具有十分重要的意义，反应速率、反应机理的研究很好地印证了这一观点。从 2.2 节及本节介绍中可以看出，单从反应方程式不可能确定反应级数，也不可能写出反应的速率方程。只能通过动力学实验，收集数据、积累资料和经验，进而提出最可能的反应机理，再进行众多实验验证来清楚地认识反应机理。

2.4　温度对化学反应速率的影响

温度对化学反应速率的影响特别显著，但情况比较复杂，随具体反应的不同而各异。有些反应在常温下短时间内观察不到反应的发生，但当温度升到一定程度后，反应速率就会明显加快。例如，H_2 和 O_2 生成水的反应，在常温下难以观察到反应的进行，但在 837 K 下，反应会剧烈进行甚至发生爆炸。因此，升高温度是加快化学反应速率的常用方法之一。

2.4.1　范特霍夫近似规则

1884 年，荷兰化学家范特霍夫(Jacobus Henricus Van't Hoff)根据大量的实验结果，总结出一条近似规则：对一般反应来说，在反应物浓度(或分压)相同的情况下，在一定温度范围内，温度每升高 10 K，反应速率一般增加 2～4 倍。这一规则称为范特霍夫近似规则，可用温度因子(系数)γ 表示，即

$$\gamma=\frac{v_{T+10K}}{v_T}=\frac{k_{T+10K}}{k_T}=2\sim4$$

从范特霍夫近似规则可以看出温度对反应速率的影响是很大的。当温度升高时，分子的运动速率加快，单位时间内的碰撞频率增加，使反应速率加快（温度升高 10 K，分子的碰撞频率增加约 2%）；更重要的是升高温度使分子的平均动能增加，分子的能量分布曲线明显右移，如图 2-9 所示，具有较高能量的活化分子的百分数增加，从而使反应速率加快。

范特霍夫近似规则不够精确，随后的研究还发现，并不是所有的反应都符合范特霍夫近似规则。但是当数据缺乏时，用它作粗略的估算仍是有参考价值的。

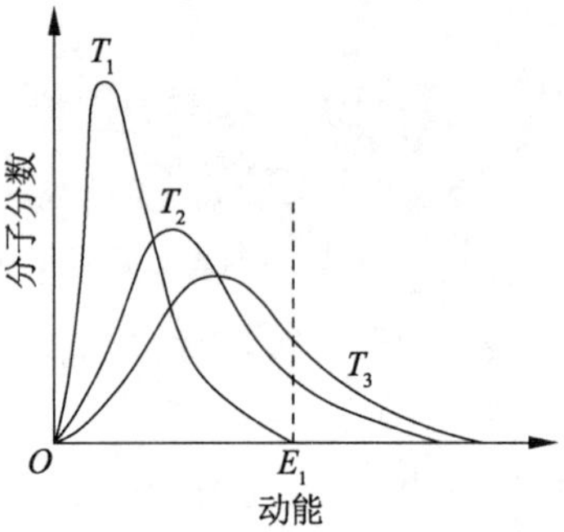

图 2-9　三种温度下的能量分布示意图（$T_3>T_2>T_1$）

2.4.2　阿伦尼乌斯方程

1889 年阿伦尼乌斯根据大量实验和理论验证，归纳出反应速率常数和温度之间的定量关系，提出了经验公式

$$k=Ae^{-\frac{E_a}{RT}} \tag{2-13}$$

将上式两边取对数可得

$$\ln k=-\frac{E_a}{RT}+\ln A \tag{2-14}$$

或

$$\lg k=-\frac{E_a}{2.303RT}+\lg A' \tag{2-15}$$

式(2-13)、(2-14)、(2-15)都称为阿伦尼乌斯方程（Arrhenius equation，著名的反应速率的指数定律）。式中，A 为指前因子或频率因子，与速率常数 k 具有相同的量纲；E_a 为活化能；R 为摩尔气体常数。A 与 E_a 都是反应的特性常数，基本与温度无关，对一给定的反应，在温度变化不大的范围内，可以认为 E_a 与 A 都不随温度的变化而变化，两者均可通过实验来求得。

活化能的大小反映了反应速率随温度变化的程度。由于活化能 E_a 一般为正值，所以，对活化能较大的反应，温度对反应速率的影响较显著，升高温度能显著地加快反应速率；对活化能较小的反应，影响则不明显。

式(2-14)和式(2-15)是阿伦尼乌斯方程的对数形式，如温度为 T_1 时速率常数为 k_1，温度

为 T_2 时速率常数为 k_2，则有

$$\ln k_1 = -\frac{E_a}{RT_1} + \ln A \quad 或 \quad \lg k_1 = -\frac{E_a}{2.303RT_1} + \lg A'$$

$$\ln k_2 = -\frac{E_a}{RT_2} + \ln A \quad 或 \quad \lg k_2 = -\frac{E_a}{2.303RT_2} + \lg A'$$

整合两式，得

$$\ln \frac{k_2}{k_1} = \frac{E_a}{R}\left(\frac{1}{T_1} - \frac{1}{T_2}\right) = \frac{E_a}{R}\left(\frac{T_2 - T_1}{T_1 T_2}\right)$$

或

$$\lg \frac{k_2}{k_1} = \frac{E_a}{2.303R}\left(\frac{1}{T_1} - \frac{1}{T_2}\right) = \frac{E_a}{2.303R}\left(\frac{T_2 - T_1}{T_1 T_2}\right) \tag{2-16}$$

阿伦尼乌斯公式和方程是化学动力学的重要研究内容之一，有许多重要的应用，可用于计算反应的指前因子 A、活化能 E_a 或速率常数 k。

【例 2-3】 某药物在水溶液中易分解。测得该分解反应在 323.15 K 和 343.15 K 下的速率常数分别为 $7.08 \times 10^{-4}\ h^{-1}$ 和 $3.55 \times 10^{-3}\ h^{-1}$。计算该反应的活化能和 298.15 K 下的速率常数。

解：因为

$$\ln \frac{k_2}{k_1} = \frac{E_a}{R}\left(\frac{T_2 - T_1}{T_1 T_2}\right)$$

所以

$$\begin{aligned} E_a &= R\left(\frac{T_1 T_2}{T_2 - T_1}\right)\ln \frac{k_2}{k_1} \\ &= 8.314 \times \left(\frac{323.15 \times 343.15}{343.15 - 323.15}\right) \times \ln \frac{3.55 \times 10^{-3}}{7.08 \times 10^{-4}} = 7.43 \times 10^4\ J \cdot mol^{-1} \\ &= 74.3\ kJ \cdot mol^{-1} \end{aligned}$$

反应在 298.15 K 下的速率常数 k 可按下式计算：

$$\ln k_2 = \frac{E_a}{R}\left(\frac{T_2 - T_1}{T_1 T_2}\right) + \ln k_1$$

将求得的 E_a 值和 323.15 K 下的 k_1 值代入上式，得

$$\begin{aligned} \ln k &= \frac{74.3 \times 1000}{8.314} \times \left(\frac{298.15 - 323.15}{323.15 \times 298.15}\right) + \ln(7.08 \times 10^{-4}) \\ &= -9.572 \end{aligned}$$

所以

$$k = 6.97 \times 10^{-5}\ h^{-1}$$

因为同一化学反应方程式中的正反应和逆反应的活化能一般并不相同，所以，对于温度改变会影响平衡常数并使平衡移动，也可以从正、逆反应速率的变化（即化学动力学角度）做进一步的理解。

2.5　催化剂对化学反应速率的影响

虽然提高温度可以加快化学反应速率，但在实际生产中往往会带来较多的能量消耗，对

高温设备也会有特殊的要求。在不提高温度的情况下应用催化剂可以极大地加快反应速率,这无疑是化学科学中最具有应用价值和最富有挑战性的研究。

2.5.1 催化剂与催化作用

在化学反应中少量存在就能够加快化学反应速率而不改变化学平衡,且本身的化学成分、数量和化学性质在反应前后保持不变的物质称为催化剂(catalyst)或触媒。催化剂改变化学反应速率的作用称为催化作用(catalysis)。在催化剂作用下进行的反应称为催化反应(catalytic reaction),催化反应十分普遍。自然界及生物体内发生的许多化学反应也有催化剂的介入。对催化反应的研究是化学动力学的重要内容。

通常所讲的催化剂是指能加快反应速率的催化剂(称为正催化剂),如合成氨反应中的铁催化剂。与催化剂的概念相反,能减慢反应速率的物质为阻化剂(inhibitors)或抑制剂(retarder),如食用油脂里加入的0.01%～0.02%的没食子酸正丙酯抑制剂、橡胶中的防老化剂及食品中的防腐剂。过去曾使用的"负催化剂"已不被IUPAC认可。

有些反应的产物本身就能做该反应的催化剂,从而使反应自动加快,这种催化剂称为自催化剂,这类反应称为自催化反应。例如,在酸性溶液中,$KMnO_4$氧化草酸的反应:

$$2KMnO_4+5H_2C_2O_4+3H_2SO_4 \xlongequal{} 2MnSO_4+K_2SO_4+10CO_2+8H_2O$$

反应开始进行时较慢,稍后自动变快。这是由于反应所生成的Mn^{2+}对该反应具有催化作用。

各种研究表明,催化剂能加快化学反应速率是通过改变反应机理来实现的。通常,在催化剂参与下,反应途径发生了改变,从而降低了反应活化能。如图2-10所示,反应A$\longrightarrow$C经途径Ⅰ完成,中间经历活化配合物为B,正反应的活化能为E_1。加入催化剂后,反应物A经历B′(催化活化配合物)后转化为生成物C,所经历的途径Ⅱ对应的活化能E_2低于途径Ⅰ的活化能E_1。由于反应的活化能降低,活化分子百分数相应增大,故反应速率加快。图2-10还显示,加入催化剂后,反应途径的改变同时也同等程度地降低了逆反应的活化能,表明催化剂不仅能加快正反应的速率,同时也能加快逆反应的速率。

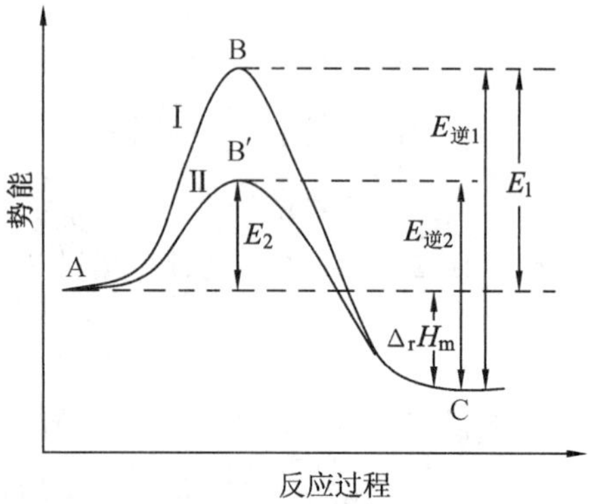

图 2-10 催化作用降低反应活化能示意图

例如,合成氨反应中,没有催化剂时反应的活化能为326.4 kJ·mol^{-1},加入铁作催化剂后,活化能降低到175.5 kJ·mol^{-1}。若设温度为773 K,可计算出加入催化剂后合成氨的速率增加到原来的1.57×10^{10}倍。可见催化剂对反应速率的影响十分显著。

催化剂具有以下基本特征:

(1) 催化剂在化学反应前后的质量和化学性质不变。但由于催化剂往往要参与反应,其物理性质尤其是晶形状态可能发生变化。如MnO_2催化$KClO_3$的分解反应,反应后MnO_2由较大的晶体变成了细小粉末;用Pt网催化使氨氧化,几周后Pt网表面会变得比较粗糙。

(2) 催化剂只能改变化学反应的速率，不能改变体系的始态和终态，不能改变反应的 $\Delta_r G_m$，所以不能改变自发反应的方向和限度。

(3) 催化剂能同等程度地改变可逆反应的正、逆反应速率，因此，催化剂能够缩短体系达到平衡的时间。但是，催化剂不会引起化学平衡常数的变化，不会使平衡移动。

(4) 催化剂具有特殊的选择性。催化剂的选择性有两方面的含义。第一，不同类型的反应需要选择不同的催化剂。一种催化剂通常只对一种或少数几种反应起催化作用，即使是同一类型的反应，其催化剂也不一定相同。第二，对同样的反应物，选择不同的催化剂可以得到不同的产物，这一点在工业生产中有重要意义。实践中可以利用这种选择性，选用不同的催化剂以得到不同的产物，如乙醇的分解反应。

$$C_2H_5OH\begin{cases}\xrightarrow{Cu,200\sim250\ ^\circ C} CH_3CHO + H_2 \\ \xrightarrow{Al_2O_3,350\sim360\ ^\circ C} C_2H_4 + H_2O \\ \xrightarrow{Al_2O_3,140\ ^\circ C} C_2H_5OC_2H_5 + H_2O \\ \xrightarrow{ZnO\cdot Cr_2O_3,400\sim450\ ^\circ C} CH_2{=}CHCH{=}CH_2 + H_2 + H_2O\end{cases}$$

据统计，约有 90% 以上的工业过程使用催化剂，如化工、石化、生化、环保等，可见催化剂在加快反应速率、提高生产效率方面发挥了巨大作用。在齐格勒-纳塔催化剂被发明之前，烯烃聚合采用的是自由基聚合，需要高压反应条件，并且反应中存在着多种链转移反应，无法合成高聚合度的聚烯烃。20 世纪 50 年代德国化学家齐格勒(Karl Waldemar Ziegler)合成了一种催化剂 $TiCl_4$-$Al(C_2H_5)_3$，并将其用于聚乙烯的生产，得到了支链很少的高密度聚乙烯。之后，意大利化学家纳塔(Giulio Natta)将这一催化剂用于聚丙烯生产，得到了高聚合度、高规整度的聚丙烯。人们称这类催化剂为齐格勒-纳塔催化剂。齐格勒-纳塔催化剂对整个人类社会发展所产生的推动作用是无与伦比的！从生产角度来讲，齐格勒-纳塔催化剂的出现使得很多塑料的生产不再需要高压，减少了生产成本，且使得产物的结构与性质可控。从科研角度看，齐格勒-纳塔催化剂带动了聚合反应机理的研究。利用齐格勒-纳塔催化剂生产的聚烯烃产品被广泛应用于科技、军事、日常生活，对人类的吃、穿、用、住、行产生了极其深远的影响。

面对资源约束趋紧、环境污染严重、生态系统退化的严峻形势，人类必须树立尊重自然、顺应自然、保护自然的生态文明理念，走可持续发展的道路。为"加快生态文明体制改革，建设美丽中国"，我国提倡、构建"绿色化学"(green chemistry，又称环境友好化学)。绿色化学的中心思想是从源头杜绝有害物质的产生，从根本上消除化学生产过程对环境的污染。目前，仍在使用的钒、铬、锰和汞等重金属及其氧化物，不仅有损工人健康，而且会对环境造成污染。要达到绿色化学的要求，其中一个重要方面是坚持"绿色催化之路"，使用高选择性的无公害催化剂，采用少排放或无排放的自循环生产流程，开发无公害合成新工艺。

2.5.2　催化作用理论

根据催化剂与反应物是否同处一相，催化反应可以分为均相催化反应和多相催化反应。

下面简单介绍均相催化和多相催化的催化作用理论。

1. 均相催化—中间产物学说

催化剂处在溶液或气相中，与反应物形成均相体系而发挥催化作用的反应称为均相催化反应，简称均相催化(homogeneous catalysis)。如溶液中的酸、碱催化反应，酶催化反应等。根据反应所在相的类型，均相催化反应又分为气相催化反应和液相催化反应。

如图 2-11 所示，在均相催化反应 $A+B \longrightarrow AB$ 中，加入催化剂 K 形成均匀体系后，往往先形成中间产物 AK，再进一步反应生成产物 AB，并释放出催化剂 K，即

$$A+K \longrightarrow AK$$

$$AK+B \longrightarrow AB+K$$

加入催化剂后，催化剂参与形成了中间产物，从而改变了反应途径，降低了反应活化能，使反应速率得以加快，因此这种理论称为中间产物学说。图 2-11 用两种反应途径与活化能的关系来解释催化剂降低反应的总活化能的原理。

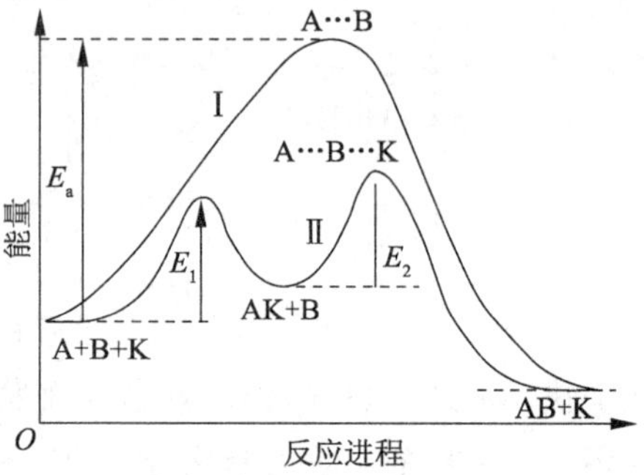

图 2-11 催化作用降低反应活化能示意图

例如，在 791 K 时，乙醛的气态热分解反应若不加催化剂，反应按下式进行

$$CH_3CHO(g) \xlongequal{} CH_4(g)+CO(g)$$

其反应活化能为 190 $kJ \cdot mol^{-1}$。如用碘蒸汽作为催化剂，形成混合气体，反应途径变为

(1) $CH_3CHO(g)+I_2(g) \longrightarrow CH_3I(g)+HI(g)+CO(g)$ (慢反应)

(2) $CH_3I(g)+HI(g) \longrightarrow CH_4(g)+I_2(g)$ (快反应)

第一步是慢反应，活化能较高，为 136 $kJ \cdot mol^{-1}$，但比不加入催化剂时的活化能要低。根据阿伦尼乌斯方程，可以算出加入催化剂后 CH_3CHO 分解反应的速率常数比未加催化剂的增加了近 4000 倍。

均相催化反应中，最常见的是酸碱催化反应。例如，在蔗糖的转化、淀粉的水解等反应中，加酸可使反应加速，这里的催化剂是 H^+，这类反应就属于酸催化反应。再如，向过氧化氢溶液中加碱可使其迅速分解为氧和水，这里起催化作用的是 OH^-，该反应就属于碱催化反应。生物体内有许多重要的酸碱催化反应，如蛋白质的水解脱聚反应。一些药物在一定 pH 条件下能进行催化水解反应，因此，配药液时应注意调节 pH，以保持药物的稳定。

2. 多相催化—活性中心学说

催化剂自成一相(常为固体)，与反应物构成非均相体系而发生催化作用的反应称为多相(或非均相)催化反应，简称多相催化(heterogeneous catalysis)。如在钒催化剂作用下 SO_2 氧化为 SO_3，在铁催化剂作用下 H_2 和 N_2 合成 NH_3 等。

在多相催化反应中，催化剂多为固体，反应物一般为气体或液体，反应在固体催化剂表面的活性中心上进行。因此，反应速率除了与反应物浓度、温度有关外，还与催化剂固体表

面的结构、表面积大小、反应物或生成物的扩散速率等有关。多相催化比均相催化复杂，它不仅涉及一般的化学反应机理，还涉及固体表面现象等其他学科的知识。

一般认为，固体催化剂比表面积大且表面结构呈超微不均匀性，造成表面的原子具有不饱和的键，特别是棱、角等突出部位的不饱和程度更高，这些不饱和部位称为活性中心，反应物在活性中心被吸附、变形、活化，使得旧键松弛而失去正常的稳定状态，转变为新物质，因此，这种理论称为活性中心学说。

除了以上介绍的中间产物学说和活性中心学说外，其他常见的催化作用理论还有多位理论、半导体催化电子理论和配位催化理论。

2.5.3　酶催化作用

生物体内几乎所有的化学反应都是由酶(enzyme)催化的。酶的化学本质是蛋白质或复合蛋白质(蛋白质＋辅因子)，它是一类由生物体产生的具有高效和专一催化作用的蛋白质，归属于生物催化剂。酶有着悠久的历史，自地球有生物起就有了酶，支配着维持生命的新陈代谢、营养和能量转化等活动。例如，人类利用植物或其他动物体中的物质，在体内经过错综复杂的化学反应，把这些物质转化为自身的一部分，使人类得以生存、活动、生长和繁殖等，这些过程中的化学反应都离不开酶的催化作用，人体就是一个极其复杂又十分奥妙的酶催化系统。可以说没有酶的催化作用就不可能有生命现象，这种催化作用称为酶催化(enzyme catalysis)。在体外，酶也可以应用于人类的生产生活。

酶具有催化活性是由其结构特点决定的。酶是由各种氨基酸按一定的排列顺序组成的蛋白质肽链，同一种酶都具有相同的结构和固定的形态。这种独特的结构使组成肽链的某些氨基酸的侧链形成固定的空间排布，构成具有催化能力的活性中心。只有在正常条件下，酶的这种结构和形态才是稳定的。一旦周围环境条件发生变化，或受其他因素的影响，酶的结构和形态就可能发生改变，从而导致其催化能力丧失，这种现象称为变性。一般来说，高温、强酸、强碱、有机溶剂都会使酶变性而失去催化活性。

酶与一般的非生物催化剂相比较，具有以下主要特点。

(1) 高效的催化活性

酶的催化效率比通常的无机或有机催化剂高出 $10^8 \sim 10^{12}$ 倍。催化剂显著加快反应速率在于其能降低反应的活化能，而酶对反应活化能降低的效果尤其明显。例如，H_2O_2 分解为 O_2 和 H_2O 的反应，活化能为 74 $kJ \cdot mol^{-1}$，I^- 催化时活化能为 59 $kJ \cdot mol^{-1}$，若为酶催化，活化能仅为 25 $kJ \cdot mol^{-1}$。再如，食物中蛋白质的水解(即消化)，在体外需在高浓度强酸(或强碱)的条件下煮沸相当长的时间才能完成，但在人体内(正常体温及胃蛋白酶的作用下)短时间即可完成。又如，人体血液中的碳酸酐酶能催化 H_2CO_3 分解为 CO_2 和 H_2O，1 个碳酸酐酶分子可在 1 min 内催化 1.9×10^7 个 H_2CO_3 分子分解。酶对于生命的重要作用，正在于酶催化的反应要比非生物催化剂快几千倍至上亿倍。

(2) 高度的选择性(专一性)

酶的催化作用具有极强的专一性，一种酶通常只能催化一种或一类底物发生反应。例如，尿素酶只能催化尿素的水解反应，而对尿素取代物的水解反应则无催化作用。再如，葡萄糖氧化酶只催化葡萄糖的醛基氧化为葡萄糖酸这一种反应，绝不会催化葡萄糖的其他基团反应，更不会催化其他物质的氧化反应。生物体内存在的1000多种酶保证了生命过程的正常进行。一旦由于某种因素造成某一种酶的缺失或催化活性低下，生物的新陈代谢就会不正常，进而产生疾病，甚至导致死亡。人类亦是如此。在近千种酶中，60%以上的酶含有微量元素铜、锌、锰、钼等，这些微量元素参与了各种酶的组成与激活，能使体内的各种反应顺利进行。

(3) 温和的催化条件

酶的催化反应条件一般都比较温和，对环境友好，在常温、常压、接近中性的水溶液中即可发挥催化作用。

(4) 对温度和pH的范围要求较高

蛋白质的结构性质决定了酶催化剂存在一些缺点，如易受热、某些化学物质及杂菌的破坏而失活，稳定性较差。因此，酶催化反应对温度和pH的范围要求较高。

酶对温度非常敏感。人体内各种酶的最适宜温度是37 ℃左右，温度过高会引起酶蛋白变性，使酶的催化活性显著下降，从而导致人体的新陈代谢出现异常，人在发烧时食欲不振也正是这个原因。反应体系的pH会影响酶蛋白的电荷状态及酶分子的立体结构，因而酶只能在一定的pH范围内发挥催化作用。如果pH偏离这个范围，酶的活性就会降低，甚至完全丧失。只有在最佳条件下，酶才能发挥出作为催化剂的最佳性能。

拓展知识

从历史上来说，化学动力学的发展比热力学晚，也没有热力学那样比较完整的体系。但是近百年来其发展迅速，诺贝尔化学奖颁奖历程中有13次颁发给了22位直接对动力学发展做出重大贡献的科学工作者，这充分证明了化学动力学在现代化学发展中占有重要地位。

化学动力学作为一门独立的学科，它的发展始于质量作用定律的建立，大致分为两个阶段：19世纪后半叶的宏观动力学阶段；20世纪50年代以后的微观动力学阶段。微观动力学阶段最重要的特点是研究方法和技术手段的创新，特别是分子束、激光技术的发展和应用，不仅使人们有可能从分子水平上观察化学过程的动态行为，还可以研究由一个量子态的反应物转变为另一个量子态的产物的速率及其微观过程。因此，化学动力学进入态—态化学的层次。态—态反应的研究对深入理解化学反应的微观机理，更好地控制化学反应和反应途径，起到了极为重要的作用，并开创了分子反应动力学，发展了一系列新的研究领域，如量子分子动力学、立体化学反应动力学、非绝热过程动力学等，也带来了众多新成果。

美籍华裔物理化学家李远哲教授在气态化学动力学、分子束及辐射化学方面贡献卓越，他设计的“分子束碰撞器”和“离子束交叉仪器”能分析各种化学反应的每一阶段过程，为此他获得了1986年诺贝尔化学奖。李远哲教授对推动海峡两岸的科研工作做出了很大贡献。他刻苦勤奋的科研精神，胸怀祖国、服务人民的爱国精神值得我们学习和推崇。

分子束反应动态学是现代化学发展的重要前沿理论之一。中国科学院大连化学物理研究所楼南泉等自1979年以来，自行设计和建造了研究装置，从分子水平研究化学反应。他们综合了国际上研究分子束反应动态学的特点和长处，提出了自己的研究方法，针对若干高放能反应，在分子束反应动态学及分子间传能研究方面，为我国做了开创性的实验研究工作，并建立了包括我国第一台专用型交叉分子束装置在内的多种实验设备，从而使我国有了较完备的高水平的分子反应动力学实验室（包括分子束、化学发光和激光诱导荧光等技术）。

习　题

2-1　解释下列名词：化学反应速率；有效碰撞；活化分子；活化能；活化配合物；化学反应机理；基元反应；质量作用定律；反应级数；半衰期；催化剂；均相催化；多相催化。

2-2　用各组分浓度随时间的变化表示下列反应的平均速率，并写出各速率之间的相互关系。

(1) $2N_2O_5 \longrightarrow 4NO_2 + O_2$

(2) $4HBr + O_2 \longrightarrow 2Br_2 + 2H_2O$

2-3　判断下列说法是否正确并说明理由。

(1) 复杂反应是由多个基元反应组成的。

(2) 在某反应的速率方程式中，若反应物浓度的幂次方与反应方程式中的计量系数相等，则该反应一定是基元反应。

(3) 任何反应的反应速率都是随时间而变化的。

(4) 复杂反应中，反应速率由最慢的反应步骤控制。

(5) 有了化学反应方程式，就可以根据质量作用定律写出它的速率方程式。

(6) 温度升高使反应速率加快的主要原因是温度升高使碰撞次数增多，从而使反应速率加快。

(7) 对于同一个反应，加入的催化剂虽然不同，但活化能的降低程度是相同的。

(8) 在一定条件下，某化学反应的 $\Delta G > 0$，故要寻找合适的催化剂促使反应正向进行。

(9) 催化剂能加快化学反应速率，所以能改变平衡体系中生成物和反应物的相对含量。

2-4　试解释浓度、温度和催化剂加快化学反应速率的原因。

2-5　化学反应 $NO_2(g) + O_3(g) \xlongequal{} NO_3(g) + O_2(g)$ 于25 ℃下测得的数据如下：

序号	起始浓度/($mol \cdot dm^{-3}$)		生成 O_2 的速率/($mol \cdot dm^{-3} \cdot s^{-1}$)
	NO_2	O_3	
1	5.0×10^{-5}	1.0×10^{-5}	0.022
2	5.0×10^{-5}	2.0×10^{-5}	0.044
3	2.5×10^{-5}	2.0×10^{-5}	0.022

(1) 计算该反应的速率常数、反应级数；

(2) 写出该反应的速率方程式。

2-6 在一定温度范围内,反应 $2NO(g)+Cl_2(g)=\!=\!=2NOCl(g)$ 为基元反应。

(1) 写出该反应的速率方程式,指出它的反应级数。

(2) 其他条件不变,如果将容器的体积增加到原来的 2 倍,反应速率如何变化?

(3) 如果容器体积不变,将 NO 的浓度增加到原来的 3 倍,反应速率又将如何变化?

2-7 H_2O_2的分解反应 $H_2O_2(l)=\!=\!=H_2O(l)+0.5O_2(g)$是一级反应,某温度下该反应的速率常数 k 为 0.041 min^{-1}。现有 1.0 $mol\cdot dm^{-3}$的 H_2O_2溶液开始分解,试问 30.0 min 后,剩余 H_2O_2的浓度为多少? H_2O_2分解一半需要多长时间?

2-8 某一同位素的衰变反应为一级反应。该同位素试样初始质量为 3.50 mg,经过 6.3 h 后,分析出该同位素只有 2.73 mg,计算该试样的半衰期。

2-9 某药物的分解反应为一级反应,在体温 37 ℃时,反应速率常数为 0.46 h^{-1},若服用该药物 0.16 g,问该药物在胃中停留多长时间可分解 90%?

2-10 反应 $HI(g)+CH_3I(g)=\!=\!=CH_4(g)+I_2(g)$,在 650 K 时速率常数是 2.0×10^{-5} $dm^3\cdot mol^{-1}\cdot s^{-1}$,在 670 K 时速率常数是 7.0×10^{-5} $dm^3\cdot mol^{-1}\cdot s^{-1}$,求该反应的活化能 E_a。

2-11 在 301 K 时鲜牛奶大约 4 h 变酸,但在 278 K 的冰箱中可保鲜 48 h。假定反应速率与牛奶变酸时间成反比,计算牛奶变酸反应的活化能。

拓展习题

第3章 溶液和胶体

溶液和胶体是自然界中常见的混合物，与人类的生产活动、科学研究及生命过程关系十分密切。生物体和土壤中的液体部分多数为溶液或胶体，人体内的血液、胃液、淋巴液等均为溶液，自然界中的江河湖海都是水溶液。在生产实践和生活中，农药的使用、无土栽培技术的应用、组织培养液和液体药物的配制、土壤的改良、工业废水的净化、美食的烹制等都离不开对溶液或胶体的研究。我国诺贝尔生理医学奖获得者屠呦呦发现青蒿素、液晶技术的突破和大规模生产应用等成果的取得都离不开科学研究人员对于溶液和胶体基本性质和原理的熟练运用。

本章首先介绍溶液概念、分散系的种类、特征，然后讨论溶液组成标度的表示方法、稀溶液的依数性，最后介绍胶体的基本概念、结构和主要性质。

3.1 溶液的基本理论

3.1.1 分散系

溶液(solution)是指一种或者一种以上的物质以分子或离子的形式溶解在另一种物质中形成的均一、稳定的混合物。其中含量多且能溶解其他物质的组分称为溶剂(solvent)，含量少的组分称为溶质(solute)。

一种或几种物质分散在另一种介质中所形成的体系称为分散体系(disperse system)，简称分散系。例如，NaCl溶于水形成的溶液、酒精溶于水形成的溶液、牛奶溶于水形成的乳浊液、泥土置于水中形成的悬浊液，以及水蒸气扩散到空气中形成的雾都为分散系。被分散的物质称为分散相(disperse phase)或分散质(可以是气体、液体、固体)，上述分散系中的NaCl、酒精、牛奶、泥土、水蒸气都是分散相。起容纳分散相作用的物质称为分散介质(disperse medium)或分散剂(可以是气体、液体、固体)，上述分散系中的水、空气都是分散介质。

分散系的某些性质常随分散相粒子的大小而改变。因此，按分散相粒子的大小可将分散系分为三类：① 低分子(或离子)分散系，或称为真溶液(true solution)，其分散相粒子的大小在1 nm以下；② 胶体分散系，或称为胶体溶液(colloidal solution)，其分散相粒子的大小为1～100 nm，溶胶和高分子化合物溶液都属于这一类分散系；③ 粗分散系，其分散相粒子的大小在100 nm以上，可细分为悬浊液(内含固体颗粒)和乳浊液(内含液体颗粒)。这三类分散系之间无明显的界限，各自的特征如表 3-1 所示。

分散系又可分为均相和多相(非均相)分散系。真溶液与高分子溶液为均相分散系，分散相和分散介质属于同一个相。溶胶与粗分散系为多相分散系，其分散相和分散介质属于不同的相。

理解和应用分散性时须注意以下几点：

(1) 溶液分散系中，溶质是分散相，溶剂是分散介质。

(2) 悬浊液或乳浊液中不存在溶质和溶剂的概念。

(3) 溶液不一定是液体，如许多合金属于溶液；同理，浊液不一定是液体，如不洁净的空气也属于浊液。

(4) 根据分散相与分散介质的状态，它们之间可有 9 种组合方式：气体→气体、液体、固体；液体→气体、液体、固体；固体→气体、液体、固体。

表 3-1 分散系的分类

分散系类型		分散相类型	分散相粒子直径	主要特征	实例
真溶液		分子或离子	<1 nm(能透过滤纸和半透膜)	澄清，透明，均一稳定，无丁达尔现象	NaCl 溶液，溴水
胶体		胶粒(分子、离子、原子的聚集体或单个高分子)	1～100 nm(能透过滤纸，不能透过半透膜)	均一，较稳定，有丁达尔现象，常透明	肥皂水，淀粉溶液，$Fe(OH)_3$ 胶体
粗分散系	悬浊液	固体颗粒	>100 nm(不能透过滤纸和半透膜)	不均一，不稳定，不透明	水泥
	乳浊液	小液滴	>100 nm(不能透过滤纸和半透膜)	能透光的浊液有丁达尔现象	乳剂水溶液

3.1.2 溶液组成标度的表示方法

实验、化工生产、环境监测及人体的生命过程和动植物的生理活动都离不开溶液。通常所说的溶液为液态，若不特别指明，即为水溶液。配制和使用溶液的首要问题就是确定溶液组成的量度。溶液组成的量度可以用一定量溶液或溶剂中所含溶质的量来表示，其中常用的表示方法有物质的量浓度、质量摩尔浓度、摩尔分数和质量分数等。

1. 物质的量浓度

1) 物质的量

物质的量(amount of substance)是国际单位制 SI 中 7 个基本物理量之一，它和长度、质量、时间等概念一样，是一个物理量的整体名词。它表示物质所含粒子数目的多少，用符号 n 表示，其单位为摩尔(mol)，简称摩。它是把微观粒子与宏观可称量物质联系起来的一种物理量。

根据 1971 年第十四届国际计量大会的决议，摩尔是一体系的物质的量，该体系中包含的基本单元与 0.012 kg^{12}C 的原子数目相等。

我们在使用物质的量及其单位摩尔时应注意以下几点：

① 摩尔既不是质量的单位，也不是数目的单位，而是物质的量的单位。如果体系中基本单元的数目与 0.012 kg^{12}C 中所含的原子数目相等，则该体系的物质的量就是 1 mol。由于 0.012 kg^{12}C 中所含的原子数目约为阿伏加德罗常数（$N_A=6.02\times10^{23}$），所以 1 mol 是 6.02×10^{23} 基本单元微粒的集合。体系的物质的量与体系中所含基本单元的数目的关系为 $n=N/N_A$。

② 在使用物质的量时必须指明基本单元。基本单元是分子、原子、离子、电子、光子等一切物质的粒子或这些粒子的特定组合，如 H，H_2，NaOH，2KCl，($2H_2+O_2$)等都可以指定为基本单元。基本单元的选择是任意的，它既可以是实际存在的，也可以是根据需要人为设定的。

确定基本单元后，就可以用该物质的质量和摩尔质量(molar mass)来求算物质的量。摩尔质量被定义为某物质的质量除以它的物质的量，即

$$M_B=\frac{m_B}{n_B} \tag{3-1}$$

式中，M_B 为物质 B 的摩尔质量，单位为 kg·mol^{-1} 或 g·mol^{-1}；m_B 为物质 B 的质量，单位为 kg 或 g；n_B 为物质 B 的物质的量，单位为 mol。常见化合物的摩尔质量见附录 4。

在使用摩尔质量时同样必须指明基本单元。例如：$M(\text{NaOH})=40.00\ \text{g}\cdot\text{mol}^{-1}$；$M\left(\frac{1}{2}\text{NaOH}\right)=20.00\ \text{g}\cdot\text{mol}^{-1}$；$M\left(\frac{1}{5}\text{KMnO}_4\right)=31.61\ \text{g}\cdot\text{mol}^{-1}$。相同质量的某物质，如 $KMnO_4$，当选择 $KMnO_4$，$\frac{1}{5}KMnO_4$，$5KMnO_4$ 等不同的基本单元时，其摩尔质量不同，物质的量也不相同。

2）物质的量浓度

以单位体积溶液中所含溶质 B 的物质的量来表示溶液组成的物理量，称为溶质 B 的物质的量浓度(amount-of-substance concentration)，用符号 c_B 表示，常用单位为 mol·dm^{-3}，或 mmol·dm^{-3}，即

$$c_B=\frac{n_B}{V} \tag{3-2}$$

式中，n_B 为溶液中溶质 B 的物质的量；V 为溶液的体积。

由于 c_B 是 n_B 的导出量，故选择的基本单元不同，物质的量浓度的数值也不相同。因此，在使用 c_B 时也应指明基本单元。

需要指出的是，若无特殊说明，浓度指的就是物质的量浓度。

【例 3-1】 按 40 g NaOH 溶于 60 g 水的比例配制溶液，所得溶液的密度为 1.21 g·cm^{-3}，则 $c(\text{NaOH})$ 为多少？

解：查附录 4 可知 $M(\text{NaOH})=40.00\ \text{g}\cdot\text{mol}^{-1}$

1 dm^3 溶液中 NaOH 的质量为

$$m(NaOH)=\frac{1.21\times1000\times40}{40+60}=484\ g$$

又因为 $M_B=\frac{m_B}{n_B}$，$c_B=\frac{n_B}{V}$，则

$$c(NaOH)=\frac{m(NaOH)}{M(NaOH)V}=\frac{484}{40.00\times1.0}=12.1\ mol\cdot dm^{-3}$$

2. 质量摩尔浓度

1 kg 溶剂中所含溶质 B 的物质的量，称为溶质 B 的质量摩尔浓度(molality)，用符号 b_B 表示，常用单位为 $mol\cdot kg^{-1}$ 或 $mmol\cdot kg^{-1}$，即

$$b_B=\frac{n_B}{m_A} \tag{3-3}$$

式中，n_B 为溶液中溶质 B 的物质的量；m_A 为溶液中溶剂 A 的质量。

质量摩尔浓度与物质的量浓度相比，由于前者与体积无关，所以其数值不随温度的变化而变化，在要求精确浓度时，必须用质量摩尔浓度表示。对于一般稀溶液来说，其密度近似等于水的密度，可以认为溶质 B 的物质的量浓度 c_B 近似地等于其质量摩尔浓度 b_B，这种近似常用于计算中。

【例 3-2】 将 7.0 g 结晶草酸($H_2C_2O_4\cdot2H_2O$)溶于 93.0 g 水中，求草酸的质量摩尔浓度 $b(H_2C_2O_4)$。

解：查附录 4 可知 $M(H_2C_2O_4\cdot2H_2O)=126.06\ g\cdot mol^{-1}$，$M(H_2C_2O_4)=90.03\ g\cdot mol^{-1}$

在 7.0 g $H_2C_2O_4\cdot2H_2O$ 中，$H_2C_2O_4$ 的质量为

$$m(H_2C_2O_4)=\frac{7.0\times90.03}{126.06}=5.0\ g$$

溶液中水的质量为

$$m(H_2O)=93.0+(7.0-5.0)=95.0\ g$$

草酸的质量摩尔浓度为

$$b(H_2C_2O_4)=\frac{5.0/90.03}{95.0/1000}=0.58\ mol\cdot kg^{-1}$$

3. 摩尔分数

混合物或溶液中一种物质 B 的物质的量与各组分的物质的量总和之比，即为该物质的摩尔分数(mole fraction)，也称为物质的量分数(amount-of-substance fraction)，用符号 x_B 表示，即

$$x_B=n_B/\sum_i n_i \tag{3-4}$$

若溶液由溶质 B 和溶剂 A 组成，则溶质 B 和溶剂 A 的摩尔分数分别为

$$x_B=\frac{n_B}{n_A+n_B}\qquad x_A=\frac{n_A}{n_A+n_B}$$

式中，n_B 为溶质 B 的物质的量；n_A 为溶剂 A 的物质的量。显然，$x_A+x_B=1$。

4. 质量分数

物质B的质量分数(mass fraction)是指物质B的质量m_B除以混合物总的质量$\sum_i m_i$，用符号ω_B表示，即

$$\omega_B = m_B / \sum_i m_i \tag{3-5}$$

对溶液而言，溶质B和溶剂A的质量分数分别为

$$\omega_B = \frac{m_B}{m_A + m_B} \qquad \omega_A = \frac{m_A}{m_A + m_B}$$

式中，m_A为溶剂A的质量；m_B为溶质B的质量。显然，$\omega_A + \omega_B = 1$。

5. 体积分数

物质B的体积分数(volume fraction)是指物质B的体积V_B除以混合物的体积$\sum_i V_i$，用符号φ_B表示，即

$$\varphi_B = V_B / \sum_i V_i \tag{3-6}$$

【例 3-3】 市售浓硫酸的密度为1.84 kg·dm^{-3}，质量分数为96.0%，试求该溶液的$c(H_2SO_4)$、$x(H_2SO_4)$和$b(H_2SO_4)$。

解：查附录4可知$M(H_2SO_4)=98.08\ g\cdot mol^{-1}$，$M(H_2O)=18.02\ g\cdot mol^{-1}$，则

$$c(H_2SO_4)=\frac{(1.84\times 1000)\times 0.960}{98.08}=18.01\ mol\cdot dm^{-3}$$

$$x(H_2SO_4)=\frac{96.0/98.08}{(96.0/98.08)+(4.0/18.02)}=0.82$$

$$b(H_2SO_4)=\frac{96.0/98.08}{4.0/1000}=244.7\ mol\cdot kg^{-1}$$

3.2　稀溶液的依数性

溶液中由于有溶质的分子或离子存在，其性质与纯溶剂已不相同。这些性质分为两类：第一类性质与溶质本身的性质有关，如溶液的颜色、密度和导电性等；第二类性质在溶剂选定后不随溶质的变化而变化，仅与所含溶质微粒数的多少有关，如溶液的蒸气压下降、沸点升高、凝固点降低及渗透压等，这类性质的变化规律只适用于稀溶液。我们把这类仅取决于溶质的质点数而与溶质本身的性质无关的性质称为稀溶液的依数性(colligative properties)，或称稀溶液的通性。本节主要介绍难挥发性非电解质稀溶液的依数性。

3.2.1 溶液的蒸气压下降

1. 纯溶剂的蒸气压

将某纯溶剂放在留有空间的密闭容器中，在一定温度下，部分溶剂分子会克服液体分子间的引力自液面逸出形成蒸气分子，这一过程称为蒸发(evaporation)。同时气相中的溶剂分子也会接触到液面并被吸引到液相中，这一过程称为凝结(condensation)。经过一定时间，便会在液体与其蒸气之间建立起液-气动态平衡。平衡状态下的蒸气称为饱和蒸气，由饱和蒸气所产生的压力称为饱和蒸气压，简称为蒸气压(vapor pressure)，用符号 p 表示，单位为 Pa 或 kPa。以水为例，在一定温度下，液-气间的相平衡可表示为

$$H_2O(l) \underset{\text{凝结}}{\overset{\text{蒸发}}{\rightleftharpoons}} H_2O(g)$$

100 ℃时，$p_{H_2O}=101.325$ kPa。

蒸气压的大小与液体本身的性质有关。在一定温度下，不同的液体蒸气压不同。同一液体在不同温度下有不同的蒸气压，并随温度的上升而增大，如水的蒸气压随温度的上升而增大。固体升华时也有一定的蒸气压，但一般很小，它也随温度的上升而增大。

2. 溶液的蒸气压下降

在一定温度下，纯溶剂的蒸气压 p°为一定值。难挥发性非电解质(溶质)B 溶入溶剂 A 后，部分液面被溶质分子所占据，使得单位时间内逸出液面的溶剂分子数减少，因此，当一定温度下达到平衡时，溶液的蒸气压 p 必然低于纯溶剂的蒸气压 p°，这种现象称为溶液的蒸气压下降，用 Δp 表示，$\Delta p=p^\circ-p$。

1887 年法国物理学家拉乌尔(Francois Marie Raoult)根据实验结果总结出如下规律：在一定温度下，难挥发性非电解质稀溶液的蒸气压等于纯溶剂的蒸气压乘以溶液中溶剂的摩尔分数，即

$$p=p^\circ x_A \tag{3-7}$$

由于

$$x_A+x_B=1$$

因此

$$p=p^\circ(1-x_B)$$

即

$$\Delta p=p^\circ x_B \tag{3-8}$$

式中，p°表示纯溶剂的蒸气压；x_A表示溶剂 A 的摩尔分数；x_B表示溶质 B 的摩尔分数。式(3-8)表明，在一定温度下，难挥发性非电解质稀溶液的蒸气压下降值 Δp 与溶液中溶质的摩尔分数成正比，而与溶质本身的性质无关。这是拉乌尔定律的另一数学表达式。

在稀溶液中，溶质的物质的量 n_B远远小于溶剂的物质的量 n_A，所以

$$x_B=\frac{n_B}{n_A+n_B}\approx\frac{n_B}{n_A} \qquad \frac{n_B}{n_A}=\frac{n_B}{m_A/M_A}$$

$$\Delta p = p^\circ x_B \approx p^\circ \frac{n_B}{m_A/M_A}$$

$$\Delta p = p^\circ M_A b_B \tag{3-9}$$

在一定温度下，p°为一定值，$p^\circ M_A$为一常数，用 K 表示，可得公式

$$\Delta p = K b_B \tag{3-10}$$

式中，b_B为溶质的质量摩尔浓度。式(3-10)表明稀溶液的蒸气压下降值与溶质的质量摩尔浓度成正比，这也是拉乌尔定律的表达式。它说明了难挥发性非电解质稀溶液的蒸气压下降只与一定量的溶剂中所含溶质的微粒数有关，而与溶质本身的性质无关。

某些固体物质常用作干燥剂，就是利用了蒸气压下降的性质。如氯化钙($CaCl_2$)、五氧化二磷(P_2O_5)等，在空气中吸收水分而潮解，就是因为这些固体物质表面吸水后，形成该物质的溶液，它的蒸气压比空气中水蒸气的分压小，结果空气中的水蒸气不断地凝结进入此溶液，使这些物质继续潮解。

【例 3-4】 已知 20 ℃时水的饱和蒸气压为 2.3378 kPa，将 17.115 g 蔗糖 $C_{12}H_{12}O_{11}$ 与 3.003 g 尿素 $CO(NH_2)_2$分别溶于 100 g 水，试分别计算这两种溶液的质量摩尔浓度和蒸气压。

解：查附录 4 可知 $M(C_{12}H_{12}O_{11}) = 342.3\ g \cdot mol^{-1}$，$M(H_2O) = 18.02\ g \cdot mol^{-1}$，$M[CO(NH_2)_2] = 60.06\ g \cdot mol^{-1}$，故蔗糖溶液的质量摩尔浓度为

$$b(C_{12}H_{12}O_{11}) = \frac{17.115/342.3}{100/1000} = 0.5\ mol \cdot kg^{-1}$$

蔗糖溶液中水的摩尔分数为

$$x(H_2O) = \frac{n_A}{n_A + n_B} = \frac{100/18.02}{100/18.02 + 17.115/342.3} = 0.991$$

蔗糖溶液的蒸气压为

$$p = p^\circ(H_2O)x(H_2O) = 2.3378 \times 0.991 = 2.317\ kPa$$

尿素溶液的质量摩尔浓度为

$$b[CO(NH_2)_2] = \frac{3.003/60.06}{100/1000} = 0.5\ mol \cdot kg^{-1}$$

尿素溶液中水的摩尔分数为

$$x(H_2O) = \frac{n_A}{n_A + n_B} = \frac{100/18.02}{100/18.02 + 3.003/60.06} = 0.991$$

尿素溶液的蒸气压为

$$p = p^\circ(H_2O)x(H_2O) = 2.3378 \times 0.991 = 2.317\ kPa$$

3.2.2　溶液的沸点升高和凝固点降低

1. 溶液的沸点升高

液体的沸点(boiling point)是液体的蒸气压等于外压时的温度。液体的正常沸点(normal boiling point)是指外压为标准大气压即 101.325 kPa 时的沸点。例如，水的正常沸点为

373.15 K。通常情况下，没有注明压力条件的沸点都是指正常沸点。

实验证明，溶液的沸点高于纯溶剂的沸点，这一现象称为溶液的沸点升高(boiling point elevation)。溶液沸点升高的原因是溶液的蒸气压低于纯溶剂的蒸气压。

图 3-1 所示为水、冰和溶液的蒸气压与温度的关系。aa'表示纯溶剂水的蒸气压曲线，由图可知，因为水的蒸发是吸热过程，所以温度升高，水的蒸气压将增大。bb'表示稀溶液的蒸气压曲线，由于溶液的蒸气压下降，因此在同一温度下，稀溶液的蒸气压总小于纯水相应的蒸气压。在纯水的沸点 373.15 K(T_b°)处，溶液的蒸气压小于外界的大气压，溶液未沸腾；当温度升高至 T_b时(图 3-1 中 b'点对应的温度)，溶液的蒸气压才与外界大气压相等，溶液开始沸腾。此时，溶液的沸点升高，$\Delta T_b = T_b - T_b^\circ$。溶液浓度越大，其蒸气压下降越多，沸点也升高得越多。根据拉乌尔定律，稀溶液的沸点升高值与蒸气压下降值成正比，即

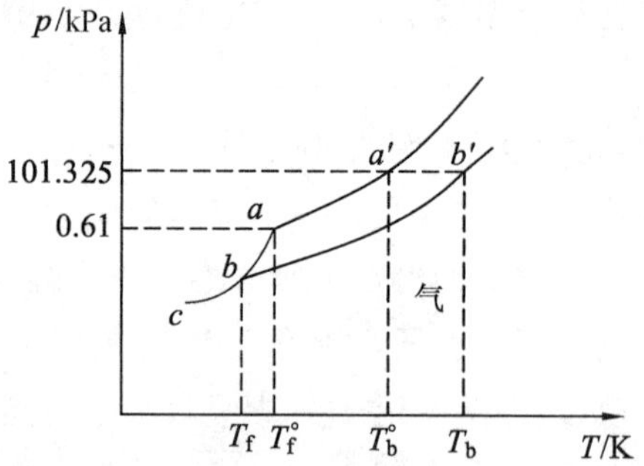

图 3-1　水、冰和稀溶液的蒸气压与温度的关系

$$\Delta T_b = K'\Delta p$$

而

$$\Delta p = K b_B$$

所以

$$\Delta T_b = K'K b_B = K_b b_B \tag{3-11}$$

式中，K_b为溶剂的质量摩尔沸点升高常数，它只与溶剂本身的性质有关。表 3-2 列出了常见溶剂的沸点及 K_b值。

从式(3-11)可以看出，在一定条件下，难挥发性非电解质稀溶液的沸点升高值只与溶质的质量摩尔浓度成正比，而与溶质本身的性质无关。

2. 溶液的凝固点降低

物质的凝固点(freezing point)是指在一定外压下(一般是 101.325 kPa)，该物质的液相蒸气压与固相蒸气压相等时的温度。溶液的凝固点实际上就是溶液中溶剂的蒸气压与纯固体溶剂的蒸气压相等时的温度。

水的凝固点又称冰点。图 3-1 中 ac 为冰的蒸气压曲线。由图可知，在 101.325 kPa 压力下，当温度为 273.15 K 时，冰和水的蒸气压均为 0.61 kPa (aa'和 ac 曲线的交点 a 对应的压力)，此时冰和水可以平衡共存，故水的凝固点为 273.15 K(T_f°)。而对于难挥发的非电解质溶液，在 273.15 K 时溶液的蒸气压小于 0.61 kPa，即小于该温度下冰的蒸气压，冰将不断融化，所以 273.15 K 不是溶液的冰点。从图 3-1 中可以看出，冰、水和稀溶液的蒸气压虽然都是随温度的下降而减小，但冰减小的幅度更大。当温度降低至 T_f时(点 b)，溶液的蒸气压与冰的蒸气压相等，溶液和冰达到平衡状态，因此，T_f为该溶液的凝固点。溶剂的凝固点与溶液的凝固点之差($T_f^\circ - T_f$)就是该溶液的凝固点降低值 ΔT_f。

对于稀溶液而言，溶液的凝固点降低值 ΔT_f 与溶液的蒸气压下降值 Δp 成正比

$$\Delta T_f = K''\Delta p$$

而

$$\Delta p = Kb_B$$

所以

$$\Delta T_f = K''Kb_B = K_f b_B \tag{3-12}$$

式中，K_f 为溶剂的质量摩尔凝固点降低常数，它只与溶剂本身的性质有关。一些溶剂的凝固点及 K_f 值见表 3-2。

表 3-2　常见溶剂的沸点 T_b°、质量摩尔沸点升高常数 K_b、凝固点 T_f°、质量摩尔凝固点降低常数 K_f

溶剂(分子式或化学式)	T_b°/K	K_b/(K·kg·mol^{-1})	T_f°/K	K_f/(K·kg·mol^{-1})
水(H_2O)	373.15	0.52	273.15	1.86
乙酸(CH_3COOH,简写 HAc)	391.15	2.93	289.81	3.90
苯(C_6H_6)	353.25	2.53	278.65	5.12
萘($C_{10}H_8$)	491.11	5.80	353.35	6.94
乙醚($C_2H_5OC_2H_5$)	307.85	2.02	156.80	1.80

从式(3-12)中可以看出，难挥发性非电解质稀溶液的凝固点降低值与溶质的质量摩尔浓度成正比，而与溶质本身的性质无关。

根据沸点升高和凝固点降低与溶质浓度的关系，可以测定溶质的摩尔质量(或相对分子质量)。由于大多数溶剂的 K_f 值大于 K_b 值，同一溶液的凝固点降低值比沸点升高值大，而且在达到凝固点时，溶液中有晶体析出，现象明显，容易观察，测定灵敏度高且相对误差小。因此，在实际工作中多采用凝固点降低法，按式(3-13)计算溶质的摩尔质量。

$$M_B = K_f \frac{m_B}{\Delta T_f m_A} \tag{3-13}$$

式中，m_B 为溶质的质量；m_A 为溶剂的质量；M_B 为溶质的摩尔质量。

此外，溶液的凝固点测定是在低温下进行的，不会导致生物样品的变性或破坏，溶液浓度也不会变化，因此凝固点降低法在医学和生物学实验中应用更为广泛。

【例 3-5】 将 2.6 g 尿素 $CO(NH_2)_2$ 溶于 50 g 水中，计算此溶液的凝固点和沸点。

解：查附录 4 可知 $M[CO(NH_2)_2] = 60.06\ g \cdot mol^{-1}$，故 2.6 g 尿素的物质的量为

$$n = 2.6/60.06 = 0.0433\ mol$$

尿素的质量摩尔浓度为

$$b[CO(NH_2)_2] = 0.0433 \times 1000/50 = 0.866\ mol \cdot kg^{-1}$$

查表 3-2 可知 $K_b = 0.52\ K \cdot kg \cdot mol^{-1}$，$K_f = 1.86\ K \cdot kg \cdot mol^{-1}$，故

$$\Delta T_b = K_b b_B = 0.52 \times 0.866 = 0.45\ K$$

$$\Delta T_f = K_f b_B = 1.86 \times 0.866 = 1.61\ K$$

溶液的沸点为

$$T_b=373.15+0.45=373.45\ K=100.45\ ℃$$

溶液的凝固点

$$T_f=273.15-1.61=271.54\ K=-1.61\ ℃$$

【例 3-6】 取谷氨酸 0.749 g 溶于 50.0 g 水中，测得凝固点为－0.188 ℃，试求谷氨酸的摩尔质量。

解：设谷氨酸的摩尔质量为 M_B，查表 3-2，$K_f=1.86\ K\cdot kg\cdot mol^{-1}$，则

$$\Delta T_f=K_f b_B=K_f\ \frac{m_B/M_B}{m_A}$$

$$M_B=K_f\frac{m_B}{m_A\Delta T_f}=1.86\times\frac{0.749}{50.0\times10^{-3}\times0.188}=148.2\ g\cdot mol^{-1}$$

溶液的沸点升高和凝固点降低在日常生活、生产、科研方面有广泛的应用。在严寒的冬天，为防止汽车、拖拉机的水箱冻裂，常在水箱（散热器）中加入乙二醇、酒精、甘油等以降低水的凝固点而防止结冰。有机化学实验中常用测定沸点或熔点的方法来检验化合物的纯度，这是因为可将含杂质的化合物看作一种溶液，化合物本身是溶剂，杂质是溶质，所以含杂质的化合物的熔点比纯化合物的低，沸点比纯化合物的高。

3.2.3 溶液的渗透压

用一种只让溶剂如水分子通过而不使溶质如蔗糖分子通过的半透膜（semipermeable membrane）将蔗糖溶液和水分隔开，如图 3-2(a)所示，纯溶剂中的水分子可以通过半透膜进入蔗糖溶液中，蔗糖溶液中的水分子也可以通过半透膜进入纯溶剂中。动物的肠衣、动植物的细胞膜、毛细血管壁、人工制备的羊皮纸、火棉胶等，都具有半透膜的性质。由于膜两侧单位体积内水分子数不等，因此在单位时间内由纯水进入蔗糖溶液中的水分子数要比由蔗糖溶液进入纯水中的水分子数多，其结果是蔗糖溶液液面升高，水的液面降低，如图 3-2(b)所示。这种溶剂分子透过半透膜自动进入溶液中的过程称为渗透（osmosis）。蔗糖溶液一侧的液面上升后，静水压增大，驱使溶液中的溶剂分子加速通过半透膜，当静水压增大至一定值后，单位时间内从膜两侧透过的溶剂分子数相等，渗透作用达到平衡，称为渗透平衡（osmotic equilibrium）。

由此可见，产生渗透现象必须具备两个条件：一是半透膜的存在；二是膜两侧单位体积内溶剂分子数不相等，即存在浓度差。渗透现象不仅在溶液和纯溶剂之间可以发生，在浓度不同的两种溶液之间也可以发生。溶剂分子总是从纯溶剂向溶液渗透，或从稀溶液向浓溶液渗透，从而缩小溶液的浓度差。

如图 3-2(c)所示，为了阻止渗透的进行，必须在溶液液面上施加一超额的压力。为维持只允许溶剂分子通过的膜所隔开的溶液与溶剂之间的渗透平衡而需要的超额压力称为渗透压（osmotic pressure），用符号 Π 表示，单位为 Pa 或 kPa。如果被半透膜隔开的是两种浓度不同的溶液，为阻止渗透现象发生，应在浓溶液液面上施加一超额压力，实验证明，此压力既不是浓溶液的渗透压，也不是稀溶液的渗透压，而是浓溶液与稀溶液的渗透压之差。

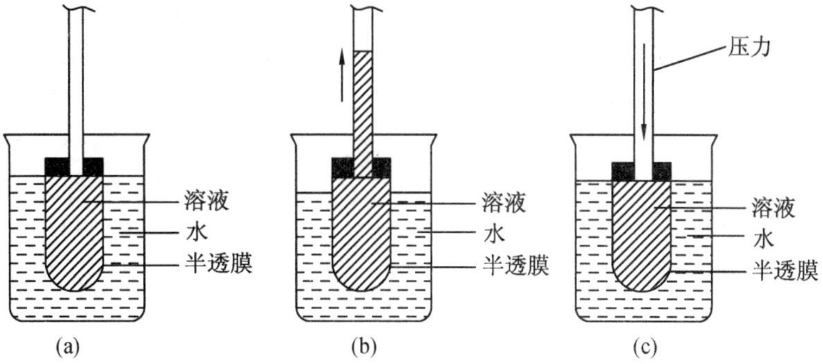

图 3-2 渗透压示意图

稀溶液渗透压的大小与溶液的浓度和温度有关。1886年范特霍夫发现:难挥发性非电解质稀溶液的渗透压可用与理想气体状态方程式相似的方程来表示:

$$\Pi V = n_B RT \tag{3-14}$$

$$\Pi = c_B RT \tag{3-15}$$

式(3-14)或(3-15)称为范特霍夫定律(Van't Hoff law)。式中,Π 为溶液的渗透压,单位为 kPa;n_B为溶液中溶质的物质的量,单位为 mol;V 是溶液的体积,单位为 dm^3;c_B为溶质的物质的量浓度,单位为 $mol \cdot dm^{-3}$;T 为热力学温度,单位为 K;R 为摩尔气体常数,8.314 $J \cdot K^{-1} \cdot mol^{-1}$。

范特霍夫定律表明:在一定温度下,稀溶液渗透压的大小仅与单位体积溶液中所含溶质的微粒数有关,而与溶质本身的性质无关。因此,渗透压也是稀溶液的一种依数性。

对于稀水溶液来说,溶质的物质的量浓度与质量摩尔浓度近似相等,即 $c_B \approx b_B$,因此,式(3-15)也可以表示为

$$\Pi \approx b_B RT \tag{3-16}$$

通过渗透压可测定用其他方法无法确定的高分子化合物的摩尔质量。

$$\Pi V = n_B RT = \frac{m_B}{M_B} RT$$

所以

$$M_B = \frac{m_B}{\Pi V} RT \tag{3-17}$$

式中,m_B为溶质的质量,单位为 g;M_B为溶质的摩尔质量,单位为 $g \cdot mol^{-1}$。

【例 3-7】 血红素 1.0 g 溶于水配成 100 cm^3 溶液,此溶液在 20 ℃时的渗透压为 366 Pa。计算:(1) 溶液的物质的量浓度;(2) 血红素的摩尔质量。

解:(1) 因为 $\Pi = c_B RT$,所以

$$c_B = \frac{\Pi}{RT} = \frac{366}{8.314 \times (273.15 + 20)} = 0.150\ mol \cdot m^{-3} = 1.50 \times 10^{-4}\ mol \cdot dm^{-3}$$

(2) 设血红素的摩尔质量为 M_B,则

$$M_B = \frac{m_B}{\Pi V} RT = \frac{1.0}{366 \times 100 \times 10^{-6}} \times 8.314 \times (273.15 + 20) = 6.66 \times 10^4\ g \cdot mol^{-1}$$

工业上常利用反渗透(reverse osmosis,或称逆渗透)原理进行工业废水处理、海水淡化和溶液浓缩等。反渗透就是在溶液上施加额外的压力,当该压力超过溶液的渗透压时,溶液中的溶剂分子就会通过半透膜向纯溶剂一方渗透。与蒸馏法相比,利用反渗透法来淡化海水需要的能量更少,目前该方法已成为一些海岛、远洋客轮和某些缺少饮用淡水的国家获得淡水的主要方法。

3.3 胶体

胶体是物质的一种分散状态,是一种比较稳定的分散系。不论何种物质,只要其粒子以1～100 nm的大小分散于另一物质中时,就形成了胶体。例如,氯化钠在水中分散成离子时属低分子分散系,而在苯中则分散成离子的聚集体,该聚集体粒子的大小在1～100 nm范围内,形成胶体。许多蛋白质溶液、淀粉溶液、糖原溶液、血液、淋巴液等都属于胶体。按照分散剂的状态,胶体可分为固溶胶(如有色玻璃)、气溶胶(如雾、云、烟)和液溶胶[如AgI胶体、$Fe(OH)_3$胶体]。由于此类分散系的胶体粒子大于低分子分散系的分散相粒子,小于粗分散系的分散相粒子,使得这类胶体粒子可以透过滤纸但不能透过半透膜,因此可以使用半透膜渗析的方法来精制胶体。

3.3.1 胶体的性质

多相性、高度分散性和聚结不稳定性是胶体的基本特性,其光学性质、动力学性质和电学性质都是由这些基本特性引起的,能发生丁达尔现象,产生聚沉、盐析、电泳现象,具有渗析作用、吸附性等性质。

1. 光学性质

1869年,英国物理学家丁达尔(John Tyndall)发现,用一束汇聚的光通过暗室中的胶体,从入射光的垂直方向可以观察到胶体中出现一条光亮的“通路”,这种现象称为丁达尔现象,也称丁达尔效应(Tyndall effect)。

丁达尔现象的产生与分散相粒子粒径的大小和入射光的波长有关。在光的传播过程中,光线照射到粒子时,如果粒子粒径远大于入射光波长,则发生光的反射;如果粒子粒径小于入射光波长,则发生光的散射,这时观察到的是光波环绕微粒而向其四周散射的光,称为散射光或乳光。由于胶体粒子粒径范围为1～100 nm,小于可见光波长(400～750 nm),因此,当可见光透过胶体时会产生明显的散射作用。丁达尔效应中那条光亮的“通路”就是胶体粒子对光线的散射所形成的。真溶液中的分子或离子更小,粒径一般不超过1 nm,可见光透过时也发生散射,但散射光的强度随散射粒子体积的减小而明显减弱,因此,真溶液对光的散射作用很微弱,难以观察到丁达尔现象。

胶体有丁达尔现象,而溶液几乎没有,因此可以利用丁达尔现象来区分胶体和真溶液。需要注意的是,当有光线通过悬浊液时可能也会出现光路,但是由于悬浊液中的颗粒对光线的阻碍过大,使得产生的光路很短;其他分散体系即便产生这种现象也远不如胶体显著。

图 3-3 所示为光照射 $Fe(OH)_3$ 溶胶与 $CuSO_4$ 溶液时的区别，其中，左边试管盛放的是 $CuSO_4$ 溶液，右边试管盛放的是 $Fe(OH)_3$ 溶胶。

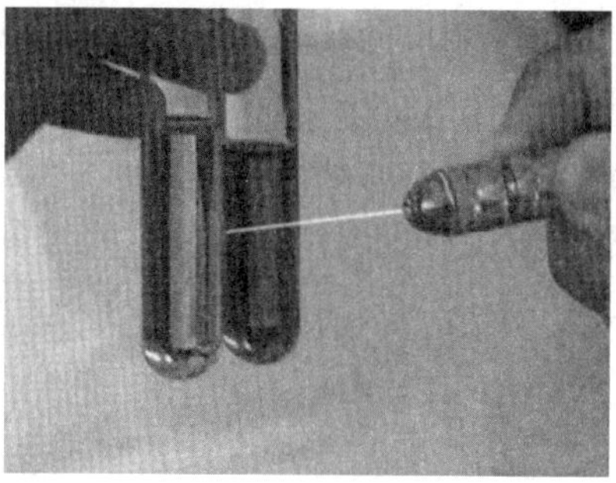

图 3-3　丁达尔现象

清晨，在茂密的树林中，常常可以看到从枝叶间透过的一道道光柱，这就是丁达尔现象。类似于这种自然界的丁达尔现象还有阳光透过云隙等。这是因为云、雾、烟尘也是胶体，只是这些胶体的分散剂是空气，分散质是微小的尘埃或液滴。

2. 动力学性质

通过超显微镜对胶体溶液进行观察，可以看到代表分散相粒子的发光点在不停地做无规则运动；在显微镜下观察悬浮在水中的藤黄粉、花粉微粒，或在无风情形下观察空气中的烟粒、尘埃时也会看到这种运动，并且温度越高，运动越激烈。这种运动最早是在 1827 年由苏格兰植物学家布朗(Robert Brown)发现的，因此称为布朗运动(见图 3-4)。

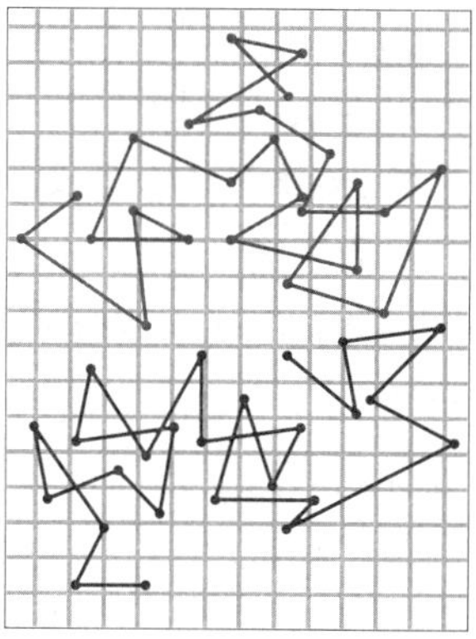

图 3-4　布朗运动

很长一段时间，人们都不知道布朗运动的原理，直到 1877 年德耳索(J. Delsaulx)提出这些微小颗粒是受到周围分子的不平衡碰撞而产生运动。例如，做布朗运动的粒子非常微小，在周围液体或气体分子的碰撞下，产生一种涨落不定的净作用力，导致微粒的不规则运动。如果布朗粒子相互碰撞的机会很少，可以将其看成是巨大分子组成的理想气体，则在重力场中达到热平衡后，其数密度(单位体积内某种粒子或者物质的数量)按高度的分布应遵循玻尔兹曼分布。1905 年爱因斯坦(Albert Einstein)根据扩散方程建立了布朗运动的统计理论。1908 年，佩兰(Jean Baptiste Perrin)的实验证实了布朗运动方程。布朗运动的发现、实验研究和理论分析间接证实了分子的无规则热运动，对于气体动理论的建立及确认物质结构的原子性具有重要意义，同时也推动了统计物理学特别是涨落理论的发展。布朗运动为分子运动论和统计力学的发展奠定了基础。

当胶体存在浓度差时，胶粒自发地由浓度大的区域向浓度小的区域迁移，这种过程称为扩散(diffusion)。对于球形胶粒而言，扩散速度在数值上与浓度梯度成正比，但方向相反；温度越高，扩散速率越大；分散介质黏度越大，胶粒半径越大，扩散速率越小。在生物体内，扩散是物质的输送或物质的分子、离子透过细胞膜的一种动力。

在胶体中，胶粒的布朗运动反抗了胶粒本身的重力作用，可使其不沉降，所以胶体具有动力学稳定性。但是，运动着的胶粒又会因为相互碰撞而聚结变大，这些变大的胶粒在重力作用下会发生沉淀，从而降低了胶体的稳定性。这种胶粒受重力作用聚结下沉的现象称为沉降(sedimentation)。胶粒的直径、密度越大，沉降速率越大；分散介质密度、黏度越大，沉降速率越小。

沉降作用势必造成容器底部胶粒浓度大于容器上部的浓度，即产生浓度差，因而使胶粒由下向上扩散。此时沉降方向与扩散方向相反，当两种作用速率相等时就达到了沉降平衡(sedimentation equilibrium)。越接近容器的底部，单位体积胶体中的胶粒数越多，此时容器中胶粒的分布自上而下逐渐形成一定的浓度梯度，如图 3-5 所示。

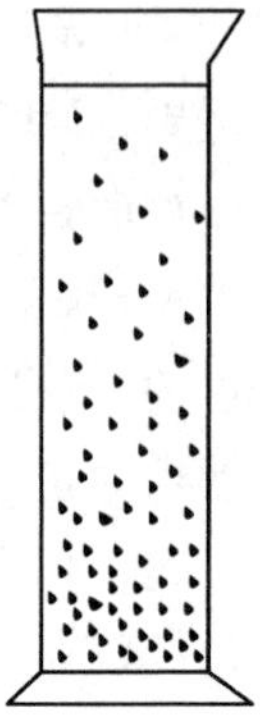

图 3-5 沉降平衡示意图

3. 电学性质

在外加直流电源的作用下，胶体微粒在分散介质中向阴极或阳极作定向移动，这种现象称为电泳(electrophoresis)(见图 3-6)。

胶体有电泳现象，证明胶体的微粒带有电荷。各种胶体微粒的本质不同，它们吸附的离子不同，所以带有不同的电荷。利用电泳可以确定胶体微粒的电性质，向阳极移动的胶粒带负电荷，向阴极移动的胶粒带正电荷。一般来讲，金属氢氧化物、金属氧化物等胶体微粒吸附阳离子，带正电荷；非金属氧化物、非金属硫化物等胶体微粒吸附阴离子，带负电荷。

图 3-7 是试验胶体中胶粒电泳的装置。如图 3-7(a)所示，在 U 形管中加入红棕色 $Fe(OH)_3$ 溶胶至活塞，上部注入无色 NaCl 溶液。通入直流电一段时间后，便可看到负极一侧红棕色界面上升，而正极一侧红棕色界面下降，如图 3-7(b)所示，说明 $Fe(OH)_3$ 溶胶胶粒向阴极移动，带正电。若用黄色的 As_2S_3 溶胶进行相同实验，发现正极一侧黄色界面上升，而负极一侧黄色界面下降，说明 As_2S_3 溶胶中胶粒向阳极移动，带负电。

利用带电粒子在电场中移动速度不同而达到分离的技术称为电泳技术。1937 年瑞典学者蒂塞利乌斯(Arne Wilhelm Kaurin Tiselius)设计制造了移动界面电泳仪，分离了马血清白蛋白的 3 种球蛋白，创建了电泳技术。电泳技术在临床生化检验及研究中常用来分离和鉴定各种氨基酸、蛋白质和核酸等。

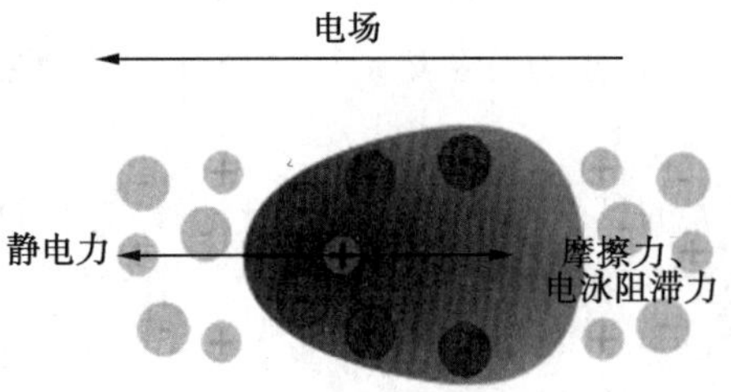

图 3-6 电泳现象

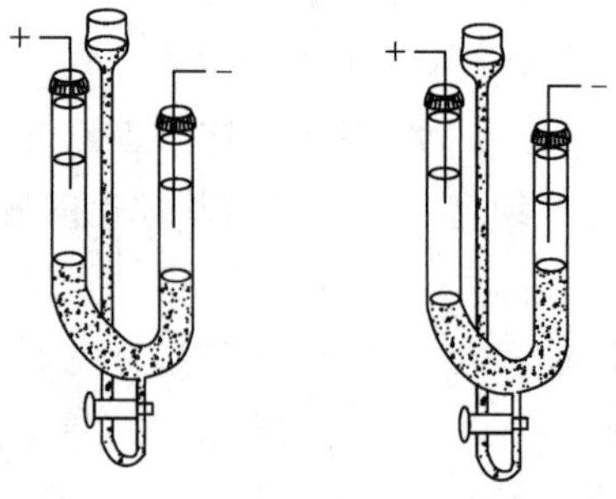

图 3-7 $Fe(OH)_3$ 溶胶的电泳

3.3.2　胶团

1. 胶团的基本概念

胶团是由胶粒和扩散层构成的，其中胶粒又由胶核和吸附层组成，如图 3-8 所示。胶核是胶体中分散相分子、原子或离子的聚集体，是胶粒或胶团的核心。胶核能选择吸附介质中的某种离子或表面分子离解而形成带电离子，称为电位离子。由于电位离子的静电引力作用而吸引的介质中部分与胶粒所带电性相反的离子，称为反离子。电位离子与部分反离子紧密结合在一起构成吸附层，另一部分反离子因扩散作用分布在吸附层外围，形成了与吸附层电性相反的扩散层，这种由吸附层和扩散层构成的电量相等、电性相反的两层结构称为扩散双电层(diffused electric double layer)。

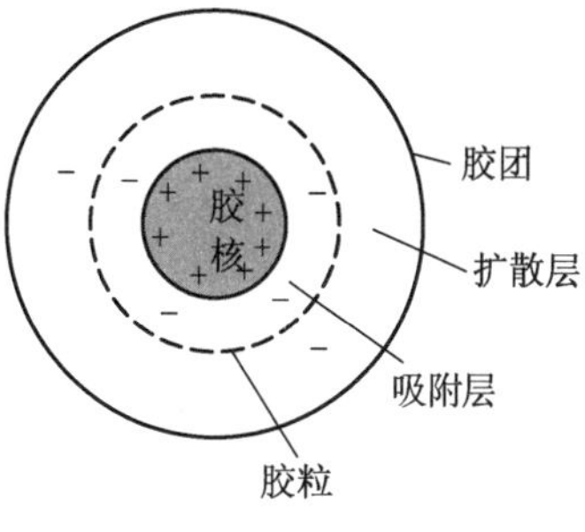

图 3-8　扩散双电层

通常把胶核和吸附层合称为胶粒，胶粒和扩散层合称为胶团。由于扩散层和胶粒所带电荷相反、电量相等，因此整个胶团是电中性的。扩散层以外的均匀溶液为胶团间液，它是电中性的。胶体的实质就是胶团和胶团间液构成的分散系。

2. 胶团的结构

胶体的结构非常复杂，现以 AgI 胶体为例来讨论胶体的胶团结构。

在反应 $AgNO_3 + KI \longrightarrow KNO_3 + AgI\downarrow$ 中，若 KI 过量，过量的 KI 作稳定剂，则生成 AgI 负溶胶。首先许多 AgI 分子聚在一起构成胶体粒子的核心(即为胶核)，然后胶核选择性地吸附与其组成类似的 I^- 而带负电荷，同时等量的反离子 K^+ 分布在其周围。图 3-9、图 3-10 为该胶团的结构表达式和构造示意图。

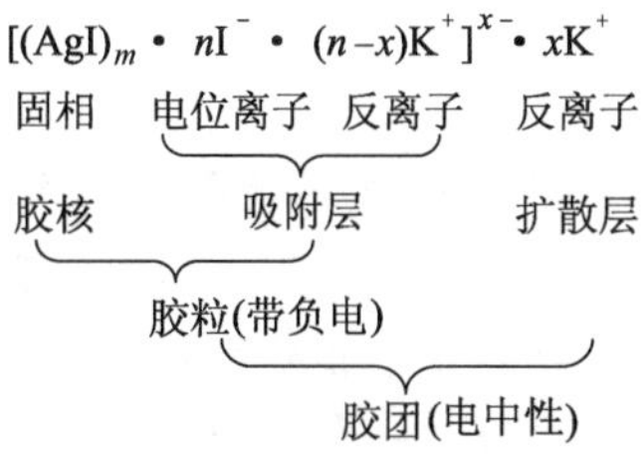

图 3-9　AgI 负溶胶的胶团结构式

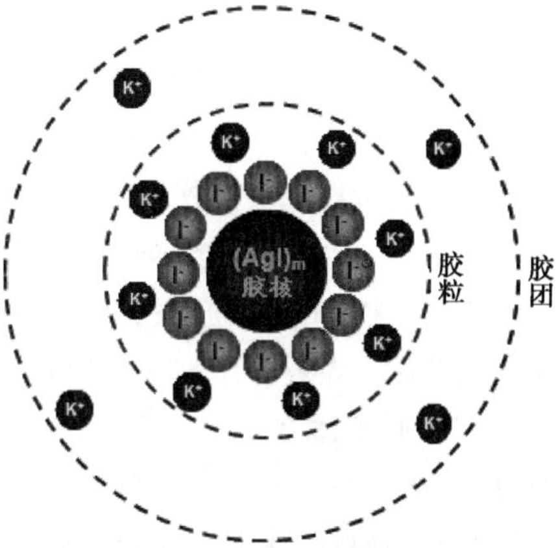

图 3-10　AgI 负溶胶的胶团构造示意图

对同一反应：$AgNO_3 + KI \longrightarrow KNO_3 + AgI\downarrow$，如果 $AgNO_3$ 过量，过量的 $AgNO_3$ 作稳

定剂，则生成 AgI 正溶胶。图 3-11 为 AgI 正溶胶胶团的结构表达式。

$$[(AgI)_m \cdot nAg^+ \cdot (n-x)NO_3^-]^{x+} \cdot xNO_3^-$$

固相　电位离子　反离子　反离子

胶核　吸附层　扩散层

胶粒(带正电)

胶团(电中性)

图 3-11　AgI 正溶胶的胶团结构式

3.3.3　胶体的稳定性和聚沉

1. 胶体的稳定性

胶体与粗分散系相比，具有很高的稳定性。其主要原因可以从以下三方面考虑。

(1)布朗运动。胶粒的布朗运动使胶体粒子由下部向上部扩散，因而在一定程度上抵消了由于胶体粒子的重力作用而引起的沉降，使胶体具有一定的稳定性，这种稳定性称为动力学稳定性。

(2)电荷的排斥作用。在胶体分散系中，由于胶粒带有相同的电荷，当其接近到一定程度时，同种电荷相斥，阻止了它们进一步靠近而凝聚。

(3)溶剂化效应。胶团中的电位离子和反离子都能发生溶剂化作用，在其表面形成具有一定强度和弹性的溶剂化膜，这层溶剂化膜既可以阻止胶体粒子之间直接接触，又可以降低胶体粒子的表面能，从而提高了胶体的稳定性。溶剂化膜越厚，双电层越厚，胶体就越稳定。

2. 胶体的聚沉

胶体的稳定性是相对的，当稳定因素受到破坏时，胶粒就会相互聚结而沉降，这种现象称为聚沉(coagulation)。由于胶体稳定因素是胶粒带有同种电荷而互相排斥、胶粒间无规则的布朗运动等，因此，中和胶粒的电荷、加快胶粒的热运动以增加胶粒的结合机会就可使胶体发生聚沉。例如，胶体的相互作用、加入电解质、加热、改变胶体的浓度等。

(1) 加热。加热可以使很多胶体发生聚沉。这是由于加热不仅能够加快胶粒的运动速度，增加胶粒的结合机会，而且也降低了胶核对电位离子的吸附能力，削弱了胶粒的溶剂化作用，破坏了胶粒的溶剂化膜，使胶粒聚沉。

(2) 加入电解质。在胶体中加入电解质可以引起聚沉。胶体对电解质很敏感，很少量的电解质就可以引起胶体聚沉。一般认为这是由于电解质引入的反离子与胶团扩散层中的反离子同性相斥，将反离子排斥入吸附层，因而聚结沉降。同时，加入的电解质有很强的溶剂化作用，它可以夺取胶粒表面溶剂化膜中的溶剂分子，破坏胶粒的溶剂化膜，使胶粒聚集而沉淀下来。电解质的聚沉能力可用聚沉值(coagulation value)为单位。聚沉值是使一定量的胶体溶液在一定时间内开始凝聚所需电解质的浓度，一般以 $mmol \cdot dm^{-3}$ 为单位。电解质的聚沉能力主要由反离子的价数决定。反离子价数愈高，电解质的聚沉能力愈强。

(3) 加入带相反电荷的胶体。把电性相反的两种胶体以适当比例相互混合时，胶体将发生聚沉，这种聚沉称为胶体的相互聚沉。当两种溶胶所带的总电荷量相同时，才能完全聚沉。如把 $Fe(OH)_3$ 胶体加入硅酸胶体中，两种胶体均会发生凝聚。判断血型所依据的凝结反应可能与胶体相互聚沉有关。明矾净化水是利用了明矾中 Al^{3+} 水解产生的 $Al(OH)_3$ 正胶体与污水中带负电的胶态悬浮物相互聚沉的原理。

拓展知识

大多数有机体的细胞膜有半透膜的性质，因此渗透现象对生物的生命过程有着重大意义。例如，渗透压是引起水在动植物中运动的推动力。植物细胞汁的渗透压可达 20 个大气压，所以水可由植物根部运送到高达数十米的顶端。

为什么常用生理盐水的浓度是 9 $g \cdot dm^{-3}$、$NaHCO_3$ 溶液的浓度是 12.5 $g \cdot dm^{-3}$ 呢？解释这样的问题正好可以体现出渗透压在医学上的重大意义。

溶液中能产生渗透效应的溶质粒子（包括分子、离子等）统称为渗透活性物质。单位体积的溶液中所含渗透活性物质的总物质的量称为溶液的渗透浓度（osmolarity），用符号 c_{os} 表示，单位为 $mol \cdot dm^{-3}$ 或 $mmol \cdot dm^{-3}$。一定温度下，稀溶液的渗透压力与溶液的渗透浓度成正比，因此在医学上常用渗透浓度来表示溶液的渗透压。

在相同温度下，渗透压相等的溶液称为等渗溶液（isotonic solution）。而对于渗透压不相等的溶液，其中渗透压相对较高的溶液称为高渗溶液（hypertonic solution），渗透压相对较低的溶液称为低渗溶液（hypotonic solution）。

人体的血液由血细胞和血浆组成。医学上的等渗、低渗和高渗溶液是以血浆的渗透压为标准来衡量的。正常人血浆的渗透浓度约为 303.7 $mmol \cdot dm^{-3}$，医学上规定渗透浓度在 280～320 $mmol \cdot dm^{-3}$ 范围内的溶液为等渗溶液；渗透浓度小于 280 $mmol \cdot dm^{-3}$ 的溶液为低渗溶液；渗透浓度大于 320 $mmol \cdot dm^{-3}$ 的溶液为高渗溶液。

常用生理盐水的 c_{os} 为 308.0 $mmol \cdot dm^{-3}$（9 $g \cdot dm^{-3}$），$NaHCO_3$ 溶液的 c_{os} 为 297.6 $mmol \cdot dm^{-3}$，它们是临床上常用的等渗溶液，可避免由于渗透作用导致细胞变形或被破坏而丧失正常生理功能。这可通过红细胞在不同质量浓度的 NaCl 溶液中的形态变化加以说明，如图 3-12 所示。

将红细胞置于生理盐水中，在显微镜下可以观察到红细胞的形态保持不变，如图 3-12(a) 所示，这是由于生理盐水和红细胞内液的渗透压相等，细胞内、外液处于渗透平衡状态。

将红细胞置于稀 NaCl 溶液（如 5 $g \cdot dm^{-3}$）中，在显微镜下可以观察到红细胞逐渐膨胀，红细胞最终破裂并释放出胞内的血红蛋白，将溶液染成红色，如图 3-12(b) 所示，医学上称这种现象为溶血（hemolysis）。这是由于红细胞内液的渗透压高于稀 NaCl 溶液的，水从细胞膜外向内渗透，致使细胞胀大甚至破裂。

将红细胞置于较浓的 NaCl 溶液（如 15 $g \cdot dm^{-3}$）中，在显微镜下可以观察到红细胞逐渐皱缩，如图 3-12(c) 所示，这种现象称为胞质分离。皱缩的红细胞互相聚集成团，易在血管中产生“栓塞”(embolism)。这是由于红细胞内液的渗透压低于浓 NaCl 溶液的，胞内的水分子向浓 NaCl 溶液渗透，致使红细胞皱缩。

(a) 9 g · dm^{-3} NaCl溶液　(b) 5 g · dm^{-3} NaCl溶液　(c) 15 g · dm^{-3} NaCl溶液

图 3-12　红细胞在渗透压不同的 NaCl 溶液中的形态图

人体需要保持体内渗透平衡。因此，临床上常用生理盐水的浓度是 9 g · dm^{-3}、$NaHCO_3$ 溶液的浓度是 12.5 g · dm^{-3}。但是，在实际应用时，个别略低于或略高于医学规定渗透浓度范围的溶液，在临床上也认为是等渗溶液，如 50.0 g · dm^{-3}(277.5 mmol · dm^{-3})的葡萄糖溶液和 18.7 g · dm^{-3}(333.9 mmol · dm^{-3})的乳酸钠溶液。

若遇到特殊情况，如大面积烧伤引起血浆严重脱水，就要用低浓度的盐水补充血浆中的水分；如患者失钠过多，引起血浆的水分相对增多时，为了调节血浆的浓度，就要用高渗盐水，或给低血糖患者注射 500 g · dm^{-3} 的葡萄糖溶液。使用高渗溶液时，用量不能太多，推注速度不能过快。少量高渗溶液进入血液后，随着血液循环被稀释，并逐渐被组织细胞利用，从而使浓度降低，故不会出现胞质分离的现象。

习题

3-1　什么是分散系？根据分散相粒子的大小，液体分散系可分为哪几种类型？

3-2　什么是稀溶液的依数性？难挥发性非电解质稀溶液的四个依数性之间有什么联系？

3-3　在 100 g 质量分数为 95%的浓硫酸中加入 100 g 水，稀释后溶液的密度为 1.13 g · cm^{-3}，计算稀释后 H_2SO_4 溶液的质量分数、物质的量浓度和质量摩尔浓度。

3-4　判断下列说法是否正确并说明理由。

(1) 一定温度下，渗透压较大的水溶液其蒸气压一定较大。

(2) 由于蔗糖的摩尔质量低于蛋白质的摩尔质量，所以相同质量摩尔浓度的蔗糖水溶液和蛋白质水溶液的凝固点不同。

(3)一定温度下，由于尿素与乙二醇的摩尔质量不同，所以相同物质的量浓度的这两种稀的水溶液的渗透压也不相同。

(4) 相同温度下，0.010 mol · dm^{-3} 丙三醇水溶液的渗透压低于 0.10 mol · dm^{-3} 乙二醇水溶液的渗透压。

3-5　293.15 K 时水的饱和蒸气压为 2.338 kPa，如果在 100 g 水中溶解 9 g 葡萄糖，求该温度下此溶液的蒸气压。

3-6　现测得 1.00 g 单质砷溶于 86.0 g 苯所得溶液的凝固点为 5.30℃。查阅表 3-2 中的数据，推算砷在苯中的分子式。

3-7　测得泪水的凝固点为−0.52℃，计算泪水的浓度及其在 310 K 时的渗透压。

3-8　将 1.01 g 胰岛素溶于适量水中配制成 100 cm^3 溶液，测得 298.15 K 时该溶液的渗透压为 4.34 kPa，试问该胰岛素的摩尔质量为多少？

3-9　判断下列说法是否正确并说明理由。

(1) 煤油在水中经充分搅拌后形成的是真溶液。

(2) 雾是以液体为分散质、气体为分散剂的胶体分散系。

(3) 丁达尔效应是胶体的特征光学性质，是胶体高度分散性和不均匀性特点的反映。

(4) 胶团中的胶粒和扩散层总是带有电性相反的电荷。

(5) 将高分子化合物加入溶胶后，一定会增加溶胶的稳定性。

3-10　将 12.0 cm^3 0.02 $mol \cdot dm^{-3}$ 的 KCl 溶液和 100.0 cm^3 0.005 $mol \cdot dm^{-3}$ 的 $AgNO_3$ 溶液混合以制备 AgCl 溶胶，电泳时胶粒向哪一个电极移动？写出此溶胶的胶团结构式。

3-11　溶胶相对稳定的原因有哪些？用什么方法可破坏其稳定性。

拓展习题

第 4 章　酸碱解离平衡和沉淀溶解平衡

许多化学反应是在溶液中进行的，水是应用最多的廉价溶剂。因此，研究水溶液中的化学反应，无论是对于工程技术中的材料制备和防腐，还是对于水资源的合理利用和保护，乃至对于生物体的生命健康都具有重要的实际意义。该类反应中主要反应物为各类电解质，其特点是反应的活化能和热效应较小，所以反应速率较快；同时压力和温度对反应的影响也较小，可以忽略不计，因此在该类反应中讨论化学平衡的相关问题尤为重要。

本章主要介绍各类电解质在溶液中的特征及其变化规律，利用化学平衡的原理来讨论溶液中的离子平衡、沉淀溶解平衡并进行相关计算。

4.1　电解质溶液

电解质是一类重要的化合物。在水溶液中或熔融状态下能解离出离子而导电的化合物称为电解质(electrolyte)，如酸(HCl)、碱(NaOH)和盐(Na_2SO_4)等，电解质的水溶液称为电解质溶液。在水溶液中或熔融状态下不能导电的化合物称为非电解质(nonelectrolyte)，如苯、乙醇和蔗糖等大部分有机化合物。

根据电解质在溶液中的解离程度，分为强电解质与弱电解质两大类。在水溶液中能完全解离成离子，导电能力强的化合物称为强电解质。在水溶液中仅部分解离成离子，导电能力弱的化合物称为弱电解质。电解质解离成离子的过程称为解离(dissociation)。强电解质 NaCl 的解离方程式如下：

$$NaCl \longrightarrow Na^+ + Cl^-$$

弱电解质的解离是可逆的，在该溶液中存在着未解离的分子和解离生成的离子之间的平衡。解离方程式用“$\rightleftharpoons$”表示可逆。弱电解质醋酸的解离方程式如下：

$$HAc \rightleftharpoons H^+ + Ac^-$$

1834 年英国物理化学家法拉第(Michael Faraday)提出，只有在通电的条件下，电解质才会分解为带电的离子。直到 19 世纪上半叶，科学界都普遍赞同法拉第这一观点。瑞典物理化学家阿伦尼乌斯在研究电解质溶液的导电性时发现，许多稀溶液的导电性受浓度的影响。随后他又发现氨气不导电，但氨的水溶液却能导电，而且溶液越稀导电性越好，氢卤酸溶液也有类似的实验结果。在整个研究过程中，阿伦尼乌斯始终将电导率这一电学属性与溶液的化学性质相联系，试图以化学观点来说明溶液的电学性质。1883 年，在实验结果的基础上，他提出了电离理论的基本观点：由于水的作用，电解质溶液中具有非活性的分子形态和活性的离子形态，溶液稀释时，活性形态的数量增加，所以溶液的导电性增强。这一学说一经提出，遭到众多科学家的怀疑和反对。阿伦尼乌斯并不是容易屈服和退缩的人，他与奥斯特瓦尔德、范特霍夫(这三人就是大名鼎鼎的“物理化学三剑客”)组成“离子主义者联盟”。经过反复和艰苦的斗争，电离学说逐渐被许多科学家认可。电离学说是物理化学上的重要贡献，也是化学发展史上的重要里程碑，它解释了电解质溶液的渗透压偏差等许多性质，在物理学和化学两个学科中都具有重要作用。因此，在诺贝尔奖的评选中，对于阿伦尼乌斯应获得物理奖还是化学奖产生了分歧。最终，1903 年阿伦尼乌斯因建立了电离学说获得了诺贝尔化学奖。其实，在阿伦尼乌斯之前也有科学家发现溶液稀释后电流更容易通过，甚至已经发现水的含量与电流的变化相关，但却没有深入思考电流和溶液浓度之间的关系。阿伦尼乌斯电离学说的建立也说明实验仅仅是研究工作的开始，对实验结果的思考总结更为重要。阿伦尼乌斯的研究领域非常广泛，1889 年他提出了活化分子和活化能的概念，导出了反应速率公式。此外，他还研究过太阳系和北极冰川的成因，并最先对血清疗法的机理做出化学上的解释。

4.1.1 解离度和解离常数

1. 解离度

解离度(degree of dissociation)常用来表示电解质在水溶液中的解离程度，符号为希腊字母 α，一般用百分数表示。

$$\alpha=\frac{\text{已解离的电解质分子数}}{\text{解离前的电解质分子总数}}\times 100\% \tag{4-1}$$

计算解离度时，电解质中的溶质解离部分和解离前的溶质总数可以用分子数表示，也可以用质量、物质的量或浓度等来表示。

2. 解离常数

一定温度下，弱电解质解离成离子的速率与离子重新结合成弱电解质的速率相等时，解离达到平衡状态，称为解离平衡(dissociation equilibrium)。弱电解质 AB 的解离方程式可表示为

$$AB \rightleftharpoons A^+ + B^-$$

达到解离平衡时，AB，A^+，B^- 的浓度不再发生改变，弱电解质 AB 的解离平衡常数可表示为

$$K_i^\ominus=\frac{[c(A^+)/c^\ominus][c(B^-)/c^\ominus]}{[c(AB)/c^\ominus]} \tag{4-2}$$

式中，$c^\ominus=1\ mol\cdot dm^{-3}$，具体计算时常常忽略(以后均忽略)。$K_i^\ominus$ 称为解离平衡常数，简称为解离常数(dissociation constant)。它只与弱电解质本身的性质及温度有关，与弱电解质的浓度无关。由于弱电解质解离过程的热效应较小，温度对 $K_i^\ominus$ 的影响也较小，因此在水溶液中一般不考虑温度对弱电解质 $K_i^\ominus$ 的影响。

4.1.2 强电解质溶液

1. 离子相互作用理论

根据近代物质结构理论，强电解质在水溶液中是完全解离的，其解离度应为100%，但是根据电导实验实际测得的强电解质解离度都小于100%（见表4-1）。

表4-1 强电解质水溶液的解离度（298.15 K，0.10 mol·dm^{-3}）

电解质	KCl	$ZnSO_4$	HCl	HNO_3	H_2SO_4	NaOH	$Ba(OH)_2$
解离度/%	86	40	92	92	61	91	81

为了解释理论上强电解质在水溶液中完全解离，而实验数据表现出不完全解离的矛盾现象，1923年荷兰物理化学家德拜（Peter Debye）和德国物理化学家休克尔（Erich Hückel）提出了离子相互作用理论（ion-ion interaction theory）。他们认为强电解质在水溶液中完全解离成正离子和负离子，由于不同电荷离子之间的相互吸引和相同电荷离子之间的相互排斥作用，使得离子在溶液中分布均匀。每个离子周围都被异号电荷离子所包围，形成"离子氛"（ionic atmosphere），如图4-1所示。

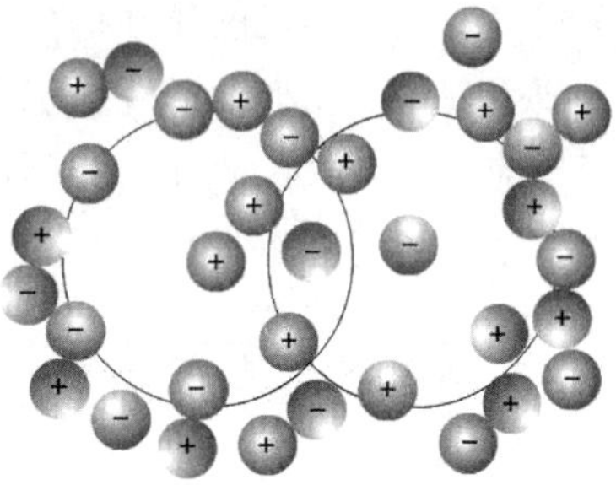

图4-1 "离子氛"示意图

正离子周围有较多负离子，负离子周围有较多正离子，这样离子在溶液中的移动不是完全自由的，而是相互影响的。如果有电流通过电解质溶液，由于"离子氛"的存在，离子的迁移速度变慢，因此溶液的导电性就比理论上低一些，产生一种解离不完全的假象。溶液中离子浓度越大，自身所带电荷数目越多，这种现象越明显。

由此可以看出，强电解质的解离度与弱电解质的解离度意义不同。弱电解质的解离度表示弱电解质解离的百分数。强电解质的解离度仅反映溶液中离子的相互牵制作用的强弱，通常称为表观解离度（apparent dissociation degree）。溶液浓度越低，离子间的相互牵制作用越小，表观解离度越接近100%。

2. 活度和活度系数

电解质溶液中离子之间的相互作用，导致实际发挥作用的离子浓度小于其理论浓度。把电解质溶液中离子的表观浓度称为有效浓度，也叫活度（activity），用 a 表示。活度 a 与浓度 c 的关系式如下：

$$a=\gamma c$$

式中，a 为活度；c 为离子的理论浓度；γ 为活度系数（activity coefficient）。活度系数反映了离子之间相互牵制作用的大小。很明显，活度数值小于其对应的浓度数值，所以 $\gamma<1$。离子浓度越大，所带电荷数越多，离子之间相互牵制的作用越强，γ 越小，活度与浓度之间的差别越大。反之，当浓度极小时，离子之间平均距离增大，相互牵制的作用极小，γ 趋近于1，活度

越接近于浓度。由于离子浓度和活度之间存在差异，在精确计算中应采用活度数值以免造成较大误差。但在近似计算中，通常把中性分子、液态和固态纯物质、纯水、弱电解质和稀溶液的活度系数均视为 1。因此，一般情况下，如果不要求精确计算，对于浓度不高的溶液，为了简便起见，可以用浓度近似地代替活度。

3. 离子强度

为了表示溶液中离子间复杂的相互作用，1921 年，路易斯提出了离子强度（ionic strength）的概念，符号为 I，单位为 $mol \cdot kg^{-1}$，并用式(4-3)表示离子强度 I、离子的质量摩尔浓度 b_B 及离子的电荷数 z 之间的关系，即

$$I = \frac{1}{2}\sum_{B} b_B z_B^2 \tag{4-3}$$

德拜和休克尔提出了可用于稀溶液中计算离子平均活度系数 $\gamma_{\pm}$ 的德拜-休克尔极限定律(Debye-Hückel's limiting law)。

$$\lg\gamma_{\pm} = -A\ |z_{+} \cdot z_{-}|\sqrt{I} \tag{4-4}$$

式中，z_{+} 和 z_{-} 分别为电解质溶液中正、负离子的电荷值；A 为常数，在 298.15 K 时，$A=0.509$。

4.1.3　电解质溶液的依数性

与非电解质稀溶液一样，电解质溶液也有蒸气压下降、沸点升高、凝固点下降和渗透压等现象。不同的是，非电解质稀溶液的依数性与溶液中溶质的粒子数成正比，而电解质溶液中，电解质的解离导致其依数性与浓度的定量关系不如非电解质稀溶液明确。如 0.2 $mol \cdot kg^{-1}$ KCl，根据稀溶液依数性公式 $\Delta T_f = K_f b_B$ 计算，其 ΔT_f 为 0.372 K，而实验测得的数据为 0.673 K。假如 KCl 在水中完全解离，那么溶质的质点总数应为 0.4 $mol \cdot kg^{-1}$，$\Delta T_f{}'$ 应为 0.744 K。实验数据介于 ΔT_f 和 $\Delta T_f{}'$ 之间，证实了强电解质溶液中离子相互作用的存在。如果只进行近似比较或计算，为了简便起见，强电解质稀溶液中离子的相互牵制作用可以忽略不计，解离度视为 100%。

溶液的依数性广泛用于日常生活、工业生产和科研实践中。如将食盐或氯化钙和冰（或雪）混合，可使凝固点降低，利用这一原理，冬天在室外施工时，建筑工人在砂浆中加入食盐或氯化钙以防止砂浆结冰；环卫工人在积雪的道路上撒盐来加速道路积雪融化，保障交通顺畅。以含 NaOH 和 $NaNO_2$ 的溶液对钢铁工件进行氧化热处理，该溶液的沸点可高达 410～420 K。溶液凝固点下降在冶金工业中也具有指导意义。一般金属的凝固点较高，加入少量其他金属后，凝固点会大幅下降，利用这一原理，可制备低熔点合金。在实验室中，常用食盐和冰的混合物作制冷剂，可使环境温度降至 −22 ℃，用氯化钙和冰混合，可使环境温度降至 −55 ℃。溶液的渗透压在生物学中有重要作用。如土壤中的水分通过渗透作用运送到植物顶部；鲜花插在水中数日不枯萎；海水中的鱼不能在淡水中生存；给患者补水应用等渗溶液，等等。

4.2 酸碱理论

人们对酸碱的认识经历了一段很长的历史。最初是从物质的相关性质来区分酸碱，把有酸味、能使紫色石蕊变红的物质称为酸；把有涩味、能使紫色石蕊变蓝的物质称为碱。随着科学技术的发展，人们逐渐提高对酸碱的认识，并提出了一系列的理论。

酸碱的经典理论即酸碱解离(电离)理论是 1887 年由阿伦尼乌斯正式提出的。他认为，凡是在水溶液中解离产生的阳离子全部是 H^+ 的物质称为酸；解离产生的阴离子全部是 OH^- 的称为碱，酸碱反应的实质就是 H^+ 和 OH^- 结合生成水的反应。根据酸碱在水中解离出的 H^+ 或 OH^- 的数量来判断酸碱的相对强弱。酸碱解离理论从物质的化学组成上研究了酸碱的实质，使人们对酸碱的认识实现了从现象到本质的质的飞跃，极大地促进了化学的发展，至今该理论仍在普遍使用。但是随着化学的不断发展，人们逐渐发现了酸碱解离理论的局限性。例如，解离理论把酸碱局限在水溶液中，但很多反应都是在非水溶剂中进行的；并且许多不含 H^+ 和 OH^- 的物质也表现出酸碱的性质，这是解离理论无法解释的。另外，解离理论把碱限制为氢氧化物，因而使人们长期误认为氨水呈现碱性是因为 NH_3 溶于水后，先生成 NH_4OH，再解离出 OH^-，但科学家至今也未能分离出 NH_4OH 这种物质。这些实验结果说明酸碱解离理论尚不完善，还需要进一步补充和发展。

为了弥补阿伦尼乌斯酸碱解离理论的不足，1923 年，丹麦化学家布朗斯特(J. N. Brönsted)和英国化学家劳瑞(Thomas Martin Lowry)分别提出了酸碱质子理论。同年，路易斯提出了广义酸碱电子理论。这些理论的提出和发展克服了解离理论的局限性，扩大了酸碱的范围。

4.2.1 酸碱质子理论

酸碱质子理论(Bronsted-Lowry acid-base concept)认为：凡能给出质子的物质都是酸；凡能与质子结合的物质都是碱。在质子理论中，酸和碱并不孤立，酸给出质子后剩下的部分为碱，碱接受质子后变成酸。这种相互转化、相互依存的关系称为共轭关系，可用通式表示为

$$\text{酸} \rightleftharpoons H^+ + \text{碱}$$

例如，

$$HCl \longrightarrow H^+ + Cl^-$$

$$HAc \rightleftharpoons H^+ + Ac^-$$

$$H_2S \rightleftharpoons H^+ + HS^-$$

$$HS^- \rightleftharpoons H^+ + S^{2-}$$

$$NH_4^+ \rightleftharpoons H^+ + NH_3$$

$$[Al(H_2O)_6]^{3+} \rightleftharpoons H^+ + [Al(OH)(H_2O)_5]^{2+}$$

如以上通式所示，左侧物质都能给出质子，均为酸；右侧物质都能接受质子，均为碱。因此，HCl，HAc，H_2S，NH_4^+ 和 $[Al(H_2O)_6]^{3+}$ 都是酸；而 Cl^-，Ac^-，S^{2-} 和 NH_3 都是碱。由此

可知，质子理论的酸碱概念不只局限于分子，也可以有离子酸、碱。HS^- 既能给出质子，也能接受质子，所以它既是酸又是碱，称为两性物质。应该指出，质子理论中没有盐的概念。例如，在质子理论中 NH_4^+ 是酸，Cl^- 是碱，因此 NH_4Cl 为两性物质。

以上通式亦称为酸碱半反应式。在半反应式中都存在一对共轭酸碱对（conjugate acid-base pair），左边的酸是右边碱的共轭酸（conjugate acid），而右边的碱则是左边酸的共轭碱（conjugate base），相互之间仅相差一个质子。物质给出质子的能力越强，则其酸性越强，而其对应共轭碱的碱性越弱；反之，物质酸性越弱，其对应共轭碱的碱性越强。一些常见的共轭酸碱对如表 4-2 所示。

表 4-2　一些常见的共轭酸碱对

酸性增强（↑）	酸 $\rightleftharpoons$ 质子 + 碱	碱性增强（↓）
	$HCl \rightleftharpoons H^+ + Cl^-$	
	$H_3O^+ \rightleftharpoons H^+ + H_2O$	
	$HSO_4^- \rightleftharpoons H^+ + SO_4^{2-}$	
	$H_3PO_4 \rightleftharpoons H^+ + H_2PO_4^-$	
	$HAc \rightleftharpoons H^+ + Ac^-$	
	$[Al(H_2O)_6]^{3+} \rightleftharpoons H^+ + [Al(OH)(H_2O)_5]^{2+}$	
	$H_2CO_3 \rightleftharpoons H^+ + HCO_3^-$	
	$H_2S \rightleftharpoons H^+ + HS^-$	
	$H_2PO_4^- \rightleftharpoons H^+ + HPO_4^{2-}$	
	$NH_4^+ \rightleftharpoons H^+ + NH_3$	
	$HCO_3^- \rightleftharpoons H^+ + CO_3^{2-}$	

注：表中符号“$\rightleftharpoons$”表示酸、碱的共轭关系，并非解离平衡关系。

酸碱半反应式中的 H^+ 实际上大都不能单独存在。事实上，质子在水溶液中的平均寿命约为 10^{-14} s。因此，质子一出现，便立即附着于另一分子或离子，产生一种酸，即

$$\overset{H^+}{\overbrace{\text{酸}_1 + \text{碱}_2}} \rightleftharpoons \text{酸}_2 + \text{碱}_1$$

例如，HAc 在水中的解离：

$$HAc + H_2O \rightleftharpoons H_3O^+ + Ac^-$$

NH_3 溶于水：

$$NH_3 + H_2O \rightleftharpoons NH_4^+ + OH^-$$

NaCN 的水解：

$$CN^- + H_2O \rightleftharpoons HCN + OH^-$$

NH_3 与 HCl 的中和：

$$\underset{\text{碱}_2}{NH_3} + \underset{\text{酸}_1}{HCl} \rightleftharpoons \underset{\text{酸}_2}{NH_4^+} + \underset{\text{碱}_1}{Cl^-}$$

上述 NH_3 与 HCl 的中和反应无论是在水相、气相或有机相中，其实质都是 $NH_3-NH_4^+$ 和 $HCl-Cl^-$ 这两对共轭酸碱对之间的质子传递。因此，在质子理论中，酸碱反应的实质是两对共轭酸碱对之间的质子传递反应（protolysis reaction）。质子传递的方向则与酸碱的强度有关，一般总是朝着生成比原先更弱的酸与碱的方向进行。

相较于阿伦尼乌斯解离理论，质子理论中酸碱的范围扩大到了非水体系和气相反应。然而从酸碱反应的实质来看，共轭酸碱对之间质子的传递是其理论基础。因此，对于无质子传递的反应及非质子物质的酸碱性，质子理论无法解释。

4.2.2 酸碱电子理论

在酸碱质子理论提出的同时，路易斯根据大量酸碱反应的化学键变化，从原子的电子结构观点概括了酸碱反应的共同性质，提出了新的酸碱定义。

路易斯酸碱电子理论(Lewis acid-base concept)可简单地定义为，在反应过程中，能接受电子对的任何分子、离子或原子团称为酸，酸是电子对的接受体；能给出电子对的任何分子、离子或原子团称为碱，碱是电子对的给予体。酸碱反应并不发生电子转移，其实质是酸碱之间形成配位共价键，生成配合物或酸碱加合物。用通式表示为

$$\underset{\text{酸}}{A} + \underset{\text{碱}}{:B} = \underset{\text{酸碱加合物}}{A:B}$$

由于该定义涉及电子对的键合，所以路易斯理论又称为酸碱电子理论。

例如，H^+ 与 OH^- 结合生成 H_2O 的反应：

$$H^+ + OH^- \rightleftharpoons H_2O$$

就是典型解离理论的酸碱中和反应。根据酸碱电子理论，二者反应时，H^+ 接受 OH^- 给出的电子对，形成配位共价键 $OH^- \rightarrow H^+$，因此 H^+ 是酸，OH^- 是碱，其生成物 H_2O 是酸碱的加合物。

再如，HCl 和 NH_3 在气相中反应生成氯化铵：

$$\overset{H^+ \ \rightarrow}{HCl + NH_3} \rightleftharpoons NH_4^+ + Cl^-$$

根据质子理论，HCl 中的 H^+ 转移给 NH_3，生成 NH_4^+ 和 Cl^-，这是一个质子转移反应。但是，按照电子理论，HCl 是酸，可以接受电子对，NH_3 是碱，可给出电子对，两者结合形成

$$\left[\begin{array}{c} \quad H \\ \quad | \\ H-N\rightarrow H \\ \quad | \\ \quad H \end{array}\right]^+ \text{ 和 } Cl^-\text{。}$$

无论在固态、气态或溶液中，大多数无机化合物都可以看作是电子理论所定义的酸碱加合物。研究配合物时，酸碱电子理论更为重要。一般来说，大多数配合物中含有金属离子，它可以接受电子对，所以是酸，配位体可以提供电子对，所以是碱。有机化合物也可以解析为酸和碱两个部分，如乙酸乙酯($CH_3CH_2OOCCH_3$)可以解析为乙酰正离子($CH_3-\overset{+}{C}=O$)和乙氧负离子($C_2H_5O^-$)。由于路易斯酸碱概念的应用范围较广，故有人称其为广义酸碱理论。

酸碱电子理论的缺点是酸碱的强度没有统一的标准，无法比较酸碱的相对强弱。

为了区分质子理论、电子理论对酸碱的不同定义，人们经常将前者定义的酸碱分别称为质子酸、质子碱(或布朗斯特酸、布朗斯特碱)，后者分别称为广义酸、广义碱(或路易斯酸、路

易斯碱，电子酸、电子碱）。

4.3 弱电解质的解离平衡

4.3.1 水的离子积和溶液的 pH

1. 水的离子积

本节将探讨弱电解质在水中的解离平衡，因此首先探讨溶剂水的解离平衡。

根据酸碱质子理论，水是两性物质，它既可给出质子，又可接受质子。在水分子间存在质子传递反应，称为水的质子自递反应（proton self-transfer reaction）。

$$H_2O + H_2O \rightleftharpoons H_3O^+ + OH^-$$

其标准平衡常数表达式为

$$K_w^\ominus = \frac{c(H_3O^+)}{c^\ominus} \cdot \frac{c(OH^-)}{c^\ominus}$$

通常简写为

$$K_w^\ominus = c(H_3O^+)\ c(OH^-)$$

为简便起见，$c(H_3O^+)$写成 $c(H^+)$，则

$$K_w^\ominus = c(H^+)c(OH^-) \tag{4-5}$$

$K_w^\ominus$ 称为水的质子自递平衡常数，又称水的标准离子积常数（ion product constant of water），简称水的离子积。水的离子积关系不仅适用于纯水，也适用于所有稀的水溶液。$K_w^\ominus$ 的意义是一定温度下，纯水或水溶液中的 $c(H^+)$和 $c(OH^-)$之积为一常数。

实验测得在 298.15 K 纯水中，$c(H^+) = 1.004 \times 10^{-7}\ mol \cdot dm^{-3}$，$c(OH^-) = 1.004 \times 10^{-7}\ mol \cdot dm^{-3}$。根据平衡原理，298.15 K 时 $K_w^\ominus = c(H^+)c(OH^-) = 1.0 \times 10^{-14}$。

在纯水或稀溶液中，水的离子积 $K_w^\ominus$ 只与温度有关，$K_w^\ominus$ 随温度升高而增大（见表 4-3）。

表 4-3 不同温度时水的离子积常数

T/K	273.15	283.15	293.15	298.15	323.15	373.15
$K_w^\ominus$	1.1×10^{-15}	2.9×10^{-15}	6.8×10^{-15}	1.0×10^{-14}	5.5×10^{-14}	5.5×10^{-13}

从表 4-3 可以看出，$K_w^\ominus$ 在不同温度下的变化不明显，一般常用 $K_w^\ominus = 1.0 \times 10^{-14}$。

2. 溶液的 pH

许多化学反应和几乎全部的生理现象都是在 H^+ 浓度极小的溶液中进行，此时直接用浓度表示溶液的酸碱性极为不便。1909 年丹麦生物化学家索仑生（Sørensen）首先提出用氢离子浓度的负对数来表示溶液的酸碱性，记为 pH，即

$$pH = -\lg c(H^+)$$

用 pH 表示溶液的酸碱性比较方便。pH 改变 1 个单位，相应于 $c(H^+)$改变了 10 倍。

同理，$pOH = -\lg c(OH^-)$，$pK_w^\ominus = -\lg K_w^\ominus$。结合式(4-5)可得

$$pH + pOH = pK_w^\ominus$$

常温下，

$$pH + pOH = 14 \tag{4-6}$$

pH 和 pOH 使用范围一般为 0～14，在这个范围以外，用物质的量浓度表示酸度和碱度反而更方便。

在实验室中 pH 可以用酸碱指示剂或 pH 计测定。用 pH 计测定 pH 或计算 pH 时一般精确到小数点后两位。表 4-4 为一些常见液体的 pH。

表 4-4　一些常见液体的 pH

样品	胃液	尿液	唾液	血液	眼泪	柠檬汁	食醋	橘子汁	牛奶
pH	1.0～2.0	4.8～7.5	6.4～6.9	7.35～7.45	7.4	2.4	3.0	3.5	6.5

pH 是水溶液最重要的理化参数之一，凡涉及水溶液的自然现象、生理变化、化学变化及生产过程均会牵涉到溶液的 pH。因此，在工业、农业、医学和环保等众多科学领域都需要对溶液的 pH 进行测定和控制。如人体血液的 pH 范围为 7.35～7.45，当血液 pH 低于 6.9 或高于 7.7 时，就会发生生命危险。正常人血液酸碱度的变化范围很小，主要依赖于血液中的缓冲体系及正常肺呼吸功能和肾排污功能。如果这些功能不良或受疾病影响，则酸碱平衡紊乱，会出现酸中毒或碱中毒现象。

4.3.2　一元弱电解质的解离平衡

一元弱酸(如 HAc，NH_4^+，HCN 和 HCOOH)和一元弱碱(如 Ac^-，$NH_3 \cdot H_2O$，CN^- 和 $HCOO^-$)在水溶液中只是部分解离，绝大部分以未解离的形式存在，溶液中始终存在着未解离的弱电解质与解离后产物之间的平衡，这种平衡为解离平衡。

在一定温度下，上述各体系达到平衡后有如下关系式：

$$HAc + H_2O \rightleftharpoons H_3O^+ + Ac^-$$

简写为

$$HAc \rightleftharpoons H^+ + Ac^- \quad K_a^\ominus = \frac{c(H^+)c(Ac^-)}{c(HAc)}$$

$$NH_3 + H_2O \rightleftharpoons NH_4^+ + OH^-$$

也可写成

$$NH_3 \cdot H_2O \rightleftharpoons NH_4^+ + OH^- \quad K_b^\ominus = \frac{c(NH_4^+)c(OH^-)}{c(NH_3)}$$

式中，$K_a^\ominus$，$K_b^\ominus$ 分别称为弱酸和弱碱的解离常数。

弱酸的 $K_a^\ominus$ 与其共轭碱的 $K_b^\ominus$ 之间有确定的对应关系。现以共轭酸碱对 $HB-B^-$ 为例说明。

$$HB \rightleftharpoons H^+ + B^- \quad K_a^\ominus = \frac{c(H^+)c(B^-)}{c(HB)}$$

$$B^- + H_2O \rightleftharpoons HB + OH^- \quad K_b^\ominus = \frac{c(HB)c(OH^-)}{c(B^-)}$$

$$K_a^\ominus \cdot K_b^\ominus = \frac{c(H^+)c(B^-)}{c(HB)} \cdot \frac{c(HB)c(OH^-)}{c(B^-)} = c(H^+)c(OH^-) = K_w^\ominus$$

即

$$K_a^\ominus \cdot K_b^\ominus = K_w^\ominus \quad 或 \quad pK_a^\ominus + pK_b^\ominus = pK_w^\ominus = 14 \tag{4-7}$$

式(4-7)说明一对共轭酸碱对的 $K_a^\ominus$ 与 $K_b^\ominus$ 成反比关系，也说明 HB 与 B^- 强度成反比关系。酸的酸性越强，其共轭碱的碱性越弱；反之，碱的碱性越强，则其共轭酸的酸性越弱。只要已知酸的解离常数 $K_a^\ominus$，就可以利用式(4-7)计算出其共轭碱的解离常数 $K_b^\ominus$；反之亦然。

酸碱解离常数是化学平衡常数的一种，用于表示弱酸和弱碱的解离趋势，$K_a^\ominus$ 或 $K_b^\ominus$ 愈大，则弱酸或弱碱的解离程度愈大。附录 6 列出了一些常见弱酸和弱碱的 $K_a^\ominus$ 和 $K_b^\ominus$，可以根据 $K_a^\ominus$ 或 $K_b^\ominus$ 的大小判断弱酸或弱碱的相对强弱。对于给定的弱酸或弱碱，解离常数与温度有关，而与浓度无关。一般来说，解离常数受温度的影响不大，而且解离平衡的研究均在常温下进行，因此可忽略温度对 $K_a^\ominus$ 或 $K_b^\ominus$ 的影响。

1. 一元弱酸溶液 pH 的计算

在一元弱酸溶液中，除弱电解质的解离平衡外，还存在水的解离平衡。若 $c \cdot K_a^\ominus > 20K_w^\ominus$，可以忽略水的解离。

以 HAc 为例，设 HAc 的起始浓度为 c，查附录 6 可知 $K_a^\ominus(HAc) = 1.76 \times 10^{-5}$，一般满足 $c \cdot K_a^\ominus > 20K_w^\ominus$，因此忽略水的解离。

	HAc	$\rightleftharpoons$	H^+	+	Ac^-
初始浓度	c		0		0
平衡浓度	$c - c(H^+)$		$c(H^+)$		$c(H^+)$

$$K_a^\ominus = \frac{c(H^+)c(Ac^-)}{c(HAc)} = \frac{[c(H^+)]^2}{c - c(H^+)}$$

$$c(H^+)^2 + K_a^\ominus \cdot c(H^+) - K_a^\ominus \cdot c = 0$$

$$c(H^+) = \frac{-K_a^\ominus + \sqrt{(K_a^\ominus)^2 + 4K_a^\ominus c}}{2} \tag{4-8}$$

通常，当 $c/K_a^\ominus \geqslant 500$ 时，质子转移平衡中 $c(H^+) \ll c$，$c(HAc) = c - c(H^+) \approx c$，则

$$K_a^\ominus \approx \frac{[c(H^+)]^2}{c}$$

$$c(H^+) = \sqrt{K_a^\ominus \cdot c} \tag{4-9}$$

$$pH = \frac{1}{2}(pK_a^\ominus + pc) \tag{4-10}$$

式(4-9)是计算一元弱酸 $c(H^+)$ 的最简式，此时解离度小于 5%，计算相对误差小于 2%。

由解离度的定义，可得

$$\alpha = \frac{c(H^+)}{c} \times 100\% = \frac{\sqrt{K_a^\ominus \cdot c}}{c} \times 100\% = \sqrt{\frac{K_a^\ominus}{c}} \times 100\% \tag{4-11}$$

从式(4-11)可见，弱电解质溶液的起始浓度越小，解离度 α 越大，这种关系称为稀释定律(dilution law)。由此可知，解离度随弱电解质溶液浓度的变化而变化，而解离常数却与溶液浓度无关，因此，解离常数更能表达弱电解质的解离特性。

【例 4-1】 计算下列浓度下 HAc 溶液的 $c(H^+)$ 和解离度 α：

(1) $0.10\ mol \cdot dm^{-3}$；(2) $1.0\times10^{-5}\ mol \cdot dm^{-3}$。

解：查附录 6 可知 $K_a^\ominus(HAc) = 1.76\times10^{-5}$

(1) 方法一：设平衡时溶液中 $c(H^+) = x\ mol \cdot dm^{-3}$

	HAc ⇌	H^+ +	Ac^-
初始浓度/$(mol \cdot dm^{-3})$	0.10	0	0
变化浓度/$(mol \cdot dm^{-3})$	$-x$	$+x$	$+x$
平衡浓度/$(mol \cdot dm^{-3})$	$0.10-x$	x	x

$$K_a^\ominus = \frac{c(H^+)c(Ac^-)}{c(HAc)} = \frac{x^2}{0.10-x}$$

因为 $c/K_a^\ominus = \dfrac{0.10}{1.76\times10^{-5}} > 500$，所以 $0.10-x \approx 0.10$，则

$$c(H^+) = x \approx \sqrt{K_a^\ominus \times 0.10} = \sqrt{1.76\times10^{-5}\times0.10} = 1.3\times10^{-3}\ mol \cdot dm^{-3}$$

$$\alpha = \frac{c(H^+)}{c}\times100\% = \frac{1.3\times10^{-3}}{0.10}\times100\% = 1.3\%$$

方法二：因为 $c/K_a^\ominus = \dfrac{0.10}{1.76\times10^{-5}} > 500$，故可以采用式(4-9)计算。

$$c(H^+) = \sqrt{K_a^\ominus \cdot c} = \sqrt{1.76\times10^{-5}\times0.10} = 1.3\times10^{-3}\ mol \cdot dm^{-3}$$

$$\alpha = \sqrt{\frac{K_a^\ominus}{c}}\times100\% = \sqrt{\frac{1.76\times10^{-5}}{0.10}}\times100\% = 1.3\%$$

(2) 因为 $c/K_a^\ominus = \dfrac{1.0\times10^{-5}}{1.76\times10^{-5}} < 500$，不可以采用式(4-9)，可采用式(4-8)计算。

$$c(H^+) = \frac{-K_a^\ominus + \sqrt{(K_a^\ominus)^2 + 4K_a^\ominus c}}{2}$$

$$= \frac{-1.76\times10^{-5} + \sqrt{(1.76\times10^{-5})^2 + 4\times1.76\times10^{-5}\times1.0\times10^{-5}}}{2}$$

$$= 7.1\times10^{-6}\ mol \cdot dm^{-3}$$

$$\alpha = \frac{c(H^+)}{c}\times100\% = \frac{7.1\times10^{-6}}{1.76\times10^{-5}}\times100\% = 40\%$$

如果用式(4-9)计算，则

$$c(H^+) = \sqrt{K_a^\ominus \cdot c} = 1.3\times10^{-5}\ mol \cdot dm^{-3}$$

$1.3\times10^{-5}\ mol \cdot dm^{-3} > 1.0\times10^{-5}\ mol \cdot dm^{-3}$（HAc 溶液的起始浓度），此结果显然不合理。

比较【例 4-1】中不同浓度下 α 和 $c(H^+)$ 的变化，不难看出，对于同一弱电解质，随着溶液浓度的减小，α 增大，说明弱电解质的解离随溶液的稀释而增强，但溶液中离子浓度并不一定

会增大。这是因为在稀释过程中，随着解离度的增大，虽然离子数目增多，但此时溶液的体积也增大了。

【例 4-2】 计算 0.10 $mol \cdot dm^{-3}$ NH_4Cl 溶液的 pH。

解：查附录 6 可知 $K_b^\ominus(NH_3)=1.77\times10^{-5}$，$NH_4Cl$ 在水中完全解离成 NH_4^+ 和 Cl^-：

$$NH_4Cl \longrightarrow NH_4^+ + Cl^-$$

Cl^- 是极弱的碱，不与水发生反应，NH_4^+ 与 H_2O 之间存在质子转移平衡：

$$NH_4^+ + H_2O \rightleftharpoons H_3O^+ + NH_3$$

NH_4^+ 与 NH_3 为一对共轭酸碱对，所以有

$$K_a^\ominus=\frac{K_w^\ominus}{K_b^\ominus}=\frac{1.0\times10^{-14}}{1.77\times10^{-5}}=5.65\times10^{-10}$$

因为

$$c/K_a^\ominus=\frac{0.10}{5.65\times10^{-10}}>500$$

所以

$$c(H^+)=\sqrt{K_a^\ominus\cdot c}=\sqrt{5.65\times10^{-10}\times0.10}=7.5\times10^{-6}\ mol\cdot dm^{-3}$$

$$pH=-\lg c(H^+)=-\lg(7.5\times10^{-6})=5.12$$

2. 一元弱碱溶液 pH 的计算

一元弱碱可以分为分子碱(如 NH_3)和离子碱(如 Ac^-)。一元弱碱溶液中 $c(OH^-)$ 的计算公式和一元弱酸相似，只是 $c(H^+)$ 换成 $c(OH^-)$，$K_a^\ominus$ 换成 $K_b^\ominus$。

若 $c\cdot K_b^\ominus>20K_w^\ominus$，则

$$c(OH^-)=\frac{-K_b^\ominus+\sqrt{(K_b^\ominus)^2+4K_b^\ominus c}}{2} \tag{4-12}$$

若 $c\cdot K_b^\ominus>20K_w^\ominus$ 且 $c/K_b^\ominus\geqslant500$，则

$$c(OH^-)=\sqrt{K_b^\ominus\cdot c} \tag{4-13}$$

$$pH=pK_w^\ominus-\frac{1}{2}(pK_b^\ominus+pc) \tag{4-14}$$

【例 4-3】 求 0.10 $mol\cdot dm^{-3}$ NaAc 溶液的 pH 和 Ac^- 的解离度 α。

解：查附录 6 可知 $K_a^\ominus(HAc)=1.76\times10^{-5}$，NaAc 在水中完全解离，$Ac^-$ 与 H_2O 存在质子转移平衡：

$$Ac^- + H_2O \rightleftharpoons HAc + OH^-$$

$$K_b^\ominus=\frac{K_w^\ominus}{K_a^\ominus}=\frac{1.0\times10^{-14}}{1.76\times10^{-5}}=5.68\times10^{-10}$$

因为

$$c/K_b^\ominus=\frac{0.10}{5.68\times10^{-10}}>500$$

所以

$$c(OH^-)=\sqrt{K_b^\ominus\cdot c}=\sqrt{5.68\times10^{-10}\times0.10}=7.5\times10^{-6}\ mol\cdot dm^{-3}$$

$$pOH=-\lg c(OH^-)=-\lg (7.5\times10^{-6})=5.12$$

$$pH=14-pOH=14-5.12=8.88$$

$$\alpha=\frac{c(OH^-)}{c}\times100\%=\frac{7.5\times10^{-6}}{0.10}\times100\%=0.0075\%$$

4.3.3 多元弱电解质的解离平衡

分子中可解离出两个或两个以上 H^+ 的酸，称为多元酸。H_2S，H_2CO_3 为二元弱酸，H_3PO_4 为三元酸。一元弱酸的解离平衡是一步完成的，多元弱酸在溶液中的解离平衡比一元弱酸要复杂些，它的解离是分级(步)进行的，每一级都有相应的解离平衡和解离常数，其解离常数分别用 $K_{a1}^{\ominus}$，$K_{a2}^{\ominus}$，… 表示，溶液中 $c(H^+)$ 为各级解离平衡所提供的总和，并且 $c(H^+)$ 同时影响各级解离平衡。例如，H_2S 的解离过程如下：

(1) $H_2S \rightleftharpoons H^+ + HS^-\quad K_{a1}^{\ominus}=\dfrac{c(H^+)c(HS^-)}{c(H_2S)}=9.1\times10^{-8}$

(2) $HS^- \rightleftharpoons H^+ + S^{2-}\quad K_{a2}^{\ominus}=\dfrac{c(H^+)c(S^{2-})}{c(HS^-)}=1.1\times10^{-12}$

(3) $H_2S \rightleftharpoons 2H^+ + S^{2-}\quad K_{a}^{\ominus}$

上两式可用于各级解离平衡的计算，但对于总的解离平衡则不适用。

根据多重平衡规则，反应式(1)＋反应式(2)＝反应式(3)，则

$$K_a^{\ominus}=K_{a1}^{\ominus}\times K_{a2}^{\ominus}=\frac{[c(H^+)]^2c(S^{2-})}{c(H_2S)}\tag{4-15}$$

一般来说，由带负电的酸式根离子(如 HS^-)再解离出带正电的 H^+ 比较困难，同时，一级解离产生的 H^+ 使二级解离平衡强烈地偏向左方，所以多元弱酸的各级解离常数依次显著减小，如 H_2S 的 $K_{a1}^{\ominus}\gg K_{a2}^{\ominus}$，这是多元弱酸解离的一个规律。如果多元弱酸的 $K_{a1}^{\ominus}/K_{a2}^{\ominus}>10^2$，则在比较多元弱酸的酸性强弱时，只需比较它们的一级解离常数即可；计算平衡溶液中的 H^+ 浓度时，可忽略二级及以后解离的 H^+。

【例 4-4】 计算 291.15 K 下 0.10 mol·dm^{-3} H_2S 溶液中 H^+，HS^- 和 S^{2-} 的浓度。

解：查附录 7 可知 $K_{a1}^{\ominus}=9.1\times10^{-8}$，$K_{a2}^{\ominus}=1.1\times10^{-12}$

因为 $K_{a1}^{\ominus}/K_{a2}^{\ominus}>10^2$，所以根据一级解离平衡计算溶液中的 $c(H^+)$，$c(HS^-)$

设 $c(H^+)=x$ mol·dm^{-3}，按一级解离有

	H_2S	$\rightleftharpoons$ H^+	+ HS^-
初始浓度/(mol·dm^{-3})	0.10	0	0
平衡浓度/(mol·dm^{-3})	$0.10-x$	x	x

$$K_{a1}^{\ominus}=\frac{c(H^+)c(HS^-)}{c(H_2S)}=\frac{x^2}{0.10-x}=9.1\times10^{-8}$$

因为 $c/K_{a1}^{\ominus}=\dfrac{0.10}{9.1\times10^{-8}}>500$，且 $0.10-x\approx0.10$，所以

$$x=c(H^+)=c(HS^-)=\sqrt{9.1\times10^{-8}\times0.1}=9.5\times10^{-5}\ \text{mol}\cdot\text{dm}^{-3}$$

设 $c(S^{2-})=y$ mol·dm^{-3}，按二级解离有

$$HS^- \rightleftharpoons H^+ + S^{2-}$$

初始浓度/$(mol \cdot dm^{-3})$　9.5×10^{-5}　　9.5×10^{-5}　　0

平衡浓度/$(mol \cdot dm^{-3})$　$9.5\times10^{-5}-y$　　$9.5\times10^{-5}+y$　　y

$$K_{a2}^{\ominus}=\frac{c(H^+)\cdot c(S^{2-})}{c(HS^-)}=\frac{(9.5\times10^{-5}+y)y}{9.5\times10^{-5}-y}=1.1\times10^{-12}$$

因 H_2S 的 $K_{a2}^{\ominus}$值很小，故

$$9.5\times10^{-5}\pm y\approx 9.5\times10^{-5}$$

$$K_{a2}^{\ominus}\approx y$$

所以

$$c(S^{2-})=y=1.1\times10^{-12}\ mol \cdot dm^{-3}$$

由上可知，在 H_2S 溶液中，$c(S^{2-})$在数值上约等于 $K_{a2}^{\ominus}$。一般来说，二元弱酸中酸根离子的浓度近似等于其二级解离常数。

H_2S 溶液中的 $c(S^{2-})$也可以根据多重平衡规则，利用式(4-15)计算。值得注意的是，式(4-15)并不表示氢硫酸是按 $H_2S \rightleftharpoons 2H^+ + S^{2-}$ 解离，只表示平衡时 H_2S 溶液中 H^+，S^{2-}和 H_2S 浓度三者间的关系。常温、常压下，饱和 H_2S 溶液中 $c(H_2S)=0.10\ mol \cdot dm^{-3}$，代入式(4-15)可得

$$c(H^+)^2c(S^{2-})=0.10K_{a}^{\ominus}=1.0\times10^{-20}$$

说明在饱和 H_2S 溶液中，$c(S^{2-})$与 $c(H^+)^2$成反比。因此，通过调控 H_2S 溶液的 pH，可以调节溶液中 S^{2-}的浓度。这对于溶液中金属硫化物沉淀的生成与溶解、金属离子的鉴定与分离和含重金属离子的废水处理具有指导意义。

除多元弱酸外，多元弱碱如 $Al(OH)_3$、中强酸如 H_3PO_4，以及少数的盐如 $HgCl_2$，$Hg(CN)_2$ 等，在溶液中也是分步解离的。

【例 4-5】　求 $0.10\ mol \cdot dm^{-3}$ Na_2CO_3溶液的 pH 和 $c(H_2CO_3)$。

解：Na_2CO_3在水中发生如下两步解离：

$$CO_3^{2-}+H_2O \rightleftharpoons HCO_3^-+OH^-$$

$$HCO_3^-+H_2O \rightleftharpoons H_2CO_3+OH^-$$

$$\quad\quad\quad\quad\quad\quad\quad\quad \llcorner\!\!\longrightarrow H_2O+CO_2$$

查附录 6 可知 $K_{a1}^{\ominus}(H_2CO_3)=4.30\times10^{-7}$，$K_{a2}^{\ominus}(H_2CO_3)=5.61\times10^{-11}$，

根据 $K_a^{\ominus}\cdot K_b^{\ominus}=K_w^{\ominus}$ 可得

$$K_{b1}^{\ominus}(Na_2CO_3)=1.78\times10^{-4}$$

$$K_{b2}^{\ominus}(Na_2CO_3)=2.33\times10^{-8}$$

因为 $K_{b1}^{\ominus}/K_{b2}^{\ominus}>10^2$，所以忽略第二步质子转移产生的 OH^-，按一元弱碱处理。

因为

$$c/K_{b1}^{\ominus}=\frac{0.10}{1.78\times10^{-4}}>500$$

所以

$$c(OH^-)=\sqrt{K_{b1}^{\ominus}\cdot c}=\sqrt{1.78\times10^{-4}\times0.10}=4.22\times10^{-3}\ mol \cdot dm^{-3}$$

$$pOH=2.37, pH=11.63$$

因为

$$c(OH^-)\approx c(HCO_3^-)$$

所以

$$K_{b2}^{\ominus}=\frac{c(H_2CO_3)c(OH^-)}{c(HCO_3^-)}=c(H_2CO_3)$$

$$c(H_2CO_3)=2.33\times10^{-8}\ mol\cdot dm^{-3}$$

4.3.4 同离子效应

弱酸和弱碱的解离平衡与其他平衡一样，是一种暂时的、相对的动态平衡。当改变溶液的温度和浓度等条件时，解离平衡也要发生移动。

例如，在 NH_3 溶液中加入易溶强电解质 NH_4Cl，由于溶液中 NH_4^+ 浓度大大增加，会导致解离平衡逆向移动，从而降低 NH_3 溶液的解离度。

$$NH_3\cdot H_2O \rightleftharpoons NH_4^+ + OH^-$$

←平衡移动方向

$$NH_4Cl \longrightarrow NH_4^+ + Cl^-$$

对于 HAc 溶液，情况也是如此。当加入强电解质 NaAc 时，$c(Ac^-)$将增大，使 $HAc \rightleftharpoons H^+ + Ac^-$ 的解离平衡向左移动，导致 HAc 的解离度降低。这种现象称为同离子效应(common ion effect)，即在弱电解质溶液中，加入与弱电解质具有相同离子的易溶强电解质时，可使弱电解质的解离度降低。

【例 4-6】 计算：(1) 0.10 $mol\cdot dm^{-3}$ HAc 溶液的 $c(H^+)$和解离度 α；(2) 如果在1 dm^3 0.10 $mol\cdot dm^{-3}$ HAc 溶液中加入 0.10 mol 固体 NaAc(假定溶液体积未发生变化)，则溶液的 $c(H^+)$和解离度 α 各为多少？

解：查附录 6 可知 $K_a^{\ominus}(HAc)=1.76\times10^{-5}$

(1) 参考【例 4-1】的解题方法，有

$$c(H^+)=1.3\times10^{-3}\ mol\cdot dm^{-3}$$

$$\alpha=1.3\%$$

(2) 加入 Ac^- 后，有同离子效应存在，平衡时 $c(H^+)\neq c(Ac^-)$

设平衡时溶液中 $c(H^+)$为 x $mol\cdot dm^{-3}$，则有

	HAc ⇌	H^+ +	Ac^-
初始浓度/($mol\cdot dm^{-3}$)	0.10	0	0.10
平衡浓度/($mol\cdot dm^{-3}$)	$0.10-x$	x	$0.10+x$

$$K_a^{\ominus}=\frac{c(H^+)c(Ac^-)}{c(HAc)}=\frac{x(0.10+x)}{0.10-x}$$

因为 $c/K_a^{\ominus}>500$，且由于同离子效应，平衡左移

所以 $x\ll0.10$，$0.10+x\approx0.10$，$0.10-x\approx0.10$

故上式可简化为

$$K_a^\ominus=\frac{0.10x}{0.10}$$

$$c(H^+)=x=K_a^\ominus=1.76\times10^{-5}\ mol\cdot dm^{-3}$$

$$\alpha=\frac{c(H^+)}{c}\times100\%=\frac{1.76\times10^{-5}}{0.10}\times100\%=0.0176\%$$

【例 4-7】 在 0.40 mol·dm^{-3} NH_3 溶液中，加入等体积 0.40 mol·dm^{-3} NH_4Cl 溶液，求混合溶液中 OH^- 浓度、pH 和 NH_3的解离度。并将结果与 0.20 mol·dm^{-3} NH_3溶液的 OH^- 浓度、pH 和 NH_3解离度进行比较。

解：查附录 6 可知 $K_b^\ominus(NH_3)=1.77\times10^{-5}$

两种溶液等体积混合后，NH_3 和 NH_4Cl 浓度各减小一半，均为 0.20 mol·dm^{-3}

设平衡时 OH^- 的浓度为 x mol·dm^{-3}，则有

$$NH_3+H_2O \rightleftharpoons NH_4^+ + OH^-$$

	NH_3	NH_4^+	OH^-
初始浓度/(mol·dm^{-3})	0.20	0.20	0
平衡浓度/(mol·dm^{-3})	$0.20-x$	$0.20+x$	x

因为 $0.20/K_b^\ominus=\frac{0.20}{1.77\times10^{-5}}>500$，所以 $0.20\pm x\approx0.20$，则

$$K_b^\ominus=\frac{c(NH_4^+)c(OH^-)}{c(NH_3)}\approx\frac{0.20x}{0.20}$$

$$c(OH^-)=x=1.77\times10^{-5}\ mol\cdot dm^{-3}$$

$$pH=14-pOH=14+\lg c(OH^-)=14+\lg(1.77\times10^{-5})=9.25$$

$$\alpha=\frac{c(OH^-)}{c}\times100\%=\frac{1.77\times10^{-5}}{0.20}\times100\%=0.00885\%$$

在 0.20 mol·dm^{-3} NH_3溶液中，

因为 $0.20/K_b^\ominus=\frac{0.20}{1.77\times10^{-5}}>500$，所以

$$c(OH^-)=\sqrt{K_b^\ominus c}=\sqrt{1.77\times10^{-5}\times0.20}=1.88\times10^{-3}\ mol\cdot dm^{-3}$$

$$pH=14-pOH=14+\lg(1.88\times10^{-3})=11.27$$

$$\alpha=\frac{c(OH^-)}{c}\times100\%=\frac{1.88\times10^{-3}}{0.20}\times100\%=0.94\%$$

比较以上计算结果，加入 NH_4Cl 溶液后，NH_3 的解离度从 0.94%降到 0.00885%，pH 由 11.27 降到 9.25，说明同离子效应使得 NH_3 的解离度降低，溶液的 pH 减小。

在工业生产和科学实验中，人们常常利用同离子效应来调节 H^+ 和 OH^- 的浓度以达到控制溶液酸度的目的。【例 4-4】中涉及的通过调控溶液 pH 可调节 H_2S 溶液中 S^{2-} 的浓度也是应用了同离子效应。

4.4 缓冲溶液

一般的水溶液，若受到酸、碱等外加试剂的作用，溶液的酸碱性很容易受到影响，但许多

化学反应、生产过程及人体的生理活动常要求在一定的 pH 范围内进行。例如，容量分析中某些指示剂必须在一定的 pH 范围内才能显示特征颜色；小麦正常生长需要土壤的 pH 为 6.3～7.5；人体血液的 pH 需维持在 7.35～7.45。那么，如何才能使溶液的 pH 不随酸、碱等的作用而发生较大变化呢？实践中通常会利用缓冲溶液（buffer solution）来维持整个体系的 pH。缓冲溶液在生产、生活和生命活动中均具有重要的意义。

4.4.1 缓冲溶液的定义和组成

能够抵抗外加少量的酸、碱或适度稀释，而本身 pH 保持基本不变的溶液称为缓冲溶液，这种保持溶液的 pH 不发生显著改变的作用称为缓冲作用（buffer action）。常见的缓冲溶液由弱酸及其共轭碱、弱碱及其共轭酸组成。这种共轭酸碱对又称为缓冲对（buffer pair）或缓冲系（buffer system）。常见的缓冲对有 HAc—NaAc，$NH_3 \cdot H_2O$—NH_4Cl，H_2CO_3—$NaHCO_3$，H_3BO_3—NaH_2BO_3，等等。缓冲溶液还可以由既能失去质子、又能得到质子的两性物质组成，如 HCO_3^-，$H_2PO_4^-$ 及氨基酸等。

4.4.2 缓冲原理

缓冲溶液为什么具有保持 pH 基本不变的能力？这是因为当弱酸与其共轭碱共存时，解离平衡受同离子效应的影响。例如，弱电解质 HAc 和强电解质 NaAc 组成的缓冲溶液体系中，NaAc 完全解离生成大量的 Na^+ 和 Ac^-，而 HAc 本身解离程度很小，NaAc 解离出的 Ac^- 又进一步抑制了它的解离，所以该体系的特点是溶液中存在着大量的 HAc 和 Ac^-，两者为一对共轭酸碱对，它们之间存在着质子转移平衡：

$$NaAc \longrightarrow Na^+ + Ac^-$$

$$HAc \rightleftharpoons H^+ + Ac^- \qquad K_a^\ominus = \frac{c(H^+)c(Ac^-)}{c(HAc)}$$

当加入少量强酸时，HAc 的解离平衡向左移动（逆方向），此时溶液中大量的共轭碱 Ac^- 立即接受外加的 H^+ 生成 HAc，达到平衡后体系中 Ac^- 浓度略减小、HAc 浓度略增大，使溶液中的 H^+ 浓度不会显著增加。因此，Ac^- 被称为此缓冲溶液的抗酸成分（antiacid composition）。当加入少量强碱时，溶液中的 H^+ 与外加 OH^- 生成 H_2O，这时 HAc 的解离平衡向右移动（正方向），以补充消耗的 H^+，平衡后溶液中 HAc 浓度略减小、Ac^- 浓度略增大，因而体系的 pH 变化不大。因此，HAc 被称为此缓冲溶液的抗碱成分（alkali resistant composition）。当加入水稀释时，一方面降低了溶液的 H^+ 浓度，另一方面由于解离度的增大及同离子效应的减弱，H^+ 的浓度有所升高，而稀释过程中 HAc 及 Ac^- 的浓度下降幅度相同，仍可维持两者浓度的一定比值，结果使溶液的 pH 基本保持不变。

同理，一定量的弱碱与其共轭酸的混合液（如 $NH_3 \cdot H_2O$ 与 NH_4Cl）也具有上述缓冲作用。总之，缓冲溶液因含有大量的抗酸组分和抗碱组分，通过质子转移平衡移动，消除外来少量强酸、少量强碱和水适度稀释的影响，使溶液的 H^+ 浓度和 OH^- 浓度无明显变化。

4.4.3 缓冲溶液 pH 的计算

缓冲溶液 pH 的计算方法与同离子效应 pH 计算方法相似。

若以弱酸(HB)与其共轭碱(B^-)组成缓冲溶液，初始浓度分别为 $c(HB)$，$c(B^-)$，$c(H^+)$ 表示平衡溶液中 H^+ 浓度，在该缓冲溶液中存在下列质子转移平衡：

$$HB \rightleftharpoons H^+ + B^-$$

	HB	H^+	B^-
初始浓度/($mol \cdot dm^{-3}$)	$c(HB)$	0	$c(B^-)$
平衡浓度/($mol \cdot dm^{-3}$)	$c(HB)-c(H^+)$	$c(H^+)$	$c(B^-)+c(H^+)$

$$K_a^\ominus=\frac{c(H^+)\cdot[c(B^-)+c(H^+)]}{c(HB)-c(H^+)}$$

由于同离子效应，$c(HB)-c(H^+)\approx c(HB)$，$c(B^-)+c(H^+)\approx c(B^-)$

$$c(H^+)=K_a^\ominus\frac{c(HB)}{c(B^-)}$$

等式两边同取负对数：

$$-\lg c(H^+)=-\lg K_a^\ominus-\lg\frac{c(HB)}{c(B^-)}$$

$$pH=pK_a^\ominus+\lg\frac{c(B^-)}{c(HB)}\quad 或\quad pH=pK_a^\ominus+\lg\frac{n(B^-)}{n(HB)}\tag{4-16}$$

式(4-16)称为亨德森-哈塞尔巴赫(Henderson-Hasselbalch)方程式，也称缓冲公式。式中 $pK_a^\ominus$ 为弱酸(HB)解离常数的负对数，$n(HB)$和 $n(B^-)$分别为弱酸(HB)及其共轭碱(B^-)的初始物质的量，$\frac{c(B^-)}{c(HB)}$或$\frac{n(B^-)}{n(HB)}$称为缓冲比。

同理，对于弱碱与其共轭酸构成的缓冲系溶液，解离平衡为

$$共轭碱+H_2O \rightleftharpoons OH^-+共轭酸$$

$$K_b^\ominus=c(OH^-)\times\frac{c(共轭酸)}{c(共轭碱)}\qquad c(OH^-)=K_b^\ominus\times\frac{c(共轭碱)}{c(共轭酸)}$$

则

$$pOH=pK_b^\ominus-\lg\frac{c(共轭碱)}{c(共轭酸)}\tag{4-17}$$

从式(4-16)和式(4-17)可知，缓冲溶液的 pH 主要取决于共轭酸碱对中共轭酸的 $pK_a^\ominus$ 或共轭碱的 $pK_b^\ominus$，其次取决于缓冲比。前者是已确定的因素，后者则是可调节的因素，因此可以通过调节缓冲比得到需要的缓冲溶液。

【例 4-8】 等体积的 0.20 $mol \cdot dm^{-3}$ HAc 和 0.20 $mol \cdot dm^{-3}$ NaAc 溶液混合后，溶液的 pH 为多少？

解：查附录 6 可知 $pK_a^\ominus(HAc)=4.75$，将其代入式(4-16)得

$$pH=pK_a^\ominus+\lg\frac{c(B^-)}{c(HB)}=pK_a^\ominus+\lg\frac{c(Ac^-)}{c(HAc)}$$

因为 HAc 和 NaAc 为等浓度、等体积混合，所以缓冲比$\frac{c(Ac^-)}{c(HAc)}=1$，则

$$pH=pK_a^\ominus+\lg 1=4.75$$

【例 4-9】 在 100 cm^3的 0.10 $mol \cdot dm^{-3}$ HAc 与 0.10 $mol \cdot dm^{-3}$ NaAc 缓冲溶液中，加入 1.0 cm^3 1.0 $mol \cdot dm^{-3}$ HCl 溶液，求其 pH。

解：查附录 6 可知 $pK_a^\ominus(HAc)=4.75$

加入 HCl 溶液后有

$$c(\mathrm{HCl})=\frac{1.0\times1.0}{100+1}=0.0099\ \mathrm{mol\cdot dm^{-3}}$$

HCl 在溶液中完全解离，所以加入 0.0099 mol·dm^{-3} 的 H^+。加入的 H^+ 与缓冲溶液中的 Ac^- 结合成 HAc，因而 $c(Ac^-)$ 降低、$c(HAc)$ 增加。设平衡时 $c(H^+)=x$ mol·dm^{-3}

	HAc ⇌	H^+ +	Ac^-
初始浓度/(mol·dm^{-3})	0.10+0.0099	0	0.10−0.0099
平衡浓度/(mol·dm^{-3})	0.11−x	x	0.090+x

由于同离子效应，$0.11-x\approx0.11$，$0.090+x\approx0.090$，所以

$$\mathrm{pH}=\mathrm{p}K_a^\ominus+\lg\frac{c(\mathrm{Ac^-})}{c(\mathrm{HAc})}=4.75+\lg\frac{0.090}{0.11}=4.66$$

比较【例 4-8】和【例 4-9】的结果可以看出，上述缓冲溶液不加 HCl 溶液时 pH 为 4.75，加入 1.0 cm^3 1.0 mol·dm^{-3} HCl 后 pH 为 4.66。两者只差 0.09，说明 pH 变化不大。若加入 1.0 cm^3 1.0 mol·dm^{-3} NaOH，则 pH 变为 4.84(可自行计算)，两者相差也为 0.09。若在纯水中加入同样的酸或碱，pH 将改变 5 个单位。由此可见，缓冲溶液的缓冲作用相当明显。

任何缓冲溶液的缓冲能力都是有一定限度的。缓冲能力的大小常以缓冲容量(buffer capacity)β 来度量，β 值愈大，则缓冲能力也愈大。对于同一种缓冲对构成的缓冲溶液，它的缓冲容量取决于缓冲比。当缓冲比等于 1 时，缓冲溶液的缓冲容量最大。因此，选择具有一定 pH 的缓冲溶液时，应当选用 $\mathrm{p}K_a^\ominus$ 接近或等于该 pH 的缓冲对。实验证明，若缓冲溶液中缓冲比范围为 1/10～10/1，其缓冲能力就能满足一般的实验要求。因此，缓冲体系的有效缓冲范围为 $\mathrm{pH}=\mathrm{p}K_a^\ominus\pm1$。表 4-5 列举了一些常见的缓冲溶液。

表 4-5 常见的缓冲溶液(298.15 K)

配制缓冲溶液的试剂	缓冲对	$\mathrm{p}K_a^\ominus$
HCOOH—NaOH	$HCOOH—HCOO^-$	3.75
HAc—NaAc	$HAc—Ac^-$	4.75
$KH_2PO_4—Na_2HPO_4$	$H_2PO_4^-—HPO_4^{2-}$	6.865
$NaH_2PO_4—Na_2HPO_4$	$H_2PO_4^-—HPO_4^{2-}$	7.21
$Na_2B_4O_7—HCl$	$H_3BO_3—H_2BO_3^-$	9.180
$NH_3\cdot H_2O—NH_4Cl$	$NH_4^+—NH_3$	9.25
$NaHCO_3—Na_2CO_3$	$HCO_3^-—CO_3^{2-}$	10.012
$Na_2HPO_4—NaOH$	$HPO_4^{2-}—PO_4^{3-}$	12.35

【例 4-10】 欲配制 pH=9.20，$c(NH_3)=1.0$ mol·dm^{-3} 的缓冲溶液 500 cm^3，问如何用 15 mol·dm^{-3} NH_3 溶液和固体 NH_4Cl 配制？

解：查附录 6 可知 $K_b^\ominus(NH_3)=1.77\times10^{-5}$，则

$$K_a^\ominus(NH_4^+)=5.64\times10^{-10}$$

$$\mathrm{p}K_a^\ominus(NH_4^+)=9.25$$

将 pH＝9.20、$c(NH_3)=1.0\ mol\cdot dm^{-3}$、$pK_a^{\ominus}(NH_4^+)=9.25$ 分别代入式(4-16)

$$pH=pK_a^{\ominus}+\lg\frac{c(B^-)}{c(HB)}=pK_a^{\ominus}(NH_4^+)+\lg\frac{c(NH_3)}{c(NH_4^+)}$$

$$9.20=9.25+\lg\frac{1}{c(NH_4^+)}$$

解得 $c(NH_4^+)=1.1\ mol\cdot dm^{-3}$

查附录4可知 $M(NH_4Cl)=53.49\ g\cdot mol^{-1}$，则欲配制 500 cm^3 缓冲溶液，应称取固体 NH_4Cl 的质量为

$$m(NH_4Cl)=500\times10^{-3}\times1.1\times53.49=29.42\ g$$

因为 NH_3 溶液的浓度为 15 $mol\cdot dm^{-3}$，因此所需 NH_3 溶液的体积为

$$V_{NH_3}=1.0\times500/15=33\ cm^3$$

所以，称取 29.42 g NH_4Cl 固体溶于少量水中，加入 33 cm^3 NH_3 溶液，然后加水至 500 cm^3 即可配制题目所要求的缓冲溶液。

4.5 沉淀溶解平衡

水溶液中弱电解质的解离平衡属于单相平衡，亦称均相平衡(homogeneous equilibrium)。除此之外，我们经常研究另一类重要的离子反应，是难溶电解质在水中的溶解，即在含有固体难溶电解质的饱和溶液中，存在着电解质固体与由它解离产生的离子之间的平衡，称为沉淀溶解平衡(precipitation-dissolution equilibrium)，它是一种多相离子平衡(heterogeneous equilibrium)。在强电解质中，有一类物质在水中的溶解度较小，但在水中溶解的部分是全部解离的，如 AgCl，$CaCO_3$，PbS 等，这类物质被称为难溶强电解质。本节仅讨论有关难溶强电解质的沉淀溶解平衡。

4.5.1 溶度积

1. 溶度积

在水中完全不溶的物质并不存在。溶解度的定义为一定温度下，达到溶解平衡时一定量的溶剂中含有溶质的量。习惯上用 298.15 K 下物质在 100 g 水中可溶解的质量来判断其在水中的溶解性。溶解度大于 0.1g/100 g H_2O 的物质称为易溶物，溶解度介于(0.01～0.1)g/100 g H_2O 的为微溶物，溶解度小于 0.01 g/100 g H_2O 的称为难溶物。通常使用的溶解度单位可以是 g/100 g H_2O，也可以是 $g\cdot dm^{-3}$ 或 $mol\cdot dm^{-3}$。

难溶强电解质固体如 AgCl 和 $BaSO_4$ 等在水中的溶解度很小，但它们是离子型晶体，一旦溶解就完全解离成离子进入水中。同时，已溶解的离子也会不断地从溶液中回到固体表面而再次沉淀。一定条件下，当溶解速度与沉淀速度相等时，溶液达到饱和状态，未溶解的固体与已溶解的离子之间形成一种动态的多相离子平衡，以 $BaSO_4$ 为例，可表示为

$$BaSO_4(s)\underset{沉淀}{\overset{溶解}{\rightleftharpoons}}Ba^{2+}(aq)+SO_4^{2-}(aq)$$

该动态平衡的标准平衡常数表达式为

$$K_{sp}^{\ominus}=[c(Ba^{2+})/c^{\ominus}][c(SO_4^{2-})/c^{\ominus}]$$

或简写为

$$K_{sp}^{\ominus}=c(Ba^{2+})c(SO_4^{2-})$$

式中，$K_{sp}^{\ominus}$为溶度积常数(solubility product constant)，简称溶度积，它的大小与难溶强电解质的溶解度有关；$c(Ba^{2+})$和$c(SO_4^{2-})$是饱和溶液中Ba^{2+}和SO_4^{2-}的浓度。不同类型难溶强电解质溶度积的表达形式不同。

AB型：由一个阳离子和一个阴离子形成的难溶强电解质，如AgCl，$BaSO_4$等，它们在水溶液中的沉淀与溶解平衡关系式及溶度积表达式分别为

$$AB(s) \rightleftharpoons A^{+}+B^{-} \qquad K_{sp}^{\ominus}=c(A^{+})c(B^{-})$$

AB_2型：如PbI_2，$Ca(OH)_2$等，平衡关系式和溶度积表达式分别为

$$AB_2(s) \rightleftharpoons A^{2+}+2B^{-} \quad K_{sp}^{\ominus}=c(A^{2+})[c(B^{-})]^2$$

A_2B型：如Ag_2CrO_4，Ag_2S等，平衡关系式和溶度积表达式分别为

$$A_2B\ (s) \rightleftharpoons 2A^{+}+B^{2-} \quad K_{sp}^{\ominus}=[c(A^{+})]^2c(B^{2-})$$

⋮

用A_mB_n代表任一难溶强电解质，则有平衡关系式和溶度积通式分别为

$$A_mB_n(s) \rightleftharpoons mA^{n+}+nB^{m-}$$

$$K_{sp}^{\ominus}=[c(A^{n+})]^m[c(B^{m-})]^n \tag{4-18}$$

式(4-18)表示当温度一定时，在难溶强电解质的饱和溶液中，其组分离子浓度的幂次方的乘积为一常数。公式中涉及的是有关离子的浓度，而不是难溶强电解质的浓度。与其他平衡常数一样，$K_{sp}^{\ominus}$只与物质本身的性质和温度有关。当温度一定时，同一物质的$K_{sp}^{\ominus}$为一常数；温度升高，多数物质的$K_{sp}^{\ominus}$增大。常见难溶化合物的溶度积常数见附录7。

2. 溶度积和溶解度的相互换算

溶度积和溶解度都代表难溶电解质的溶解能力。根据溶度积原理，它们之间可以互相换算。由于溶度积表达式中各离子浓度的单位为$mol \cdot dm^{-3}$，因此，为方便计算，本节中的溶解度单位常用$mol \cdot dm^{-3}$。由于难溶强电解质的溶解度很小，其饱和溶液极稀，所以，溶液的密度近似等于水的密度。从溶度积的表达式可知，难溶强电解质的饱和溶液中相应离子的浓度互为简单的整倍数，可从溶度积计算出离子浓度，进而换算出难溶强电解质的溶解度。同理，亦可从溶解度求算难溶强电解质的溶度积。

【例4-11】 298.15 K时，AgCl的溶解度为1.91×10^{-3} $g \cdot dm^{-3}$，试计算该温度下AgCl的溶度积(AgCl的摩尔质量为143.32 $g \cdot mol^{-1}$)。

解：AgCl的溶解度以$mol \cdot dm^{-3}$为单位表示如下

$$\frac{1.91\times10^{-3}}{143.32}=1.33\times10^{-5}\ mol \cdot dm^{-3}$$

AgCl为AB型难溶强电解质，则

$$AgCl(s) \rightleftharpoons Ag^{+}+Cl^{-}$$

所以

$$c(Ag^+)=c(Cl^-)=1.33\times10^{-5}\ mol\cdot dm^{-3}$$

$$K_{sp}^{\ominus}(AgCl)=c(Ag^+)\cdot c(Cl^-)=(1.33\times10^{-5})^2=1.77\times10^{-10}$$

【例 4-12】 298.15 K 时，AgBr 的 $K_{sp}^{\ominus}$ 为 5.35×10^{-13}，计算 AgBr 在水中的溶解度。

解：设 AgBr 的溶解度为 s，则有

$$AgBr(s)\rightleftharpoons Ag^+ + Br^-$$

平衡浓度/$(mol\cdot dm^{-3})$　　s　　s

$$K_{sp}^{\ominus}(AgBr)=c(Ag^+)c(Br^-)=s^2=5.35\times10^{-13}$$

$$s=7.31\times10^{-7}\ mol\cdot dm^{-3}$$

【例 4-13】 Ag_2CrO_4 在 298.15 K 时的溶解度为 $6.54\times10^{-5}\ mol\cdot dm^{-3}$，计算其溶度积。

解：Ag_2CrO_4 为 A_2B 型，溶于水形成饱和溶液：

$$Ag_2CrO_4(s)\rightleftharpoons 2Ag^+ + CrO_4^{2-}$$

平衡浓度/$(mol\cdot dm^{-3})$　　$2s$　　s

$$K_{sp}^{\ominus}(Ag_2CrO_4)=[c(Ag^+)]^2\cdot c(CrO_4^{2-})=4s^3=4\times(6.54\times10^{-5})^3=1.12\times10^{-12}$$

比较以上三个例题，可以看出：AgCl 和 AgBr 同为 AB 型难溶强电解质，AgCl 的溶度积和溶解度均大于 AgBr；而 Ag_2CrO_4 为 A_2B 型难溶强电解质，虽然 Ag_2CrO_4 的溶度积小于 AgCl 的溶度积，但其溶解度却大于 AgCl 的溶解度。

因此，对于同一类型的难溶强电解质，可以通过溶度积来比较溶解度的大小。溶度积大者，其溶解度必大；溶度积小者，其溶解度必小。对于不同类型的难溶强电解质，不能直接由溶度积来比较溶解度的大小，应通过计算来比较。

4.5.2　溶度积规则

沉淀溶解平衡与其他动态平衡一样，遵循勒·夏特列原理。当条件发生改变时，平衡同样会发生移动，从而导致沉淀的生成或溶解。某一难溶强电解质在一定条件下，沉淀能否生成或溶解，可以通过比较反应商 Q 和溶度积 $K_{sp}^{\ominus}$ 的大小来判定。沉淀溶解反应中的反应商称为离子积(Q，ion product)，它表示任一时刻难溶强电解质溶液中各离子浓度幂次方的乘积。以 AgCl 为例：

$$AgCl(s)\rightleftharpoons Ag^+ + Cl^-$$

某一时刻的离子积 Q 可以表示为

$$Q=c(Ag^+)c(Cl^-)$$

式中，$c(Ag^+)$ 和 $c(Cl^-)$ 为任一时刻溶液中 Ag^+ 和 Cl^- 的浓度。

值得注意的是，某一难溶强电解质离子积 Q 与溶度积 $K_{sp}^{\ominus}$ 具有相同的表达式，但概念上有所区别。在一定温度下，$K_{sp}^{\ominus}$ 为一常数值，表达式中各离子浓度为平衡浓度；Q 的数值不定，表达式中各离子浓度为反应进行至任一时刻时对应的各离子浓度，可以说 $K_{sp}^{\ominus}$ 是 Q 的一个特例。在任何给定的溶液中，Q 与 $K_{sp}^{\ominus}$ 间的大小关系有以下 3 种情况：

(1) $Q>K_{sp}^{\ominus}$，溶液为过饱和溶液，平衡向左移动，沉淀从溶液中析出；

(2) $Q=K_{sp}^{\ominus}$，溶液为饱和溶液，溶液中的离子与沉淀之间处于平衡状态；

(3) $Q<K_{sp}^{\ominus}$，溶液为不饱和溶液，无沉淀析出；若原来体系中有沉淀，平衡向右移动，沉淀溶解。

上述 Q 与 $K_{sp}^{\ominus}$ 的关系及其结论称为溶度积规则。它是难溶强电解质沉淀溶解平衡移动规律的总结。在一定温度下，控制难溶强电解质溶液中离子的浓度，使溶液中离子积 Q 大于或小于溶度积 $K_{sp}^{\ominus}$，就可使难溶强电解质产生沉淀或使沉淀溶解。

4.5.3 溶度积规则的应用

1. 沉淀的生成

按照平衡移动的原理及溶度积规则，可以判断溶液中是否有沉淀生成。生成沉淀的必要条件是 $Q>K_{sp}^{\ominus}$。

【例 4-14】 若将 0.010 mol · dm^{-3} 的 $BaCl_2$ 溶液和 0.010 mol · dm^{-3} Na_2SO_4 溶液等体积混合，是否有沉淀生成？

解：查附录 7 可知 $K_{sp}^{\ominus}(BaSO_4)=1.08\times10^{-10}$

当两溶液等体积混合时，Ba^{2+} 和 SO_4^{2-} 的浓度都减至原来的一半，则

$$c(Ba^{2+})=c(SO_4^{2-})=\frac{0.010}{2}=0.0050\ \text{mol}\cdot\text{dm}^{-3}$$

$$Q=c(Ba^{2+})c(SO_4^{2-})=0.0050\times0.0050=2.5\times10^{-5}$$

因为 $Q>K_{sp}^{\ominus}(BaSO_4)$，所以有 $BaSO_4$ 沉淀生成。

【例 4-15】 计算 Ag_2CrO_4 在纯水和在 0.10 mol · dm^{-3} $AgNO_3$ 溶液中的溶解度。

解：查附录 7 可知 $K_{sp}^{\ominus}(Ag_2CrO_4)=1.12\times10^{-12}$

(1) 在纯水中，设 Ag_2CrO_4 的溶解度为 s，则

$$Ag_2CrO_4(s)\rightleftharpoons 2Ag^{+}+CrO_4^{2-}$$

平衡浓度/(mol · dm^{-3})　　　　$2s$　　　s

$$K_{sp}^{\ominus}(Ag_2CrO_4)=[c(Ag^{+})]^2c(CrO_4^{2-})=(2s)^2s=4s^3$$

$$s=\sqrt[3]{\frac{K_{sp}^{\ominus}}{4}}=\sqrt[3]{\frac{1.12\times10^{-12}}{4}}=6.5\times10^{-5}\ \text{mol}\cdot\text{dm}^{-3}$$

(2) 加 $AgNO_3$ 后，由于 $c(Ag^{+})$ 增大，使 $Q>K_{sp}^{\ominus}$，有 Ag_2CrO_4 沉淀析出，达新平衡后 Ag_2CrO_4 的溶解度用 s' 表示，则

$$Ag_2CrO_4(s)\quad\rightleftharpoons\quad 2Ag^{+}\quad+\quad CrO_4^{2-}$$

平衡浓度/(mol · dm^{-3})　　　　$0.10+2s'$　　　s'

由于 Ag_2CrO_4 的溶解度很小，$s'\ll0.10$，因此 $0.10+2s'\approx0.10$

$$K_{sp}^{\ominus}(Ag_2CrO_4)=[c(Ag^{+})]^2c(CrO_4^{2-})=(0.10)^2s'$$

$$s'=1.12\times10^{-12}/0.010=1.12\times10^{-10}\ \text{mol}\cdot\text{dm}^{-3}$$

Ag_2CrO_4 在 0.10 mol · dm^{-3} $AgNO_3$ 中的溶解度为 1.12×10^{-10} mol · dm^{-3}，与在纯水中的溶解度相差 10^{-5}。由此可见，在 Ag_2CrO_4 平衡体系中，加入含有相同离子如 Ag^{+}，

CrO_4^{2-} 的易溶强电解质时，有更多的 Ag_2CrO_4 沉淀生成，致使 Ag_2CrO_4 的溶解度降低。这种因加入含有相同离子的易溶强电解质而使难溶强电解质溶解度降低的效应为沉淀溶解平衡中的同离子效应。

实际工作中，根据同离子效应降低难溶强电解质溶解度的原理，在利用沉淀反应分离或鉴定某些离子时，加入适当过量沉淀剂(20%～50%)就可使离子的沉淀反应更趋完全。在定量分析中，如果溶液中残留的离子浓度小于 1×10^{-5} mol · dm^{-3}，便可认为沉淀已经"完全"了。沉淀法是目前生产工业催化剂的方法之一。如 γ－Al_2O_3 的工业制法就是利用沉淀法，将 $Al_2(SO_4)_3$ 溶液和 Na_2CO_3 溶液混合，pH 控制在 5～6，得到无定形氢氧化铝沉淀，经洗涤、干燥和焙烧等流程，即可制得 γ－Al_2O_3。

2. 分步沉淀

在实际工作中，体系中常常同时含有多种离子，这些离子均可能与加入的同一沉淀剂发生沉淀反应，生成难溶电解质。由于各种难溶电解质的溶度积不同，因而它们析出沉淀的先后顺序也不同。随着沉淀剂的加入，首先析出的是离子积最先达到溶度积的难溶电解质。这种按先后顺序沉淀的现象，称为分步沉淀(fractional precipitation)。

例如，在含有等浓度(均为 0.0010 mol · dm^{-3})的 I^- 和 Cl^- 的混合溶液中逐滴加入 $AgNO_3$ 溶液，开始只生成溶度积较小的淡黄色 AgI($K_{sp}^{\ominus}=8.52\times10^{-17}$)沉淀，然后才析出溶度积较大的白色 AgCl($K_{sp}^{\ominus}=1.77\times10^{-10}$)沉淀。

根据溶度积规则，可分别算出上述溶液中生成 AgI 和 AgCl 沉淀所需 $c(Ag^+)$ 的最小值。计算时可忽略加入 $AgNO_3$ 溶液引起的体积变化。

$$c(Ag^+)_{AgI}=\frac{K_{sp}^{\ominus}(AgI)}{c(I^-)}=\frac{8.52\times10^{-17}}{0.0010}=8.52\times10^{-14}\ \text{mol}\cdot\text{dm}^{-3}$$

$$c(Ag^+)_{AgCl}=\frac{K_{sp}^{\ominus}(AgCl)}{c(Cl^-)}=\frac{1.77\times10^{-10}}{0.0010}=1.77\times10^{-7}\ \text{mol}\cdot\text{dm}^{-3}$$

由计算看出，在等浓度的 I^- 和 Cl^- 共存的条件下，沉淀 I^- 所需要的 Ag^+ 浓度比沉淀 Cl^- 所需要的 Ag^+ 浓度要小得多。因此，当逐滴加入 $AgNO_3$ 溶液时，将首先达到并超过 AgI 的溶度积而析出 AgI 沉淀，而后才析出溶度积较大的 AgCl 沉淀。

当 AgCl 沉淀刚要析出时，溶液中 $c(Ag^+)$ 等于 1.77×10^{-7} mol · dm^{-3}，此时溶液中残留的 I^- 浓度为

$$c(I^-)=\frac{K_{sp}^{\ominus}(AgI)}{c(Ag^+)}=\frac{8.52\times10^{-17}}{1.77\times10^{-7}}=4.81\times10^{-10}\ \text{mol}\cdot\text{dm}^{-3}$$

$$c(I^-)\ll1\times10^{-5}\ \text{mol}\cdot\text{dm}^{-3}$$

这表明溶液中的 I^- 已沉淀得相当完全了。因此在该溶液中可利用分步沉淀法通过滴加 $AgNO_3$ 溶液分离 I^- 和 Cl^-。可以推知，对于同一类型的难溶电解质，它们的溶度积差别越大，则利用分步沉淀法使相近浓度的有关离子进行的分离就越完全。但是，对于不同类型的难溶强电解质，则需要具体计算。

【例 4-16】 在浓度均为 0.010 mol · dm^{-3} 的 Cl^- 和 CrO_4^{2-} 的混合溶液中，逐滴加入

$AgNO_3$溶液，AgCl 和 Ag_2CrO_4 哪个先沉淀析出？当形成第二种沉淀时，溶液中第一种沉淀对应离子的浓度为多少？两种离子能否有效分离？

解：查附录 7 可知 $K_{sp}^{\ominus}(AgCl)=1.77\times10^{-10}$，$K_{sp}^{\ominus}(Ag_2CrO_4)=1.12\times10^{-12}$

(1)

$$AgCl\,(s) \rightleftharpoons Ag^+ + Cl^-$$

$$K_{sp}^{\ominus}(AgCl)=c(Ag^+)c(Cl^-)$$

AgCl 开始沉淀时所需 $c(Ag^+)$为

$$c\,(Ag^+)_{AgCl}=\frac{K_{sp}^{\ominus}(AgCl)}{c\,(Cl^-)}=\frac{1.77\times10^{-10}}{0.010}=1.77\times10^{-8}\ mol\cdot dm^{-3}$$

$$Ag_2CrO_4(s) \rightleftharpoons 2Ag^+ + CrO_4^{2-}$$

$$K_{sp}^{\ominus}(Ag_2CrO_4)=[c(Ag^+)]^2c(CrO_4^{2-})$$

Ag_2CrO_4开始沉淀时所需 $c(Ag^+)$为

$$c\,(Ag^+)_{Ag_2CrO_4}=\sqrt{\frac{K_{sp}^{\ominus}(Ag_2CrO_4)}{c(CrO_4^{2-})}}=\sqrt{\frac{1.12\times10^{-12}}{0.010}}=1.06\times10^{-5}\ mol\cdot dm^{-3}$$

由于 AgCl 开始沉淀时所需 $c(Ag^+)$比 Ag_2CrO_4开始沉淀时所需的 $c(Ag^+)$小得多，因此 AgCl 先沉淀析出。

(2) 当 Ag_2CrO_4开始沉淀时，$c(Ag^+)\geqslant1.06\times10^{-5}\ mol\cdot dm^{-3}$。此时，溶液对 AgCl 来说已达到饱和，并同时满足这两个沉淀溶解平衡，所以

$$c\,(Cl^-)=\frac{K_{sp}^{\ominus}(AgCl)}{c\,(Ag^+)}=\frac{1.77\times10^{-10}}{1.06\times10^{-5}}=1.67\times10^{-5}\ mol\cdot dm^{-3}$$

由计算可知，当 Ag_2CrO_4 开始沉淀时，$c(Cl^-)=1.67\times10^{-5}\ mol\cdot dm^{-3}>1\times10^{-5}\ mol\cdot dm^{-3}$，说明此时 Cl^- 尚未沉淀完全，不能用此法分离这两种离子。

另外，在该例题中，虽然 Ag_2CrO_4的 $K_{sp}^{\ominus}$比 AgCl 的小，但沉淀 Cl^- 所需的 $c(Ag^+)$却比沉淀 CrO_4^{2-} 所需的 $c(Ag^+)$小得多，在这种情况下，$K_{sp}^{\ominus}$大的 AgCl 反而先沉淀出来。

在实际工作中，分步沉淀法可用于工业废水中金属离子的回收处理和水样中离子浓度的测定等方面。如莫尔法测定水样中氯含量就利用了分步沉淀的方法，该法以 K_2CrO_4为指示剂，用 $AgNO_3$标准溶液进行滴定，pH 控制在 6.5～10.5。

3. 沉淀的溶解

根据溶度积规则，沉淀溶解的必要条件是 $Q<K_{sp}^{\ominus}$。因此，只要采用一定的方法降低多相离子平衡体系中有关离子的浓度，即可促使沉淀溶解平衡向着溶解的方向移动。

1) 生成弱电解质

由弱酸形成的难溶盐(如 $CaCO_3$，FeS，ZnS 等)能溶解于强酸中。例如，含有 $CaCO_3$固体的饱和溶液与盐酸作用，生成 CO_2而使 $CaCO_3$溶解。其反应表示如下：

$$CaCO_3(s) \rightleftharpoons Ca^{2+} + CO_3^{2-}$$

$$+$$

$$2H^+ = H_2CO_3 \longrightarrow CO_2\uparrow + H_2O$$

平衡移动方向

加盐酸后，H^+与 CO_3^{2-} 形成 H_2CO_3，由于 H_2CO_3极不稳定，分解为 CO_2和 H_2O，从而降

低了溶液中 CO_3^{2-} 的浓度，使 $c(Ca^{2+})c(CO_3^{2-})<K_{sp}^{\ominus}(CaCO_3)$，多相离子平衡就向 $CaCO_3$ 溶解方向移动，结果使 $CaCO_3$ 固体溶解。

2）氧化还原法

某些金属硫化物如 CuS 等的溶度积很小，即使加入高浓度的强酸也不能有效地降低 S^{2-} 浓度，因此它们不能溶于非氧化性强酸。如果加入具有氧化性的硝酸，由于发生氧化还原反应，将 S^{2-} 氧化成单质 S，有效地降低 S^{2-} 的浓度，使 $c(Cu^{2+})c(S^{2-})<K_{sp}^{\ominus}(CuS)$，结果使 CuS 固体溶解。其反应表示如下：

$$CuS(s) \rightleftharpoons Cu^{2+} + S^{2-}$$
$$S^{2-} \xrightarrow{+HNO_3} S\downarrow + NO\uparrow + H_2O$$

3）配位溶解法

有些沉淀由于形成难解离的配位个体，而使难溶强电解质的沉淀溶解。例如，AgCl 能溶于氨水，就是由于发生了配位反应，生成微弱解离的 $[Ag(NH_3)_2]^+$ 配位个体，从而降低了 Ag^+ 的浓度，使 AgCl 沉淀溶解。其反应表示如下：

$$AgCl(s) \rightleftharpoons Ag^+ + Cl^-$$
$$+$$
$$2NH_3 \rightleftharpoons [Ag(NH_3)_2]^+$$

在冲洗胶片时，选用 $Na_2S_2O_3 \cdot 5H_2O$ 为定影剂就是利用了沉淀的配位溶解法。胶片上的感光物质为 AgBr，胶片用显影剂处理后，需将未感光的 AgBr 从感光层中溶解出来，此时加入 $Na_2S_2O_3$ 水溶液，AgBr 解离出的 Ag^+ 与 $S_2O_3^{2-}$ 结合，生成配离子 $[Ag(S_2O_3)_2]^{3-}$，促使 AgBr 的溶解。

4. 沉淀的转化

在一些有沉淀的饱和溶液中，加入适当的试剂可与溶液中难溶电解质的离子结合成更难溶解的物质，使原沉淀溶解。这种由一种沉淀转化为另一种沉淀的现象称为沉淀的转化(inversion of precipitate)。实际工作中，经常会利用沉淀的转化。例如，$CaSO_4$ 是锅炉内壁上锅垢的主要成分，难以用酸溶解、配位溶解及氧化还原溶解的方法除去，但可以用 Na_2CO_3 溶液处理，使 $CaSO_4$ 转化为 $CaCO_3$，而 $CaCO_3$ 可以用酸溶解除去。反应可表示如下：

$$CaSO_4(s) \rightleftharpoons SO_4^{2-} + Ca^{2+}$$
$$+$$
$$Na_2CO_3 \longrightarrow 2Na^+ + CO_3^{2-}$$
$$\Updownarrow$$
$$CaCO_3(s)$$

总反应为

$$CaSO_4(s) + CO_3^{2-} \rightleftharpoons CaCO_3(s) + SO_4^{2-}$$

转化反应的平衡常数 $K^{\ominus}$ 与 $CaSO_4$，$CaCO_3$ 的溶度积的关系为

$$K^{\ominus}=\frac{c(SO_4^{2-})}{c(CO_3^{2-})}=\frac{c(SO_4^{2-})\times c(Ca^{2+})}{c(CO_3^{2-})\times c(Ca^{2+})}=\frac{K_{sp}^{\ominus}(CaSO_4)}{K_{sp}^{\ominus}(CaCO_3)}=\frac{4.93\times10^{-5}}{2.8\times10^{-9}}=1.8\times10^{4}$$

计算表明转化反应的平衡常数 $K^{\ominus}$ 较大，表示 $CaSO_4$ 转化为 $CaCO_3$ 的程度较高。一般来说，从 $K_{sp}^{\ominus}$ 较大的沉淀转化为 $K_{sp}^{\ominus}$ 较小的沉淀易进行。两种沉淀的 $K_{sp}^{\ominus}$ 差别越大，转化反应进行的趋势越大；当两种沉淀的 $K_{sp}^{\ominus}$ 差别不大时，两种沉淀可以相互转化，转化反应能否进行完全，则与所用转化溶液的浓度有关。

【例 4-17】 298.15 K 时，19.73 g $BaCO_3$ 能否溶解于 1 dm^3 0.15 $mol\cdot dm^{-3}$ 的 K_2CrO_4 溶液中，并全部转化为 $BaCrO_4$ 沉淀？

解： 19.73 g $BaCO_3$ 若全部转化为 $BaCrO_4$，应生成等物质的量的 CO_3^{2-} 和 $BaCrO_4$，同时要维持化学平衡，必须保证溶液中有一定浓度的 CrO_4^{2-}。

查附录 7 和附录 4 可知 $K_{sp}^{\ominus}(BaCO_3)=2.58\times10^{-9}$，$K_{sp}^{\ominus}(BaCrO_4)=1.17\times10^{-10}$，$M(BaCO_3)=197.34\ g\cdot mol^{-1}$。

设 $BaCO_3$ 全部转化为 $BaCrO_4$，则溶液中 CO_3^{2-} 的浓度为

$$c(CO_3^{2-})=\frac{m/M}{V}=\frac{19.73/197.34}{1}=0.10\ mol\cdot dm^{-3}$$

故转化反应需消耗 K_2CrO_4 的浓度为 0.10 $mol\cdot dm^{-3}$。

为维持化学平衡，设溶液中需有 x $mol\cdot dm^{-3}$ 的 CrO_4^{2-}，则

$$BaCO_3(s)+CrO_4^{2-}\rightleftharpoons BaCrO_4(s)+CO_3^{2-}$$

平衡浓度/($mol\cdot dm^{-3}$)　　x　　0.10

$$K^{\ominus}=\frac{c(CO_3^{2-})}{c(CrO_4^{2-})}=\frac{K_{sp}^{\ominus}(BaCO_3)}{K_{sp}^{\ominus}(BaCrO_4)}$$

即

$$\frac{2.58\times10^{-9}}{1.17\times10^{-10}}=\frac{0.10}{x}$$

$$x=0.0045\ mol\cdot dm^{-3}$$

故使 $BaCO_3$ 全部转化为 $BaCrO_4$ 的最小浓度为

$$c(K_2CrO_4)=0.10+0.0045=0.1045\ mol\cdot dm^{-3}$$

显然，K_2CrO_4 的实际浓度大于 0.1045 $mol\cdot dm^{-3}$，故 $BaCO_3$ 可以全部转化为 $BaCrO_4$。

沉淀转化在科研、生产和生活中都具有重要的应用价值。例如，使用含氟牙膏防止龋齿就利用了这一原理。牙齿由致密的羟基磷酸钙[$Ca_5(PO_4)_3OH$]构成，该物质是难溶的强电解质，在口腔内可形成沉淀溶解平衡。当过量食用含糖量较高的食物时，口腔中酸性增强，会破坏 $Ca_5(PO_4)_3OH$ 的沉淀溶解平衡，促使 $Ca_5(PO_4)_3OH$ 溶解，导致龋齿产生。使用含氟牙膏后，F^- 的加入可使 $Ca_5(PO_4)_3OH$ 转变为不溶于水和酸的 $Ca_5(PO_4)_3F$，增强牙齿对酸的抵抗力，使牙齿变得更坚固、更健康。

拓展知识

缓冲溶液在工业、农业、生物科学、化学等各领域都有很重要的用途。土壤中含有的

H_2CO_3，$NaHCO_3$，NaH_2PO_4，Na_2HPO_4 及其他有机酸及其盐类组成复杂的缓冲体系，使土壤维持在一定的 pH 范围（5～8）内，从而保证了微生物的正常活动和植物的发育生长。在药剂生产上，根据人的生理状况及药物稳定性和溶解度等情况，选择适当的缓冲溶液来稳定溶液的 pH，使药效达到预期效果。微生物培养、组织切片与染色、血液的冷藏保存、酶的催化研究，以及临床检验都需要一定 pH 的缓冲溶液。生物体内的许多化学反应受各种酶的控制，而酶只有在一定的 pH 下才具有活性。

缓冲体系的缓冲作用对于人的正常生命活动也有着重要意义。一般人体内各种体液的 pH 都应维持在一定范围内，以保证人体各部位的机体功能正常。胃液的强酸性（pH 为 1.0～2.0）能激活胃蛋白酶，保持其活性及抑制、杀死细菌等。血液的 pH 范围（7.35～7.45）非常狭小，一旦偏移这一范围，容易造成人体酸中毒或碱中毒，对人体造成巨大伤害。然而，机体在代谢过程中会产生大量的酸性和碱性代谢产物，同时又会从体外摄取大量的酸性和碱性食物，那么人体血液的 pH 如何保持这一稳定的范围呢？经研究发现，血液中存在的多种缓冲体系对维持其 pH 发挥了巨大作用。

血液由血浆和红细胞构成，由于两者数量的差异，对于血液的 pH 而言，血浆的 pH 为主导因素。血浆中主要存在三种缓冲对，分别为 H_2CO_3—$NaHCO_3$，NaH_2PO_4—Na_2HPO_4 和 HPr—NaPr（Pr 即血浆蛋白）。其中 H_2CO_3—$NaHCO_3$ 缓冲体系浓度最大，缓冲能力最强，因此成为维持血液 pH 的关键。正常人体血液中，$c(HCO_3^-)=0.024\ mol\cdot dm^{-3}$，$c(H_2CO_3)=0.0012\ mol\cdot dm^{-3}$，37℃血浆中离子强度为 0.16，经校正后该缓冲对的 $pK_a^\ominus$ 为 6.10，根据缓冲公式可计算出 pH＝7.40。计算结果与健康人体血液 pH 的实测值或医学、生理指标一致。由该公式还可得知，只要缓冲比 $c(HCO_3^-)/c(H_2CO_3)$ 维持在 20/1，血浆的 pH 即可维持在 7.40；而如果缓冲比在 17.8/1～22.4/1，血浆的 pH 就维持在 7.40±0.5，这是血液 pH 的正常范围。

由上可知，血液中缓冲比 $c(HCO_3^-)/c(H_2CO_3)$ 并不在正常缓冲比 1/10～10/1 之间，为什么 HCO_3^-—H_2CO_3 却仍能保有其对血液 pH 的缓冲作用呢？这是因为血液中的缓冲体系是有肺、肾和肝脏等器官参与的有生命的协调合作体系。人体组织或细胞经过代谢，可产生无机酸（如盐酸）和有机酸（如乳酸）等非挥发性酸，此时缓冲对中的 HCO_3^- 作为抗酸成分与之结合，生成 H_2CO_3。生成的 H_2CO_3 以 CO_2 的形式经肺泡通过呼气作用排出；而消耗的 HCO_3^- 可通过肾脏的生理调节，如减少 HCO_3^- 的排出或将 H_2CO_3 部分转化成 HCO_3^- 来进行补充。当代谢产生的碱性物质（如金属盐类和氨等）进入血液中，其解离产生的 OH^- 则由缓冲对中的抗碱成分 H_2CO_3 与之反应而被消耗，消耗的 H_2CO_3 和生成的 HCO_3^- 同样可通过肺、肾和肝脏的生理机能补充和排出。这样通过体内多器官的协调，即可维持体内 HCO_3^- 和 H_2CO_3 的浓度比基本不变，从而使体内血液的 pH 保持稳定。因此，体内器官一旦发生病变，出现新陈代谢障碍或呼吸功能障碍，就会导致 $c(HCO_3^-)/c(H_2CO_3)$ 失衡，从而引发酸中毒或碱中毒。

综上所述，人体内的酸碱平衡是由血液中的缓冲体系和人体器官的生理机能协调完成的，其作用机制比一般生产和科研实验中所用的缓冲体系的作用机制更为复杂和特殊。

习题

4-1 在 310 K 下，将下列稀溶液按渗透压由大到小的顺序进行排列。

(1) $c(C_6H_{12}O_6)=0.20\ mol \cdot dm^{-3}$

(2) $c(NaCl)=0.20\ mol \cdot dm^{-3}$

(3) $c(Na_2CO_3)=0.20\ mol \cdot dm^{-3}$

4-2 根据酸碱质子理论，判断下列物质在水溶液中哪些是酸？哪些是碱？哪些是两性物质？写出它们的共轭酸或共轭碱。

HS^-，HCO_3^-，CO_3^{2-}，ClO^-，OH^-，H_2O，NH_3，H_3PO_4

4-3 阐述三大酸碱理论中酸碱的定义及酸碱反应的实质。

4-4 计算下列溶液的 pH。

(1) $0.10\ mol \cdot dm^{-3}$ HCN

(2) $0.10\ mol \cdot dm^{-3}$ NaCN

(3) $0.10\ mol \cdot dm^{-3}$ H_2S

4-5 已知 NH_3 溶液的浓度为 $0.20\ mol \cdot dm^{-3}$。

(1) 计算该溶液中的 OH^- 的浓度、pH 和 NH_3 的解离度。

(2) 在上述溶液中加入 NH_4Cl 晶体，并使 NH_4Cl 溶解后浓度为 $0.20\ mol \cdot dm^{-3}$。计算所得溶液的 OH^- 浓度、pH 和 NH_3 的解离度。

4-6 某 100 cm^3 一元弱酸 HB 的浓度为 $0.10\ mol \cdot dm^{-3}$，当加入 50 cm^3 $0.10\ mol \cdot dm^{-3}$ 的 NaOH 溶液后，溶液的 pH 为多少？此时该弱酸的解离度为多少？（已知 HB 的 $K_a^\ominus=1.0\times10^{-5}$）

4-7 在 20 cm^3 $0.2\ mol \cdot dm^{-3}$ 的 NH_3 溶液中分别加入 10 cm^3、20 cm^3 和 30 cm^3 $0.2\ mol \cdot dm^{-3}$ HCl 溶液，计算混合溶液的 pH 分别为多少。

4-8 什么是同离子效应？在 HAc 溶液中分别加入 NaAc，NaOH，HCl 和 H_2O 后，HAc 的解离度和溶液的 pH 值将如何变化？

4-9 什么是缓冲溶液？请以 NH_3—NH_4Cl 缓冲溶液为例解释其作用机制。

4-10 求下列各缓冲溶液的 pH。

(1) 50 cm^3 $0.20\ mol \cdot dm^{-3}$ HAc 和 100 cm^3 $0.10\ mol \cdot dm^{-3}$ NaAc 的混合溶液。

(2) 100 cm^3 $0.50\ mol \cdot dm^{-3}$ NH_3 和 200 cm^3 $0.10\ mol \cdot dm^{-3}$ HCl 的混合溶液。

(3) 50 cm^3 $0.10\ mol \cdot dm^{-3}$ HAc 和 25 cm^3 $0.10\ mol \cdot dm^{-3}$ NaOH 的混合溶液。

4-11 在 1.0 dm^3 $0.1\ mol \cdot dm^{-3}$ 的 NH_3 溶液中，加入多少克 NH_4Cl 固体，才能使溶液的 pH 值等于 8.00？（忽略加入固体对溶液体积的影响）

4-12 试解答下列问题：

(1) AgCl 在下列哪种试剂中溶解度最大？

$AgNO_3$ 溶液；NaCl 溶液；H_2O；NH_3 溶液

(2) 为什么在进行沉淀反应时，沉淀剂应适当过量？

(3) 为什么 CuS 不溶于硫酸和盐酸，而溶于硝酸？

4-13　下列说法是否正确？为什么？

(1) 在一定温度下，改变溶液的 pH，水的离子积不变。

(2) 氨水的浓度越小，解离度越大，溶液中 OH^- 浓度也必大。

(3) 两种难溶电解质，$K_{sp}^{\ominus}$大者，溶解度也必大。

(4) 分步沉淀时，溶度积小的难溶电解质先沉淀。

4-14　在 298.15 K 时，若 $Mg(OH)_2$在饱和溶液中完全解离，试计算：

(1) $Mg(OH)_2$在纯水中的溶解度及 Mg^{2+}，OH^- 的浓度；

(2) $Mg(OH)_2$在 0.010 $mol \cdot dm^{-3}$ NaOH 溶液中 Mg^{2+} 的浓度；

(3) $Mg(OH)_2$在 0.010 $mol \cdot dm^{-3}$ $MgCl_2$溶液中的溶解度。

4-15　已知 $K_{sp}^{\ominus}[M(OH)_2]=1.0\times10^{-10}$，把 0.01 mol 的 MCl_2固体加入 1 dm^3 pH=11 的溶液中，试通过计算说明有无 $M(OH)_2$沉淀生成。

4-16　若往 10 cm^3 0.020 $mol \cdot dm^{-3}$ $BaCl_2$溶液中分别加入以下溶液：

(1) 10 cm^3 0.020 $mol \cdot dm^{-3}$ Na_2SO_4溶液；

(2) 10 cm^3 0.040 $mol \cdot dm^{-3}$ Na_2SO_4溶液。

问溶液中 Ba^{2+} 是否沉淀完全？

4-17　某溶液中含有 Pb^{2+} 和 Ba^{2+}，它们的浓度分别为 0.10 $mol \cdot dm^{-3}$ 和 0.010 $mol \cdot dm^{-3}$，逐滴加入 K_2CrO_4溶液，问哪种离子先沉淀？两者有无分离的可能？

4-18　一种溶液中含有 Fe^{3+} 和 Fe^{2+}，它们的浓度均为 0.010 $mol \cdot dm^{-3}$，当 $Fe(OH)_2$开始沉淀时，Fe^{3+} 的浓度是多少？

拓展习题

第5章 氧化还原与电化学

18世纪末，随着拉瓦锡氧化学说的创立，人们把与氧化合的反应叫作氧化反应(oxidation reaction)，从氧化物夺取氧的反应叫作还原反应(reduction reaction)。随着科学研究的深入，人们对氧化还原反应有了更进一步的认识。19世纪中叶，英国化学家弗兰克兰(Edward Frankland)提出原子价(化合价)的概念后，人们把化合价升高的过程称为氧化，化合价降低的过程称为还原。20世纪初，氧化与还原的概念又发生了变化，人们根据化合价的电子理论，把失电子的过程称为氧化，得电子的过程称为还原，并沿用至今。

氧化还原反应(redox reaction)在自然界中极为普遍，这类反应对制备新的化合物、获取化学热能和电能、金属的腐蚀与防腐蚀都有重要的意义，生命活动过程中的能量就是直接依靠营养物质的氧化而获得的。

本章讨论氧化还原的本质、特点，阐述原电池的结构和机理，着重讨论电极电势及其应用、氧化还原反应进行的方向和限度，介绍金属腐蚀防护的机理和方法，并简要地介绍几种化学电源及其应用。

5.1 氧化数与氧化还原反应

5.1.1 氧化数

为了便于讨论氧化还原反应，人们人为地引入了元素氧化数(oxidation number，氧化值)的概念。1970年IUPAC定义氧化数是某元素一个原子的荷电数，这种荷电数可由假设把每个化学键中的电子指定给电负性更大的原子而求得。因此，氧化数是元素原子在化合状态时的表观电荷数(apparent charge number，原子所带的净电荷数)。

1. 确定元素氧化数的规则

(1) 单质中元素的氧化数等于零。

(2) 单原子离子元素的氧化数等于它所带的电荷数；多原子离子中各元素氧化数的代数和等于该离子所带电荷数。

(3) H的氧化数一般为+1，只有在活泼金属的氢化物(如NaH，CaH_2)中，H的氧化数为−1。O的氧化数一般为−2，在过氧化物如H_2O_2，Na_2O_2中，O的氧化数为−1；在超氧化

物如 KO_2 中为 $-\frac{1}{2}$；在氟化物如 O_2F_2，OF_2 中，O 的氧化数分别为 +1，+2。

(4) 中性分子中，各元素氧化数的代数和为零。如 Fe_3O_4 中 Fe 的氧化数为 $+\frac{8}{3}$，$S_4O_6^{2-}$ 中 S 的氧化数为 $+\frac{5}{2}$。

2. 氧化数、化合价的联系与区别

氧化数是在化合价基础上发展起来的新概念，它不考虑分子结构，是人为规定的。氧化数是一个形式电荷数，它可以是正数、负数和分数。化合价是指某元素一定数目的原子与其他元素一定数目的原子相化合的性质，它反映分子中原子间相互结合的能力，与分子结构有关系。化合价没有分数。

5.1.2　氧化还原反应

在化学反应中，参加反应的物质之间有电子转移(或偏离)，导致反应前后元素原子的氧化数发生变化的反应叫作氧化还原反应。氧化数升高的过程称为氧化，氧化数降低的过程称为还原。反应中氧化数升高的物质是还原剂(reducing agent)，该物质发生的是氧化反应；反应中氧化数降低的物质是氧化剂(oxidizing agent)，该物质发生的是还原反应。发生氧化反应的同时，必然伴随还原反应。

5.2　原电池和电极电势

5.2.1　原电池

将锌片插入硫酸铜溶液中会自发地发生如下氧化还原反应：

$$Zn(s)+Cu^{2+}(aq) \longrightarrow Zn^{2+}(aq)+Cu(s) \quad \Delta_r H_m^{\ominus}=-218.7\ kJ\cdot mol^{-1}$$

随着反应的进行，金属铜不断地沉淀在锌片上，同时锌片不断地溶解。该反应是放热的，化学能转变为热能。如何将该反应的化学能转变为电能而产生电流呢?

1863 年，英国化学家丹聂尔(J. E. Daniell)将锌片插入 $ZnSO_4$ 溶液中，组成锌电极；将铜片插入 $CuSO_4$ 溶液中，组成铜电极；用饱和 KCl 溶液与琼脂做成的凝胶装满倒置 U 形管作盐桥(salt bridge)，将两溶液连通；在锌片和铜片间串联一个电流计，如图 5-1 所示。结果观察到电流计指针发生了偏移，说明有电流产生，原电池对外做了电功；并且发现 Cu 片上有 Cu 沉积，Zn 片发生了溶解，可以确定电流是从 Cu 极流向 Zn 极(电子从 Zn 极流向 Cu 极)。

此装置之所以能够产生电流，是由于 Zn 比 Cu 活泼，Zn 易失去电子氧化成 Zn^{2+} 进入溶液中：

$$Zn-2e^{-} \longrightarrow Zn^{2+}$$

锌片上多余的电子由连接锌片和铜片的导线转移到铜片，溶液中的 Cu^{2+} 在 Cu 片上接受该电子还原成 Cu：

$$Cu^{2+} + 2e^- \longrightarrow Cu$$

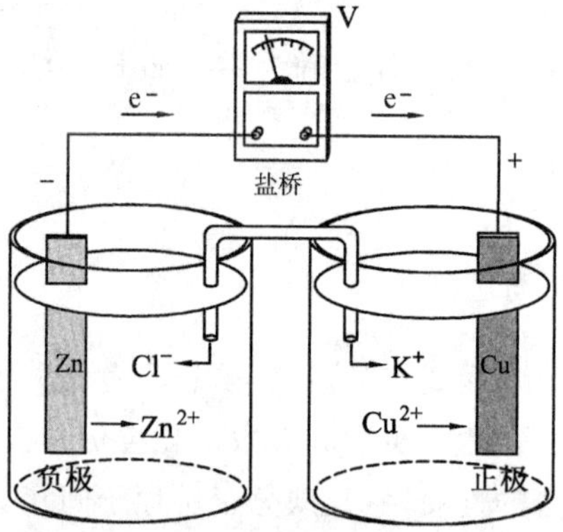

图 5-1 Cu－Zn 原电池

此装置中盐桥的作用就是让阳离子(主要是盐桥中的 K^+)通过盐桥向 $CuSO_4$ 溶液迁移；阴离子(主要是盐桥中的 Cl^-)通过盐桥向 $ZnSO_4$ 溶液迁移，使锌盐溶液和铜盐溶液始终保持电中性，从而使 Zn 的溶解和 Cu 的析出过程可以继续进行下去，电流得以不断地产生。

这种借助氧化还原反应将化学能转变为电能的装置，称为原电池(primary cells)，简称电池。图 5-1 所示是铜锌电池，或称丹聂尔电池。每个原电池都由两个半电池(half-cell)组成。每一个半电池都是由同一元素处于不同氧化数的两种物质构成的，一种是处于低氧化数的物质，可作还原剂使用，称为还原态物质；另一种是处于高氧化数的物质，可作氧化剂使用，称为氧化态物质。这种由同一元素的氧化态物质和与其对应的还原态物质所构成的整体，称为氧化还原电对(oxidation-reduction couples，简称电对)，可以用符号 Ox/Red 来表示。例如，Cu 和 Cu^{2+}、Zn 和 Zn^{2+} 所组成的电对分别写成 Cu^{2+}/Cu，Zn^{2+}/Zn。非金属单质及其相应的离子也可以构成电对，如 H^+/H_2 和 O_2/OH^-。由金属及其离子组成的电对作半电池时，金属可直接用作电极，但在 Fe^{3+}/Fe^{2+}，Cl_2/Cl^-，O_2/OH^- 等电对作半电池时，需要用能够导电而本身不参加反应的惰性导体(如金属铂或石墨)作电极。

在一定条件下，一对电对中的氧化态物质和还原态物质可以相互转化：

$$\text{氧化态} + ne^- \rightleftharpoons \text{还原态} \quad \text{或} \quad Ox + ne^- \rightleftharpoons Red$$

这就是半电池反应(half-cell reaction)或电极反应(electrode reaction)的通式。

原电池中，电子流出的电极称为负极(negative electrode)，负极上发生氧化反应；电子流入的电极称为正极(positive electrode)，正极上发生还原反应。将两个电极反应合并得到的总反应称为电池反应(cell reaction)。

在 Cu－Zn 原电池中：

电极反应	正极(Cu)	$Cu^{2+} + 2e^- \rightleftharpoons Cu$	还原反应
	负极(Zn)	$Zn - 2e^- \rightleftharpoons Zn^{2+}$	氧化反应
电池反应(总反应)		$Zn + Cu^{2+} \rightleftharpoons Zn^{2+} + Cu$	

在 Cu－Zn 原电池中所发生的电池反应和 Zn 直接置于 $CuSO_4$ 溶液中所发生的化学反应完全一样。但是在原电池装置中，还原剂 Zn 和氧化剂 Cu^{2+} 不直接接触，氧化反应和还原

反应同时在两个不同的半电池里分别进行，电子通过导线从负极流向正极。这正是原电池利用氧化还原反应能产生电流的原因所在。

为方便起见，Cu－Zn 原电池可以用下列化学符号来表示：

$$(-)Zn \mid ZnSO_4(c_1) \parallel CuSO_4(c_2) \mid Cu(+)$$

把负极(－)写在左边，正极(＋)写在右边。其中“|”表示两相之间的接触界面，“‖”表示盐桥，c 表示溶液的浓度，当浓度为 $c^{\ominus}=1\ mol\cdot dm^{-3}$ 时，可不必写出。如有气体物质，则应标出其分压 p，如分压为 $p^{\ominus}=100$ kPa 时，亦可不写出。如电极反应中无金属存在，则必须用 Pt 或 C(石墨)等惰性电极起导电作用。电极反应中的沉淀、气体或纯液体，须写在电极一边，并用“，”或“|”与电极隔开。电极反应中的介质(H^+，OH^-)或沉淀剂等，须写在相关半电池中。相界面较多时，有时用“，”来部分代替“|”，用“，”来分隔虽同相但浓度、种类或价态不同的组分。以上原电池的化学符号表示方法称为电池符号(battery type)或电池组成式(battery symbol)。此法也可以表示电极，如氢电极可以表示为 $Pt \mid H_2(p) \mid H^+(c)$。

【例 5-1】 将下列氧化还原反应设计成原电池，并写出它的电池符号。

$$2Fe^{2+}(c^{\ominus})+Cl_2(p^{\ominus}) = 2Fe^{3+}(0.10\ mol\cdot dm^{-3})+2Cl^-(2.0\ mol\cdot dm^{-3})$$

解：正极 $Cl_2+2e^- \rightleftharpoons 2Cl^-$

负极 $Fe^{2+}-e^- \rightleftharpoons Fe^{3+}$

原电池符号为

$$(-)\ Pt \mid Fe^{2+}, Fe^{3+}(0.10\ mol\cdot dm^{-3}) \parallel Cl^-(2.0\ mol\cdot dm^{-3}) \mid Cl_2 \mid Pt\ (+)$$

理论上讲，凡是能自发进行的氧化还原反应，都可以组成原电池。例如：

$$Sn^{2+}+2Fe^{3+} = Sn^{4+}+2Fe^{2+}$$

电极反应

$$Fe^{3+}+e^- \rightleftharpoons Fe^{2+} \quad (还原反应，正极)$$

$$Sn^{2+}-2e^- \rightleftharpoons Sn^{4+} \quad (氧化反应，负极)$$

电池符号为

$$(-)\ Pt \mid Sn^{2+}(c_1), Sn^{4+}(c_2) \parallel Fe^{2+}(c_3), Fe^{3+}(c_4) \mid Pt\ (+)$$

5.2.2 电极电势

在上述 Cu－Zn 原电池中为什么会有电流产生呢？1889 年，德国物理化学家能斯特(H. W. Nernst)提出了双电层理论(electric double layer theory)，用以说明电极电势(electrode potential)的产生和原电池产生电流的机理。

1. 双电层理论

双电层理论认为，由于金属晶体是由金属原子、金属离子和自由电子构成的，因此，若把金属置于其盐溶液中，在金属与其盐溶液的接触界面上就会发生两种不同的过程：一种是金属表面的原子因热运动和受极性水分子的作用以离子形式进入溶液的过程；另一种是溶液中位于金属表面的水合金属离子受到自由电子的吸引，结合电子成为金属原子而重新沉积在金属表面的过程。当这两种方向相反的过程进行的速率相等时，达到动态平衡：

$$M(s) \underset{\text{沉积}}{\overset{\text{溶解}}{\rightleftharpoons}} M^{n+}(aq) + ne^-$$

显然，如果金属越活泼或溶液中金属离子的浓度越小，金属溶解的趋势就越大于溶液中金属离子沉积到金属表面的趋势，达到平衡时金属表面就因聚集了金属溶解时留下的自由电子而带负电荷，溶液则因金属离子进入而带正电荷。这样，因正、负电荷相互吸引，在金属与其盐溶液的接触界面处就建立了由带负电荷的电子和带正电荷的金属离子所构成的双电层，如图 5-2(a)所示。相反，如果金属越不活泼或溶液中金属离子浓度越大，金属离子沉积的趋势就越大于金属溶解的趋势，达到平衡时金属表面因聚集了金属离子而带正电荷，而溶液则由于金属离子减少而带负电荷。这样，也构成了相应的双电层，如图 5-2(b)所示。这种双电层之间存在一定的电势差，这个电势差即为金属与金属离子所组成的氧化还原电对的平衡电势，即电极电势，用 φ 表示。平衡电势的大小主要取决于金属的种类，即金属电极本身的性质。此外，也与溶液中该金属离子的浓度及温度等外部因素有关。因此，若将两种不同的氧化还原电对组成原电池，则在两电极之间就会有一定的电势差，从而产生电流。用对消法使流过电池的电流趋于零时，两电极(电子导体)间的电势差达到极大值，该值就等于原电池的电动势(electromotive force)，用 E 表示。

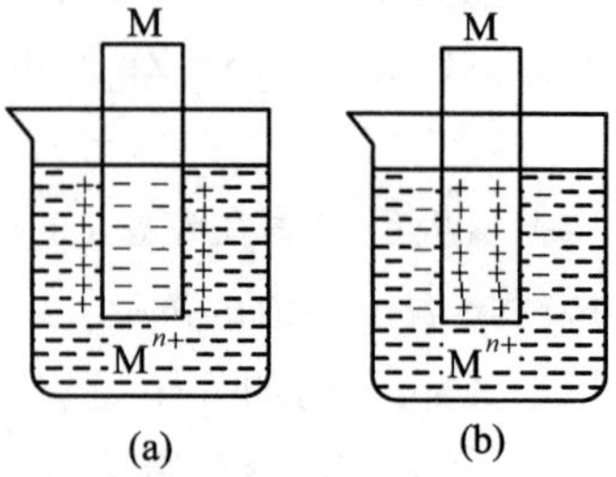

图 5-2　双电层示意图

按照国际惯例，原电池的电动势 E 等于正极的电极电势 $\varphi_{正}$ 减去负极的电极电势 $\varphi_{负}$，即

$$E = \varphi_{正} - \varphi_{负} \tag{5-1}$$

2. 标准电极电势

电极电势的绝对值无法测量，只能选定某种电极作为标准，其他电极与之比较，求得电极电势的相对值。通常选标准氢电极(standard hydrogen electrode，SHE)作为基准电极。

标准氢电极的构造如图 5-3 所示，将镀有一层蓬松铂黑的铂片插入 H^+ 浓度为 1 mol · dm^{-3} 的酸溶液中，不断地通入压力为 100 kPa 的纯 H_2 流，使铂黑上吸附的 H_2 达到饱和，这时溶液中的 H^+ 与铂所吸附的 H_2 建立起动态平衡：

$$2H^+(1\ \text{mol}\cdot\text{dm}^{-3}) + 2e^- \rightleftharpoons H_2(100\ \text{kPa})$$

吸附 H_2 达饱和的铂黑和 H^+ 浓度为 1 mol · dm^{-3} 的酸溶液之间产生的电势为标准氢电极的电极电势，以 $\varphi^\ominus(H^+/H_2)$ 表示，并规定在任何温度下其数值为零(即所谓的标准氢电极)，即 $\varphi^\ominus(\text{SHE}) = 0$ V，或记作 $\varphi^\ominus(H^+/H_2) = 0$ V。标准氢电极的电极符号可表示为 $\text{Pt}\mid H_2(100\ \text{kPa})\mid H^+(1\ \text{mol}\cdot\text{dm}^{-3})$。

如欲测定任意电极相对于标准氢电极的标准电极电势，只要把标准氢电极与其他各种标准态下的电极组成原电池，测得原电池的标准电动势，就可以计算各种电极的标准电极电势。通常测定时的温度为 298.15 K。标准电极电势用符号 $\varphi^\ominus$ 表示。参照式(5-1)，原电池的标准电动势 $E^\ominus$ 表示为

$$E^\ominus = \varphi^\ominus_{正} - \varphi^\ominus_{负} \tag{5-2}$$

以标准锌电极为例，按图 5-4 所示装置，首先用直流电压表确定电池的正负极，标准锌电极为负极，标准氢电极为正极，该电池反应为 $Zn+2H^+ \longrightarrow Zn^{2+}+H_2$。测得该电池的电动势为 0.7618 V。根据式(5-2)有

$$0.7618=\varphi^\ominus(H^+/H_2)-\varphi^\ominus(Zn^{2+}/Zn)$$

所以

$$\varphi^\ominus(Zn^{2+}/Zn)=-0.7618\ V$$

再如测定标准铜电极的电极电势，则应组成下列原电池：

$$(-)Pt \mid H_2(100\ kPa) \mid H^+(1\ mol\cdot dm^{-3}) \parallel Cu^{2+}(1\ mol\cdot dm^{-3}) \mid Cu(+)$$

在 298.15 K 下，用电位计测得该电池的电动势 $E^\ominus=0.3419$ V

$$E^\ominus=\varphi^\ominus_{(+)}-\varphi^\ominus_{(-)} \quad 得 \quad \varphi^\ominus_{(+)}=E^\ominus+\varphi^\ominus_{(-)}$$

故

$$\varphi^\ominus(Cu^{2+}/Cu)=E^\ominus+\varphi^\ominus(H^+/H_2)=(0.3419+0)V=0.3419\ V$$

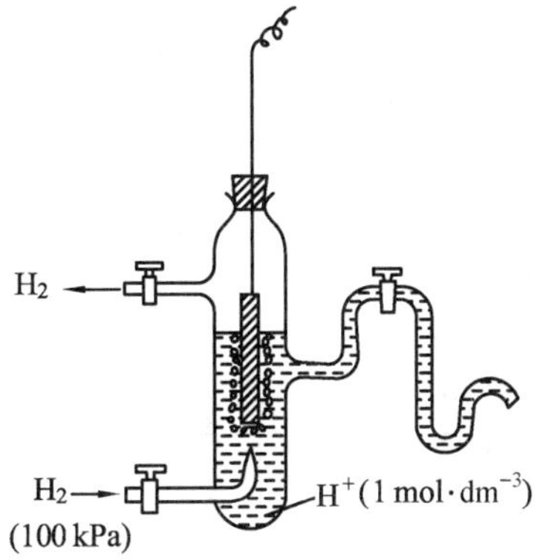

图 5-3 标准氢电极示意图

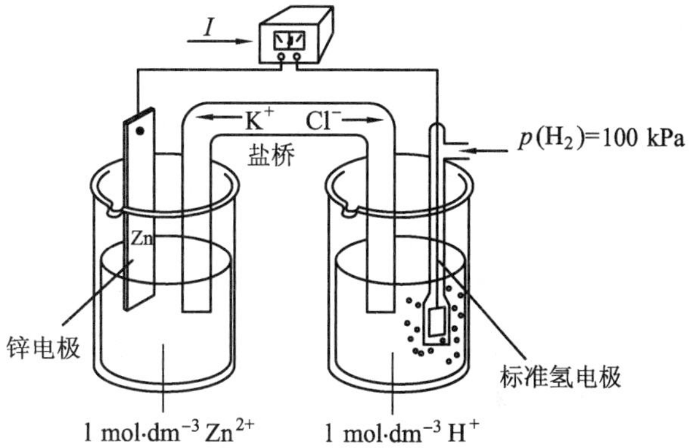

图 5-4 标准氢电极测定锌电极的标准电极电势装置示意图

用类似的方法，可以测得一系列电对的标准电极电势，将各电对的标准电极电势按一定顺序排列成表，得到标准电极电势表(见附录 8)。

根据标准电极电势表，可以判断物质的氧化还原能力。某电对的电极电势代数值越小，该电对所对应的还原态物质的还原能力越强，氧化态物质的氧化能力越弱；相反，电极电势代数值越大，电对所对应的还原态物质的还原能力越弱，氧化态物质的氧化能力越强。因此，电极电势是表示氧化还原电对所对应的氧化态物质及还原态物质得失电子能力(即氧化还原能力)相对大小的一个物理量。以两个标准电极组成原电池时，标准电极电势较大的电对为正极，标准电极电势较小的电对为负极。

使用标准电极电势表时应注意以下几点：

(1) 本书采用 1953 年 IUPAC 所规定的还原电势，认为 Zn 比 H_2 更容易失去电子，$\varphi^\ominus(Zn^{2+}/Zn)$为负值；$Cu^{2+}$ 比 H^+ 更容易得到电子，$\varphi^\ominus(Cu^{2+}/Cu)$为正值。

(2) 电极电势没有加和性，与电极反应的书写形式无关。例如：

$Cl_2+2e^- \rightleftharpoons 2Cl^- \quad \varphi^\ominus(Cl_2/Cl^-)=1.35827$ V

$2Cl^- -2e^- \rightleftharpoons Cl_2 \quad \varphi^\ominus(Cl_2/Cl^-)=1.35827$ V

$$\frac{1}{2}Cl_2 + e^- \rightleftharpoons Cl^- \quad \varphi^\ominus(Cl_2/Cl^-) = 1.35827\ V$$

(3) 附录 8 中的 $\varphi^\ominus$ 是水溶液体系中电对的标准电极电势。对于非标准态、非水溶液体系，不能用附录 8 中的 $\varphi^\ominus$ 比较物质的氧化还原能力。

(4) 氧化还原反应常与介质的酸碱度有关，因此标准电极电势表一般都分为酸表与碱表。查表时要仔细核对所选用反应物和生成物的形式、价态及介质条件。例如：

$$AgCl + e^- \rightleftharpoons Cl^- + Ag \quad \varphi^\ominus(AgCl/Ag) = 0.22233\ V$$

而

$$Ag^+ + e^- \rightleftharpoons Ag \qquad \varphi^\ominus(Ag^+/Ag) = 0.7996\ V$$

由于标准氢电极要求 H_2 纯度高、压力稳定，且铂在溶液中易吸附其他组分而中毒失去活性，因此，在实际工作中常用制备容易、使用方便、电极电势稳定的甘汞电极代替标准氢电极作为参比标准进行电极电势的测定，这类电极称为参比电极(reference electrode)。

甘汞电极(calomel electrode)是最常见的参比电极，它的构造如图 5-5 所示。内玻璃管中封接一根铂丝，铂丝插入厚度为 0.5～1 cm 的纯 Hg 中，下置一层 Hg_2Cl_2(甘汞)和 Hg 的糊状物，外玻璃管中装入 KCl 溶液。电极下端与待测溶液接触的部分是熔结陶瓷芯或玻璃砂芯类多孔物质。

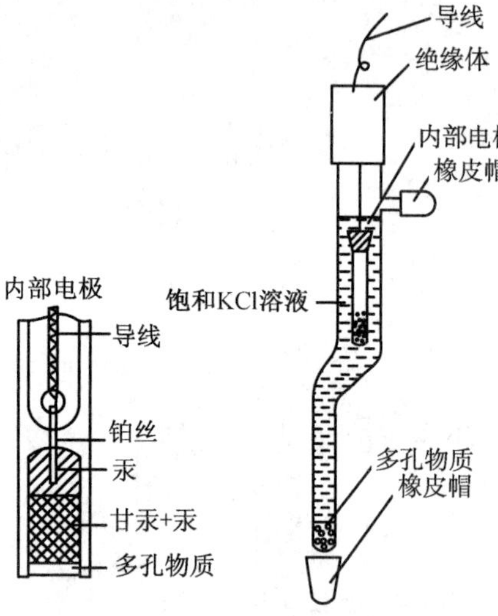

图 5-5 甘汞电极

甘汞电极的电极符号为 $Hg \mid Hg_2Cl_2 \mid KCl(c)$

电极反应为 $Hg_2Cl_2 + 2e^- \rightleftharpoons 2Hg + 2Cl^-$

常用饱和甘汞电极(KCl 溶液为饱和溶液)或 Cl^- 浓度分别为 1 mol·dm^{-3}，0.1 mol·dm^{-3} 的甘汞电极作参比电极。298.15 K 时，它们的电极电势分别为 0.2412 V，0.26808 V 和 0.3337 V。

3. 电极的类型

1) 金属—金属离子电极

这类电极简称金属电极，是由金属棒插入该金属的盐溶液中构成的，它只有一个界面。如金属银与银离子组成银电极。

银电极的电极反应为 $Ag^+ + e^- \rightleftharpoons Ag$

电极符号为 $Ag \mid Ag^+(c)$

2) 气体—离子电极

将气体物质通入其相应离子的溶液中，气体与其离子组成平衡体系，此类电极为气体—离子电极，简称气体电极。如氯电极 Cl_2/Cl^-、氢电极 H^+/H_2 等。由于气体不导电，需借助铂或石墨惰性电极起导电作用。

氯电极的电极反应为　　$Cl_2 + 2e^- \rightleftharpoons 2Cl^-$

电极符号为　　$Pt \mid Cl_2(p) \mid Cl^-(c)$

3）氧化还原电极

广义上说，任何电极都包含有氧化及还原作用，故都是氧化还原电极。但习惯上仅将还原态不是金属的电极称为氧化还原电极。将惰性电极（如铂或石墨）浸入含有同一元素的两种不同氧化数离子的溶液中可构成此类电极。如将石墨插入含有 Fe^{3+} 及 Fe^{2+} 的溶液中，即构成 Fe^{3+}/Fe^{2+} 氧化还原电极。

电极反应为　　$Fe^{3+} + e^- \rightleftharpoons Fe^{2+}$

电极符号为　　C（石墨）$\mid Fe^{3+}(c_1), Fe^{2+}(c_2)$

4）金属—金属难溶盐（或氧化物）—阴离子电极

金属—金属难溶盐（或氧化物）—阴离子电极简称难溶盐电极。这类电极电对的一个组分是难溶盐或其他固相，通常是在金属表面上覆盖一层该金属难溶盐（或氧化物），然后将其浸入含有该盐阴离子的溶液中，因此这类电极包含三个物相、两个界面。常见的有甘汞电极和氯化银电极。

其他常见的电极类型有膜电极、化学修饰电极、离子选择性电极等。

5.3　影响电极电势及电池电动势的因素

5.3.1　原电池的电动势与反应吉布斯函数变的关系

热力学研究表明，在恒温、恒压下，反应体系吉布斯函数变的降低值等于体系能做的最大有用功，即

$$-\Delta_r G_m = W'_{max}$$

若一原电池的电动势为 E，在恒温、恒压条件下，一定量的电子由原电池的负极移到正极时，原电池所做的最大非体积功即为电功 $W'_{max} = W_电$，该电功就等于电池电动势和所通过的电量 Q 的乘积，即

$$W'_{max} = W_电 = EQ$$

如果有 n mol 电子（即 nF 库仑的电量）通过原电池的电路，则电池反应的摩尔吉布斯函数变与电池电动势 E 之间存在以下关系：

$$\begin{aligned}\Delta_r G_m &= -W'_{max} = -EQ = -nEF \\ &= -nF(\varphi_正 - \varphi_负)\end{aligned} \tag{5-3}$$

式中，F 为法拉第（Faraday）常数，等于 96485 $C \cdot mol^{-1}$；n 为电池反应中的电子转移数。

若为标准态，则有

$$\Delta_r G_m^\ominus = -nFE^\ominus = -nF(\varphi_正^\ominus - \varphi_负^\ominus) \tag{5-4}$$

当由某电极（作正极）在标准态下和标准氢电极（作负极）组成原电池时，E 就等于该电极的标准电极电势 $\varphi^\ominus$，所以有

$$\Delta_r G_m^\ominus = -nF\varphi^\ominus$$

由此可见，$\varphi^{\ominus}$值除可由实验测得外，还可以通过已知热力学数据计算得到；反之，借助于电化学方法，也可以相应地求得反应的热力学数据。

标准电极电势是在标准态下测得的，通常取温度为298.15 K时的值。如果浓度、压力及温度发生改变，电极电势也将随之改变。若已知电池电动势E，可以求出电池反应的摩尔吉布斯函数变$\Delta_r G_m$；反之亦然。

【例5-2】 已知铜锌原电池的标准电动势为1.10 V，试计算原电池的标准摩尔吉布斯函数变。

解：

$$Zn + Cu^{2+} = Zn^{2+} + Cu$$

因为还原1 mol Cu^{2+}需转移2 mol 电子，所以$n=2$，则有

$$\Delta_r G_m^{\ominus} = -nFE^{\ominus} = -2\times 96485\times 1.10 = -212\times 10^3\ J\cdot mol^{-1} = -212\ kJ\cdot mol^{-1}$$

由于原电池的电动势比较容易测量，所以，常用测定原电池电动势的方法去计算反应的摩尔吉布斯函数变。对于活泼金属和非金属的电对，如Na^+/Na，K^+/K，F/F^-等不能用组成原电池的方法测定其标准电极电势，则可以用热力学的方法求得。

5.3.2 影响电极电势的因素

标准电极电势是在标准态及温度通常为298.15 K时测得的。但是化学反应往往是在非标准态下进行的，当浓度与温度改变时，电极电势也随之变化。影响电极电势的因素主要有电对本身的性质、氧化态和还原态物质的浓度（或分压）及反应温度等。

对于任一电极反应：

$$a\mathrm{Ox} + ne^- \rightleftharpoons b\mathrm{Red}$$

可以从热力学推导得出：

$$\varphi = \varphi^{\ominus} + \frac{RT}{nF}\ln\frac{[c(\mathrm{Ox})]^a}{[c(\mathrm{Red})]^b} \tag{5-5}$$

式中，R是气体常数（8.314 $J\cdot K^{-1}\cdot mol^{-1}$）；$F$是法拉第常数；$n$是电极反应中的电子转移数。式（5-5）称为电对电极电势的能斯特方程式（Nernst equation），该式反映了参加电极反应的各物质的浓度、反应温度对电极电势的影响。

若温度为298.15 K，将各常数代入式（5-5），并将自然对数换成常用对数，即得

$$\varphi = \varphi^{\ominus} + \frac{0.0592}{n}\lg\frac{[c(\mathrm{Ox})]^a}{[c(\mathrm{Red})]^b} \tag{5-6}$$

式（5-6）中，0.0592有单位，为伏特（V）。

应用能斯特方程式时，应注意以下问题：

（1）对于电极反应中的纯固体、纯液体及稀溶液中的溶剂，它们不列入能斯特方程式中；对于电极反应中的气体，要用其相对分压$\frac{p}{p^{\ominus}}$来表示；对于电极反应中的溶质，用其相对浓度$\frac{c}{c^{\ominus}}$来表示，但因$c^{\ominus}=1\ mol\cdot dm^{-3}$，在简化计算中常直接用浓度代替相对浓度。

（2）在电极反应中，如果除氧化态、还原态物质外，还有其他物质如H^+，OH^-等，则这些物质的浓度也应列入能斯特方程式中。

(3) 在书写能斯特方程式时，应先写出电极反应式，以便正确代入电子转移数 n 及各物质相应的化学计量数。

【例 5-3】 试计算 $c(Zn^{2+})=0.00100\ mol\cdot dm^{-3}$ 时，Zn^{2+}/Zn 电对的电极电势。

解：

$$Zn^{2+}+2e^- \rightleftharpoons Zn$$

查附录 8，$\varphi^{\ominus}(Zn^{2+}/Zn)=-0.7618\ V$，故

$$\varphi(Zn^{2+}/Zn)=\varphi^{\ominus}(Zn^{2+}/Zn)+\frac{0.0592}{2}\lg c(Zn^{2+})$$

$$=-0.7618+\frac{0.0592}{2}\lg 0.00100$$

$$=-0.8506\ V$$

【例 5-4】 试计算 $c(Cl^-)=0.100\ mol\cdot dm^{-3}$，$p(Cl_2)=300\ kPa$ 时，Cl_2/Cl^- 电对的电极电势。

解：

$$Cl_2+2e^- \rightleftharpoons 2Cl^-$$

查附录 8，$\varphi^{\ominus}(Cl_2/Cl^-)=1.35827\ V$，故

$$\varphi(Cl_2/Cl^-)=\varphi^{\ominus}(Cl_2/Cl^-)+\frac{0.0592}{2}\lg\frac{\frac{p(Cl_2)}{p^{\ominus}}}{c(Cl^-)^2}$$

$$=1.35827+\frac{0.0592}{2}\lg\frac{300}{100\times(0.100)^2}$$

$$=1.43159\ V$$

可见，电对中氧化态或还原态物质的浓度改变时，将会影响到电对的电极电势：氧化态的离子浓度增大或还原态的离子浓度减小，该电对的电极电势增大；氧化态的离子浓度减小或还原态的离子浓度增大，该电对的电极电势减小。电极电势增大，电对中氧化态物质的氧化能力增强，还原态物质的还原能力减弱；反之，电极电势减小，电对中氧化态物质的氧化能力减弱，还原态物质的还原能力增强。

【例 5-5】 计算在 $c(Cr_2O_7^{2-})=c(Cr^{3+})=1\ mol\cdot dm^{-3}$，$c(H^+)=10\ mol\cdot dm^{-3}$ 的酸性介质中电对 $Cr_2O_7^{2-}/Cr^{3+}$ 的电极电势。

解：在酸性介质中　$Cr_2O_7^{2-}+14H^++6e^- \rightleftharpoons 2Cr^{3+}+7H_2O$

查附录 8，$\varphi^{\ominus}(Cr_2O_7^{2-}/Cr^{3+})=1.36\ V$，故

$$\varphi(Cr_2O_7^{2-}/Cr^{3+})=\varphi^{\ominus}(Cr_2O_7^{2-}/Cr^{3+})+\frac{0.0592}{6}\lg\frac{c(Cr_2O_7^{2-})[c(H^+)]^{14}}{[c(Cr^{3+})]^2}$$

$$=1.36+\frac{0.0592}{6}\lg\frac{1\times10^{14}}{1^2}$$

$$=1.50V$$

由此可见，对于有 H^+ 或 OH^- 参加的电极反应，电对的电极电势除了受氧化态或还原态物质的浓度影响外，还与溶液的 pH 有关。

有些电极反应有 H^+ 和 OH^- 参加，写电极反应时，应将 H^+ 和 OH^- 考虑进去，并用 H_2O 加以平衡。这一点对配平电极反应式和计算电极电势很重要。

【例 5-6】 在含有 Ag^+/Ag 电对的体系中，电极反应为 $Ag^++e^- \rightleftharpoons Ag$，$\varphi^{\ominus}=0.7996\ V$。

若加入 NaCl 溶液至溶液中 $c(Cl^-)$ 维持 1.00 mol·dm^{-3}时，计算 Ag^+/Ag 电对的电极电势。

解：查附录 7，$K_{sp}^{\ominus}(AgCl)=1.77\times10^{-10}$

加入 NaCl 溶液后，生成 AgCl 沉淀：

$$Ag^+ + Cl^- \longrightarrow AgCl\downarrow$$

$$K_{sp}^{\ominus}(AgCl)=c(Ag^+)c(Cl^-)=1.77\times10^{-10}$$

当 $c(Cl^-)=1.00\ mol\cdot dm^{-3}$时，

$$c(Ag^+)=1.77\times10^{-10}/1.00=1.77\times10^{-10}\ mol\cdot dm^{-3}$$

将 $c(Ag^+)$代入能斯特方程式，有

$$\varphi(Ag^+/Ag)=\varphi^{\ominus}(Ag^+/Ag)+\frac{0.0592}{1}\lg c(Ag^+)$$

$$=0.7996+0.0592\lg(1.77\times10^{-10})=0.2223\ V$$

可见，形成 AgCl 沉淀后，Ag^+浓度发生变化，导致 Ag^+/Ag 的电极电势发生改变，下降了 0.5773 V，使得 Ag^+的氧化能力明显减弱。此时所得 Ag^+/Ag 电对的 φ 值实际是 AgCl/Ag 电对的 $\varphi^{\ominus}$值，电极反应式为 $AgCl+e^- \rightleftharpoons Ag+Cl^-$，$\varphi^{\ominus}(AgCl/Ag)=0.2223$ V。

【例 5-7】 标准氢电极中加入 NaAc 生成了 HAc。当 $p(H_2)=1.00\times10^5$ Pa，$c(HAc)=c(Ac^-)=1.00\ mol\cdot dm^{-3}$时，计算电对 H^+/H_2的电极电势。

解：查附录 6，$K_a^{\ominus}(HAc)=1.76\times10^{-5}$

$$HAc \rightleftharpoons H^+ + Ac^-$$

$$c(H^+)=\frac{K_a^{\ominus}(HAc)\cdot c(HAc)}{c(Ac^-)}=1.76\times10^{-5}\ mol\cdot dm^{-3}$$

电对 H^+/H_2的电极反应式为

$$2H^+ + 2e^- \rightleftharpoons H_2$$

则

$$\varphi(H^+/H_2)=\varphi^{\ominus}(H^+/H_2)+\frac{0.0592}{2}\lg\frac{[c(H^+)]^2}{p(H_2)/p^{\ominus}}$$

$$=0+\frac{0.0592}{2}\lg\frac{(1.76\times10^{-5})^2}{1}$$

$$=-0.281\ V$$

计算结果表明，由于弱电解质 HAc 的生成，H^+平衡浓度较小，H^+/H_2电对的电极电势下降了 0.281 V，使 H^+的氧化能力降低。一般来说，氧化态物质生成弱电解质，电极电势减小；还原态物质生成弱电解质，电极电势增大。

同理可知，【例 5-7】计算所得的 $\varphi(H^+/H_2)$实际上是 HAc/H_2 电对的标准电极电势。

从上述例题可以看出：氧化还原反应中氧化剂或还原剂离子的浓度、溶液的酸度及沉淀和弱电解质的生成均能影响电对的电极电势。

5.3.3 影响电池电动势的因素

如果在电池中发生以下氧化还原反应

$$aA+bB \rightleftharpoons dD+eE$$

根据化学反应等温方程式，反应的摩尔吉布斯函数变与反应体系各物质的浓度之间存在如下关系：

$$\Delta_r G_m = \Delta_r G_m^{\ominus} + RT\ln \frac{[c(D)]^d [c(E)]^e}{[c(A)]^a [c(B)]^b}$$

将式(5-3)和式(5-4)代入上式，得

$$-nFE = -nFE^{\ominus} + RT\ln \frac{[c(D)]^d [c(E)]^e}{[c(A)]^a [c(B)]^b}$$

$$E = E^{\ominus} - \frac{RT}{nF}\ln \frac{[c(D)]^d [c(E)]^e}{[c(A)]^a [c(B)]^b} \tag{5-7}$$

将 $R=8.314\ \text{J}\cdot\text{K}^{-1}\cdot\text{mol}^{-1}$，$F=96485\ \text{C}\cdot\text{mol}^{-1}$，$T=298.15\ \text{K}$ 代入式(5-7)，并将自然对数换成常用对数，即得

$$E = E^{\ominus} - \frac{0.0592}{n}\lg \frac{[c(D)]^d [c(E)]^e}{[c(A)]^a [c(B)]^b} \tag{5-8}$$

利用式(5-8)可以计算不同浓度时原电池的电动势。

【例 5-8】 测得某铜锌原电池的电动势为 1.06 V，已知铜电极为正极，且 $c(Cu^{2+})=0.020\ \text{mol}\cdot\text{dm}^{-3}$，计算该原电池中 Zn^{2+} 的浓度。

解：该原电池反应为

$$Cu^{2+} + Zn \rightleftharpoons Cu + Zn^{2+} \qquad n=2$$

查附录 8 得 $\varphi^{\ominus}(Zn^{2+}/Zn)=-0.7618\ \text{V}$，$\varphi^{\ominus}(Cu^{2+}/Cu)=0.3419\ \text{V}$，由于铜电极为正极，则锌电极为负极。

$$E^{\ominus} = \varphi^{\ominus}_{正} - \varphi^{\ominus}_{负} = 0.3419-(-0.7618)=1.1037\ \text{V}$$

根据式(5-8)，有

$$E = E^{\ominus} - \frac{0.0592}{2}\lg \frac{c(Zn^{2+})}{c(Cu^{2+})}$$

将数据代入上式，得

$$1.06 = 1.1037 - \frac{0.0592}{2}\lg \frac{c(Zn^{2+})}{0.020}$$

$$c(Zn^{2+}) = 0.60\ \text{mol}\cdot\text{dm}^{-3}$$

5.4 电极电势的应用

5.4.1 判断氧化剂、还原剂的相对强弱

电极电势的大小反映了电对中氧化态物质和还原态物质氧化还原能力的强弱。$\varphi^{\ominus}$ 的代数值越小，该电对的还原态物质越易失去电子(与氢比较)，是较强的还原剂，其对应的氧化态物质越难得到电子，是较弱的氧化剂。$\varphi^{\ominus}$ 的代数值越大，则该电对的氧化态物质是较强的氧化剂，其对应的还原态物质是较弱的还原剂。例如，在 Cu－Zn 原电池中，因为

$$Zn^{2+} + 2e^- \rightleftharpoons Zn \qquad \varphi^{\ominus}(Zn^{2+}/Zn) = -0.7618\ V$$

$$Cu^{2+} + 2e^- \rightleftharpoons Cu \qquad \varphi^{\ominus}(Cu^{2+}/Cu) = 0.3419\ V$$

所以氧化能力为 $Cu^{2+} > Zn^{2+}$；还原能力为 $Zn > Cu$。

利用部分电对及其标准电极电势将以上关系归纳于表 5-1。从表中可见，表中最强的还原剂是 Li，最强的氧化剂是 Cl_2；而相应的 Li^+ 是最弱的氧化剂，Cl^- 是最弱的还原剂。

如果一种氧化剂能同时氧化几种还原剂，而且有关的氧化还原反应速率都足够快，那么氧化剂首先氧化电极电势低的电对中的还原态物质，再依次氧化电极电势较高的电对中的还原态物质。同理，如果一种还原剂能同时还原几种氧化剂，那么还原剂首先还原电极电势高的电对中的氧化态物质，再依次还原电极电势较低的电对中的氧化态物质。

表 5-1　部分电对的标准电极电势及氧化还原能力递变规律

电对		氧化态 $+ne^- \rightleftharpoons$ 还原态			$\varphi^{\ominus}$/V	
Li^+/Li	氧化能力增大 ↓	$Li^+ + e^- \rightleftharpoons Li$	最强的还原剂	还原能力增大 ↑	-3.0401	代数值增大 ↓
Zn^{2+}/Zn		$Zn^{2+} + 2e^- \rightleftharpoons Zn$			-0.7618	
H^+/H_2		$2H^+ + 2e^- \rightleftharpoons H_2$			0	
Cu^{2+}/Cu		$Cu^{2+} + 2e^- \rightleftharpoons Cu$			0.3419	
Cl_2/Cl^-	最强的氧化剂	$Cl_2 + 2e^- \rightleftharpoons 2Cl^-$			1.35827	

【例 5-9】 根据标准电极电势值 $\varphi^{\ominus}$

(1) 按照由弱到强的顺序排列以下氧化剂：Fe^{3+}，I_2，Sn^{4+}，Ce^{4+}；

(2) 按照由弱到强的顺序排列以下还原剂：Cu，Fe^{2+}，Br^-，Hg。

解：(1) 查附录 8 得

Fe^{3+}/Fe^{2+}	$Fe^{3+} + e^- \rightleftharpoons Fe^{2+}$	$\varphi^{\ominus}(Fe^{3+}/Fe^{2+}) = 0.771\ V$
I_2/I^-	$I_2 + 2e^- \rightleftharpoons 2I^-$	$\varphi^{\ominus}(I_2/I^-) = 0.5355\ V$
Sn^{4+}/Sn^{2+}	$Sn^{4+} + 2e^- \rightleftharpoons Sn^{2+}$	$\varphi^{\ominus}(Sn^{4+}/Sn^{2+}) = 0.151\ V$
Ce^{4+}/Ce^{3+}	$Ce^{4+} + e^- \rightleftharpoons Ce^{3+}$	$\varphi^{\ominus}(Ce^{4+}/Ce^{3+}) = 1.72\ V$

按照 $\varphi^{\ominus}$ 代数值递增的顺序排列，得到氧化剂由弱到强的顺序：$Sn^{4+} < I_2 < Fe^{3+} < Ce^{4+}$。

(2) 查附录 8 得

Cu^{2+}/Cu	$Cu^{2+} + 2e^- \rightleftharpoons Cu$	$\varphi^{\ominus}(Cu^{2+}/Cu) = 0.3419\ V$
Fe^{3+}/Fe^{2+}	$Fe^{3+} + e^- \rightleftharpoons Fe^{2+}$	$\varphi^{\ominus}(Fe^{3+}/Fe^{2+}) = 0.771\ V$
Br_2/Br^-	$Br_2 + 2e^- \rightleftharpoons 2Br^-$	$\varphi^{\ominus}(Br_2/Br^-) = 1.066\ V$
Hg_2^{2+}/Hg	$Hg_2^{2+} + 2e^- \rightleftharpoons 2Hg$	$\varphi^{\ominus}(Hg_2^{2+}/Hg) = 0.7973\ V$

按照 $\varphi^{\ominus}$ 代数值递减的顺序排列，得到还原剂由弱到强的顺序：$Br^- < Hg < Fe^{2+} < Cu$。

5.4.2　判断氧化还原反应的方向

在组成原电池的两个电极中，电极电势代数值较大的是原电池的正极，代数值较小的是原电池的负极。原电池的电动势等于正极的电极电势减去负极的电极电势[见式(5-1)]。

那么氧化还原反应的自发进行与原电池的电动势及电极电势有何关系呢？化学热力学指出，摩尔吉布斯函数变 $\Delta_r G_m$ 的正负，可以作为等温等压下化学反应能否自发进行的普遍性判据，$\Delta_r G_m < 0$ 时，化学反应正向自发。另外，本章 5.3.1 中的式(5-3)($\Delta_r G_m = -nFE$)已将电池反应的摩尔吉布斯函数变 $\Delta_r G_m$ 与电动势 E 联系起来，因此，可以直接根据电池电动势 E 是否大于零，来判断电池反应的自发方向。具体如下：

当 $E>0$ 时，即 $\Delta_r G_m<0$，反应正向自发进行；

当 $E<0$ 时，即 $\Delta_r G_m>0$，反应逆向自发进行。

可见，电池电动势 E 可以作为氧化还原反应自发进行的判据。由式(5-1)$E=\varphi_{正}-\varphi_{负}$ 可知，只有电极电势值较大的电对的氧化态物质才能与电极电势值较小的电对的还原态物质发生自发反应。所以，氧化还原反应的规律为

$$\text{较强的氧化剂}+\text{较强的还原剂}\longrightarrow\text{较弱的还原剂}+\text{较弱的氧化剂}$$

【例 5-10】 计算下列原电池的电动势，并指出其正、负极。

$$Zn \mid Zn^{2+}(0.100\ mol\cdot dm^{-3}) \parallel Cu^{2+}(2.00\ mol\cdot dm^{-3}) \mid Cu$$

解：查附录 8 得 $\varphi^{\ominus}(Cu^{2+}/Cu)=0.3419\ V$，$\varphi^{\ominus}(Zn^{2+}/Zn)=-0.7618\ V$

根据能斯特方程式分别计算两电对的电极电势：

$$\varphi(Zn^{2+}/Zn)=\varphi^{\ominus}(Zn^{2+}/Zn)+\frac{0.0592}{2}\lg c(Zn^{2+})$$

$$=-0.7618+\frac{0.0592}{2}\lg 0.100=-0.7914\ V$$

$$\varphi(Cu^{2+}/Cu)=\varphi^{\ominus}(Cu^{2+}/Cu)+\frac{0.0592}{2}\lg c(Cu^{2+})$$

$$=0.3419+\frac{0.0592}{2}\lg 2.00=0.3508\ V$$

因为 $\varphi(Cu^{2+}/Cu)>\varphi(Zn^{2+}/Zn)$，所以 Cu^{2+}/Cu 作正极，Zn^{2+}/Zn 作负极。

电极反应 　正极：$Cu^{2+}+2e^- \rightleftharpoons Cu$ 　还原反应

　　　　　 负极：$Zn-2e^- \rightleftharpoons Zn^{2+}$ 　氧化反应

电池反应 　$Zn+Cu^{2+} = Zn^{2+}+Cu$

故

$$E=\varphi_{正}-\varphi_{负}=\varphi(Cu^{2+}/Cu)-\varphi(Zn^{2+}/Zn)$$
$$=0.3508-(-0.7914)=1.1422\ V$$

【例 5-11】 试判断反应 $Pb^{2+}+Sn = Pb+Sn^{2+}$ 在下列条件时自发进行的方向：(1) 标准态；(2) 非标准态，且 $\frac{c(Pb^{2+})}{c(Sn^{2+})}=\frac{0.001}{1.0}$。

解：查附录 8 得 $\varphi^{\ominus}(Pb^{2+}/Pb)=-0.1262\ V$，$\varphi^{\ominus}(Sn^{2+}/Sn)=-0.1375\ V$

假设反应正向自发进行，则 Pb^{2+}/Pb 为正极，Sn^{2+}/Sn 为负极

(1) 标准态 　$E^{\ominus}=\varphi^{\ominus}(Pb^{2+}/Pb)-\varphi^{\ominus}(Sn^{2+}/Sn)$

$$=-0.1262-(-0.1375)=0.0113\ V$$

因为 $E^{\ominus}>0$，所以反应自发向右进行。

(2) 非标准态下

$$E=E^{\ominus}-\frac{0.0592}{2}\lg\frac{c(Sn^{2+})}{c(Pb^{2+})}=E^{\ominus}+\frac{0.0592}{2}\lg\frac{c(Pb^{2+})}{c(Sn^{2+})}$$

$$=0.0113+\frac{0.0592}{2}\lg\frac{0.0010}{1.0}=-0.0775\ V$$

因为 $E<0$,所以上述反应的方向发生逆转,即反应自发地向左进行。

计算结果表明,离子浓度的改变有时能够导致反应方向的改变。对于某些有含氧酸及其盐(如 $KMnO_4$,$K_2Cr_2O_7$,H_3AsO_4等)参加的氧化还原反应,溶液的酸度有时也能够导致反应方向的改变。例如下列反应:

$$H_3AsO_4+2I^-+2H^+ = HAsO_2+I_2+2H_2O$$

在 $c(H^+)$等于 4~6 $mol\cdot dm^{-3}$的强酸性介质中反应正向进行,H_3AsO_4定量地被 I^-还原;在 pH≈8 的弱碱性介质中反应却逆向进行,I_2可定量地被 $HAsO_2$还原。

严格来说,标准电极电势只能用来预测标准态下氧化还原反应进行的方向。由于溶液浓度(或气体分压)的变化对电极电势影响并不是很大,若两个电对的标准电极电势相差比较大($|E^{\ominus}|>0.2$ V),一般就可以用标准电极电势来判断氧化还原反应进行的方向。但是,如果改变介质酸度,或生成难溶盐、配位化合物,则会导致电对的电极电势存在显著性差异,此时应通过计算实际情况(非标准态)下的电动势 E,并以此为据来判断氧化还原反应进行的方向。

5.4.3 判断氧化还原反应的限度

氧化还原反应进行的限度可以由其标准平衡常数 $K^{\ominus}$的大小来衡量。由第 1 章 1.5.1 可知

$$\lg K^{\ominus}=-\frac{\Delta_r G_m^{\ominus}}{2.303RT}$$

在标准态下原电池的 $\Delta_r G_m^{\ominus}=-nFE^{\ominus}$,则

$$\lg K^{\ominus}=\frac{nFE^{\ominus}}{2.303RT} \tag{5-9}$$

在 298.15 K 下,将 $F=96485\ C\cdot mol^{-1}$,$R=8.314\ J\cdot mol^{-1}\cdot K^{-1}$代入式(5-9),可得

$$\lg K^{\ominus}=\frac{nE^{\ominus}}{0.0592}=\frac{n(\varphi_{正}^{\ominus}-\varphi_{负}^{\ominus})}{0.0592} \tag{5-10}$$

由式(5-10)可见,氧化还原反应的平衡常数 $K^{\ominus}$只与标准电动势 $E^{\ominus}$有关,而与物质的浓度无关。$E^{\ominus}$越大,反应的标准平衡常数 $K^{\ominus}$就越大,反应也就进行得越完全;反之亦然。

【例 5-12】 试计算反应 $Cu^{2+}+Zn = Cu+Zn^{2+}$ 在 298.15 K 下的平衡常数 $K^{\ominus}$。

解:查附录 8 得 $\varphi^{\ominus}(Cu^{2+}/Cu)=0.3419$ V,$\varphi^{\ominus}(Zn^{2+}/Zn)=-0.7618$ V

$$E^{\ominus}=\varphi_{正}^{\ominus}-\varphi_{负}^{\ominus}=\varphi^{\ominus}(Cu^{2+}/Cu)-\varphi^{\ominus}(Zn^{2+}/Zn)$$

$$=0.3419-(-0.7618)=1.1037\ V$$

$$\lg K^{\ominus}=\frac{nE^{\ominus}}{0.0592}=\frac{2\times1.1037}{0.0592}=37.287$$

$$K^{\ominus}=1.94\times10^{37}$$

该反应平衡常数 $K^{\ominus}$ 非常大，说明反应达平衡时 Cu^{2+} 几乎全部被 Zn 置换，反应十分彻底。

通过上面的讨论可以看出，根据电极电势的相对大小，能够判断氧化还原反应的方向和限度，但不能判断氧化还原反应速率的大小。

需要注意的是：以上讨论电极电势或电池电动势在判断氧化还原反应进行的方向和限度上的应用时，均是从热力学角度分析其可能性，并未从动力学角度考虑其实际进行的快慢。

5.5　化学电源及其综合利用

原电池可以将化学能转化为电能，人们就利用这一点来制备化学电源。化学电源又称电池，它通过化学反应，消耗某种化学物质，输出电能。化学电源具有便于携带、使用简便、能量转化效率高、性能可靠、对环境适应性强、工作范围广等独特的优点，因而被广泛应用。国民经济、科学技术、军事和日常生活领域使用着各种各样的化学电源。随着科技的不断进步和电子产品的日新月异，高能化学电源成为电子产品的原动力，新型电池不断产生并商业化，同时电动车的发展促进各种电池技术的突破性进展，新电池系列越来越多。因而，化学电源是一门古老而年轻的科学，是 21 世纪的重要能源。

常见的干电池、蓄电池、燃料电池等都属于化学电源。下面简单介绍几种化学电源及其应用。

5.5.1　锌锰干电池

锌锰干电池在日常生活中作为直流电源使用，根据电解质的酸碱性质可分为酸性锌锰干电池和碱性锌锰干电池，这两类锌锰干电池在放电以后都不能使电池复原，所以都为一次电池或原电池。

1. 酸性锌锰干电池

酸性锌锰干电池以电池壳体锌筒为负极以 MnO_2（填充碳粉以增加导电性）包裹的石墨棒（导电材料）为正极，两极间为 $ZnCl_2$ 和 NH_4Cl 的糊状混合物（见图 5-6）。它的电池符号为

$$(-)Zn\mid ZnCl_2, NH_4Cl(糊状)\mid MnO_2\mid C(+)$$

接通外电路放电时，正极上 MnO_2 发生还原反应：

$$2MnO_2+2NH_4^{+}+2e^{-}\rightleftharpoons Mn_2O_3+2NH_3+H_2O$$

负极上锌进行氧化反应：

$$Zn-2e^{-}\rightleftharpoons Zn^{2+}$$

电池反应为

$$Zn+2MnO_2+2NH_4^{+}=Zn^{2+}+Mn_2O_3+2NH_3+H_2O$$

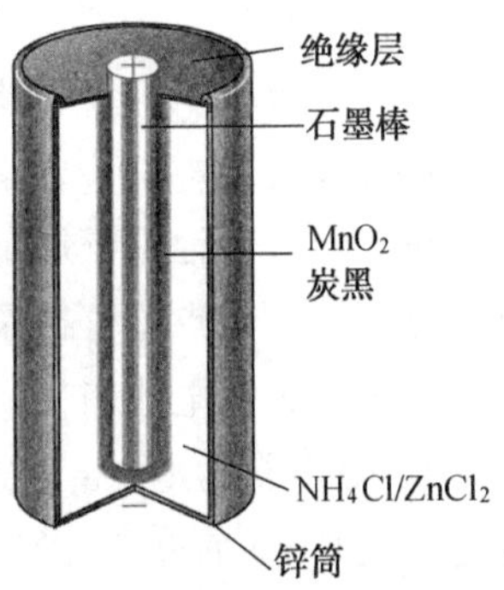

图 5-6　酸性锌锰干电池

酸性锌锰干电池的电动势为 1.5 V，原材料丰富，价格低

廉，型号多样，携带方便，适用于间歇式放电场合。该电池的缺点是产生的 NH_3 能被石墨棒吸附，引起极化，导致电动势下降，且放电功率低，比能量小，低温性能差，在－20℃下即不能工作。因此，在高寒地区不可使用酸性锌锰干电池，可以使用碱性锌锰干电池。

2. 碱性锌锰干电池

碱性锌锰干电池简称碱锰电池，除电解质用 KOH 电解质溶液代替 NH_4Cl 外，结构上也有较大变化，使得电池的比能量和放电电流都有显著提高。碱性锌锰干电池的电池符号为

$$(-)Zn \mid KOH, K_2[Zn(OH)_4] \parallel MnO_2 \mid C(+)$$

电极反应为

正极 $MnO_2 + 2H_2O + 2e^- \rightleftharpoons Mn(OH)_4^{2-}$

负极 $Zn + 4OH^- - 2e^- \rightleftharpoons Zn(OH)_4^{2-}$

电池反应为 $Zn + MnO_2 + 2H_2O + 4OH^- = Mn(OH)_4^{2-} + Zn(OH)_4^{2-}$

碱性锌锰干电池采用了高纯度、高活性的正、负极材料，以及离子导电性强的碱作为电解质，使电化学反应面积成倍增长，其容量是酸性锌锰干电池的 5 倍左右。该电池的特点是开路电压为 1.5 V、大电流连续放电、工作温度范围宽（－20～60 ℃）、低温放电性能很好，适于高寒地区使用。

5.5.2 蓄电池

1. 银—锌蓄电池

电子手表、液晶显示的计算器或小型助听器等所需电流是微安或毫安级的，它们所用的电池就是银—锌蓄电池（见图 5-7）。由于体积很小，银—锌蓄电池有“纽扣电池”之称，其电极材料是 Ag_2O 和 Zn，电池符号为

$$(-)Zn \mid KOH \parallel Ag_2O(+)$$

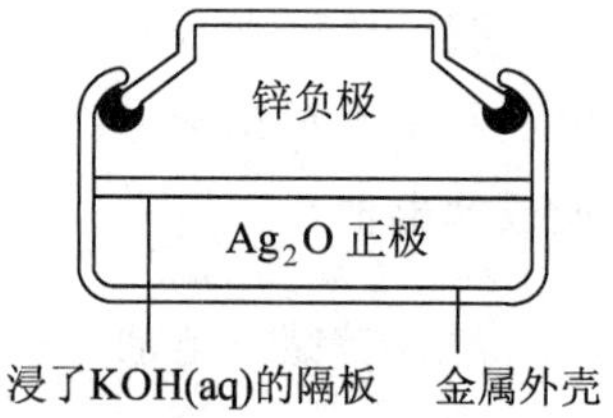

图 5-7 银—锌蓄电池

电极反应为

正极 $Ag_2O + H_2O + 2e^- \rightleftharpoons 2Ag + 2OH^-$

负极 $Zn + 2OH^- - 2e^- \rightleftharpoons Zn(OH)_2$

电池反应为 $Zn + Ag_2O + H_2O = Zn(OH)_2 + 2Ag$

银—锌蓄电池具有质量轻、体积小及比能量大等优点。这类电池已用于宇航、火箭、潜艇等方面。其缺点是价格昂贵，使用寿命较短。

当银—锌蓄电池消耗一定程度后，可利用其他电源使反应逆向进行，从而恢复电池到原来的状态，重新放电，循环充、放电次数可达 100～150 次，因此银—锌蓄电池是二次电池（又称蓄电池）。下面介绍的铅蓄电池、镉镍蓄电池、锂电池等都是二次电池。

2. 铅蓄电池

铅蓄电池的电极是用铅锑合金制成的栅状极片，正极的极片上填充着 PbO_2，负极的极片上填塞着灰铅。这两组极片交替排列在蓄电池中，并浸泡在 30% 的 H_2SO_4（密度为 $1.2\ kg \cdot dm^{-3}$）溶液中，如图 5-8 所示。

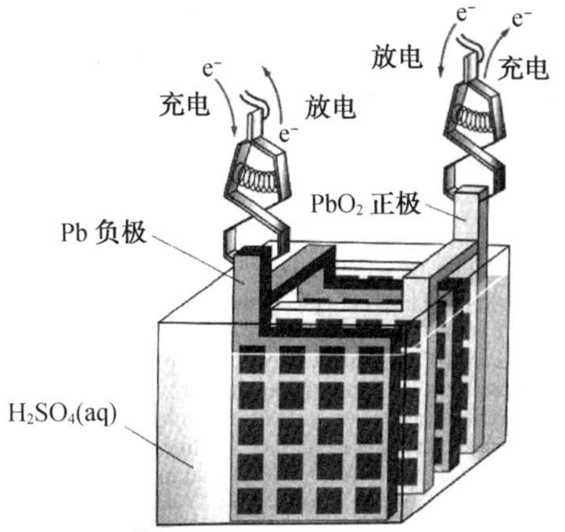

图 5-8　铅蓄电池

铅蓄电池放电时，正极上的 PbO_2 被还原为 Pb^{2+}，负极上的 Pb 被氧化成 Pb^{2+}。Pb^{2+} 与溶液中的 SO_4^{2-} 作用，在正负极片上生成沉淀。

电极反应为

正极　$PbO_2 + 4H^+ + SO_4^{2-} + 2e^- \rightleftharpoons PbSO_4 + 2H_2O$

负极　$Pb + SO_4^{2-} - 2e^- \rightleftharpoons PbSO_4$

随着铅蓄电池放电，H_2SO_4 的浓度逐渐降低，这是因为每 1 mol Pb 参加反应，要消耗 2 mol H_2SO_4，生成 2 mol H_2O。当溶液的密度降低到 $1.05\ kg \cdot dm^{-3}$ 时，铅蓄电池应该进行充电。

铅蓄电池充电时，外加电流使极片上的反应逆向进行。

阳极　$PbSO_4 + 2H_2O - 2e^- \rightleftharpoons PbO_2 + 4H^+ + SO_4^{2-}$

阴极　$PbSO_4 + 2e^- \rightleftharpoons Pb + SO_4^{2-}$

铅蓄电池的充放电可逆性好，稳定可靠，温度和电流密度适应性强，价格低，是二次电池中使用最广、技术最成熟的电池，主要用于汽车的启动电源和电动自行车中。铅蓄电池的缺点是笨重。

3. 镉镍蓄电池

镉镍（Ni－Cd）蓄电池是一种碱性电池，电池符号为

$(-)Cd \mid Cd(OH)_2 \mid KOH(1.19 \sim 1.21\ g \cdot cm^{-3}) \parallel Ni(OH)_2 \mid NiO(OH) \mid C(+)$

电极反应为

正极　$NiO(OH) + H_2O + e^- \rightleftharpoons Ni(OH)_2 + OH^-$

负极　$Cd+2OH^{-}-2e^{-} \rightleftharpoons Cd(OH)_2$

电池反应为　$Cd+2NiO(OH)+2H_2O = Cd(OH)_2+2Ni(OH)_2$

为增加镉镍蓄电池的导电能力，电解液中需加 LiOH，电池标称电压为 1.2 V，具有重量较轻、体积较小、抗震性好、坚固耐用等优点。镉镍蓄电池是最早应用于手机、笔记本电脑等设备的电池，它具有良好的大电流放电特性，耐过充，放电能力强，维护简单。镉镍蓄电池最致命的缺点是在充放电过程中如果处理不当，会出现严重的"记忆效应"，使得服务寿命大大缩短。所谓"记忆效应"就是电池在充电前，电池的电量没有被完全放尽，久而久之将会引起电池容量的降低。当然，我们可以通过掌握合理的充放电方法来减轻"记忆效应"。此外，镉是有毒的，因而镉镍电池不利于生态环境的保护。众多的缺点使得镉镍电池已基本被淘汰出数码设备电池的应用范围。

4. 锂电池

锂电池是指电化学体系中含有锂(包括金属锂、锂合金和锂离子、锂聚合物)的电池，大致可分为锂离子电池和锂金属电池两类。

锂离子电池以钴酸锂为正极材料，以石墨为负极材料，使用非水电解质，主要依靠锂离子在正极和负极之间移动来工作，其结构如图 5-9 所示。

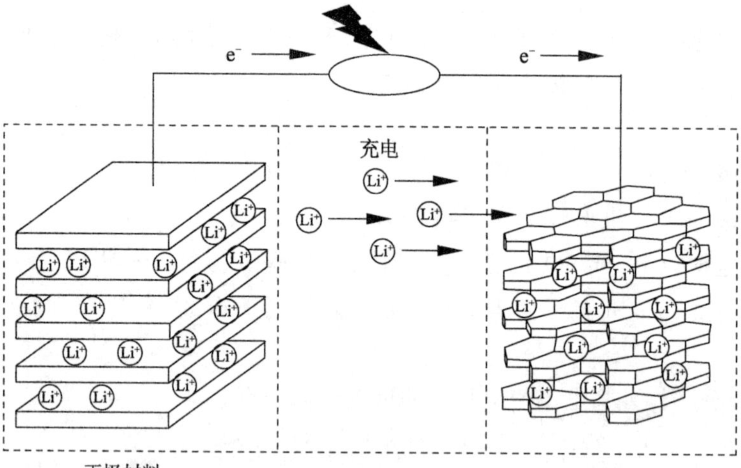

图 5-9　锂离子电池

充电时反应为

正极　$LiCoO_2-xe^{-} \rightleftharpoons Li_{1-x}CoO_2+xLi^{+}$

负极　$6C+xLi^{+}+xe^{-} \rightleftharpoons Li_xC_6$

电池反应为

$$LiCoO_2+6C = Li_{1-x}CoO_2+Li_xC_6$$

放电时正、负电极及电池总反应正好与充电时的反应方向相反。

钴酸锂电池具有结构稳定、比容量高、自放电小、可快速充放电、工作温度范围广(−20～60 ℃)的特点。目前已广泛应用于笔记本电脑、照相机、手表、心脏起搏器中，并作为火箭、导弹等的动力资源。其缺点是安全性较差；且因钴是比较稀缺的战略性资源，故钴酸锂电池生产成本较高。

为了寻找安全性更好、成本更低的电池，近年来人们又开发出了磷酸铁锂电池。此类锂离子电池以磷酸铁锂（$LiFePO_4$）为正极材料、碳为负极材料。

充电时电极反应为

正极　$LiFePO_4 - xe^- \rightleftharpoons Li_{1-x}FePO_4 + xLi^+$

负极　$6C + xLi^+ + xe^- \rightleftharpoons Li_xC_6$

电池反应为　$LiFePO_4 + 6C \rightleftharpoons Li_{1-x}FePO_4 + Li_xC_6$

磷酸铁锂电池具有工作电压高、能量密度大、循环寿命长（循环寿命普遍达2000次）、安全性能好、自放电率小、无记忆效应及绿色环保等优点。目前已广泛应用于电动自行车、电动汽车、电动工具等领域。我国的比亚迪新能源电动汽车采用的就是磷酸铁锂电池。

5.5.3　燃料电池

目前，火力发电厂利用燃料（煤、石油、天气）燃烧放出来的热来产生蒸气，再由蒸气推动汽轮机发电，因受“热机效率”限制，能量利用率最高不超过40%，造成热污染和能源浪费。若以燃料和氧气为原材料做成电池，其效率可高达80%以上，且无废气排出，几乎无污染。燃料电池就是一种将存在于燃料与氧化剂中的化学能直接转化为电能的发电装置。

燃料电池十分复杂，涉及化学热力学、电化学、电催化、材料科学、电力体系及自动控制等学科的有关理论。常见的氢氧燃料电池由燃料（氢气、天然气、CH_3OH等）、氧化剂（氧气、空气、氯气等）、电极（多孔碳电极、多孔银电极、多孔烧结镍电极等）和电解质（KOH溶液、固体电解质ZrO_2和其他氧化物的陶瓷材料等）组成，其结构如图5-10所示。其电池符号为

$$(-)Ni \mid H_2 \mid KOH\ (70\%) \parallel O_2 \mid Ni(+)$$

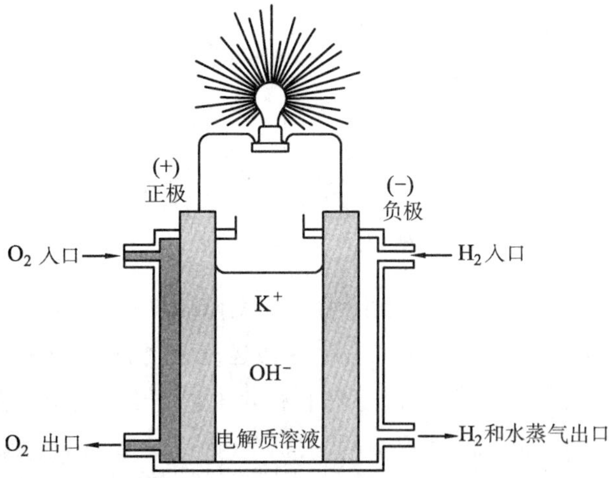

图5-10　氢氧燃料电池示意图

电极反应为

正极 $O_2+2H_2O+4e^- \rightleftharpoons 4OH^-$

负极 $H_2+2OH^- -2e^- \rightleftharpoons 2H_2O$

电池反应为 $2H_2+O_2 = 2H_2O$

氢氧燃料电池具有转换效率高、容量大、比能量高、功率范围广、不用充电等优点，但由于成本高，体系比较复杂，仅用于一些特殊方面，如飞船、潜艇、军事、电视中转站、灯塔和浮标等。

5.5.4 太阳能电池

太阳能电池又称为“太阳能芯片”或“光电池”，是通过光电效应或者光化学效应直接把光能转化成电能的装置。其基本构造是由 P 型与 N 型半导体结合而成。半导体最基本的材料“硅”是不导电的，但如果在半导体中掺入不同的杂质，就可以做成 P 型与 N 型半导体，再利用 P 型半导体的空穴(P 型半导体少了一个带负电荷的电子，可视为多了一个正电荷)与 N 型半导体多了的自由电子的电位差来产生电流。所以当太阳光照射时，光能将硅原子中的电子激发出来而产生电子和空穴的对流，这些电子和空穴均会受到内建电位的影响，分别被 N 型及 P 型半导体吸引而聚集在两端。此时外部如果用电极连接起来，形成一个回路，就构成一个太阳能电池，如图 5-11 所示。

太阳能电池根据所用的不同材料，可分为硅太阳能电池、多元化合物薄膜太阳能电池、聚合物多层修饰电极型太阳能电池、纳米晶太阳能电池、有机太阳能电池、塑料太阳能电池，其中，硅太阳能电池发展最成熟，在应用中居主导地位。

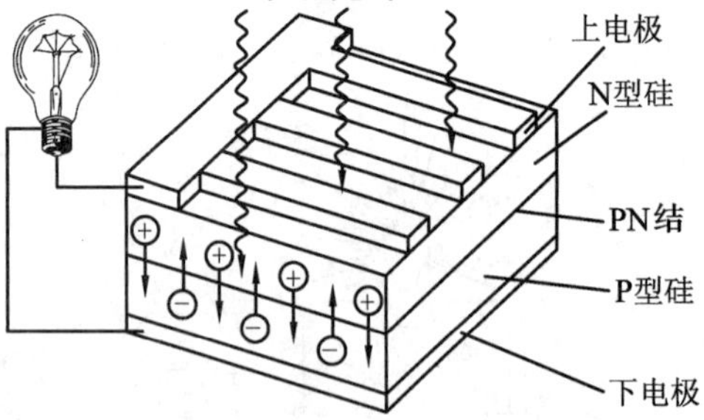

图 5-11 太阳能电池

太阳能电池已经被广泛运用在日常生活中，如太阳能热水器、手表、计算机、汽车、飞机、航天器等方面。2020 年 7 月 23 日，长征五号遥四运载火箭搭载“天问一号”探测器发射升空，成功地将探测器送入预定轨道，从此迈出了中国自主开展行星探测的第一步。2021 年 5 月 15 日，“天问一号”火星探测器与“祝融号”火星车(见图 5-12)成功登陆火星。这是值得中国人骄傲与自豪的时刻，展示了我国在太空领域的大国地位。值得一提的是，“祝融号”火星车采用的就是太阳能电池。“祝融号”火星车看上去像一只美丽的“蓝色闪蝶”，四只“翅膀”是用于能源供给的太阳能电池板。

图 5-12　"祝融号"火星车

5.6　金属的腐蚀与防护

人类文明的发展和社会的进步同金属材料关系密切。继石器时代之后出现的铜器时代、铁器时代，均以金属材料的应用为其时代的显著标志。如今，种类繁多的金属材料已成为人类社会发展的重要物质基础。金属材料在使用过程中，由于受周围环境的影响，发生化学或电化学作用引起的破坏，称为金属的腐蚀。金属的腐蚀现象十分严重，世界上每年因腐蚀而不能使用的金属制品达到其产量的 1/4～1/3。因此，了解腐蚀发生的基本原理，采取有效的防护措施，对于增产节约、安全生产有着十分重要的意义。

根据腐蚀机理的不同，金属腐蚀可以分为化学腐蚀(chemical corrosion)、电化学腐蚀(electrochemical corrosion)和生物腐蚀(biodeterioration)。

5.6.1　化学腐蚀

金属在高温下与腐蚀气体或非电解质发生纯化学作用而引起的破坏现象称为化学腐蚀。由于化学腐蚀是纯化学过程，因此，它遵守化学反应规律，温度对它有很大的影响。如钢铁在常温下和干燥空气中不易腐蚀，但在高温下容易被氧化，生成由 FeO，Fe_2O_3 和 Fe_3O_4 组成的氧化层，如图 5-13 所示。再如，碳钢在高温处理时会发生脱碳现象，这主要是碳钢中的渗碳体(Fe_3C)与气体介质作用所产生的结果，反应式如下：

$$Fe_3C+O_2 = 3Fe+CO_2$$

$$Fe_3C+CO_2 = 3Fe+2CO$$

$$Fe_3C+H_2O = 3Fe+CO+H_2$$

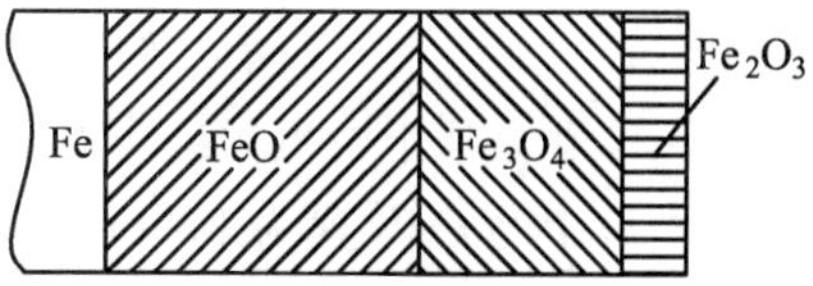

图 5-13　铁上氧化层的分布

反应生成的气体产物离开碳钢表面或向内部扩散，而碳便从邻近的、尚未反应的碳钢内部逐渐扩散到反应区，于是碳钢内部的碳逐渐减少，形成了脱碳层，这就是脱碳现象(decarburization)。脱碳作用会使碳钢表面层的硬度减小、疲劳极限降低。

如果在周围环境中有酸性气体如 H_2S，HCl 等，可与铁发生下列反应：

$$Fe+H_2S = FeS+2H$$

同样，该反应在高温下进行得很快，生成的 FeS 夹在金属晶格之间(主要发生在界面上)，使铁的温度下降，生成的氢以原子状态溶于铁中，接着氢原子扩散并逐步聚集于铁的应力集中处和缺陷处，从而使铁变脆，这种现象称为氢脆(hydrogen brittleness)。氢脆是金属发生断裂的原因之一，对高强度钢的危害很大。

在高温下化学腐蚀对金属原有的机械性能影响很大，然而这在金属加工、铸造、热处理过程中是经常遇到的。所以在实际操作中必须严格控制温度和选择适宜的环境条件。

5.6.2 电化学腐蚀

由于电化学作用而引起的腐蚀称为电化学腐蚀，它是金属腐蚀中最普遍、最主要的一种腐蚀方式。电化学腐蚀是一种氧化还原反应。当金属与电解质溶液接触时，金属表面会形成一种微电池。习惯上，将此电池中的负极称为阳极，正极称为阴极。在该电池的阳极上发生了氧化反应，使阳极溶解，阴极上发生了还原反应，一般只起传递电子的作用。因此，这类电池又称为腐蚀电池。金属被放置在水溶液中或潮湿的大气中会发生电化学腐蚀。电化学腐蚀可分为析氢腐蚀、吸氧腐蚀和差异充气腐蚀。

1. 析氢腐蚀

在酸性较强的介质中，金属及其制品发生析出 H_2 的腐蚀称为析氢腐蚀。例如，当金属表面吸附空气中的水分，形成一层水膜，使空气中的 CO_2，SO_2 及手汗中的 NaCl 等都溶解于这层水膜中，形成酸性电解质溶液；而浸泡在这种溶液中的金属又总是不纯的，常用机械产品一般都采用碳钢或合金钢作原材料，使得不同的金属微粒组成了原电池的两个极，即形成了腐蚀电池(见图 5-14)。腐蚀电池中的铁为阳极(负极)，杂质为阴极(正极)。由于铁与杂质紧密接触，因此使电化学腐蚀不断进行。

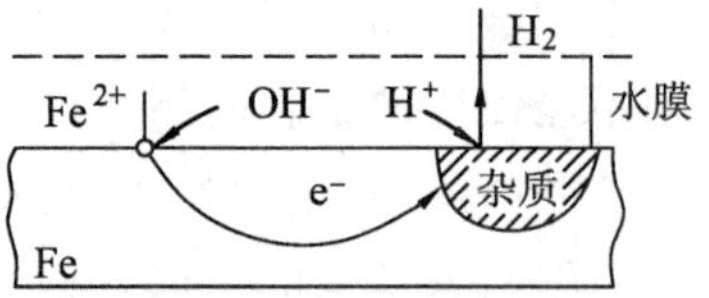

图 5-14 析氢腐蚀示意图

阳极(Fe)　$Fe-2e^- \rightleftharpoons Fe^{2+}$

$Fe^{2+}+2OH^- = Fe(OH)_2$

阴极(杂质)　$2H^+ +2e^- \rightleftharpoons H_2$

电池反应　$Fe+2H_2O = Fe(OH)_2+H_2$

可见，腐蚀反应的过程是，铁失去电子变成 Fe^{2+} 进入水膜，同时多余的电子直接转移到杂质上，H^+ 在杂质上与电子结合变成氢气放出，水膜中的 OH^- 与 Fe^{2+} 结合生成 $Fe(OH)_2$，继而被空气中的 O_2 氧化为 $Fe(OH)_3$。反应式为

$$4Fe(OH)_2+2H_2O+O_2 = 4Fe(OH)_3$$

继而由 $Fe(OH)_3$ 及其脱水产物 Fe_2O_3 形成常见的褐色铁锈。

2. 吸氧腐蚀

当金属表面形成的吸附水膜酸性很弱或为中性时，空气中的氧气溶解于该水膜中形成腐蚀电池，发生吸氧腐蚀(见图 5-15)。钢铁制品在大气中的腐蚀主要是吸氧腐蚀。发生吸氧腐蚀时，阴极上获得电子的不是 H^+，而是 O_2。

阳极 $Fe-2e^- \rightleftharpoons Fe^{2+}$

阴极 $O_2+2H_2O+4e^- \rightleftharpoons 4OH^-$

电池反应 $2Fe+O_2+2H_2O = 2Fe(OH)_2$

与析氢腐蚀相同，$Fe(OH)_2$被空气中的O_2所氧化，生成$Fe(OH)_3$，部分脱水转化成Fe_2O_3，从而形成褐色铁锈。

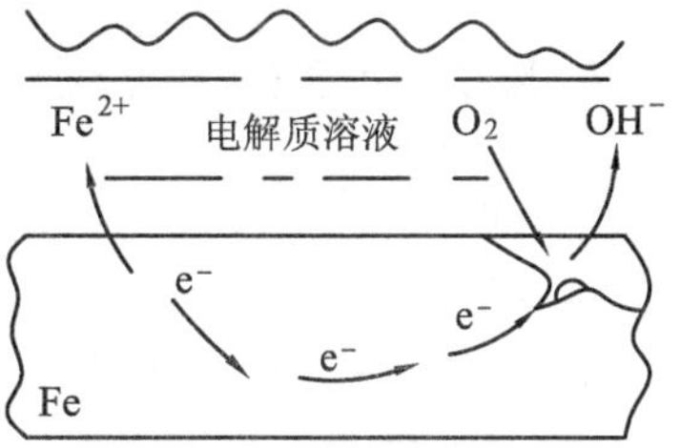

图 5-15 吸氧腐蚀示意图

3. 差异充气腐蚀

由于氧气浓度分布不均匀而引起的电化学腐蚀称为差异充气腐蚀。如将一根铁棒插入泥土中，被腐蚀的是埋在地下的部分，因为铁棒所接触的电解质(即吸附水膜)在空气中的部分溶解的氧浓度大，而在地下部分的氧浓度小，根据能斯特方程可知：

$$O_2+2H_2O+4e^- \rightleftharpoons 4OH^-$$

$$\varphi(O_2/OH^-)=\varphi^{\ominus}(O_2/OH^-)+\frac{0.0592}{4}\lg\frac{p(O_2)/p^{\ominus}}{[c(OH^-)]^4}$$

$p(O_2)$越大，φ值越大，氧的氧化能力越强；反之，氧的氧化能力越弱。这样，由于O_2的浓度不同而产生了上部和下部φ值的不同，从而形成了浓差电池。其中，氧气浓度较大的部分(空气部分)为阴极，φ值较大，被还原；氧气浓度较小的部分(地下部分)为阳极，φ值较小，被氧化。

阳极 $Fe-2e^- \rightleftharpoons Fe^{2+}$

阴极 $O_2+2H_2O+4e^- \rightleftharpoons 4OH^-$

电池反应 $2Fe+O_2+2H_2O = 2Fe(OH)_2$

这种腐蚀在日常生活中及工业上都是屡见不鲜的，例如，自行车、机械零件上落了灰尘后，在灰尘覆盖处及组合机件衔接处容易生锈都是这种原因引起的。

除了以上所讨论的几种腐蚀现象外，还有多种腐蚀类型，如晶间腐蚀、应力腐蚀等，这里就不一一介绍了。

5.6.3 金属的防腐

引起金属腐蚀的原因各不相同，而且影响因素也非常复杂。为了保证设备的长期安全运转，合理选材、正确设计、精心制造及良好的维护管理十分重要。金属防腐蚀的方法很多，主要有改善金属的本质，用保护法使金属与腐蚀介质隔开，对金属进行表面处理，改善腐蚀环境及电化学保护等。在实际生产中，往往需要综合考虑各种因素进行分析，选择最佳方案。

1. 改善金属的本质(合金化法)

针对腐蚀的主要原因，根据不同的用途选择不同的材料组成耐腐蚀合金，或在金属中添加合金元素，直接提高金属本身的耐腐蚀性，可以防止或减缓金属的腐蚀。例如，在钢中加入镍制成不锈钢可以增强钢的防腐蚀能力。另外，降低金属表面的粗糙度也能提高其防腐蚀性能。

2. 形成保护层(保护膜法)

在金属表面覆盖各种保护层，把被保护金属与腐蚀性介质隔开，是防止金属腐蚀的有效方法。选择保护层时要考虑金属制件使用的条件和对防腐的要求。工业上普遍使用的保护层有非金属保护层和金属保护层两大类，它们是用化学方法、物理方法和电化学方法实现的。

(1) 金属的磷化处理：钢铁制品去油、除锈后，放入特定组成的磷酸盐溶液中浸泡，即可在金属表面形成一层不溶于水的磷酸盐薄膜，这种过程叫作磷化处理。

(2) 金属的氧化处理(钝化)：一块普通的铁片放在稀硝酸中很容易溶解，但在浓硝酸中则几乎不溶解，经过浓硝酸处理的铁片再放入稀硝酸中，其腐蚀速率比未处理前有明显下降。这时金属处于钝态，这种现象称为化学钝化。金属钝化的方法很多，有化学和电化学方法。金属钝化后在表面上形成一层薄而致密的氧化膜，此膜能阻止金属发生化学与电化学反应，从而保护金属不受腐蚀。

(3)非金属涂层：将非金属物质如油漆、塑料、搪瓷、矿物性油脂等涂覆在金属表面上形成保护层，称为非金属涂层，也可达到防腐蚀的目的。例如，船身、车厢、水桶等常涂油漆，汽车外壳常喷漆，枪炮、机器常涂矿物性油脂等。

(4)金属保护层(电镀法)：将一种金属镀在被保护的另一种金属制品表面上形成保护镀层，这层镀层为金属保护层。这种方法要求镀层金属不易被腐蚀。

3. 缓蚀剂法

在腐蚀介质中添加少量能够延缓腐蚀速率的物质，就能明显降低金属的腐蚀，此法称为缓蚀剂法。缓蚀剂按化学性能可分为有机缓蚀剂和无机缓蚀剂。无机缓蚀剂的作用主要是在金属表面形成氧化膜或难溶物质。有机缓蚀剂有苯胺、乌洛托品等，通常是在酸性介质中使用。缓蚀剂的缓蚀机理主要是缓蚀剂吸附在阴极表面，增加了氢的超电势，妨碍氢离子的放电过程，从而使金属溶解速率减慢，阻碍金属腐蚀。

4. 电化学保护法

金属会因为电化学而腐蚀，故也可以反其道而行之。通过电化学原理，将要保护的金属充当腐蚀电池中的阴极，从而防止或减轻金属腐蚀，这种方法称为电化学保护法，也称为阴极保护法，多用在地下管道、冷却器、船舰、水上飞机、海底金属设备等的防腐保护上。电化学保护法可以分为以下两种：

(1) 牺牲阳极保护法：用电极电势比被保护金属更低的金属或合金作阳极，将其固定在被保护金属上，形成腐蚀电池，被保护金属作为阴极而得到保护。牺牲阳极常用的材料有铝、锌及其合金。此法常用于保护海轮外壳、海水中的各种金属设备和构件，防止巨型设备(如贮油罐)及石油管路被腐蚀。

(2) 外加电流法：将被保护金属与另一附加电极作为电解池的两个极，使被保护的金属作为阴极，在外加直流电的作用下使阴极得到保护。此法主要用于防止土壤、海水及河水中的金属设备发生腐蚀。

防止金属腐蚀的方法很多，但究竟采用哪一种，要从金属的性质、使用条件、对防护的要求、经济核算等方面考虑，也可以同时采用多种方法，取长补短。

金属的腐蚀虽然给生产带来很大危害，但凡事有弊就有利，也可以利用腐蚀的原理为生产服务，发展腐蚀加工技术。例如，在电子工业上，广泛采用印刷电路。其制作方法及原理是用照相复印的方法将线路印在铜箔上，然后将图形以外不受感光胶保护的铜用三氯化铁溶液腐蚀，就可以得到线条清晰的印刷电路板。

拓展知识

能斯特是德国卓越的物理化学家，1864 年 6 月 25 日生于西普鲁士的布里斯（今属波兰）。他对科学研究倾注了极大的热忱和毕生的心血。天道酬勤，在科学研究上，他可谓是硕果累累。1889 年，他发表了著名的电解质水溶液的电势理论，由此导出了电极电势与溶液浓度的关系式，即著名的能斯特方程式，开创了用电化学方法测定热力学函数值的先河。同年，他还引入溶度积的概念，用来解释沉淀反应。1906 年，能斯特根据对低温现象的研究，提出了热力学第三定律，并断言绝对零度不可能达到，应用这个定律可以直接计算平衡常数，解决了工业生产上的一些难题，如炼铁炉设计、人工制造金刚石和合成氨生产等，他也因此荣获 1920 年诺贝尔化学奖。1918 年，能斯特提出了光化学的链反应理论，用以解释氯化氢的光化学合成反应。他一生著书 14 本，最著名的为《理论化学》。难能可贵的是，谦虚的能斯特把他所取得的成绩归功于导师奥斯特瓦尔德的精心培养，并薪火相传，他“甘为人梯、奖掖后进”，把自己的知识毫无保留地传给学生，培养出了密立根（Robert Andrews Millikan）、安德森（Carl David Anderson）、格拉泽（Donald Arthur Glaser）三位诺贝尔物理学奖获得者。能斯特不仅是科学巨匠，而且还是一个富有正能量的学者，他曾以拒绝讲学等方式抗议希特勒法西斯暴政，他认为“教这些心术不正的人，就等于往他们手里塞一把利刃！”，并斥责希特勒一伙是摧毁人类文明的暴徒。

20 世纪 70 年代，一场石油危机使人们认识到开发和研究新能源储能设备的紧迫性和重要性，锂电池就是人们提出的新能源储能设备之一。早期的锂金属电池的正极材料是二氧化锰，负极材料为金属锂或其合金金属，使用非水电解质溶液。该电池组装完成后即有电压，无须充电。虽然这种电池也可以充电，但循环性能不好，在充放电循环过程中，容易形成锂结晶，造成电池内部短路，从而引发电池燃爆。所以一般情况下这种电池是禁止充电的。

当时，在埃克森公司就职的惠廷厄姆（Stanley Whittingham）正致力于超导体的研发，他发现二硫化钛是一种能量非常丰富的材料，于是他创新地使用二硫化钛作为正极材料储存锂离子，电池的负极部分则由金属锂制成，于是首个新型电池应运而生，该电池电压可达 2V。但由于金属锂的化学性质特别活泼，这种电池有易燃、易爆的安全隐患，因此并未获得推广应用。1980 年，德州大学奥斯汀分校教授古迪纳夫（John Goodenough）发现用钴酸锂作为正极材料，比之前的二硫化钛更适合储存锂离子，可产生高达 4 V 的电压。此类电池的电压提高了一倍，为开发更强大的电池创造了有利的条件。此时的锂离子电池仍然采用金属锂为负极材料，锂离子电池的安全问题仍然没有得到解决。1985 年，日本名城大学教授吉野彰(Akira Yoshino)发现石油焦炭是更好的负极材料,但令他发愁的是没有合适的阴极材料。当他读到古迪纳夫关于锂电池的论文时,兴奋地说“他的发现给了我所需要的一切”。于是,他采用石油焦炭替换金属锂作为阴极,用钴酸锂作为正极,开发了第一个可用于商业的锂离子电池。日本索尼公司采用此技术于1991年发布了首个商用的锂离子电池。

锂离子电池发布之后,手机体积得以缩小,电脑也变得轻便起来,MP3音乐播放器和平板电脑也相继问世。2019年10月9日,共同发明锂电池的古迪纳夫、惠廷厄姆和吉野彰共同获得诺贝尔化学奖。诺贝尔奖颁奖委员会声明:锂离子电池“奠定了无线、无化石燃料社会的基础,并且对人类具有最大的利益”。

2020年10月27日,“奋斗者”号潜水器在马里亚纳海沟成功下潜突破1万米达到10058米,创造了中国载人深潜的新纪录。6000米以下的深海区是解决生命起源、地球演化等重大科学问题的前沿领域。“奋斗者”号潜水器下潜至万米海底,将助力我国在大深度海底深渊科研方面做出原创性、奠基性贡献。“奋斗者”号潜水器包含的高科技中,保障潜水器正常行动的动力电池系统是最关键的技术之一。“蛟龙”号潜水器上安装的是具备强大能源动力、可靠性高的固态锂离子电源系统,“奋斗者”号潜水器采用的是能够在15000米深的深海压力下实现稳定供电的深海锂电池系统。这种全球领先的锂电池高科技技术,是由中国人自主研发的。科学家们创造性地使用“刚柔并济”聚合物电解质的设计理念,创新性地构建了复合电解质材料体系,建立了一系列综合性能优异的固态聚合物电解质体系,从而研发出全新的高能量密度全固态锂电池。

据了解,目前应用于深海的固态锂电池,同样也可以应用于太空、电动车、储能等领域。有了强劲稳定的电池系统,我国的新能源汽车、深海探测、航天航空等领域都将打破国外的技术垄断局面,拥有稳固的动力支撑,实现跨越式发展!

习题

5-1 指出下列各物质中画线元素的氧化数:

$Na\underline{H}$ $\underline{N}H_3$ $Ba\underline{O}_2$ $K\underline{O}_2$ $\underline{O}F_2$ $K_2\underline{Pt}Cl_6$ $\underline{Cr}O_4^{2-}$ $\underline{Mn}_2O_7$ $K_2\underline{Mn}O_4$ $\underline{S}_4O_6^{2-}$

5-2 根据标准电极电势表,将下列氧化剂、还原剂按照由强到弱分别排序。

Hg^{2+} $Cr_2O_7^{2-}$ H_2O_2 Sn Zn Br^-

5-3 现有含Cl^-,Br^-,I^-三种离子的混合溶液,欲使I^-氧化成I_2,而又不使Br^-和Cl^-氧化,在常用的氧化剂$Fe_2(SO_4)_3$和$KMnO_4$中选择哪一种才能符合要求?

5-4 在标准态下判断下列氧化还原反应进行的方向,并写出由此构成的原电池的电池符号。

(1) $Cu+2Fe^{3+}=Cu^{2+}+2Fe^{2+}$

(2) $Sn^{2+}+Hg^{2+}=Sn^{4+}+Hg$

(3) $I_2+2Fe^{2+}=2Fe^{3+}+2I^-$

(4) $2Cr^{3+}+3I_2+7H_2O=Cr_2O_7^{2-}+6I^-+14H^+$

5-5 计算298.15 K时下列原电池的电动势,并指出正、负极,写出原电池的电池反应。

(1) $Ag|Ag^+(0.1\ mol\cdot dm^{-3})\ \|\ Cu^{2+}(0.01\ mol\cdot dm^{-3})|Cu$

(2) $Cu|Cu^{2+}(1\ mol \cdot dm^{-3}) \| Zn^{2+}(0.001\ mol \cdot dm^{-3})|Zn$

(3) $Zn|Zn^{2+}(0.1\ mol \cdot dm^{-3}) \| HAc(0.1\ mol \cdot dm^{-3})|H_2(100\ kPa)|Pt$

5-6　将锡和铅的金属片分别插入含有该金属离子的盐溶液中组成原电池。写出原电池符号、两极反应及电池反应,并计算电动势,说明两原电池有何区别。

(1) $c(Sn^{2+})=1.0\ mol \cdot dm^{-3}$,$c(Pb^{2+})=1.0\ mol \cdot dm^{-3}$

(2) $c(Sn^{2+})=1.0\ mol \cdot dm^{-3}$,$c(Pb^{2+})=0.1\ mol \cdot dm^{-3}$

5-7　298.15 K 时,反应 $2Ag^{+}(0.005\ mol \cdot dm^{-3})+Ni =\!=\!= Ni^{2+}+2Ag$ 组成原电池,测得该电池的电动势为 0.934 V,计算 Ni^{2+} 的浓度。

5-8　298.15K 时,发生如下反应:$MnO_2(s)+2Cl^{-}+4H^{+} =\!=\!= Mn^{2+}+Cl_2+2H_2O$。试问:

(1) 标准态下,反应能否正向自发进行?

(2) 若用 12.0 $mol \cdot dm^{-3}$ 的盐酸与 MnO_2 反应,其他物质处于标准态,反应能否正向自发进行?

(3) 产生 Cl_2 时盐酸的浓度最低为多少?

5-9　试计算反应 $HAsO_2+I_2+2H_2O \rightleftharpoons H_3AsO_4+2I^{-}+2H^{+}$ 在 298.15 K 时的平衡常数。如果 pH=7,其他物质均处于标准态时,反应朝什么方向进行?

5-10　已知电对 Fe^{2+}/Fe:$Fe^{2+}+2e^{-} \rightleftharpoons Fe$ 和电对 Fe^{3+}/Fe^{2+}:$Fe^{3+}+e^{-} \rightleftharpoons Fe^{2+}$ 构成原电池。该电池反应式为 $3Fe^{2+} =\!=\!= Fe+2Fe^{3+}$。计算该电池的 $E^{\ominus}$ 及电池反应的 $\Delta_r G_m^{\ominus}$。

5-11　已知两电对 Pb^{2+}/Pb,Sn^{2+}/Sn 构成原电池,$c(Sn^{2+})=0.100\ mol \cdot dm^{-3}$,$c(Pb^{2+})=0.100\ mol \cdot dm^{-3}$。

(1) 判断反应 $Sn+Pb^{2+} \rightleftharpoons Sn^{2+}+Pb$ 进行的方向;

(2) 计算上述反应的平衡常数 $K^{\ominus}$。

5-12　已知电对 Ag^{+}/Ag:$Ag^{+}+e^{-} \rightleftharpoons Ag$ 和电对 $AgBr/Ag$:$AgBr+e^{-} \rightleftharpoons Ag+Br^{-}$ 构成标准原电池,计算 AgBr 的溶度积常数 $K_{sp}^{\ominus}$($K_{sp}^{\ominus}$不可查表)。

5-13　金属的电化学腐蚀主要有哪几种?分别写出两极反应的离子方程式。

5-14　铁在 570℃以上氧化生成的氧化膜从里到外由________、________和________组成,其中________对铁具有良好的保护性。

5-15　防止金属腐蚀的方法有哪些?其原理是什么?

5-16　解释太阳能电池,并介绍它的优缺点。

拓展习题

第 6 章　原子结构和元素周期表

科学工作者总是希望通过对物质本质的认识，来阐明元素相互作用的原理，把化学事实系统化，使化学成为可以理解的、容易记忆的学科。因此，学习近代化学知识，从原子内部入手是十分必要的。原子(atom)是物质发生化学反应的基本微粒，物质的许多宏观物理和化学性质都与原子结构(atomic structure)有关。人类对原子结构的研究经过了漫长的阶段，直到 20 世纪 30 年代，基于一系列新的实验事实，借助量子力学(quantum mechanics)的现代概念才揭示了微观粒子运动的基本规律，形成了现代原子结构的基础理论。

本章介绍有关物质原子结构的基础知识，重点用量子力学的观点说明核外电子的运动规律，阐述元素性质发生的周期性变化与核外电子排布的内在联系。

6.1　氢原子光谱与玻尔假设

6.1.1　氢原子光谱

太阳光是复色光，通过棱镜折射后可分为红、橙、黄、绿、青、蓝、紫等按波长大小有规则连续排列的光谱，这种光谱称为连续光谱(continuous spectrum)。原子经高温、电弧等激发时也可以产生光，所发出的光通过棱镜分光后可得到原子光谱(atomic spectrum)。由于原子光谱是由一系列不连续的特定波长的谱线组成的，因此也被称为线状光谱(linear spectrum)，每种原子都有其特征波长的线状光谱。

在对含有低压氢气的放电管施加高电压后可使氢原子受激发光，将此光通过狭缝，再经棱镜分光后即可得到氢原子光谱，如图 6-1 所示。

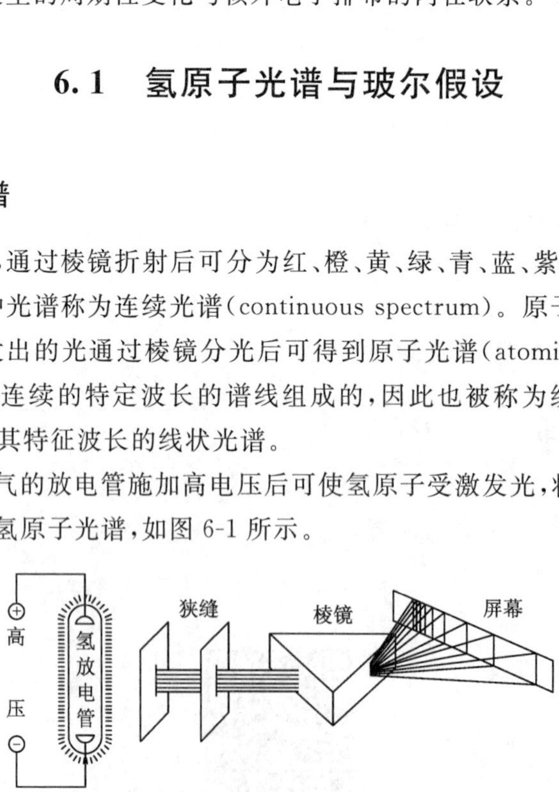

图 6-1　氢原子光谱的产生

最先被观察到的是可见光区的氢原子光谱，称为巴耳末(Balmer)系谱线。随后，在紫外区发现了莱曼(Lyman)系谱线，在近红外区发现了帕邢(Paschen)系谱线，在远红外区发现了布喇开(Brackett)系谱线和普冯特(Pfund)系谱线等。1913 年，瑞典物理学家里德伯(Johannes Robert Rydberg)仔细测定了各谱线频率后，提出了计算谱线频率的经验公式：

$$\tilde{\nu}=\frac{1}{\lambda}=R_H\left(\frac{1}{n_1^2}-\frac{1}{n_2^2}\right) \tag{6-1}$$

式中，$\tilde{\nu}$ 是谱线频率，单位为 s^{-1}；R_H 为里德伯常量，其值为 $1.097\times10^7\ m^{-1}$；n_1，n_2 为正整数，且 $n_1<n_2$。

6.1.2　玻尔假设

1900 年，普朗克(Max Planck)根据黑体辐射时能量密度按频率分布的实验事实，提出了表达能量 E 与频率 ν 的关系方程，即普朗克方程：

$$E=h\nu \tag{6-2}$$

式中，h 为普朗克常数(Plank constant)，其值为 6.626×10^{-34} J·s。普朗克认为能量像物质微粒一样是不连续的，它包含着大量微小的分立能量单位——量子(quantum)，物体吸收或发射的能量总是量子能量的整数倍。1905 年，爱因斯坦受普朗克的启发提出了光子学说，成功解释了光电效应(photoelectric effect)。光子学说认为光的能量也是量子化的，其最小单位为光量子，简称光子，光子的能量 E 与光的频率 ν 的关系也符合普朗克方程。爱因斯坦还根据相对论给出了光动量和能量的关系，即 $p=E/c$，提出了光动量 p 与辐射波长 λ($\lambda=c/\nu$)的关系

$$p=h/\lambda \tag{6-3}$$

1913 年，玻尔(Niels Bohr)在普朗克量子论、爱因斯坦光子学说和卢瑟福原子结构模型的基础上，提出了三点假设。

(1) 核外电子只能在有确定半径和能量的轨道上运动。电子在这些轨道上运动时，既不吸收能量也不辐射能量。这种状态称为“定态”(stationary state)，这些轨道称为定态轨道。

(2) 轨道上的电子有特定的能量值，称为能级(energy level)。定态轨道的半径 r 和能量 E 必须符合量子化条件。氢原子或类氢离子定态轨道的半径和核外轨道的能量公式为

$$r=52.9\times\frac{n^2}{Z} \tag{6-4}$$

$$E=-\frac{Z^2}{n^2}\times2.18\times10^{-18}(n=1,2,3,4\cdots) \tag{6-5}$$

式中，Z 为核电荷数，n 为量子数。

当 $n=1$ 时，电子在离核最近的轨道上运动，能量最低($E_1=-2.18\times10^{-18}$ J)，这种状态为氢原子的基态(ground state)，其他能量较高的状态(电子跃迁到离核较远的 $n\geqslant2$ 的轨道上)，称为氢原子的激发态(excited state)。图 6-2 给出了氢原子轨道模型的部分能级。

(3) 原子中的电子可以由一个能级跃迁到另一个能级，电子跃迁所吸收或辐射的光子能量等于跃迁后的能级 E_2 与跃迁前能级 E_1 的能量差 ΔE。由于轨道能量是量子化的，所以由能量差决定的光子的频率也不连续。

$$\nu=\frac{|\Delta E|}{h}=\frac{E_2-E_1}{h}=3.289\times10^{15}\left(\frac{1}{2^2}-\frac{1}{n^2}\right) \tag{6-6}$$

玻尔创造性地将量子概念引入原子结构，根据理论计算出的波长和实验值基本一致，成功地解释了氢原子和类氢离子（He^+，Li^{2+} 等单电子离子）的光谱。玻尔假设的成功之处在于它是进一步科学研究的指导基础，以它为依据和借鉴，可以预见新的事实材料，为寻找更多的事实材料指明方向。然而，玻尔假设未能摆脱经典力学的束缚，它无法解释多电子原子的光谱，也不能说明氢原子光谱的精细结构，更不能解释原子形成分子的化学键本质。

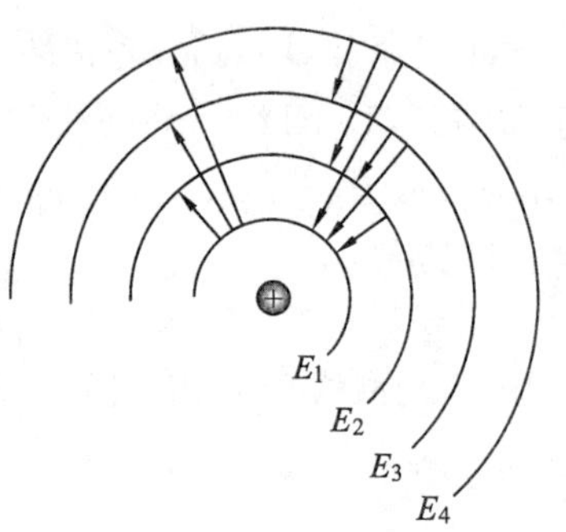

图 6-2　玻尔氢原子轨道模型

6.2　核外电子运动的特征

6.2.1　电子的波粒二象性

直到 20 世纪初，物理学家才通过大量实验证实光既有波动性又有粒子性，即光具有波粒二象性（wave-particle parallelism）。在光的波粒二象性的启发下，德布罗意（Louis Victor de Broglie）以类比的方法，提出了所有微观粒子如电子、原子等也具有波粒二象性的假设。他类比光的波粒二象性的关系式，导出了微观粒子具有波动性的德布罗意关系式：

$$\lambda=\frac{h}{p}=\frac{h}{mv} \tag{6-7}$$

式中，λ 代表微粒的波长；p 代表微粒的动量；m 代表微粒的质量；v 代表微粒的运动速度；h 为普朗克常数。德布罗意关系式把微观粒子的波动性和粒子性通过普朗克常数联系和统一起来。

德布罗意关系式的正确性随后不久为科学实验所证实。1927 年，美国物理学家戴维森（Clinton Davisson）和革末（Lester Germer）用电子束代替 X 射线，以镍的薄层晶体作为光栅进行衍射实验，得到了与 X 射线衍射类似的衍射图像，如图 6-3 所示。同年英国物理学家汤姆逊（Joseph John Thomson）将电子束通过金箔时也得到类似的电子衍射图。此后，实验进一步证明，不仅电子，其他微观粒子（质子、中子、原子等）在运动时都具有波动性。实际上，任何物体在运动时都具有波动性，只是微观粒子的波长比宏观物体的大，可以测量。

【例 6-1】 (1) 电子在 1V 电压下运动的速度为 $5.9\times10^5\ m\cdot s^{-1}$，电子质量 $m=9.1\times10^{-31}$ kg，h 为 6.626×10^{-34} J·s，电子波的波长是多少？(2) 质量为 1.0×10^{-8}kg 的沙粒以 $1.0\times10^{-2}\ m\cdot s^{-1}$的速度运动，波长是多少？

解：(1) 因为 1 J=1 kg·m²·s⁻²，所以 $h=6.626\times10^{-34}\ kg\cdot m^2\cdot s^{-1}$

根据德布罗意关系式 $\lambda=\dfrac{h}{mv}$ 可得

$$\lambda=\frac{6.626\times10^{-34}}{9.1\times10^{-31}\times5.9\times10^5}=1.2\times10^{-9}\,m=1.2\ nm$$

(2) $\lambda=\dfrac{6.626\times10^{-34}}{1.0\times10^{-8}\times1.0\times10^{-2}}=6.6\times10^{-24}\ \mathrm{m}$

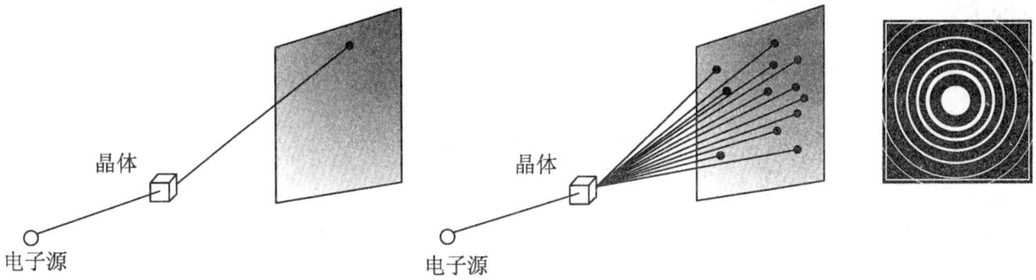

(a) (b) (c)

图 6-3　电子束通过镍箔所得到的衍射图

从【例 6-1】的结果可以看出，物体的质量愈大，其德布罗意波长愈小。宏观物体的德布罗意波长小到难以测量，以致其波动性难以察觉，仅表现出粒子性。而微观粒子质量小，其德布罗意波长不可忽略。在 1927 年以前，研究原子性质的科学家们根本没有想到有这种波存在，当然就不会去观察它了。波粒二象性是微观粒子运动的第一种显著特点。这也表明科学研究是一个循序渐进、逐步积累的过程。

电子能发生衍射现象，说明电子运动与光相似，具有波动性。然而，需要从统计学角度来理解电子的波动性。从衍射实验的结果看，用较强的电子流可在短时间内获得电子衍射图，而用很弱的电子流（控制电子一个一个先后射出）在时间足够长的情况下同样也可得到电子的衍射图。一个电子随机到达底板上只能形成一个点，电子到达底板上的位置也无法预测，而电子落在底板上的点不是都重合在一起，这样经过足够长时间，通过了大量的电子后可得到衍射图，显示出电子的波动性。因此，从衍射图上还可看出电子出现的规律，亮的环纹表明此处衍射强度大，电子出现次数多且概率大；暗的环纹则表明此处衍射强度小，电子出现少。电子衍射实验说明电子的波动性是和电子运动的统计性规律联系在一起的。虽然无法确定单个电子的运动轨道，但它在空间任一位置衍射波的强度与其出现的概率密度（probability density）成正比，因此可以说电子波是概率波（probability wave）。电子波并无实际的物理意义，只能反映电子在某一特定空间出现的概率。

6.2.2　不确定原理

在经典力学中，宏观物体运动时的位置（坐标）和动量（或速度）可以同时准确测定。因此，可以借助经典力学预测宏观物体的运动轨道，例如，人造卫星的轨道可以准确测定。然而，具有波动性的微观粒子运动的特点与宏观物体完全不同。1927 年，德国物理学家海森堡（Werner Heisenberg）经过严格推导提出了不确定原理（uncertainty principle），也称测不准原理：微观粒子在运动空间的位置和动量无法同时准确测定，即其中一个量测得越准，则其共轭量就变得越不确定。这种关系可以用海森堡不确定关系式表示为

$$\Delta x\cdot\Delta p_x\geqslant h/4\pi \tag{6-8}$$

式中，Δx 为 x 方向的位置误差；Δp_x 为 x 方向的动量误差；h 是普朗克常数。

【例 6-2】 电子质量 $m=9.1\times10^{-31}$ kg，电子在原子中运动的速度 v 约为 10^6 m·s^{-1}，原子半径为 $10^{-10}\sim10^{-11}$ m，故电子坐标测定的误差 Δx 至少要小于 10^{-11} m 才有意义，试计算 Δv 的值？

解：根据海森堡关系式有

$$\Delta v=\frac{\frac{h}{4\pi}}{m\cdot\Delta x}=\frac{6.626\times10^{-34}}{9.1\times10^{-31}\times10^{-11}\times4\pi}=5.8\times10^{6}\ \mathrm{m\cdot s^{-1}}$$

即速度的测不准量肯定不小于 5.8×10^6 m·s^{-1}。Δv 与 v 的数量级十分接近，表明 v 的测定极不准确。

不确定原理表明，微观粒子的运动状态不同于宏观物体，不能用经典力学去研究微观粒子的运动状态。由于不能同时准确测定电子在运动空间的位置和动量，即电子并无确定的运动轨道，因此玻尔假设的电子轨道是不存在的。但必须指出，不确定原理并不意味着微观粒子的运动无规律可循，只是它不符合经典力学规律，提示人们应该用新的方法去描述微观粒子的运动。所以不确定原理是微观粒子运动的第二个显著特点。这表明微观世界的粒子行为与宏观物质很不一样。此外，不确定原理涉及很多深刻的哲学问题，用海森堡的话说："在因果律的陈述中，即'若确切地知道现在，就能预见未来'，所得出的并不是结论，而是前提。我们不能知道现在的所有细节，是一种原则性的事情。"

6.2.3 薛定谔方程

为了描述具有波粒二象性的核外电子的运动状态，1926 年奥地利科学家薛定谔(Erwin Schrödinger)提出了薛定谔波动方程(Schrödinger's equation)：

$$\frac{\partial^2\psi}{\partial x^2}+\frac{\partial^2\psi}{\partial y^2}+\frac{\partial^2\psi}{\partial z^2}+\frac{8\pi^2 m}{h^2}(E-V)\psi=0 \tag{6-9}$$

式中，m 是电子的质量；x,y,z 是电子在空间的坐标；E 是电子的总能量；V 是电子的势能；$E-V$ 是电子的动能；h 为普朗克常数；ψ 为波函数(wave function)，是方程的解，它是一个空间直角坐标(x,y,z)的函数。

薛定谔方程是量子力学的基本方程，它揭示了微观物理世界物质运动的基本规律，与牛顿定律在经典力学中所起的作用一样，它是原子物理学中处理一切非相对论问题的有力工具，在原子、分子、固体物理、核物理、化学等领域被广泛应用。

量子力学用波函数 $\psi(x,y,z)$ 和其相应的能量来描述核外电子的运动状态。波函数本身物理意义不明确，但其绝对值的平方($|\psi|^2$)却有明确的物理意义，表示电子在空间某处(x,y,z)出现的概率密度，即在该点周围微小单位体积内电子出现的概率。

6.3　核外电子运动状态的描述

6.3.1　波函数和原子轨道

氢原子核外仅有一个电子，其势能只取决于核对它的吸引，通过它的薛定谔方程可以精确解得波函数。能够精确求解的还有其他类氢离子，如 He^+，Li^{2+} 等。在求解薛定谔方程时，为了数学处理方便，需将直角坐标表示的 $\psi(x,y,z)$ 改换成球极坐标表示的 $\psi(r,\theta,\varphi)$，二者的关系如图 6-4 所示。r 为点 P 与原点的距离，θ，φ 分别为方位角。

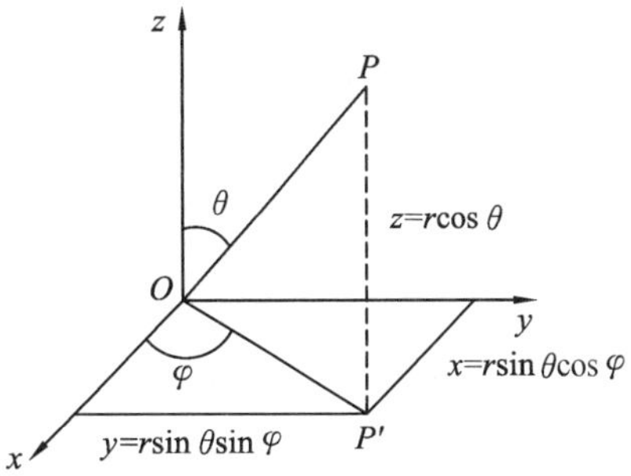

图 6-4　直角坐标转换成球极坐标

$$x=r\sin\theta\cos\varphi$$
$$y=r\sin\theta\sin\varphi$$
$$z=r\cos\theta$$
$$r=\sqrt{x^2+y^2+z^2}$$

为了方便起见，通常将波函数 $\psi(r,\theta,\varphi)$ 描述的一种电子运动状态仍称为一个原子轨道(atomic orbital)，即波函数 $\psi(r,\theta,\varphi)$ 就是原子轨道。但需要注意的是，这里所说的原子轨道只是波函数的代名词，有时也称为原子轨函，绝无经典力学中轨道的含义，也与玻尔假设中“原子轨道”的意义截然不同。将 $\psi(r,\theta,\varphi)$ 在球极坐标中作图，可以得到原子轨道的图形表示。

6.3.2　量子数及其物理意义

量子数是量子力学中表述原子核外电子运动的一组整数或半整数，用来描述量子系统中动力学上各守恒数的值，表征粒子状态和性质。由于任何量子系统都能有一个或一个以上的量子数，所以对于每一个系统都必须进行全面分析。被广为研究的量子数组应用于原子的单个电子，不只是因为它在化学中有用(它是周期表、化合价及其他一系列特性的基本概念)，还因为它是一个可解的真实问题，故广为教科书所采用。

为了取得薛定谔方程的合理解，在求解过程中必须引入 3 个量子数，分别用 n、l 和 m 三个符号表示，依次称为主量子数、角量子数和磁量子数。当 3 个量子数的组合方式一定时，波函数的形式也就一定，即可方便地描述原子轨道，确定了核外电子的一种空间运动状态。此外，还有一个量子数称为自旋量子数，用符号 m_s 表示，它来自光谱实验。4 个量子数确定之后，电子在核外空间的运动状态就确定了。现将上述 4 个量子数的物理意义及它们的取值介绍如下。

1. 主量子数

主量子数(principal quantum number)可以取非零的任意正整数,即 1,2,3,…,n。它是决定电子能量高低的主要因素,表明电子在核外空间出现概率最大区域离核的远近。$n=1$ 时,电子离核的平均距离最近,能量最低。n 愈大,电子离核的平均距离愈远,能量愈高。n 也称为电子层数(electron shell number)。当 $n=1,2,3,4,5,6,7$ 时,分别称为第一、第二、第三、第四、第五、第六、第七电子层,相应地用符号 K,L,M,N,O,P,Q 表示。

2. 角量子数

轨道角动量的量子数(orbital angular momentum quantum number),简称角量子数(azimuthal quantum number),它决定原子轨道的形状。其取值受主量子数的限制,只能取小于 n 的正整数和零,即 l 可以取 $0,1,2,3,\cdots,n-1$,共可取 n 个值,对应 n 种不同形状的原子轨道。

在多电子原子中,角量子数还决定电子能量的高低。当 n 一定时,即在同一电子层中,l 越大,轨道能量越高,故 l 又称为电子亚层(electron subshell)。但需注意的是,氢原子和类氢离子的核外只有一个电子,它们核外轨道的能量只与主量子数 n 有关。按光谱学习惯,当 $l=0$ 时,用符号 s 表示;$l=1$ 时,用符号 p 表示;$l=2$ 时,用符号 d 表示;$l=3$ 时,用符号 f 表示;$l=4$ 时,用符号 g 表示;$l=5$ 时,用符号 h 表示。因此,对于多电子原子,$E_{n\mathrm{s}}<E_{n\mathrm{p}}<E_{n\mathrm{d}}<E_{n\mathrm{f}}$;而对于氢原子,$E_{n\mathrm{s}}=E_{n\mathrm{p}}=E_{n\mathrm{d}}=E_{n\mathrm{f}}$。

3. 磁量子数

磁量子数(magnetic quantum number)决定原子轨道在空间的伸展方向。它的取值受到角量子数的限制,可以取 $0,\pm1,\pm2,\cdots,\pm l$ 共 $2l+1$ 个值。例如,$l=1$ 时,磁量子数可以有 3 个取值,即 $m=0,\pm1$,说明 p 轨道在空间有三种不同的伸展方向,即共有 3 个 p 轨道。这 3 个 p 轨道的能量相同,即能级相同。能量相同的轨道称为简并轨道(或等价轨道,equivalent orbital)。

综上所述,n,l,m 这 3 个量子数的组合有一定的规律:一组确定的 n,l,m,可以决定一个相应的原子轨道在空间的大小、形状和伸展方向。例如,$n=1$ 时,l 只能等于 0,m 也只能等于 0,3 个量子数的组合只有一种,即 1,0,0,说明第一电子层只有一个能级,也只有一个轨道,相应的波函数写成 $\psi_{1,0,0}$ 或 $\psi_{1\mathrm{s}}$。$n=2$ 时,l 可以等于 0 和 1,所以第二电子层共有两个能级。当 $n=2,l=0$ 时,m 只能等于 0;当 $n=2,l=1$ 时,m 可以等于 $0,\pm1$。它们的量子数组合共有四种,即 2,0,0($\psi_{2\mathrm{s}}$);2,1,0($\psi_{2\mathrm{p}_z}$);2,1,+1($\psi_{2\mathrm{p}_x}$)和 2,1,−1($\psi_{2\mathrm{p}_y}$)。这也说明第二电子层共有 4 个轨道,其中 2,0,0 的组合是一个能级,其余三种组合属第二个能量较高的能级。依此类推,每个电子层的轨道总数应为 n^2,见表 6-1。

表 6-1　量子数组合和轨道数

主量子数 n	角量子数 l	磁量子数 m	波函数 ψ	同一电子层的轨道数(n^2)
1	0	0	ψ_{1s}	1
2	0	0	ψ_{2s}	4
	1	0	ψ_{2p_z}	
		±1	ψ_{2p_x}，ψ_{2p_y}	
3	0	0	ψ_{3s}	9
	1	0	ψ_{3p_z}	
		±1	ψ_{3p_x}，ψ_{3p_y}	
	2	0	$\psi_{3d_{z^2}}$	
		±1	$\psi_{3d_{xz}}$，$\psi_{3d_{yz}}$	
		±2	$\psi_{3d_{xy}}$，$\psi_{3d_{x^2-y^2}}$	

4. 自旋量子数

n,l,m 这 3 个量子数的合理组合决定了一个原子轨道。要描述电子的运动状态还需要第4 个量子数，即自旋量子数(spin quantum number)。m_s不是通过解薛定谔方程得来的，也与 n,l,m 无关。在量子力学建立之前，为了解释氢原子光谱的精细结构，提出了电子本身有自旋运动。自旋运动有两种相反的方向，分别用自旋量子数$+\frac{1}{2}$和$-\frac{1}{2}$表示，也可用箭头符号↑和↓表示。两个电子的自旋方向相同时称为自旋平行；反之称为自旋反平行。量子力学建立之后也肯定了上述观点。所以一共要有 4 个量子数，即 n,l,m,m_s，才能表示一个电子的运动状态。多电子原子中的每个电子都有区别于其他电子的一套量子数。

【例 6-3】 已知基态 Na 原子的价电子处于最外层 3s 亚层，试用 n,l,m,m_s 量子数来描述它的运动状态。

解：最外层 3s 亚层的 3 个量子数 $n=3,l=0,m=0$，

它的运动状态可表示为 $3,0,0,+\frac{1}{2}\left(或-\frac{1}{2}\right)$。

6.3.3　概率密度和电子云

氢原子核外只有一个电子，这个电子在氢原子核外的运动具有统计性规律。前已述及，$|\psi|^2$表示电子在核外空间某处微小单位体积内出现的概率，即概率密度。若用小黑点的疏密程度来表示空间各处概率密度的大小，则$|\psi|^2$大的地方，小黑点较密；$|\psi|^2$小的地方，小黑点较疏。以这种方法描述电子在核外出现的概率密度分布所得的空间图像称为电子云(electron cloud)。

电子云形象化地描述了电子在核外空间出现的概率分布情况，但有两点必须注意：① 电子云中的小黑点不代表电子；② 概率密度和概率不是一回事，概率密度和该空间区域

体积的乘积才是电子在此区域中出现的概率，电子云是概率密度$|\psi|^2$的图像。

图 6-5(a)表示氢原子的 1s 电子云图像。从图中可以看出，离核越远，电子出现的概率密度越小，同时它在核外空间半径相同的各个方向上出现的概率相同，所以氢原子的 1s 电子云呈球形。如果把概率密度相等的各点联接起来，作为电子云的界面，使界面内的电子出现的概率密度很大(如 95%以上)，使界面外的电子出现的概率密度很小(如 5%以下)，这种图形称为电子云的界面图。图 6-5(b)所示的氢原子 1s 电子云的界面图是一个球面。

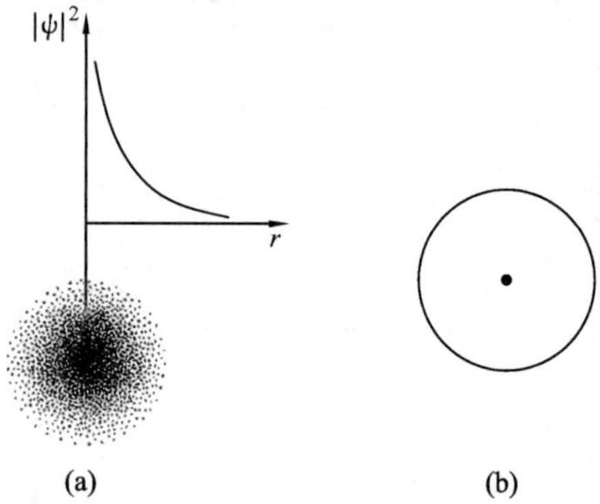

图 6-5 氢原子 1s 的概率密度分布示意图

6.3.4 原子轨道的图形

为了加深对原子轨道意义的理解，就要研究波函数的图形。为了便于问题的处理，通常采用数学表示，将波函数作如下转换

$$\psi_{n,l,m}(r,\theta,\varphi)=R_{n,l}(r)\cdot Y_{l,m}(\theta,\varphi) \tag{6-10}$$

这两个函数给解析式的建立和作图带来了方便。$R_{n,l}(r)$称为径向波函数(radial wave function)或波函数的径向部分，它是离核距离 r 的函数。$Y_{l,m}(\theta,\varphi)$称为角度波函数(angular wave function)或波函数的角度部分，它是方位角 θ 和 φ 的函数。将波函数的径向分布和角度分布结合起来去理解原子轨道的图像，会对电子的运动状态有一个大致了解。

1. 氢原子轨道的角度分布图

以 $Y(\theta,\varphi)$ 对 θ,φ 作图便得到原子轨道角度分布图。

氢原子轨道的角度分布图又称为 Y 函数图，如图 6-6 所示。图中各点代表$Y_{l,m}(\theta,\varphi)$随方位角改变而变化的情况。由于角度波函数只与角量子数和磁量子数有关，而与主量子数无关，因此，只要 l,m 相同，即使 n 不同，它们的形状都是一样的。

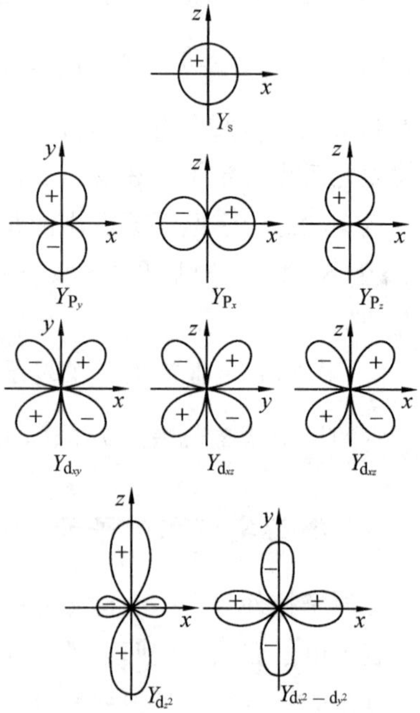

图 6-6 氢原子轨道角度分布图

图 6-6 中符号为 Y_s 的轨道角度分布图，表示 Y 在任意方位角为常数，因而形成一个球面。符号 Y_{p_x} 的轨道角度分布图表示 Y 形成的两个波瓣是沿 x 轴的方向伸展的，而在 yz 平面上的 Y 为零，这个平面称为节面(nodal plane)，即函数值为零的平面。据此，可以类推符号为Y_{p_y}和Y_{p_z}的轨道角度分布图的含义。符号为$Y_{d_{xy}}$的轨道角度分布图表示 Y 的波瓣沿 xy 轴夹角的方向伸展，而在 yz 平面和 xz 平面上的 Y 为零，所以，共有两个

节面。据此可以类推$Y_{d_{yz}}$和$Y_{d_{xz}}$的轨道角度分布图的含义。符号为$Y_{d_{z^2}}$的轨道角度分布图则表示 Y 沿 z 轴伸展，在 xy 平面上还有一个较小环形分布。符号为$Y_{d_{x^2-y^2}}$的轨道角度分布图表示 Y 沿 x 轴和 y 轴伸展，也有两个节面。

原子轨道角度分布图中的正负号除了反映 Y 函数值的正负外，也反映电子的波动性。它类似经典波中的波峰与波谷，当两个波相遇产生干涉时，同号则相互加强，异号则相互减弱或抵消。这一点在讨论化学键的形成时有重要意义。

2. 氢原子电子云的角度分布图

与波函数一样，概率密度也可以分解为两个函数的乘积

$$\psi^2_{n,l,m}(r,\theta,\varphi)=R^2_{n,l}(r)\cdot Y^2_{l,m}(\theta,\varphi) \qquad (6\text{-}11)$$

式中：$R^2_{n,l}(r)$为概率密度的径向部分，$Y^2_{l,m}(\theta,\varphi)$为概率密度的角度部分。图 6-7 是 s，p，d 轨道电子云的角度分布剖面图，是 $Y^2_{l,m}(\theta,\varphi)$对 θ,φ 作的图。此图与原子轨道角度分布图相似，但有两点区别，一是 Y^2 图“瘦”些，因为 $|Y|<1$，平方后就更小；二是 Y^2 图均是正值，无正负号之分。注意，Y^2 图只表示在空间不同方位角电子出现概率密度的变化情况，并不表示电子出现概率密度与距离的关系。

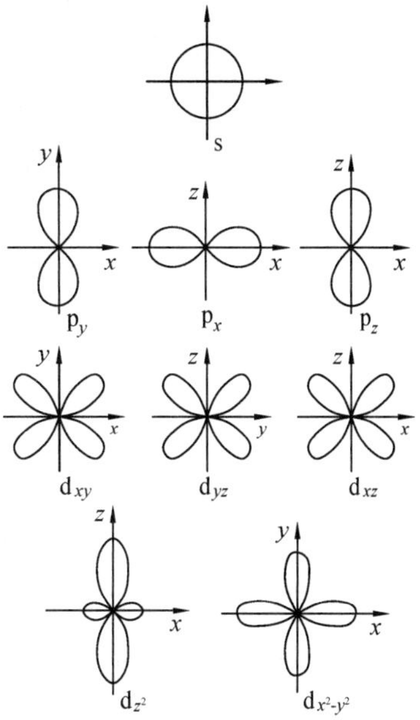

图 6-7　s，p，d 轨道电子云的角度分布剖面图

6.4　多电子原子的核外电子排布

氢原子和类氢离子的核外只有一个电子，该电子仅受到核的吸引作用，故可以对波函数进行精确求解。多电子原子核外有 2 个或更多的电子，电子除受核的吸引作用外，还受到其他电子的排斥作用，情况更加复杂，对波函数只能作近似处理。但上述氢原子结构的某些结论还可用到多电子原子结构中。

在多电子原子中，每个电子都有波函数 ψ_i，其具体形式也取决于一组量子数 n,l,m。多电子原子轨道的名称与氢原子轨道的名称相同，数目相等。多电子原子中每个电子的波函数的角度部分和氢原子轨道角度部分相似，所以多电子原子的原子轨道形状与氢原子的原子轨道的形状相似。

6.4.1　多电子原子的能级

美国化学家鲍林(Linus Carl Pauling) 根据大量的光谱数据计算出多电子原子的原子轨道的近似能级顺序，称为原子轨道近似能级图，如图 6-8 所示。

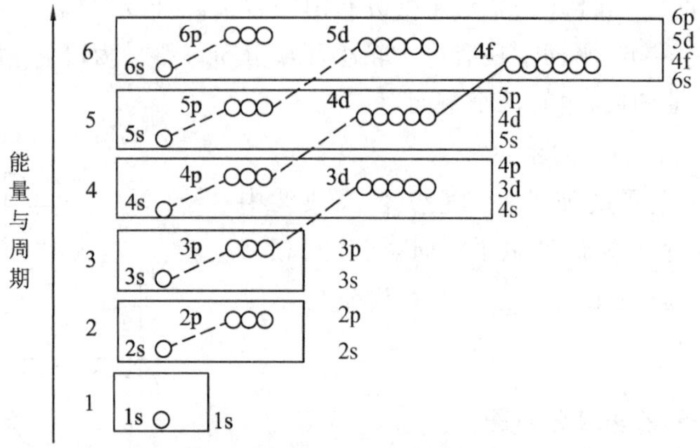

图 6-8 原子轨道近似能级图

原子轨道近似能级图中每一个小圆圈代表一个原子轨道。每个小圆圈所在位置的高低则表示这个轨道能量的高低,排在下方的轨道能量低,排在上方的轨道能量高。图中一个方框表示一个能级组,划分为若干能级组。不同能级组之间能量差别大,同一能级组内各能级之间能量差别小。np 能级有 3 个轨道,能量相同,称为三重简并轨道。同样 nd 能级的 5 个轨道是五重简并轨道。同一电子层的轨道用虚线连接。这里要指出的是,这个能级顺序是基态原子电子在核外排布时的填充顺序。

鲍林极富个性和创新精神,不断开拓边缘学科,是 20 世纪伟大的化学家,是量子化学和结构生物学的先驱者之一。鲍林在校时,各科成绩都很好,尤其是化学成绩一直名列前茅。他经常在实验室里埋头做化学实验,立志当一名化学家。1954 年鲍林因对化学键本质的研究,以及生物高分子结构和性能之间的关系的研究获得诺贝尔化学奖。1962 年鲍林因反对核弹在地面测试行动获得诺贝尔和平奖,成为为数不多的获得不同诺贝尔奖项的科学家。

我国著名化学家徐光宪根据光谱实验数据,对基态多电子原子轨道的能级高低提出一种定量的依据:$n+0.7l$。$n+0.7l$ 的值愈大,轨道能级愈高。并且,他把 $n+0.7l$ 的整数部分相同的各能级归为同一个能级组,见表 6-2。根据计算结果,原子轨道能级组由低到高的次序为(1s),(2s,2p),(3s,3p),(4s,3d,4p),(5s,4d,5p),(6s,4f,5d,6p),…,此顺序与鲍林近似能级顺序吻合。徐光宪教授为我国化学教育事业的发展和科学研究水平的提高做出了突出贡献。为适应国家需要,他四次变更科研方向,每次都能看准前沿,迅速取得累累硕果。一方面他有为祖国科研事业做出贡献的强大精神驱动力,另一方面他具有广博深厚的学科基础。他的胸怀祖国、勤奋务实、勇于创新的科学家精神值得大力弘扬。

表 6-2 多电子原子能级组

能级	1s	2s	2p	3s	3p	4s	3d	4p	5s	4d	5p	6s	4f	5d	6p
$n+0.7l$	1.0	2.0	2.7	3.0	3.7	4.0	4.4	4.7	5.0	5.4	5.7	6.0	6.1	6.4	6.7
能级组	Ⅰ	Ⅱ		Ⅲ		Ⅳ			Ⅴ			Ⅵ			
组内电子数	2	8		8		18			18			32			

6.4.2　核外电子的排布规律

根据光谱实验数据，得到多电子原子核外电子的排布三原理。

1. 泡利不相容原理

1925 年，奥地利物理学家泡利(Wolfgang Pauli) 提出，在同一原子中不可能有 4 个量子数完全相同的 2 个电子同时存在，这就是泡利不相容原理(Pauli exclusion principle)。换言之，在一个原子中不容许有两个电子处于完全相同的运动状态。前已提到 n，l，m 这 3 个量子数可以决定一个原子轨道，而自旋量子数只可能有两个数值，所以在一个原子轨道上最多只能容纳 2 个自旋方向相反的电子。

2. 能量最低原理

“体系的能量愈低，则该体系愈稳定”是自然界的普遍规律。核外电子的排布也同样遵循这一规律，即能量最低原理。基态多电子原子核外电子排布时总是先占据能量最低的轨道，当低能量轨道占满后，才排入高能量的轨道，以使整个原子能量最低。

3. 洪特规则

1927 年，德国物理学家洪特(Friedrich Hund)根据光谱实验指出：电子在能量相同的轨道(简并轨道)上排布时，总是尽可能以自旋相同的方向，分别占有不同的轨道，因为这样的排布方式使总能量最低。这就是洪特规则(Hund's rule)。

当轨道中已有一个电子占据后，要使第二个电子进入同一轨道并与第一个电子成对，就要克服两电子的相互排斥而要吸收额外的能量，这个能量称为电子成对能(electron pairing energy)，用符号 E_p 表示，单位为 $kJ \cdot mol^{-1}$，致使原子的总能量升高，违反能量最低原理。

例如，基态碳原子的电子排布为 $1s^2 2s^2 2p^2$，以小圆圈(或方框)表示一个原子轨道，则碳原子的核外电子排布的轨道式应表示为

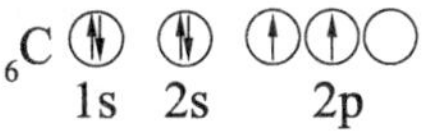

而不能表示为

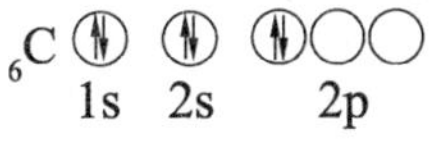

或

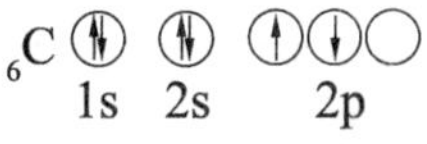

再如写出基态 22 号元素 Tt 的电子排布式。根据能量最低原理，我们将 22 个电子从能量最低的 1s 轨道上排起，每个轨道只能排 2 个电子，第 3 和第 4 个电子填入 2s 轨道，2p 能级有 3 个轨道，可以填 6 个电子，再依次填入 3s，3p，以上轨道填满后是 18 个电子。因为 4s 能量比 3d 低，所以第 19 和第 20 个电子应先填入 4s 轨道。此时已填入 20 个电子，剩下的 2 个电子填入 3d 轨道。因此 22 号元素 Tt 的基态原子电子排布式为

$$1s^2 2s^2 2p^6 3s^2 3p^6 3d^2 4s^2$$

光谱实验结果和量子力学表明，简并轨道全充满（如 p^6，d^{10}，f^{14}），半充满（如 p^3，d^5，f^7）或全空（如 p^0，d^0，f^0）的这些状态都是能量较低的稳定状态。如基态 24 号元素 Cr 的电子排布式为 $1s^2 2s^2 2p^6 3s^2 3p^6 3d^5 4s^1$（半充满），而不是 $1s^2 2s^2 2p^6 3s^2 3p^6 3d^4 4s^2$；基态 29 号元素 Cu 的价层电子排布为 $3d^{10} 4s^1$（全充满），而不是 $3d^9 4s^2$。

在书写电子排布式时，为求简便，通常把内层已达到稀有气体电子层结构的部分用稀有气体的元素符号加方括号表示，称为原子实(atomic kernel)。例如，26 号元素 Fe 的基态原子电子排布可以写成[Ar]$3d^6 4s^2$，又如 47 号元素 Ag 的基态原子电子排布式可以写成[Kr]$4d^{10} 5s^1$。这种写法突出了价层电子构型。如 Fe 原子的价层电子构型是 $3d^6 4s^2$，Ag 原子的价层电子构型是 $4d^{10} 5s^1$。化学变化一般只涉及原子的价电子，因此，有必要熟悉各元素的价层电子构型。对于主族元素，最外层电子即为价电子；对于副族元素，价电子包括最外层的 s 电子和次外层的 d 电子。镧系和锕系的情况较复杂。元素周期表给出了各元素的价层电子构型。

书写离子的电子排布式是在基态原子的电子排布式基础上失去或填充电子。失电子顺序为→np→ns→($n-1$)d→($n-2$)f。基态外层电子填充顺序为→ns→($n-2$)f→($n-1$)d→np。

例如，Fe^{2+} 的电子排布式是[Ar] $3d^6 4s^0$，Cl^- 的电子排布式是[Ne] $3s^2 3p^6$。

6.5 元素周期表和元素周期律

6.5.1 核外电子排布与元素周期表

1. 周期与能级组

元素周期表有 7 行，即 7 个周期。从各元素原子的电子层结构可知，当主量子数 n 依次增加时，n 每增加 1 个数值就增加一个新的电子层，周期表上就增加一个周期。因此，元素在周期表中所处的周期数（用阿拉伯数字表示）就等于它的外电子层数 n（Pd 除外）。每一个周期所含原子数目与对应能级组最多能容纳的电子数目一致。能级组和周期的对应关系可参见表 6-3。

表 6-3 能级组与周期的关系

周期数	周期名称	能级组	起止元素	元素个数	能级组内各亚层电子填充次序（反映核外电子构型的变化）
1	特短周期	Ⅰ	$_1H \rightarrow {}_2He$	2	$1s^{1\sim2}$
2	短周期	Ⅱ	$_3Li \rightarrow {}_{10}Ne$	8	$2s^{1\sim2} \rightarrow 2p^{1\sim6}$
3	短周期	Ⅲ	$_{11}Na \rightarrow {}_{18}Ar$	8	$3s^{1\sim2} \rightarrow 3p^{1\sim6}$
4	长周期	Ⅳ	$_{19}K \rightarrow {}_{36}Kr$	18	$4s^{1\sim2} \rightarrow 3d^{1\sim10} \rightarrow 4p^{1\sim6}$

续表

周期数	周期名称	能级组	起止元素	元素个数	能级组内各亚层电子填充次序（反映核外电子构型的变化）
5	长周期	Ⅴ	${}_{37}Rb \rightarrow {}_{54}Xe$	18	$5s^{1\sim2} \rightarrow 4d^{1\sim10} \rightarrow 5p^{1\sim6}$
6	特长周期	Ⅵ	${}_{55}Cs \rightarrow {}_{86}Rn$	32	$6s^{1\sim2} \rightarrow 4f^{1\sim14} \rightarrow 5d^{1\sim10} \rightarrow 6p^{1\sim6}$
7	未完周期	Ⅶ	${}_{87}Fr \rightarrow$ 未完		$7s^{1\sim2} \rightarrow 5f^{1\sim14} \rightarrow 6d^{1\sim10} \rightarrow 7p^{1\sim6}$

在第四周期中，从 21 号钪(Sc)到 30 号锌(Zn)，它们新增的电子都是填充到 3d 轨道上，这 10 种元素称为第四周期过渡元素(transition element)。在第五周期中，从 39 号元素钇(Y)到 48 号元素镉(Cd)，新增的电子都是填充到 4d 轨道上，这 10 种元素称为第五周期过渡元素。在第六周期中，从 58 号元素铈(Ce)到 71 号元素镥(Lu)，新增的电子都是依次填充在 4f 轨道上，这 14 种元素因与镧(La)处于一格，习惯上称为镧系元素。从 72 号元素铪(Hf)到 80 号元素汞(Hg)，新增加的电子则依次填充到 5d 轨道上，也是过渡元素。在第七周期中，从 87 号元素钫(Fr)到 118 号元素氭，是不完全周期，其中从 89 号元素锕(Ac)到 103 号元素铹(Lr)，称为锕系元素。

2. 族与原子的电子组态

性质相似的元素归为一族。族对应于原子的价电子构型。周期表中有主族(A 族)(subgroup A)、副族(B 族)(subgroup B)、零族和Ⅷ族之分，见图 6-9。

主族：周期表中共有 7 个主族，ⅠA～ⅦA，凡内层轨道全充满，最后 1 个电子填入 ns 或 np 亚层上的，都是主族元素，价层电子的总数等于族数(用罗马数字表示)，即等于 ns、np 两个亚层上电子数目的总和。例如，元素${}_{13}Al$ 的核外电子排布是 $1s^2 2s^2 2p^6 3s^2 3p^1$，电子最后填入 3p 亚层，价层电子构型为 $3s^2 3p^1$，价层电子数为 3，故为ⅢA 族。

零族元素(也称ⅧA 族)：稀有气体，其最外层已填满，呈稳定结构。

副族元素：在族号罗马数字后加“B”表示副族，副族全是金属元素。周期表中共有ⅠB～ⅦB 7 个副族。凡最后一个电子填入$(n-1)$d 或$(n-2)$f 亚层上的都属于副族，也称过渡元素，其中镧系和锕系称为内过渡元素(inner transition element)。ⅢB～ⅦB 族元素，价电子总数等于$(n-1)$d，ns 两个亚层电子数目的总和，也等于其族数。例如，元素${}_{25}Mn$ 的核外电子填充次序是 $1s^2 2s^2 2p^6 3s^2 3p^6 3d^5 4s^2$，价层电子构型是 $3d^5 4s^2$，所以是ⅦB 族。ⅠB、ⅡB 族由于其$(n-1)$d 亚层已经填满，所以最外层 ns 亚层上电子数等于其族数。

Ⅷ族(以前称ⅧB 族)：处在周期表的中间，共有三个纵列。最后 1 个电子填在$(n-1)$d 亚层上，也属于过渡元素，价层电子构型大多是$(n-1)d^{6\sim10} ns^{0\sim2}$，电子总数为 8～10。

3. 元素在周期表中的分区

根据价层电子构型，可将周期表中的元素分为 5 个区：s 区、p 区、d 区、ds 区和 f 区，见图 6-9。这实际上是把价层电子构型相似的元素集中在一个区。

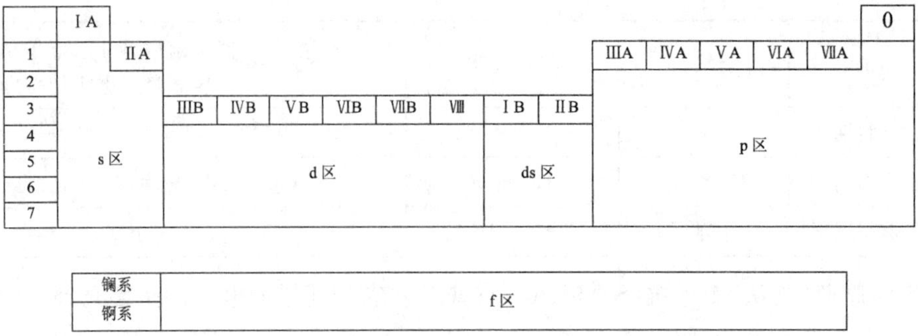

图 6-9　周期表中元素的分区

s 区元素：最后 1 个电子填充在 ns 轨道上，价层电子构型是 ns^1 或 ns^2，位于周期表的左侧，包括ⅠA 和ⅡA 族。这些元素大多是活泼金属元素，容易失去电子形成＋1 或＋2 价离子。

p 区元素：最后 1 个电子填充在 np 轨道上，价层电子构型是 $ns^2np^{1\sim6}$，位于周期表右侧，包括ⅢA～ⅦA 族元素。大部分为非金属元素。零族稀有气体元素也属于 p 区。

s 区和 p 区的共同特点：最后 1 个电子都排布在最外层，最外层电子的总数等于该元素的族数。s 区和 p 区的元素就是按族划分的周期表中的主族元素。

d 区元素：它们的价层电子构型是$(n-1)d^{1\sim9}ns^{1\sim2}$(Pd 除外)，最后 1 个电子基本都是填充在次外层$(n-1)$d 轨道上，位于长周期的中部。这些元素都是金属元素，常有可变化的氧化数，称为过渡元素，包括ⅢB～Ⅷ族元素。

ds 区元素：价层电子构型是$(n-1)d^{10}ns^{1\sim2}$，即次外层 d 轨道是充满的，最外层轨道上有 1～2 个电子。它们既不同于 s 区，也不同于 d 区，故称为 ds 区，包括ⅠB 和ⅡB 族，处于周期表 d 区和 p 区之间。它们都是金属元素，也属于过渡元素。

f 区元素：最后 1 个电子填充在 f 轨道上，价层电子构型是$(n-2)f^{0\sim14}ns^2$，或$(n-2)f^{0\sim14}(n-1)d^{0\sim2}ns^2$，它包括镧系和锕系元素(各有 15 种元素)，由于本区包括的元素较多，故常将其列于周期表之下。它们的最外层电子数目相同，次外层电子数目也大部分相同，只有外数第三层的电子数目不同，所以每个系内各元素的化学性质极为相似，都为金属元素，将它们称为内过渡元素。

【例 6-4】　已知某元素的原子序数为 25，试写出该元素原子的电子排布式，并指出该元素在周期表中所属周期、族和区。

解：该元素的原子应有 25 个电子。根据电子填充顺序，它的电子排布式应为 $1s^22s^22p^63s^23p^63d^54s^2$ 或写成$[Ar]3d^54s^2$。其最外层电子的主量子数 $n=4$，所以它属于第四周期的元素。最外层电子和次外层 d 电子总数为 7，所以它位于ⅦB 族。3d 电子未充满，应属于 d 区元素。

6.5.2　元素性质的周期变化规律

1. 原子半径

一般所说的原子半径(atomic radius)有三种:以共价单键结合的两个相同原子核间距离的一半称为共价半径(covalent radius);单质分子晶体中相邻分子间两个非键合原子核间距离的一半称为范德华半径(van der Waals radius);金属单质的晶体中相邻两个原子核间距离的一半称为金属半径(metallic radius),如图 6-10 所示。图 6-11 列出了各种原子的原子半径,图中除稀有气体为范德华半径外,其余均为共价半径。

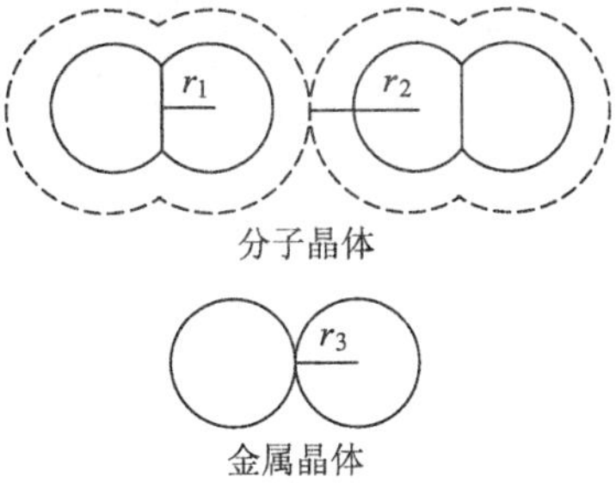

r_1—共价半径;r_2—范德华半径;r_3—金属半径

图 6-10　3 种原子半径示意图

从图 6-11 可看出,原子半径随原子序数的增加呈现周期性变化。这与原子核电荷数的周期性变化相关。因为核电荷数愈大,对外层电子的吸引力愈大,原子半径就愈小。各周期的主族从左到右,电子层数不变,核电荷数增加明显,原子半径的逐渐减少也就比较明显。长周期中的过渡元素原子半径先缓慢缩小,然后略有增大。内过渡元素的原子半径几乎不变。表中稀有气体原子半径突然增大,因为它是范德华半径。

同一主族从上到下,随着电子层数增加,原子半径递增。

H 37																	He 54
Li 156	Be 105											B 91	C 77	N 71	O 60	F 67	Ne 80
Na 186	Mg 160											Al 143	Si 117	P 111	S 104	Cl 99	Ar 96
K 231	Ca 197	Sc 161	Ti 154	V 131	Cr 125	Mn 118	Fe 126	Co 125	Ni 124	Cu 128	Zn 134	Ga 123	Ge 122	As 116	Se 115	Br 114	Kr 99
Rb 243	Sr 215	Y 180	Zr 161	Nb 147	Mo 136	Tc 135	Ru 132	Rh 132	Pd 138	Ag 144	Cd 149	In 151	Sn 140	Sb 145	Te 139	I 138	Xe 109
Cs 265	Ba 210		Hf 154	Ta 143	W 137	Re 138	Os 134	Ir 136	Pt 139	Au 144	Hg 147	Tl 189	Pb 175	Bi 155	Po 167	At 145	Og 152

镧系元素

La	Ce	Pr	Nd	Pm	Sm	Eu	Gd	Tb	Dy	Ho	Er	Tm	Yb	Lu
187	183	182	181	181	180	199	179	176	175	174	173	173	194	172

图 6-11　原子半径(单位为 pm)

2. 元素电负性

有些元素形成化合物时,既不是完全失去电子,也不是完全得到电子,如 NH_3 中的 N 和 H。因此不能仅仅从电离能(原子失去电子变成正离子所需吸收的能量,ionization energy)

来衡量元素的金属性，或从电子亲和能(原子结合电子形成负离子所放出的能量，electron affinity)来衡量元素的非金属性，需要把两者结合起来考虑。鲍林在1932年引入电负性(electronegativity)的概念：所谓电负性是指元素的原子在分子中吸引成键电子的能力的相对大小，电负性大，原子在分子中吸引电子的能力强；反之就弱。

鲍林根据热化学数据和分子的键能计算出各元素的相对电负性，经其他科学家校正后，具体数值见图6-12。

H 2.20																
Li 0.98	Be 1.57											B 2.04	C 2.55	N 3.04	O 3.44	F 3.98
Na 0.93	Mg 1.31											Al 1.61	Si 1.90	P 2.19	S 2.58	Cl 3.16
K 0.82	Ca 1.00	Sc 1.36	Ti 1.54	V 1.63	Cr 1.66	Mn 1.55	Fe 1.83	Co 1.88	Ni 1.91	Cu 1.90	Zn 1.65	Ga 1.81	Ge 2.01	As 2.18	Se 2.55	Br 2.96
Rb 0.82	Sr 0.95	Y 1.22	Zr 1.33	Nb 1.60	Mo 2.16	Tc 2.10	Ru 2.26	Rh 2.28	Pd 2.20	Ag 1.93	Cd 1.69	In 1.78	Sn 1.96	Sb 2.05	Te 2.10	I 2.66
Cs 0.79	Ba 0.89	La 1.10	Hf 1.30	Ta 1.50	W 1.70	Re 1.90	Os 2.20	Ir 2.20	Pt 2.28	Au 2.54	Hg 2.00	Tl 1.8	Pb 1.8	Bi 1.9	Po 2.00	At 2.20

图6-12 鲍林的元素电负性数值

元素的电负性也呈现周期性的变化：同一周期中，从左到右电负性递增；同一主族中，从上到下电负性递减。副族元素的电负性没有明显的变化规律。

元素电负性的大小可用来衡量元素的金属性和非金属性的强弱。一般来说，金属元素的电负性在2.0以下，非金属元素的电负性在2.0以上，但2.0不是一个严格的界限。氟的电负性最大，位于周期表的右上方，是非金属性最强的元素。

电负性有广泛的应用，电负性数值和其他键参数结合，可以预测化合物中化学键的类型。

拓展知识

人类对客观世界的认识源于实践，历经实践、认识、再实践、再认识的过程，发现真理、检验真理和发展真理。实际上，人类对于原子结构的认识过程也遵循认知事物的一般规律，即从感性到理性、从现象到本质。

人类在认识宏观世界的同时，也十分重视对物质微观结构的探索。在生产力水平极为低下的古代，人们便有了关于物质微观结构的种种猜测。战国时期，关于物质能否无限分割形成了两种观点，一种是以庄子为代表的无限可分学派提出的观点。《庄子》中“一尺之棰，日取其半，万世不竭”是代表该学派观点的名言，其意为“一尺长的短棍，每天取它的一半，也是永远取不完的”。另一种是以墨子为代表的有止境学派提出的观点。《墨子》中提出“非半弗斫，则不动，说在端”“端，是无间也”，即“每次去除物质的一半，当不能再分时，可称为端，端是无法间断的，也就是物质不能再分的最小单位”。

公元前5世纪，希腊唯物主义哲学家德谟克利特(Democritus)与留基伯(Leucippus)创立了古代原子论，认为一切物质都由原子和虚空组成，原子是一种最小的、不可见的、不能再分割的微粒，虚空是指原子之间的空间。古代原子论是缺乏实验事实的哲学推想，但从中已可看出近代原子理论的雏形。19 世纪初，英国科学家道尔顿(John Dalton)采用定量分析方法研究化学反应和物质的组成，创立了近代科学原子论。科学原子论圆满解释了各种化学实验事实，揭示了质量守恒定律、定比定律和倍比定律的本质与内在联系，得到科学界的重视和承认。但是，道尔顿认为原子无结构和不可分割，是不符合客观事实的，科学原子论也无法说明原子间结合力的本质。

19 世纪末至 20 世纪初，随着电子和 X 射线的发现，才使人类对原子结构的认识达到一个新的高度。1897 年，英国物理学家汤姆逊发现了电子，并在此基础上于 1904 年提出了原子的“枣糕模型”，他认为“原子是一个平均分布着正电荷的粒子，其中镶嵌着许多带负电荷的电子”。1911 年，英国科学家卢瑟福根据 α 粒子散射实验的结果提出了“行星式”原子结构模型，即“原子的正电荷集中于原子的核心，带负电的电子绕核转动，就像行星绕太阳转动”。根据卢瑟福提出的模型，绕核运动的电子不停地连续向外辐射，应得到连续光谱，且随着运动电子的能量不断减少，电子运动轨道的半径也将逐渐减小，最终，电子必然坠入原子核导致原子的“湮灭”。然而事实却是原子光谱为不连续的线性光谱，原子也没有“湮灭”。1913 年，丹麦物理学家玻尔为了解释氢原子光谱，在牛顿力学的基础上引入了德国物理学家普朗克的量子论并吸取了爱因斯坦的光子学说的最新成就，在卢瑟福原子结构模型的基础上提出了原子结构的“定态模型”。

1924 年，法国物理学家德布罗意发现微观世界的粒子在不同条件下分别表现为波动性和粒子性，即具有波粒二象性。1926 年，奥地利科学家薛定谔提出了用波动方程描述微观粒子运动状态的理论(后人称此方程为“薛定谔方程”)。在此基础上，量子力学迅速发展成为一门新的学科，也奠定了研究原子和分子结构的现代理论基础。

19 世纪以来，随着分析化学的发展、电化学的兴起及光谱学的进步，到 1869 年科学家们已发现了 63 种元素。科学家们不断地思考，认为在理论化学中应该指出自然界到底有多少元素，元素之间有什么异同和存在什么内部联系，新的元素应该怎样去发现。而这些问题在当时的化学界正处在探索阶段。年轻的学者门捷列夫毫无畏惧地冲进了这个领域，开始了艰难的探索。门捷列夫于 1869 年将元素的性质随着原子序数的递增而呈周期性变化的规律称为元素周期律。元素周期律的基础是原子核外电子排布(价层电子构型)的周期性变化，元素周期律的直观表现形式是元素周期表。元素周期表的发现成了一项划时代的成就，因为门捷列夫是在梦中得到灵感的，所以人们称之为“天才的发现，实现在梦中”。但门捷列夫却不这么认为，对把十五年的积累获得的成就归功于“梦中的偶然”的说法愤愤不平。他说：“在做那个梦以前，我一直盯着目标，不断努力、不断研究，梦中的景象只不过是我十五年努力的结果。”天下没有任何成就是偶然的，只不过一般人只看到别人的成功而往往忽略了背后长期的努力和付出，而用运气好或其他理由来加以解释，因而相较自己的表现，“时运不济”就成了失败的最佳借口。

一般来说，化学中的一些理论和定律不像物理学中的那么精确，这是由于化学研究的对象比物理模型复杂得多。正是因为这些理论和定律不够完美，才能够激发人们学习化学的兴趣，并给予人们更多发明创造的空间，进而懂得什么是科学方法，并对科学假说、科学实验和科学理论之间的相互关系有一个感性和理性认识，这未尝不是一件好事。

习题

6-1 电子波与电磁波有什么不同？如何理解微观粒子的波动性？

6-2 设子弹质量为 10 g，速度为 1000 m·s^{-1}，试根据德布罗意公式和不确定关系式，计算说明宏观物体主要表现为粒子性，它们的运动服从经典力学规律（设子弹速度的不确定量为 $\Delta v_x=10^{-3}$ m·s^{-1}）。

6-3 写出下列各能级或轨道的名称：

(1) $n=2, l=1$　(2) $n=3, l=2$　(3) $n=4, l=2$

(4) $n=3, l=1$　(5) $n=4, l=0$　(6) $n=5, l=3$

6-4 氧的价层电子排布是 $2s^2 2p^4$，试用 4 个量子数分别表明每个电子的运动状态。

6-5 以下各"亚层"哪些可能存在？包含多少轨道？

(1) 1s　(2) 2d　(3) 4f　(4) 5p

6-6 按所示格式填写下表：

原子序数	电子排布式	价层电子排布	周期	族
39				
	$1s^2 2s^2 2p^5$			
		$3d^{10} 4s^1$		
			5	ⅡB

6-7 试给出下列原子的电子排布式和未成对电子数。

(1) 第四周期第 6 个元素；

(2) 第四周期的卤素；

(3) 原子序数为 37 的元素的最稳定离子；

(4) 3p 轨道半充满的主族元素。

6-8 写出下列离子的电子排布式。

Ag^+　Zn^{2+}　Fe^{2+}　Cu^{2+}　Mn^{2+}

6-9 将下列原子按电负性降低的次序排列，并给出理由。

H　As　F　S　Ca　Zn　N

6-10 基态原子价层电子排布满足下列条件之一的是哪一类或哪一个元素？

(1) 具有 2 个 p 电子；

(2) 有 2 个量子数为 $n=4, l=0$ 的电子，有 6 个量子数为 $n=3$ 和 $l=2$ 的电子；

(3) 3d 为全充满，4s 只有一个电子的元素。

6-11 判断下列说法是否正确并说明理由。

(1) 在微观粒子中，只有电子具有波粒二象性；

(2) 用小黑点的疏密表示的电子云图中，黑点越密之处表示那里的电子越多；

(3) 若原子中某一电子处于 $n=3,l=1,m=0$ 的状态，则该电子是 3s 电子；

(4) 同一主量子数的原子轨道并不一定属于同一能级组；

(5) 元素在周期表中所处的周期数等于该元素原子的电子层数，所处的族数等于最外层电子数；

(6) 作用在 Fe 原子 4s 电子上的有效核电荷数为 26；

(7) 元素 N 和 O 的原子半径的大小关系是 N $>$ O，电负性的关系是 N $<$ O。

拓展习题

第7章　化学键和分子间作用力

物质的性质主要由分子的性质决定，分子是能够独立存在并保持物质化学性质的最小微粒。分子的性质取决于组成分子的原子的种类、数目、原子(或离子)间的相互作用力和原子的空间排布方式。原子(或离子)间强烈的相互作用力称为化学键(chemical bond)，分为离子键(ionic bond)、共价键(covalent bond)和金属键(metal bond)3种类型。原子在空间的排布方式称为分子结构。化学键与分子结构密切相关，化学键是本质，分子结构则是表现形式。随着科学的发展，人们对物质中原子(或离子)之间的相互作用力的认识逐渐加深，从而发展了不同的化学键理论。

本章是在原子结构理论的基础上，介绍分子结构的基本理论，着重阐述共价键理论，简单介绍分子间力和氢键。

7.1　离子键与离子化合物

7.1.1　离子键的形成与特点

自然界有一类化合物(如盐类、碱类和某些氧化物)，它们大多数是结晶状的固体，易溶于水，熔点较高并在水中或熔融状态下能导电。这类化合物的成键本质直到20世纪初人们探知原子的电子层结构后才得以认识。1916年，德国化学家科塞尔(Walther Kossel)在近代原子结构理论的基础上提出了离子键理论(ionic bond theory)，其基本论点如下：

(1) 当活泼的金属原子(电离能小)与活泼的非金属原子(电子亲和能大)相遇时，金属原子可以失去外层电子，而非金属原子可以获得电子，从而转变成像稀有气体具有稳定结构的正、负离子。

(2) 正、负离子间因库仑引力而相互靠近，充分接近时它们的外层电子及原子核之间又会产生排斥力。当正、负离子间的库仑引力和排斥力达平衡时，可形成稳定的离子键。以离子键结合的化合物称为离子化合物。

与其他类型的化学键相比，离子键具有以下3个特点。

(1) 离子键的本质是电性力。原子间相互发生电子转移后，形成的正、负离子之间通过静电作用形成离子键。

(2) 离子键既没有方向性也没有饱和性。由于离子电场通常都是球形对称的，在条件允许时可在空间任何方向与相反电荷的离子相互作用，因此离子键没有方向性；当两个异电荷离子相互吸引成键后，由于离子间作用力无方向性，各自仍具有吸引异电荷的能力，只要空间许可，每种离子均可结合更多的异电荷离子，因此离子键无饱和性。

(3) 键的离子性与成键原子的电负性差值有关。对于AB型单键化合物，A，B两原子电负性差值越大，键的离子性越强。但实验表明，即使电负性最小的Cs与电负性最大的F形成的离子化合物，键的离子性也不是100%，而是92%，还有8%的共价性。因此，通常用离子性百分数来表示键的离子性与共价性的相对大小。当两原子的电负性差值大于1.7时，单键的离子性百分数大于50%，离子键占优势，形成的化合物为离子化合物；当两原子的电负性差值小于1.7时，单键的离子性百分数小于50%，共价键占优势，形成的化合物为共价化合物。

离子键理论是科塞尔根据稀有气体原子具有稳定电子构型的事实提出的。他出生于一个知名的学者家庭。他的父亲奥尔布雷克特·科塞尔(Albrecht Kossel)是海德堡大学生物系教授，从事关于细胞核物质的蛋白质研究，于1910年获得诺贝尔生理学或医学奖。在父母的影响下，年轻的科塞尔就具备了两个十分突出的特点：一个特点是在工作中表现出极强的严谨性和条理性；另一特点是分析问题十分透彻、深刻。他认为作为一名科学家，这些是极其重要的。正是由于具有以上良好的科学品质，科塞尔对奠定现代物理化学的理论基础做出了重大贡献。

7.1.2 离子的特征

1. 离子电荷

在普通的离子化合物中，正离子电荷等于中性金属原子失去电子的数目，负离子电荷等于中性非金属原子得到电子的数目。这样的正、负离子均具有稀有气体原子的稳定结构，称为简单离子。此外，在离子化合物中也存在多原子的正、负离子，如NH_4^+，SO_4^{2-}等，这些离子电荷等于其组成元素原子氧化数的代数和。

ⅠA，ⅡA，ⅢA和ⅠB，ⅡB，ⅢB族原子形成电荷数与族号相同的简单正离子(Cu^{2+}，Hg^+，In^+，Tl^+例外，B除外)，如Li^+，Na^+，K^+，Be^{2+}，Mg^{2+}，Ba^{2+}，Al^{3+}，Cu^+，Ag^+，Zn^{2+}，Hg^{2+}，Sc^{3+}，Y^{3+}，La^{3+}等，但并不意味着这些离子总是形成离子化合物，如Li^+，Be^{2+}，Al^{3+}，Hg^{2+}可形成不少共价化合物。ⅣA，ⅤA族原子形成电荷数等于族号数减去2的稳定简单离子，如Sn^{2+}，Pb^{2+}，Sb^{3+}，Bi^{3+}。其余各族元素形成稳定简单离子的电荷数通常为+2和+3，如Mn^{2+}，Ni^{2+}，Fe^{2+}，Fe^{3+}等。一般正离子的电荷数不大于+4，电荷数为+4的离子往往是由半径较大而电离能较小的过渡元素和内过渡元素形成的，如Th^{4+}，Ce^{4+}等。

2. 离子半径

从量子力学的观点考虑，原子和离子的半径是无法严格测定的，但可用间接的方法确定。离子半径一般通过实验方法和理论推算方法来确定。实验方法是采用X射线衍射法测出各种离子晶格中正、负离子的核间距，然后再将核间距分割为正、负离子，但是以离子键连接的正、负离子实际上没有明确界面，不同的分割方法得出不同的结果。推算离子半径的方法也很多，最常用的是鲍林利用核电荷数和屏蔽常数推算出的一套离子半径。表 7-1 给出了一些常见元素的鲍林离子半径。

离子半径的变化规律大致如下：

（1）同一周期主族元素的正离子半径，随电荷数的增大而依次减小，如

$$Na^+ > Mg^{2+} > Al^{3+}$$

（2）具有相同电荷的同一主族元素的离子半径，随电子层递增而依次增大，如

$$Na^+ < K^+ < Rb^+ < Cs^+, F^- < Cl^- < Br^- < I^-$$

（3）同一元素的正离子半径，随离子电荷数增大而减小，如

$$Fe^{2+} > Fe^{3+}$$

（4）等电子离子的半径，随负离子电荷数的降低和正离子电荷数的增加而减小，如

$$O^{2-} > F^- > Na^+ > Mg^{2+} > Al^{3+}$$

表 7-1 常见元素的鲍林离子半径

离子	离子半径/pm	离子	离子半径/pm	离子	离子半径/pm
F^-	133	Sr^{2+}	118	Al^{3+}	54
Cl^-	181	Ba^{2+}	135	Sc^{3+}	75
Br^-	196	Zn^{2+}	74	Y^{3+}	90
I^-	220	Cd^{2+}	97	La^{3+}	103
Li^+	59	Hg^{2+}	102	Ga^{3+}	62
Na^+	99	Pb^{2+}	119	In^{3+}	80
K^+	137	Mn^{2+}	83	Tl^{3+}	89
Rb^+	152	Fe^{2+}	61	Fe^{3+}	55
Cs^+	167	Co^{2+}	65	Cr^{3+}	62
Cu^+	77	Ni^{2+}	69	Si^{4+}	40
Ag^+	100	Cu^{2+}	73	Ti^{4+}	61
Au^+	137	O^{2-}	140	Zr^{4+}	72
Be^{2+}	27	S^{2-}	184	Ge^{4+}	53
Mg^{2+}	72	Se^{2-}	198	Sn^{4+}	69
Ca^{2+}	95	Te^{2-}	221	Pb^{4+}	78

3. 离子的电子构型

简单负离子的外层电子构型大多具有稀有气体稳定电子构型，正离子则随元素在周期表中的不同位置，显示出多种电子构型。正离子的电子构型大致可分为以下几种。

（1）2 电子构型。最外层为 2 个电子的离子，如 Li^+，Be^{2+}。

（2）8 电子构型。最外层为 8 个电子的离子，如 Na^+，Mg^{2+}，Al^{3+} 等。

(3) 9～17 电子构型。最外层电子数为 9～17 的不饱和构型的离子，如 Fe^{2+}，Fe^{3+}，Cr^{3+}，Mn^{2+}，Co^{2+}，Cu^{2+} 等。

(4) 18 电子构型。最外层为 18 个电子的离子，如 Ag^{+}，Cu^{+}，Zn^{2+} 等。

(5) 18+2 电子构型。最外层为 2 个电子、次外层为 18 个电子的离子，如 Pb^{2+}，Sn^{2+}，Bi^{3+}，Sb^{3+} 等。

4. 离子的极化与变形

离子的极化(ionic polarization)由法扬斯(K. Kasimir Fajans)首先提出。当正、负离子相互接近时，正离子必然会吸引负离子的电子云并排斥其原子核，从而引起负离子电子云发生变形，这一现象称为离子的极化。同样，负离子也可使正离子电子云发生变形而产生极化。

由于正离子半径较小，负离子半径较大，负离子电子云更容易发生变形，因此讨论极化作用时通常只考虑正离子对负离子的极化作用。显然，正离子的极化作用与离子的半径和所带电荷有关。离子半径越小，电荷越多，极化作用越强；离子半径越大，电荷越少，极化作用越弱。

离子极化的结果使正、负离子之间的电子云密度增大，从而增加了某些共价键的成分。如果正、负离子之间的相互极化作用很强烈，则将由离子键过渡为共价键。例如，AgF，AgCl，AgBr 和 AgI 四种化合物中，Ag^{+} 与 F^{-}，Cl^{-}，Br^{-} 和 I^{-} 的相互极化作用逐渐增大，化学键的性质也由离子键逐渐过渡到共价键。因此，按 AgF，AgCl，AgBr 和 AgI 的顺序，化合物的颜色逐渐加深、溶解度逐渐降低、热稳定性逐渐减弱。

7.2　共价键和共价化合物

1927 年，德国物理学家海特勒(Walter Heitler)和伦敦(Fritz Wolfgang London)用量子力学的方法处理氢分子体系获得成功，在此基础上，鲍林、斯莱特等建立了现代共价键理论(valence bond theory，简称 VB 法，或称电子配对法)，马利肯(Robert Sanderson Mulliken)、休克尔等提出和完善了分子轨道理论(molecular orbital theory，简称 MO 法)。

7.2.1　现代价键理论

1. 氢分子的形成

量子力学处理两个氢原子形成氢分子的过程可简述如下：当两个基态氢原子从远处逐渐接近时，体系的总能量会发生变化，其变化趋势有两种可能性。如果两个相互靠近的氢原子中未成对电子的自旋方向相同，因相互排斥而使两核间电子云密度变小，体系的能量升高，而且随着核间距离 r 的减小而继续升高，故不会形成稳定的氢分子，这种状态称为排斥态，如图 7-1 和图 7-2(a)所示。若两个相互靠近的氢原子中未成对电子的自旋方向相反，两者的 1s 轨道会发生有效重叠。重叠的结果使得两核间电子云密度变大，核对核外电子的吸引力增强，同时降低了核与核之间的排斥，使体系能量下降。当核间距达到 r_0（计算值为 74.3 pm，实验值为 74.1 pm）时，体系能量下降到最低值（$-458.0\ kJ \cdot mol^{-1}$），两个氢原子形成稳定的共价键，这就是氢分子的基态，如图 7-1 和图 7-2(b)所示。

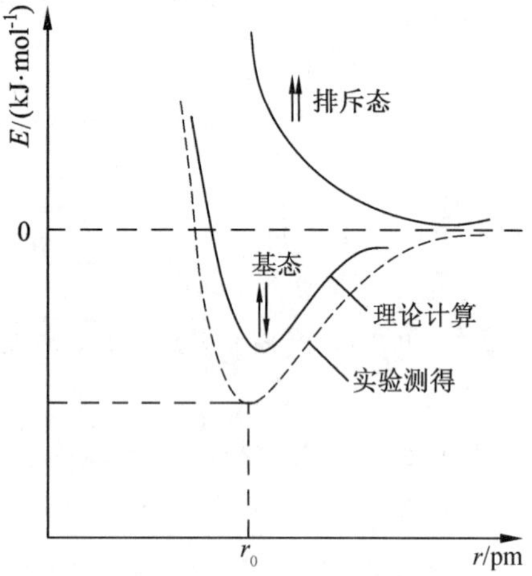

图 7-1　两个氢原子接近时的能量变化曲线

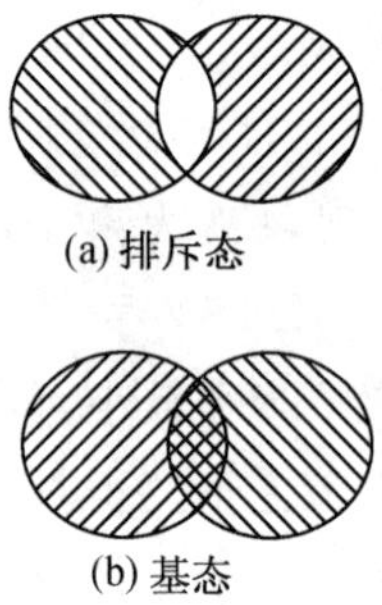

图 7-2　氢分子的两种状态

2. 现代价键理论的基本要点

鲍林撰写了名著《化学键的本质》(*The Nature of Chemical Bond*)，把对氢分子的研究结果推广到其他分子体系，归纳出现代价键理论，其基本要点如下：

(1) 两个原子相互接近时，自旋方向相反的两个未成对电子可以相互配对，所在原子轨道有效重叠，使两核间电子云密度增大，体系能量降低，形成稳定的共价键。

(2) 由于只有未成对的电子才能成键，而已键合的电子不能再与其他电子配对成键，故一个原子形成共价键的数目受到原子内未成对电子数的限制，这就是共价键的饱和性。

(3) 成键时，原子轨道重叠程度越大，所形成的共价键越牢固，这就是原子轨道最大重叠原理。原子轨道中除 s 轨道呈球形对称外，p，d，f 轨道都有一定的空间取向，它们成键时，原子轨道将尽可能沿着可最大重叠的方向成键，这就是共价键的方向性。如 HCl 分子形成时，氢原子的 1 个 1s 电子与氯原子的 1 个 $3p_x$ 电子配对，形成 1 个共价单键，但 1s 轨道只有沿 x 轴方向才能与 $3p_x$ 轨道发生最大程度的重叠，如图 7-3(a)所示。其他方向的重叠，如图 7-3(b)，7-3(c)所示，都不能形成稳定的共价键。

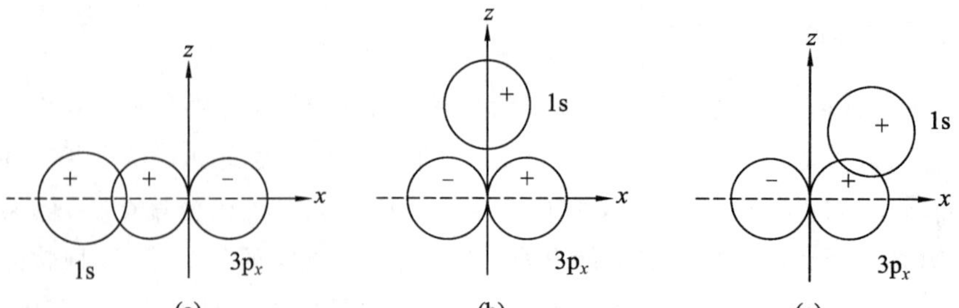

图 7-3　HCl 分子的成键示意图

3. 共价键的类型

根据原子轨道重叠方式的不同，常见的共价键为 σ 键和 π 键。如图 7-4(a)所示，当两个原子的成键轨道沿键轴(通常为 x 轴)方向以“头碰头”的方式重叠时，轨道的重叠部分沿着键轴呈圆柱形对称分布，这种重叠方式所形成的共价键称为 σ 键。如 H_2 分子中的 s—s 重叠，HCl 中的 s—p_x 重叠，Cl_2 分子中的 p_x—p_x 重叠等。另一种是当两个原子的成键轨道沿着键轴方向以“肩并肩”的方式重叠时，轨道的重叠部分对通过键轴的 xy 或 xz 平面具有镜面反对称，这种重叠方式所形成的共价键称为 π 键，如图 7-4(b)所示。

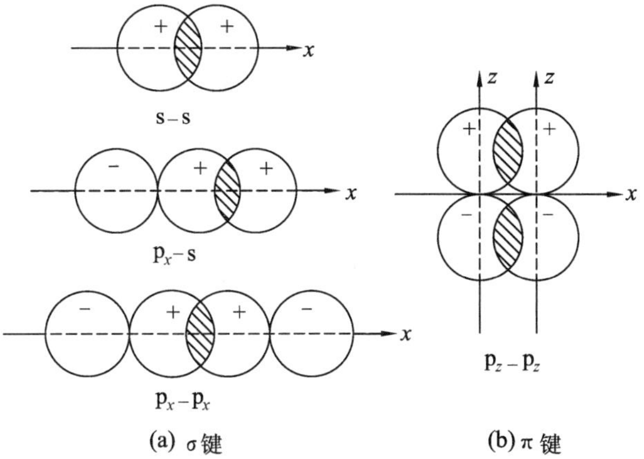

图 7-4　共价键的类型

由于形成 σ 键时轨道重叠程度比形成 π 键时大，因而 σ 键一般比 π 键牢固。π 键较易断开，表现为化学活泼性较强。形成分子时，σ 键是构成分子的骨架，能单独存在于两原子之间，以共价键结合的两原子间一定有且仅有 1 个 σ 键。π 键不能单独存在，只能与 σ 键共存于具有双键或叁键的分子中。例如在形成 N_2 分子时，N 原子有 3 个未成对的 p 电子(p_x^1，p_y^1，p_z^1)，2 个 N 原子的 p_x 轨道沿键轴以“头碰头”方式形成 $\sigma_{p_x-p_x}$ 键的同时，p_y—p_y 和 p_z—p_z 只能以“肩并肩”的方式形成 π 键。所以，N_2 分子中含有 1 个 σ 键和 2 个 π 键(见图 7-5)。

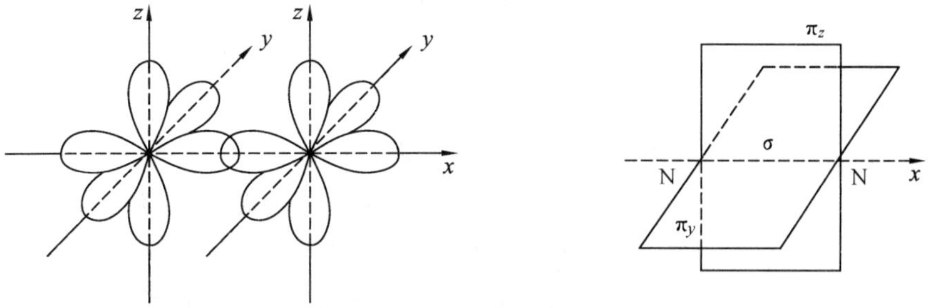

图 7-5　N_2 分子形成示意图

根据共用电子对来源的不同，共价键可分为正常共价键和配位共价键。由成键两原子各提供一个电子配对形成的共价键，称为正常共价键。由成键两原子中的一个原子单独提供电子对进入另一个原子的空轨道而形成的共价键称为配位共价键(coordinate covalent bond)，简称配位键(coordinate bond)或配价键。为区别于正常共价键，配位键通常用"→"表示，箭头的方向从提供电子对的原子指向接受电子对的原子。例如，NH_3 与 H^+ 结合成 NH_4^+，其结构式可写成：

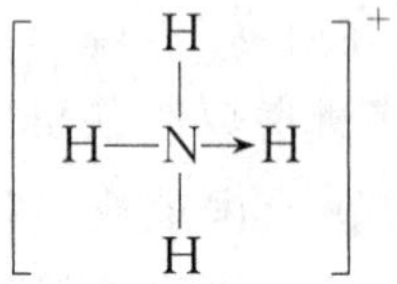

在 CO 分子结构中，亦有类似情况。碳原子的 2 个未成对的 p 电子与氧原子的 2 个未成对的 p 电子构成正常共价键(1 个 σ 键，1 个 π 键)。此外，氧原子上还有 1 对 p_y(或 p_z)电子进入碳原子空的 p_y(或 p_z)轨道，形成了 1 个配位键，因此 CO 分子的结构式可以写成 :C≡O:。有一点必须注意，以上两个例子中的配位键是有差别的，NH_4^+ 中的是 σ 配位键，CO 中的是 π 配位键。

综上可知，配位键的形成必须具备两个条件：① 参与成键原子的一方价电子层有未共用的电子对即孤对电子(lone pair electrons)；② 另一个原子的价电子层有可接受孤对电子的空轨道。配位键的形成方式虽然与正常共价键不同，但一旦形成，两者就无差别了。

7.2.2 键参数

键参数(bond parameter)是表征化学键性质的物理量，主要有键能(bond energy)、键长(bond distance)、键角(bond angle)和键的极性(bond polarity)等。

1. 键能

自然界中能量的形式多种多样，如光能、热能、电能、机械能和化学能等。在生命体系中，只有化学能可以被直接用来做功，其他形式的能量则是起激发生物体做功的作用。例如，它们可以分别激发动物的平衡感觉、视觉、温觉、痛觉和味觉等。提供给生物体做功的化学能，可以是因水解等化学反应而造成生物分子化学键断裂产生的能量，也可以是因离子浓度梯度变化而得到的能量。对生物体来说，储藏在化学键中的能量是一种重要的自由能。所谓自由能，就是能够用来做功的能量。分子中化学键能量的大小与许多因素有关，其中主要的因素是成键原子的电负性差异。具有较小键能的键容易被破坏，即这种键本身较弱、较不稳定。

键能是从能量角度衡量共价键强弱的一种物理量。在 100 kPa 和 298.15 K 下，将 1 mol 理想气体 AB 分子拆开成为理想气态的 A，B 原子所需的能量称为 AB 的离解能 D_{A-B}，单位是 $kJ \cdot mol^{-1}$。对于双原子分子来说，离解能就是键能 E_{A-B}。如氢分子的离解能为 $D_{H-H}=436\ kJ \cdot mol^{-1}$，其键能 $E_{H-H}=436\ kJ \cdot mol^{-1}$。对于多原子分子来说，键能和离解能的概念并不相同，如 H_2O 分子中含有 2 个 H—O 键，先后两次拆开 H—O 键所需的能量不同：

$$H_2O(g) \longrightarrow H(g)+HO(g) \qquad D_{H-OH}=502\ kJ \cdot mol^{-1}$$

$$HO(g) \longrightarrow H(g)+O(g) \qquad D_{H-O}=423.7\ kJ \cdot mol^{-1}$$

H_2O 分子中的 H—O 键的键能就是两个相同键的离解能的平均值：

$$E_{H-O}=\frac{502+423.7}{2}=462.8\ \text{kJ}\cdot\text{mol}^{-1}$$

同样的键在不同分子中键能也略有不同，一般可采用不同分子中键能的平均值即平均键能。通常键能越大，化学键越牢固，含这些键的分子也就越稳定。一些常见双原子分子的键能见表 7-2，部分共价键的平均键能见表 7-3。

表 7-2 常见双原子分子的键能 $\text{kJ}\cdot\text{mol}^{-1}$

分子名称	键能	分子名称	键能
H_2	436	HF	570
F_2	157	HCl	431
Cl_2	243	HBr	366
Br_2	194	HI	298
I_2	153	NO	631
N_2	946	CO	1077
O_2	493		

表 7-3 共价键的平均键能 *E* $\text{kJ}\cdot\text{mol}^{-1}$

共价键	平均键能	共价键	平均键能
C—H	339	C≡C	835
C—F	514	N—H	359
C—Cl	395	N—N	159
C—Br	318	N═N	456
C—I	253	N≡N	945
C—C	346	O—O	143
C═C	605	O═O	498

2. 键长

分子中成键原子的核间距离为键长，其值可通过实验测定。

实验数据表明，在不同的分子中，同种键的键长相近，如 C—C 单键在金刚石中键长为 154 pm，在乙烷中为 153 pm，在丙烷中为 154 pm，所以把 C—C 单键的平均键长定为154 pm（见表 7-4）。通常两原子间形成的同类型共价键的键长越短，键越牢固。

对于相同原子所形成的化学键，双键的键长为单键键长的 85%～90%，三键的键长为单键键长的 75%～80%。因为成键越多，两原子间的吸引力越强，键长越短，键能也越高。

表 7-4 部分共价键的平均键长 pm

X	C—X	C═X	C≡X	H—X	N—X	N═X
C	153	134	120	109	146	121
N	146	121	116	102	145	124
O	142	121		96		
F	135			92		
Cl	177			128	190	
Br	193			141		
I	213			161		
P	185					
S	182			134		

3. 键角

分子中键与键之间的夹角称为键角。键角是反映分子空间构型的一个主要参数，数值可通过实验测定。如测得 CO_2 分子中的键角为 180°，则表明 CO_2 分子是直线形。通常当分子中的键长和键角确定后，它的空间构型也就可以确定了。

4. 键的极性

元素原子电负性的大小可以用来衡量分子中原子吸引成键电子能力的相对强弱。若成键原子的电负性相等，则对共用电子对的吸引力相同，电子云均匀地分布在两个原子核之间，正、负电荷中心恰好重合，这种键称为非极性共价键(nonpolar covalent bond)，如 H_2，O_2 和金刚石中的共价键。如果成键原子的电负性不同，则正、负电荷中心不会重合，这种键称为极性共价键(polar covalent bond)，如 HCl 分子中的 H—Cl 键。在极性共价键中，成键原子的电负性差值愈大，共用电子对的偏移程度就愈大，键的极性则愈强。

离子键和共价键是有本质差别的，然而根据键的极性的概念，两者又没有严格的界限。离子键可理解为共用电子对发生完全偏移的极性键，亦即最强的极性键，而极性共价键也可理解为离子键与非极性共价键之间的一种过渡状态，见表 7-5。

表 7-5 键型与成键原子电负性差值的关系

物质	Na_2O	H_2O	H_2S	H_2Se	H_2Te	H_2
电负性差值	2.51	1.24	0.38	0.35	0.10	0
键型	离子键	极性共价键				非极性共价键

7.2.3 杂化轨道理论

价键理论成功地解释了许多共价分子的形成，阐明了共价键的成键本质及特点，但在解释许多共价分子的空间构型时遇到了困难。随着近代物理实验技术的发展，许多共价分子的空间构型已能用实验方法确定。如甲烷分子中 C—H 键间的夹角为 109°28′，分子具有正四面体的空间构型。根据价键理论，碳原子的外层电子结构为 $2s^2 2p_x^1 2p_y^1$，有两个未成对的电子，只能形成两个共价键且键角为 90°，此结论显然与事实不符。为了说明共价分子的立体结构，鲍林等进一步发展了价键理论，于 1931 年提出了杂化轨道理论(hybrid orbital theory)。

1. 杂化轨道理论的基本要点

(1) 成键过程中，由于原子间相互影响，同一原子中能量相近的不同类型的若干原子轨道重新组合成能量、成分、状态等均相同的新轨道，从而改变了原有轨道的状态，这一过程称为杂化(hybridization)，形成的新轨道称为杂化轨道(hybrid orbital)。杂化前后轨道数目不变。根据参加杂化的不同原子轨道，杂化可分成各种类型。如 1 个 ns 轨道和 1 个 np 轨道杂化后形成 2 个 sp 杂化轨道；1 个 ns 轨道和 2 个 np 轨道杂化后形成 3 个 sp^2 杂化轨道；1 个 ns 轨道和 3 个 np 轨道杂化后形成 4 个 sp^3 杂化轨道。第三周期以后的一些原子中的$(n-1)$d 或 nd 轨道也可与 ns 和 np 轨道产生杂化，形成 dsp^2，d^2sp^3 和 sp^3d^2 等类型的杂化轨道。关于含 d 轨道的杂化情况在第 8 章配位化合物中予以讨论。

(2) 原子轨道杂化后，其角度分布发生了变化，图 7-6 是 sp 杂化轨道的图形及其形成过程示意图。从图中可见，杂化后杂化轨道的形状既不同于 s 轨道，也不同于 p 轨道，而是一头大、另一头小的葫芦形。这种形状更利于和其他原子轨道重叠，增大了轨道的重叠程度，从而增强了 sp 杂化轨道的成键能力。这就是原子在形成共价键时，原子轨道在可能的条件下总是采用杂化轨道成键的原因。

(3) 杂化轨道之间在空间尽量取最大夹角分布，满足相互间排斥力最小的原则。两个 sp 杂化轨道之间的夹角为 180°，如图 7-6 所示。不同的杂化类型具有不同的杂化轨道构型，可以此解释分子的空间构型。

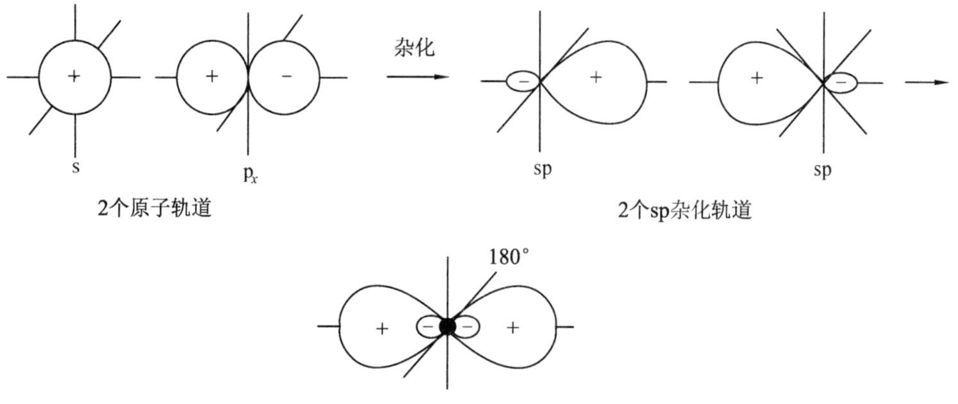

图 7-6　sp 杂化轨道形成示意图

原子轨道的杂化概念最初完全是人为定义的，其目的是解释 CH_4 四面体这类的现象。分子轨道理论出现后，原子轨道的杂化就自然而然地被解释了，只不过是一种同原子的原子轨道的重新线性组合。同时，分子轨道理论也表明了这种组合(杂化)没有实际意义，而且有时会引起混乱。例如，在杂化理论中，CH_4 中的八个成键电子是在同一种 sp^3 轨道能级上，但实验和分子轨道理论表明，它们是分在两个不同的能级上的。杂化概念在有机化学中被用来表示一个原子在分子中的几何环境。时至今日，杂化轨道仅被用来描述几何形状或环境。除此之外，过分强调杂化的其他“重要性”，可能会使学者未来在学习化学时走不必要的“弯路”。

2. 杂化轨道类型

1）sp 杂化

同一原子内由 1 个 *n*s 轨道和 1 个 *n*p 轨道发生的杂化，称为 sp 杂化。杂化后组成的轨道称为 sp 杂化轨道。sp 杂化只能得到两个杂化轨道。

【例 7-1】 已知 $BeCl_2$ 分子中 2 个 Be—Cl 键完全相同且分子呈直线形，解释其空间构型。

解：Be 原子的电子排布为 $1s^2 2s^2$，在形成 $BeCl_2$ 分子的过程中，Be 原子的 1 个 2s 电子激发至 2p 轨道，各含 1 个单电子的 2s 轨道与 1 个 2p 轨道进行等性 sp 杂化，组合成夹角为 180°的 2 个 sp 杂化轨道，这 2 个杂化轨道再分别与 2 个 Cl 原子各自含有的单电子 3p 轨道重叠，构成 2 个等同的 σ_{sp-p} 键。由于两杂化轨道间的夹角为 180°，故 $BeCl_2$ 分子是直线形的对称分子(见图 7-7)。

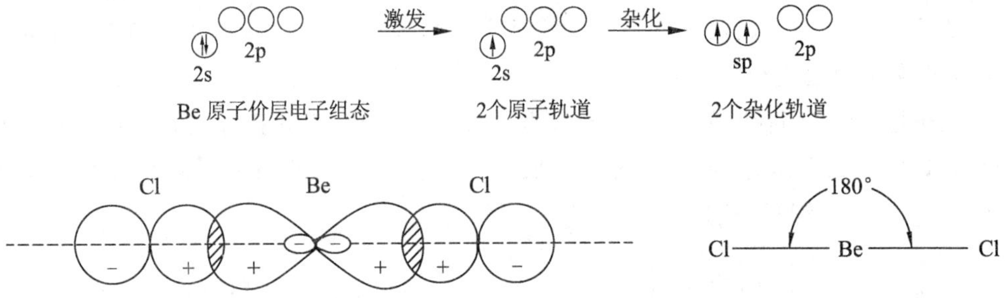

图 7-7 $BeCl_2$ 分子构型和 sp 杂化轨道的空间取向

其他如 CO_2 和 $HgCl_2$ 等分子的形成过程与之类似，中心原子采用 sp 杂化方式。

2）sp^2 杂化

同一原子内由 1 个 *n*s 轨道和 2 个 *n*p 轨道发生的杂化，称为 sp^2 杂化。杂化后组成的轨道称为 sp^2 杂化轨道。

【例 7-2】 已知 BF_3 分子中键与键之间的夹角为 120°，分子的空间构型为平面正三角形，解释其空间构型。

解：B 原子的电子排布为 $1s^2 2s^2 2p^1$，在形成 BF_3 分子的过程中，B 原子中的 1 个 2s 电子先激发至 2p 轨道，然后由各含 1 个单电子的 1 个 2s 轨道和 2 个 2p 轨道进行等性 sp^2 杂化，组成夹角均为 120°的 3 个 sp^2 杂化轨道，这 3 个杂化轨道分别与 3 个 F 原子各有含有的单电子 2p 轨道重叠成键，构成 3 个等同的 σ_{sp^2-p} 键。由于杂化轨道间的夹角均为 120°，故 BF_3 分子的空间构型为对称的平面正三角形(见图 7-8)。

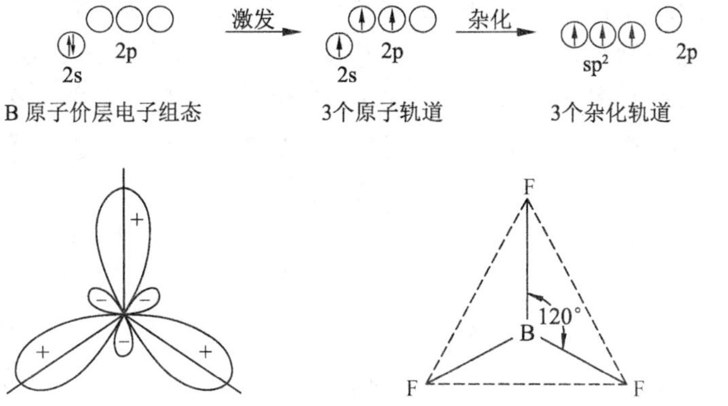

(a) 3个sp^2杂化轨道　　(b) 平面三角形构型的BF_3分子

图 7-8　BF_3的平面三角形结构和 sp^2 杂化轨道的空间取向

其他如 SO_3 和 NO_3^- 等分子或离子的形成过程与之类似，中心原子采用 sp^2 杂化方式。

3）sp^3杂化

同一原子内由 1 个 *n*s 轨道和 3 个 *n*p 轨道发生的杂化，称为 sp^3杂化。杂化后组成的轨道称为 sp^3杂化轨道。

【例 7-3】　已知 CH_4分子中 4 个 C—H 键完全相同，键与键之间的夹角为 109°28′，分子的空间构型为正四面体，解释其空间构型。

解：C 原子的价电子构型为 $2s^2 2p^2$，在形成 CH_4分子的过程中，C 原子中的 1 个 2s 电子先激发至 2p 轨道，然后由各含 1 个单电子的 1 个 2s 轨道和 3 个 2p 轨道进行等性 sp^3杂化，组成夹角均为 109°28′的 4 个 sp^3杂化轨道，这 4 个杂化轨道分别与 4 个 H 原子各自含有的单电子 1s 轨道重叠，构成 4 个等同的 σ_{sp^3-s}键。由于杂化轨道间的夹角均为 109°28′，故 CH_4分子的空间构型为对称的正四面体（见图 7-9）。

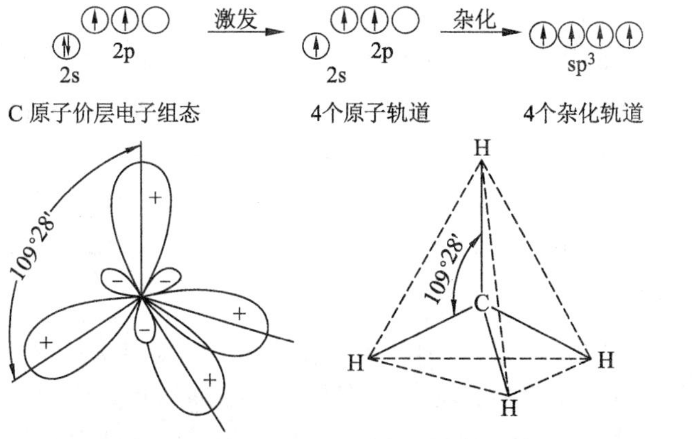

(a) 4个sp^3杂化轨道　　(b) 正四面体构型的CH_4分子

图 7-9　CH_4的正四面体结构和 sp^3 杂化轨道的空间取向

其他如 SiH_4，CCl_4和 NH_4^+ 等分子或离子的形成过程与之类似，中心原子采用 sp^3 杂化方式。

上述几个例子中，杂化后形成的各杂化轨道的成分相同，能量相等，分子结构呈高度对称分布，这种杂化为等性杂化(equivalent hybridization)。如果杂化后形成的各杂化轨道成分或能量不完全相同，分子结构呈不对称分布，这样的杂化称为不等性杂化(nonequivalent hybridization)。通常，参与杂化的原子轨道中，有轨道已被孤对电子占据的，其杂化是不等性的。

【例 7-4】 已知 NH_3 分子中键与键之间的夹角为 107°18′，分子的空间构型为三角锥形，解释其空间构型。

解：N 原子的价电子构型为 $2s^2 2p^3$，在形成 NH_3 分子时，中心原子 N 的 1 个 2s 轨道和 3 个 2p 轨道进行 sp^3 杂化，形成 4 个 sp^3 杂化轨道，其中有 3 个杂化轨道为单电子所占据，它们能与 3 个 H 原子各自的 1s 轨道形成 3 个共价 σ_{sp^3-s} 键。另一个 sp^3 杂化轨道被 N 原子的 1 对孤对电子占据，孤对电子因未参与成键，电子云较密集于 N 原子周围，它对成键电子对的排斥作用较大，使得 NH_3 分子中的键角压缩成 107°18′。孤对电子所占有的杂化轨道中含 s 轨道成分较多，成键电子对所占有的杂化轨道中含 s 轨道成分较少。因此，N 原子的 sp^3 杂化是不等性杂化。NH_3 分子的空间构型也就成为缺一个角的四面体，即三角锥形(见图 7-10)。

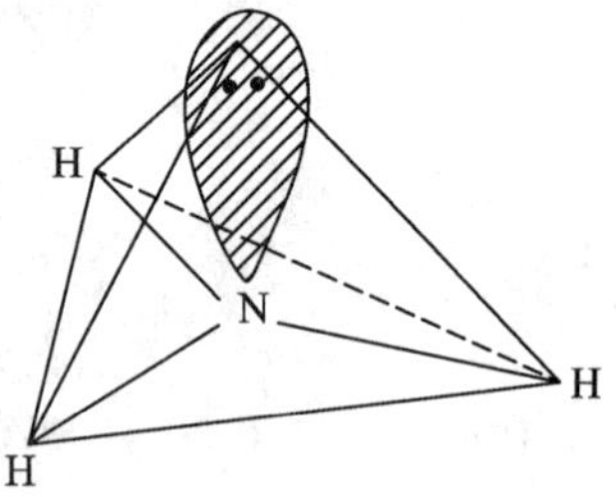

图 7-10 NH_3 分子结构示意图

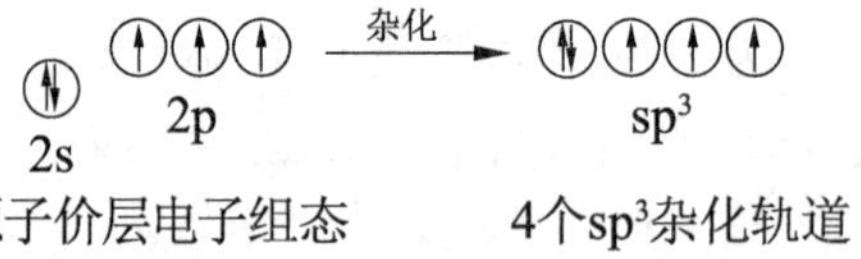

【例 7-5】 已知 H_2O 分子中键与键之间的夹角为 104°45′，分子的空间构型为 V 形，解释其空间构型。

解：H_2O 分子的键间夹角为 104°45′，其分子的形成过程与 NH_3 分子类似，成键时中心原子 O 也是采取不等性 sp^3 杂化方式，所形成的杂化轨道与 2 个 H 原子各自的 1s 轨道结合，由于 O 原子上有 2 对孤对电子不参加成键，它们对成键电子对的排斥作用更大，使 H_2O 分子中键角压缩得更小，为 104°45′，水分子结构呈 V 形(见图 7-11)。

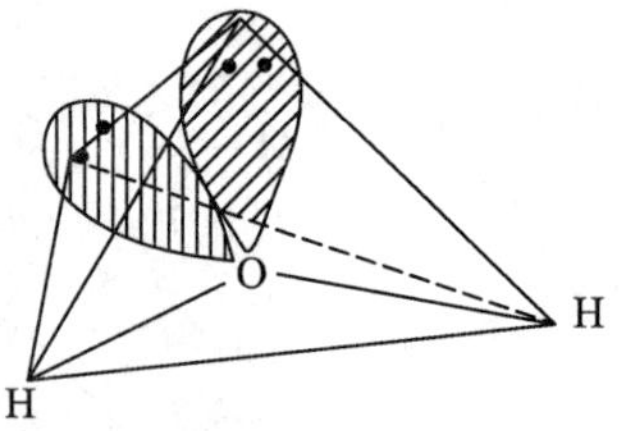

图 7-11 H_2O 分子结构示意图

与中心原子的不等性 sp^3 杂化类似，有些分子如 $PbCl_2$，SO_2，NO_2 等的中心原子，在形成分子时采用不等性 sp^2 杂化，分子呈 V 形。

以上探讨了仅包含 s 轨道和 p 轨道的可能杂化类型，简单分子通常采取这一杂化形式，其应用也较为普遍。表 7-6 列出了 s－p 杂化类型及相应的分子空间构型。必须指出的是，在不同的分子或离子团中，同一中心原子可以采取不同的杂化类型，这是由于同一中心原子可以形成不同几何构型的共价物种。因此，机械地记忆某原子的杂化方式是毫无意义的。

表 7-6 中心原子的 s—p 杂化类型和分子空间构型

杂化类型	sp	sp^2		sp^3		
		等性	不等性	等性	不等性	不等性
参与杂化的轨道	1 个 ns,1 个 np	1 个 ns,2 个 np		1 个 ns,3 个 np		
形成杂化轨道的数目	2 个	3 个		4 个		
杂化轨道中孤对电子数目	0	0	1	0	1	2
杂化轨道间夹角	180°	120°	<120°	109°28′	< 109°28′	< 109°28′
分子空间构型	直线形	正三角形	V 形	正四面体	三角锥	V 形
实例	$BeCl_2$,CO_2,$HgCl_2$,C_2H_2	BF_3,SO_3,NO_3^-,C_2H_4	$PbCl_2$,SO_2,NO_2	CH_4,SiF_4,SO_4^{2-},NH_4^+	NH_3,PCl_3,H_3O^+	H_2O,OF_2,H_2S

7.2.4 分子轨道理论

现代价键理论的优点是模型直观,易于理解,尤其是杂化轨道理论成功地解释了分子的空间构型。但价键理论认为,原子与原子在形成分子时,分子中的电子仍属于原来的原子,没有把分子作为一个整体来对待。因此,在说明某些分子的性质时,遇到了困难,如 O_2 分子具有顺磁性等。

为了克服价键理论的不足,1932 年美国化学家马利肯和德国化学家洪特等将处理原子轨道的理论和方法推广到分子体系,从而形成了分子轨道理论,该理论最初称为洪特-马利肯理论。下面简要介绍分子轨道理论及其应用。

1. 分子轨道理论的基本要点

(1) 分子中的电子不从属于某些特定原子,而是在整个分子范围内运动,每个电子的运动状态都可以用波函数来描述,称为分子轨道(molecular orbital)。每一个分子轨道都有相应的能量和形状。

(2) 分子轨道由组成分子的原子轨道线性组合而成。在组合产生的分子轨道中,能量低于原来原子轨道的称为成键分子轨道(bonding molecular orbital),能量高于原来原子轨道的称为反键分子轨道(antibonding molecular orbital)。同时,组合前后轨道总数不变,且成键分子轨道和反键分子轨道是成对产生的,成键轨道降低的能量近似等于反键轨道升高的能量。

(3) 原子轨道组合成分子轨道时,应遵循能量相近原则、对称性匹配原则和最大重叠原则,才能有效地形成分子轨道。

只有能量相近的原子轨道才能有效地组成分子轨道,而且原子轨道的能量越接近,组成的分子轨道的成键能力越强，这就是能量相近原则。例如，氢原子和氟原子中有关原子轨道的能量如下：氢的 1s 轨道能量为 $-1312\ \mathrm{kJ\cdot mol^{-1}}$，氟的 1s 轨道能量为 $-6718\ \mathrm{kJ\cdot mol^{-1}}$，2s 轨道能量为 $-3870\ \mathrm{kJ\cdot mol^{-1}}$，2p 轨道能量为 $-1797\ \mathrm{kJ\cdot mol^{-1}}$。可推断，为满足能量相近原则，氢的 1s 轨道只能和氟的 2p 轨道有效地组成分子轨道。

只有对称性匹配的原子轨道才能组成分子轨道，这就是对称性匹配原则。符合对称性匹配原则的几种常见的原子轨道组合（设键轴为 x 轴）：$s-s$，$s-p_x$，p_x-p_x 可组成 σ 分子轨道；p_y-p_y，p_z-p_z 可组成 π 分子轨道。图 7-12 显示，对称性匹配的两原子轨道组合成分子轨道时，同号波函数叠加（即原子轨道相加重叠）形成成键分子轨道，用符号 σ，π 表示，其特征是两核间电子的概率密度增大，能量较原来的原子轨道低。异号波函数叠加（即原子轨道相减重叠）形成反键分子轨道，用符号 σ^*，π^* 表示，其特征是两核间电子的概率密度减小，出现节面（通过键轴的概率密度几乎为 0 的平面），能量较原来的原子轨道高。

原子轨道线性组合时，重叠程度越大，分子轨道的能量越低，所生成的键稳定性越高，这就是轨道最大重叠原则。它与价键理论中的叙述是类似的。

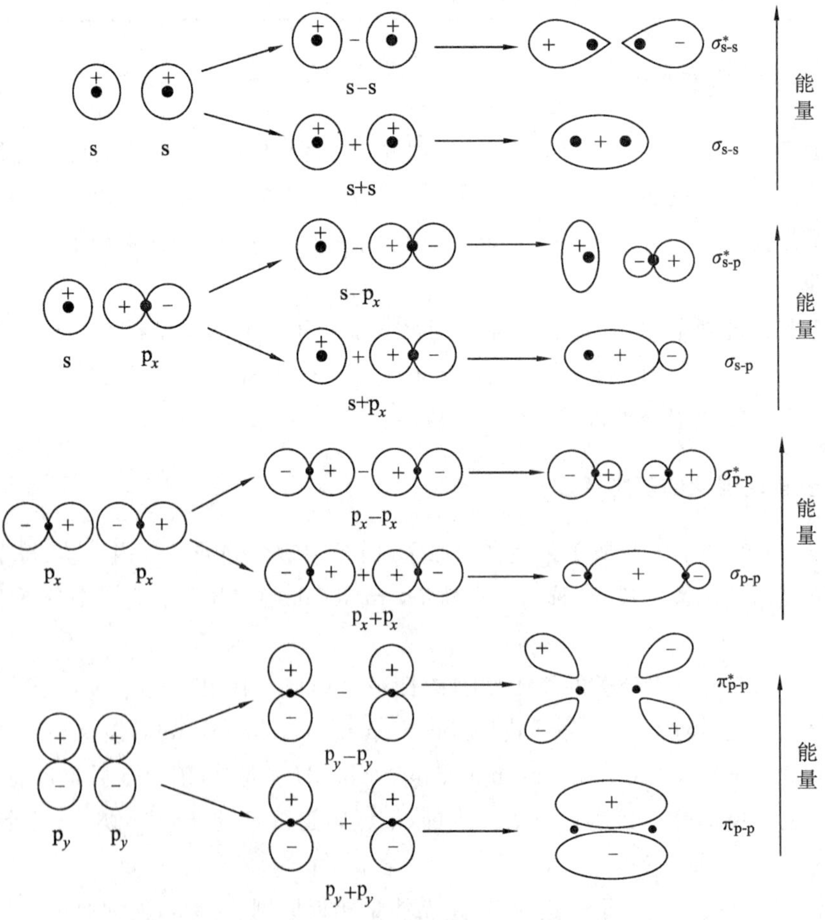

图 7-12 对称性匹配的两原子轨道组成分子轨道示意图

(4) 电子在分子轨道中的排布与电子填充原子轨道的原则相同，应遵守泡利不相容原理、能量最低原理和洪特规则。

(5) 在分子轨道理论中，键的牢固程度用键级(bond order)的大小衡量，其计算式如下

$$键级=\frac{1}{2}(成键电子数-反键电子数)$$

键级越大，形成的化学键越牢固，分子也越稳定。

分子轨道理论与价键理论是解释分子结构的两种近似方法，它们的利用相当于从一个问题的两方面去讨论，常常会得到相同的结论。只是有时分子轨道理论的思想与计算过于复杂，在研究简单问题时，价键理论反而显得更简单明了。或者说，价键理论对于分子定态的性质(键长、键角等)的解释与分子轨道理论相近，而分子轨道理论在研究与电子激发相关的性质(分子颜色、光电子能谱等)时更为有效。分子轨道理论着眼于分子的整体性，可对价键理论不能说明的问题给出比较合理的解释；但与价键理论相比，它不够直观。随着计算机技术的发展，目前分子轨道理论发展较快，应用范围较广。

2. 同核双原子分子的分子轨道能级图

目前，分子轨道能级顺序主要依据光谱实验确定，将分子中各分子轨道按能级高低排列起来，可得分子轨道能级图。图 7-13 是同核双原子分子的分子轨道能级图。

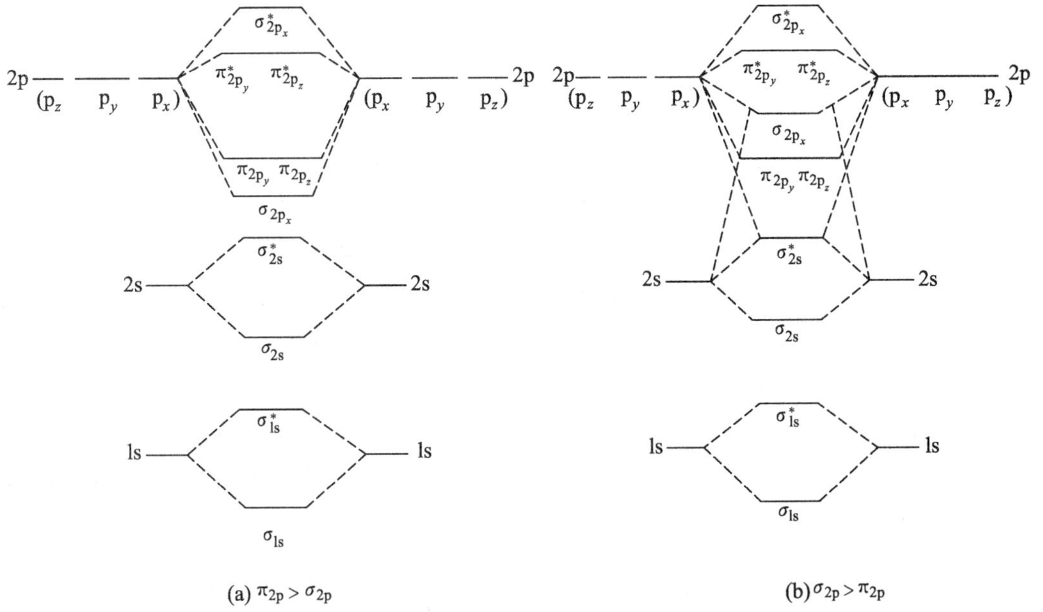

图 7-13　同核双原子分子的分子轨道能级图

根据能量相近原则，当组成原子的 2s 和 2p 轨道的能量相差较大时，2s 和 2p 轨道之间不能有效地组成分子轨道，形成分子时分子轨道的能级次序如图 7-13(a)所示，此时，$E_{\pi_{2p}}>E_{\sigma_{2p}}$。第二周期元素形成的同核双原子分子中，$O_2$ 和 F_2 就属于这种情况，其分子轨道能级顺序为

$$\sigma_{1s}<\sigma^*_{1s}<\sigma_{2s}<\sigma^*_{2s}<\sigma_{2p_x}<\pi_{2p_y}=\pi_{2p_z}<\pi^*_{2p_y}=\pi^*_{2p_z}<\sigma^*_{2p_x}$$

如果组成原子的 2s 和 2p 轨道的能量差较小，当两个相同原子互相靠近时，由于 2s 与

2p 轨道的对称性相同，因此，除了 s－s 和 p－p 轨道的组合外，还会发生部分 s－p_x轨道的组合，以至改变了能级次序，如图 7-13(b)所示，此时，$E_{\pi_{2p}} < E_{\sigma_{2p}}$。原子序数为 3～7 的同核双原子分子即从 Li_2 到 N_2 就属于这种情况，其分子轨道能级顺序为

$$\sigma_{1s} < \sigma_{1s}^* < \sigma_{2s} < \sigma_{2s}^* < \pi_{2p_y} = \pi_{2p_z} < \sigma_{2p_x} < \pi_{2p_y}^* = \pi_{2p_z}^* < \sigma_{2p_x}^*$$

【例 7-6】 以分子轨道理论说明 N_2 分子的结构、反磁性。

解：N 原子的电子排布为 $1s^2 2s^2 2p^3$，N_2 分子中的 14 个电子按图 7-13(b)的能级顺序进入分子轨道，因此 N_2 分子的分子轨道排布式为

$$N_2[(\sigma_{1s})^2(\sigma_{1s}^*)^2(\sigma_{2s})^2(\sigma_{2s}^*)^2(\pi_{2p_y})^2(\pi_{2p_z})^2(\sigma_{2p_x})^2]$$

其中，$(\sigma_{1s})^2$ 能量的下降和 $(\sigma_{1s}^*)^2$ 能量的上升正好抵消，$(\sigma_{2s})^2$ 和 $(\sigma_{2s}^*)^2$ 的情况同样如此，对成键没有贡献。对成键有贡献的是 $(\pi_{2p_y})^2$，$(\pi_{2p_z})^2$ 和 $(\sigma_{2p_x})^2$ 中的 3 对电子，其中 $(\sigma_{2p_x})^2$ 构成 1 个 σ 键，$(\pi_{2p_y})^2$ 和 $(\pi_{2p_z})^2$ 各构成 1 个 π 键，形成共价三键。由于成键电子全都进入成键分子轨道，体系的能量大为降低，故 N_2 分子相当稳定。其键级为 $\frac{10-4}{2}=3$，N_2 分子结构可写成 N≡N。由于 N_2 分子形成共价三键后，分子内已无未成对电子，所以 N_2 分子是一种反磁性物质。

正是由于氮气具有较好的稳定性，其通常被称为惰性气体，用于构建惰性环境中以进行金属处理或用于灯泡中以防止产生电弧。但它不是化学惰性的，它是动植物生命中必不可少的元素，并且是许多有用化合物的组成部分。氮气与许多金属结合形成硬氮化物，可用作耐磨金属。钢中含少量氮就会抑制高温下的晶粒生长，并且还会提高某些钢的强度。氮气可用于制造氨、硝酸、硝酸盐、氰化物；制造炸药；填充高温温度计、白炽灯泡；形成惰性材料以保存材料或用于干燥箱和手套袋中。液氮应用于食品冷冻或在实验室中作为冷却剂。

【例 7-7】 以分子轨道理论说明 O_2 分子的顺磁性、键级及其化学活泼性。

解：O 原子的电子排布为 $1s^2 2s^2 2p^4$，O_2 分子中的 16 个电子按图 7-13(a)的能级顺序进入分子轨道，因此 O_2 分子的分子轨道排布式为

$$O_2[(\sigma_{1s})^2(\sigma_{1s}^*)^2(\sigma_{2s})^2(\sigma_{2s}^*)^2(\sigma_{2p_x})^2(\pi_{2p_y})^2(\pi_{2p_z})^2(\pi_{2p_y}^*)^1(\pi_{2p_z}^*)^1]$$

其中，对成键有贡献的是 $(\sigma_{2p_x})^2$ 中的一对电子，构成 1 个 σ 键；$(\pi_{2p_y})^2$ 的成键作用不会被 $(\pi_{2p_y}^*)^1$ 完全抵消，且这 2 个分子轨道的空间方位相同，可构成 1 个 3 电子 π 键；同样，$(\pi_{2p_z})^2$ 和 $(\pi_{2p_z}^*)^1$ 也可构成另 1 个 3 电子 π 键。故 O_2 分子中有 1 个 σ 键和 2 个 3 电子 π 键，由于 2 个 3 电子 π 键中仍有未成对电子，所以 O_2 是一种顺磁性物质。O_2 的键级为 $\frac{10-6}{2}=2$。从 O_2 分子的分子轨道排布式可见，由于它有 2 个未成对的 2p 电子，因此具有配对趋势，且 2 个电子又都在反键分子轨道上，能量较高，不稳定，所以 O_2 表现出相当大的活泼性。

分子轨道理论同样适用于异核双原子分子，因为影响分子轨道能级高低的主要因素是原子的核电荷数。分子中两个原子的核电荷数相近且它们的和小于或等于氮气分子中的核电荷总数(即≤14)时，此分子或离子的电子按图 7-13(b)的顺序填充入分子轨道；而两个原子的核电荷数的和大于氮气分子中的核电荷总数(即＞14)时，此分子或离子的电子按图 7-13(a)的顺序填充入分子轨道。

【例 7-8】 解释为什么 CO 的性质与 N_2 相似。

解:CO 分子的核电荷总数为 14,与 N_2 分子相同,核外也有 14 个电子。因此,CO 和 N_2 具有完全相同的分子轨道电子排布式:

$$CO[(\sigma_{1s})^2(\sigma_{1s}^*)^2(\sigma_{2s})^2(\sigma_{2s}^*)^2(\pi_{2p_y})^2(\pi_{2p_z})^2(\sigma_{2p_x})^2]$$

分子中有 2 个 π 键和 1 个 σ 键,可见 CO 与 N_2 存在完全相同的分子轨道电子排布式(能量有些差异)、成键类型和键级等,这样的不同分子被称为等电子体。等电子体的物质具有相似的性质。

7.3 分子间的作用力

气体分子可以凝聚成液态,液态物质可以凝固成固态,这说明分子与分子之间存在着某种相互吸引的作用力,即分子间的作用力,其值虽只有化学键的 1/100～1/10,作用力范围也很小,但却是决定物质熔点、沸点和溶解度等物理性质的重要因素。分子间的作用力与分子的极性有关,主要包括分子间作用力(inter molecular force)和氢键(hydrogen bond)。

7.3.1 分子的极性和变形性

根据分子中正、负电荷的中心是否重合,可把分子分成极性分子和非极性分子两类。正、负电荷中心重合的分子是非极性分子(nonpolar molecule),不重合的分子是极性分子(polar molecule)。

对于双原子分子,分子的极性和键的极性是一致的。由非极性共价键构成的双原子分子是非极性分子,如 H_2,N_2 等分子。由极性共价键组成的双原子分子是极性分子,如 CO,HCl 等分子。

对于多原子分子,由非极性共价键构成的多原子分子是非极性分子,如 P_4,S_8 等分子。由极性共价键构成的多原子分子,则需由分子的空间构型所决定。如 $BeCl_2$ 分子中虽有 2 个极性的 Be—Cl 键,但分子的空间构型是直线形,结构对称,正、负电荷中心重合,因此 $BeCl_2$ 分子是非极性分子。H_2O 分子中的 2 个极性 O－H 键呈 V 形分布,由于正、负电荷中心不重合,因此 H_2O 分子是极性分子。

分子极性的大小通常用偶极矩(dipole moment)μ 来衡量,单位为 C·m(库仑·米)。它等于正、负电荷中心的距离(d)和正电荷中心或负电荷中心上所带的电量 q 的乘积:

$$\mu = q \cdot d$$

偶极矩是矢量,化学上规定其方向由正电荷中心指向负电荷中心。由于电子的电量为 1.6×10^{-19} C,正、负电荷中心间的距离和分子的直径有相同的数量级,即 10^{-10} m,因此偶极矩的数量级为 10^{-30} C·m。表 7-7 列出了一些分子的偶极矩,偶极矩为 0 的分子是非极性分子,偶极矩越大的分子,其极性亦越强。

表 7-7 一些分子的偶极矩 μ 10^{-30} C·m

分子	μ	分子	μ	分子	μ
H_2	0	BF_3	0	CO	0.40
Cl_2	0	SO_2	5.33	HCl	3.43
CO_2	0	H_2O	6.16	HBr	2.63
CH_4	0	HCN	6.99	HI	1.27

由于极性分子的正、负电荷中心不重合，因此分子中始终存在一个正极和一个负极，极性分子（偶极分子）的这种固有的偶极叫作永久偶极（permanent dipole）。分子的有无极性或极性的大小，在外电场的影响下会发生变化，如图 7-14 所示，非极性分子可变成具有一定偶极的极性分子，而极性分子的偶极变大，这种在外电场影响下所产生的偶极叫作诱导偶极（induced dipole），其偶极矩称为诱导偶极矩（induced dipole moment）。外电场使分子产生诱导偶极矩的现象称为分子的极化（polarization）或变形极化。分子受极化分子外形发生改变，称为分子的变形性。衡量分子变形性大小的标度为分子的诱导极化率，简称极化率，用符号 α 表示。在一定强度的外电场作用下，α 越大的分子，诱导偶极矩越大，分子的变形性也就越大。

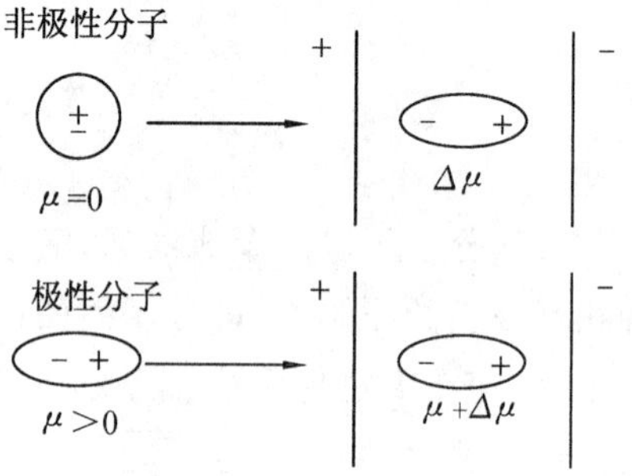

图 7-14 外电场影响分子极性的示意图

7.3.2 范德华力

荷兰物理学家范德华（van der Waals）在研究理想气体方程时，发现式中的修正项与分子间作用力有关，因此分子间作用力也称为范德华力（van der Waals forces）。原子间、分子间和物体表面间的范德华力以不同的方式出现在日常生活中。例如，蜘蛛和壁虎就是依靠范德华力才能沿着平滑的墙壁向上爬，人体内的蛋白质也是因为范德华力的存在才会折叠成复杂的形状。按作用力产生的原因和特性，范德华力可分为取向力、诱导力和色散力 3 种。

1. 取向力

取向力存在于极性分子和极性分子之间。当两个极性分子相互接近时，同极相斥，异极相吸，使分子发生相对的转动（即取向）。在已取向的偶极分子间，由于静电作用互相靠拢，在一定距离时吸引与排斥达到平衡，使体系能量达到最小值（见图 7-15）。这种由永久偶极的取向而产生的分子间作用力称为取向力（orientation force）。取向力的大小与分子偶极矩的平方成正比，与热力学温度及分子间距离的 6 次方成反比。

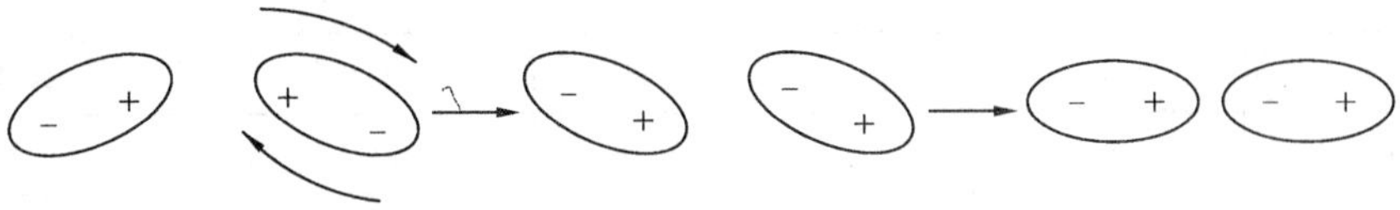

图 7-15　两个极性分子相互作用示意图

2. 诱导力

诱导力存在于极性分子之间，也存在于极性分子和非极性分子之间。极性分子的永久偶极相当于一个外电场，可诱导邻近的分子（包括极性分子和非极性分子）发生电子云变形而导致诱导偶极的产生。这种诱导偶极与永久偶极间的作用力称为诱导力（induction force）。图 7-16 是极性分子和非极性分子相互作用示意图。诱导力的大小与极性分子的偶极矩平方成正比，与被诱导分子的变形性成正比，与分子间距离的 6 次方成反比，与温度无关。

图 7-16　极性分子和非极性分子相互作用示意图

3. 色散力

非极性分子间也存在相互作用。例如，O_2，Cl_2，N_2 等非极性分子在温度降低时都会由气态变成液态和固态。这是由于分子内部的原子核和电子都在不停地运动，在瞬间出现原子核与电子云的相对位移，使分子中产生瞬间偶极。虽然瞬间偶极存在的时间很短，但它可以诱导邻近分子产生诱导偶极，且可以不断地重复出现。从量子力学导出的这种因存在瞬间偶极所产生的作用力的理论计算式与光的色散公式相似，所以称为色散力（dispersion force）。色散力的大小与相互作用分子的变形性成正比，与分子间距离的 6 次方成反比，与相互作用分子的电离能有关。色散力不仅存在于非极性分子之间，还存在于极性分子之间、极性分子与非极性分子之间，故它是一种普遍存在的范德华力。

范德华力是永远存在于分子或原子间的一种作用力；从本质来讲是一种静电引力，没有方向性和饱和性；不属于化学键的范围，其作用能比化学键能小 1～2 个数量级，大小范围为几到几十 $kJ \cdot mol^{-1}$；其作用范围在几百 pm 以内。对于大多数分子来说，色散力是主要的，取向力和诱导力往往都很小。表 7-8 列出了上述 3 种力在一些分子中的分配情况。

表 7-8　一些分子中的范德华力　$kJ \cdot mol^{-1}$

分子	取向力	诱导力	色散力	总能量
Ar	0.000	0.000	8.49	8.49
CO	0.003	0.008	8.74	8.75
HI	0.025	0.113	25.86	26.00

续表

分子	取向力	诱导力	色散力	总能量
HBr	0.686	0.502	21.92	23.11
HCl	3.305	1.004	16.82	21.13
NH_3	13.31	1.548	14.94	29.80
H_2O	36.38	1.929	8.996	47.31

根据范德华力的概念可以解释和推测同类物质某些性质的变化规律。3 种力中以色散力为主，而色散力的大小与分子的变形性有关，分子愈大，愈易变形，色散力也愈大。因此，在一般情况下，组成和结构相似的物质，相对分子质量愈大，范德华力也愈大，物质的熔沸点就愈高。如在常温下，卤素单质中氟、氯是气体，溴是液体，碘是固体，这是因为色散力随相对分子质量的增大而增大，所以熔沸点也随之增高。

卤化氢分子按 HCl，HBr 和 HI 的顺序，取向力和诱导力逐渐变小，而色散力却迅速上升，范德华力的总能量也随着增大，故 HCl，HBr 和 HI 的熔沸点依次递升。按照这一规律，似应得出 HF 的沸点比 HCl 低的结论，事实恰好相反。这是由于在 HF 分子间除了存在范德华力之外，还存在另一种分子间的作用力，即氢键。

7.3.3 氢键

1. 氢键的形成

雪花为何总有六个角？DNA 为什么能形成双螺旋结构？蛋白质分子如何相互作用？这些有趣问题的答案，都离不开对氢键的认识。氢键相当于两个人手拉手，可以拉也可以分，它在本质上和化学键不同。化学键连接的是自己的手和脚，不能分开。当氢原子与电负性很大、半径很小的 X 原子(如 F，O，N 等)以共价键结合成 H—X 时，其共用电子对强烈地偏向 X 原子，使 H 原子几乎成为裸露的质子，这种几乎裸露的质子被另一共价键上电负性大、半径小，并在外层含有孤对电子的 Y 原子(如F，O，N 等)定向吸引，从而形成氢键，可表示为 X—H…Y。其中，X 和 Y 可以是同种元素的原子，也可以是不同种元素的原子。如 H_2O 中氢键以 O—H…O 构成，氨水中则有 N—H…N，N—H…O 和 O—H…O 等氢键。

氢键的键能通常在 42 kJ · mol^{-1} 以下，比化学键的键能小得多，与范德华力更为接近。氢键键能的大小与 X，Y 两元素的电负性和原子半径有关。X，Y 电负性数值愈高，半径愈小，则 X，Y 上的负电荷密度愈大，形成的氢键愈强。

2. 氢键的特点和类型

氢键具有方向性和饱和性。氢键的方向性是指 Y 原子与 HX 形成氢键时，3 个原子尽可能地处在一条直线上，这样，两个电负性较大的 X，Y 原子相距最远，排斥力最小，键的稳定程度高。氢键的饱和性指的是每个 H—X 只能与 Y 原子形成一个氢键。这是因为氢原子比 X 和 Y 原子小得多，形成 X—H…Y 后，第二个 Y 原子要接近氢原子时，将会受到氢键中

X 和 Y 原子的电子云的强烈排斥。

氢键可分成两种类型。分子与分子之间形成的氢键称为分子间氢键(inter molecular hydrogen bond)，如水中的 O—H···O 键、氨水中的 N—H···O 和 O—H···N 键、氟化氢中的 F—H···F 键(见图 7-17)等。在同一分子内形成的氢键称为分子内氢键(intra-molecular hydrogen bond)，如硝酸中便有分子内氢键，如图 7-18 所示。分子内氢键虽不在一条直线上，但可形成较稳定的环状结构。其他如苯酚的邻位上存在—OH，—NO_2，—CHO 和—COOH 等基团时，也可形成分子内氢键。这些取代基处于间位或对位时，因为成环距离太大而不能形成分子内氢键，但可以形成分子间氢键。

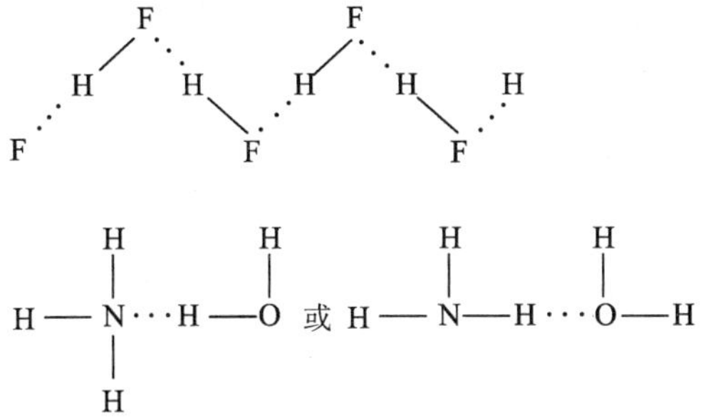

图 7-17　氟化氢和氨水中的分子间氢键

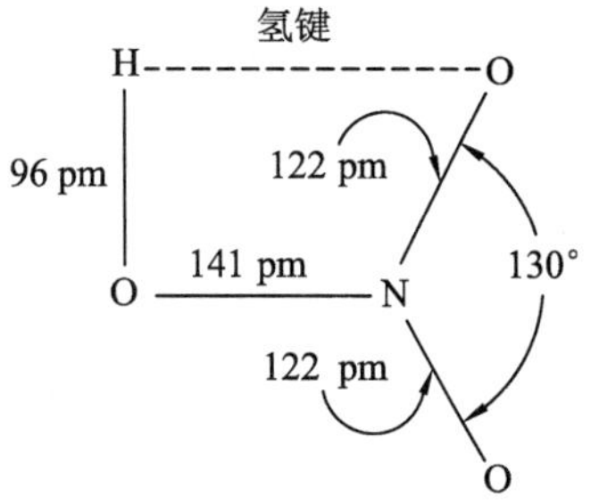

图 7-18　硝酸中的分子内氢键

3. 氢键对物质性质的影响

分子间形成氢键时，由于分子间结合力增强，使化合物的沸点和熔点升高。从图 7-19 可见，第ⅣA 族的氢化物均不会形成氢键，其氢化物的色散力随相对分子质量的增大而变大，沸点也随之上升。第ⅤA 族至第ⅦA 族元素的氢化物中，由于 NH_3，H_2O 和 HF 分子间能形成氢键，所以其沸点都比同族其他元素的氢化物高。而分子内氢键的形成减弱了分子的极性，一般情况下，熔沸点都比同类化合物低。如对硝基苯酚可形成分子间氢键，沸点为 387 K；而邻硝基苯酚则形成分子内氢键，沸点仅为 318 K。

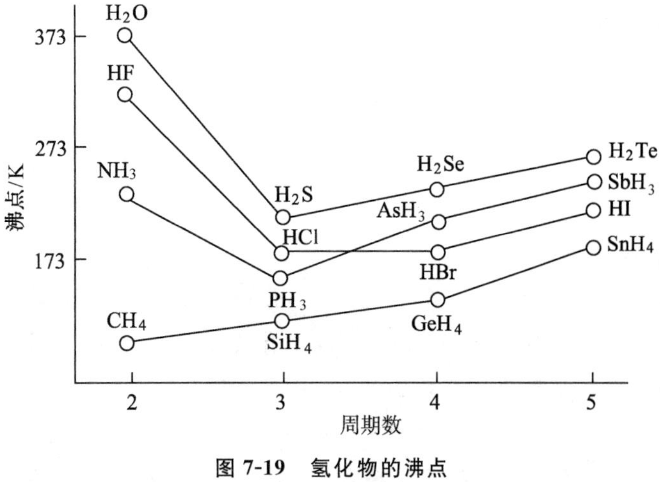

图 7-19　氢化物的沸点

氢键的形成对物质的溶解度也有影响。在极性溶剂中，溶质和溶剂间如能形成分子间氢键,可使溶解度增大;若溶质形成分子内氢键,则在极性溶剂中的溶解度变小,而在非极性溶剂中的溶解度变大。如邻苯二酚可形成分子内氢键,对苯二酚与水可形成分子间氢键,所以在水中,对苯二酚的溶解度大于邻苯二酚,而在四氯化碳溶剂中则相反。此外,氢键的形成对物质的其他性质如酸碱度、密度、黏度等都有影响。如 HNO_3 的酸性比 H_2SO_4 和 HCl 弱;氢氟酸的酸性远远小于其他氢卤酸,这都与氢键有关。

氢键在生物体内也广泛存在,而且在生命过程中起着相当重要的作用。蛋白质是由许多氨基酸通过肽键相连而成的高分子物质,这些长链分子常形成一定的空间结构。蛋白质的二级结构 α-螺旋就是由多肽链中 1 个肽键的 N—H 和相隔 3 个氨基酸酰基的另一个肽键的 C═O 形成氢键构成的;另一个二级结构 β-折叠是由链间的氢键将肽链拉在一起构成的。又如脱氧核糖核酸(DNA)是由磷酸、脱氧核糖和碱基组成的具有双螺旋结构的生物大分子,两条链通过碱基间氢键两两配对而保持双螺旋结构(见图 7-20)。此外,DNA 复制过程中,传递遗传信息的两特定碱基配对也是通过氢键形成的(见图 7-20),即腺嘌呤(A)与胸腺嘧啶(T)配对形成 2 个氢键,鸟嘌呤(G)与胞嘧啶(C)配对形成 3 个氢键。可见,氢键在人类和动植物的生理、生化过程中起着十分重要的作用。

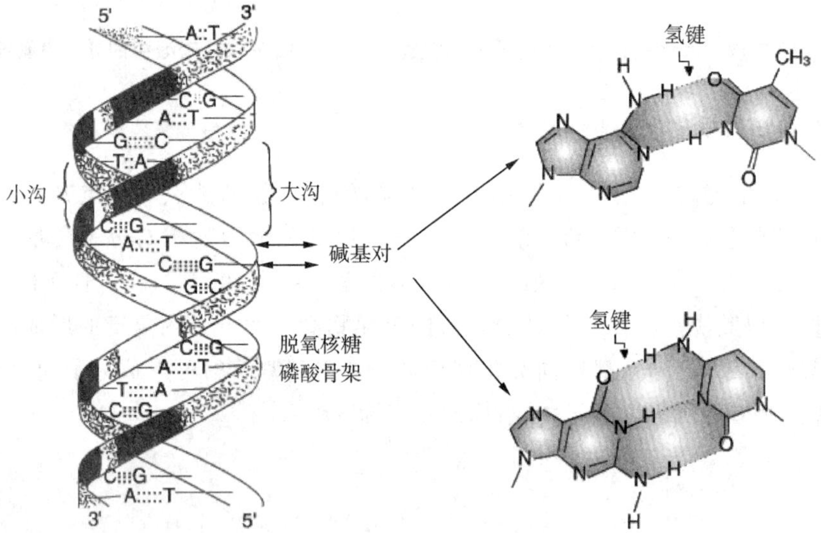

图 7-20 DNA 双螺旋结构和碱基配对形成氢键示意图

拓展知识

1825 年,英国科学家法拉第首先发现苯(benzene)。苯是最简单的芳烃,分子式为 C_6H_6,6 个碳原子和 6 个氢原子在同一平面上,具有的环系称为苯环,苯环去掉一个氢原子后为苯基,用 Ph 表示,因此苯的化学式也写作 PhH。目前有两种常见的方法表示苯的分子结构,即凯库勒式和阿-罗式,如图 7-21 所示。

杂化轨道理论认为,苯分子中的 6 个碳原子都采取 sp^2 杂化,2 个杂化轨道中的电子与两相邻碳原子各自 sp^2 杂化轨道中的电子形成 2 个 C—C σ 键,另一个杂化轨道中的电子与氢原子形成 C—H σ 键；6 个碳原子中未杂化的 p_z 轨道共同形成 6 电子 6 中心大 π 键，原处于 p_z 轨道上的电子不属于原碳原子所有，而是在整个大 π 键上运动，因此大 π 键又称为离域 π 键，如图 7-22 所示。正是由于离域大 π 键的形成，苯分子中的 6 个碳原子和 6 个氢原子完全相同，且实验表明苯分子中的 6 个 C—C 键也完全相同，键角皆为 120°。

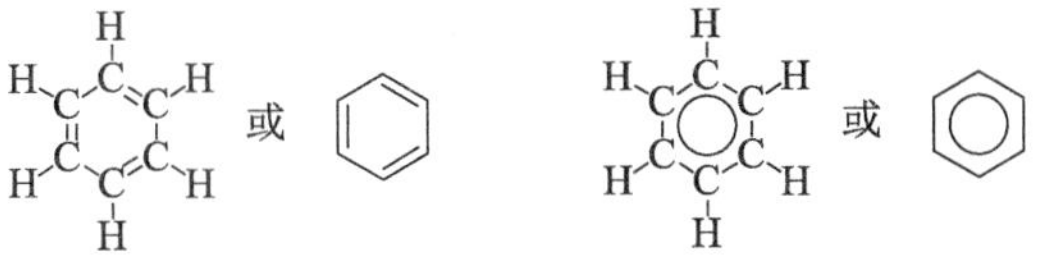

(a) 凯库勒式　　(b) 阿罗式

图 7-21　苯的结构式

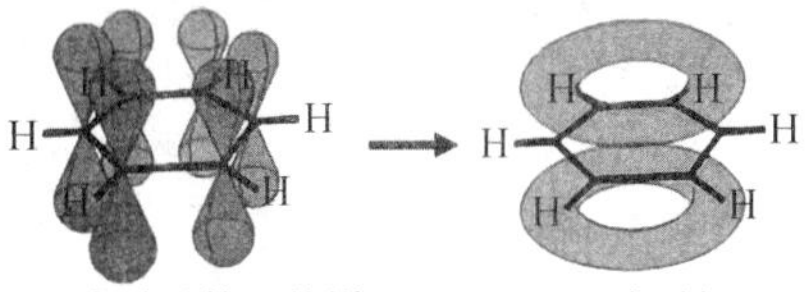

(a) 碳原子的2p轨道　　(b) 大π键

图 7-22　苯分子中的化学键

石墨是碳的一种同素异形体，为灰黑色、不透明固体，化学性质稳定，耐腐蚀，同酸、碱等药剂不易发生反应。石墨是介于原子晶体、金属晶体和分子晶体之间的一种过渡型晶体，其结构示意图见图 7-23。在晶体中同层碳原子间以 sp^2 杂化形成共价键，每个碳原子与另外 3 个碳原子相联，生成 3 个 sp^2 类 σ 键，配位数为 3，6 个碳原子在同一平面上形成正六边形环，伸展形成片层结构。同一平面碳原子未杂化的 p_z 轨道互相重叠，形成离域 π 键。离域 π 键呈半填满状态，电子在晶格中能自由移动，可以被激发，因此石墨有金属光泽，能导电、传热。石墨的层与层之间以范德华力结合，结合力小，层间距离大，因此石墨密度比金刚石小，易沿着与层平行的方向滑动、裂开，质软，具有润滑性。由于同一平面层上的碳原子间结合很强，极难破坏，所以石墨的熔点很高，化学性质也稳定。

2010 年，英国曼彻斯特大学物理学家安德烈・盖姆(Andre Geim)和康斯坦丁・诺沃肖洛夫(Konstantin Novoselov)因为用微机械剥离法成功从石墨中分离出石墨烯(图 7-24 为石墨烯的结构示意图)共同获得诺贝尔物理学奖。实际上石墨烯本就存在于自然界，只是难以剥离出单层结构。石墨就是由石墨烯一层层叠起来的，厚 1 mm 的石墨大约包含 300 万层石墨烯。铅笔在纸上轻轻划过，留下的痕迹就可能是几层甚至仅为一层石墨烯。

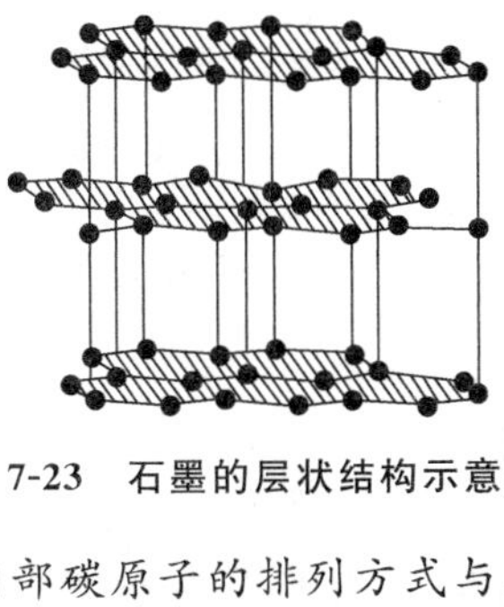

图 7-23　石墨的层状结构示意图

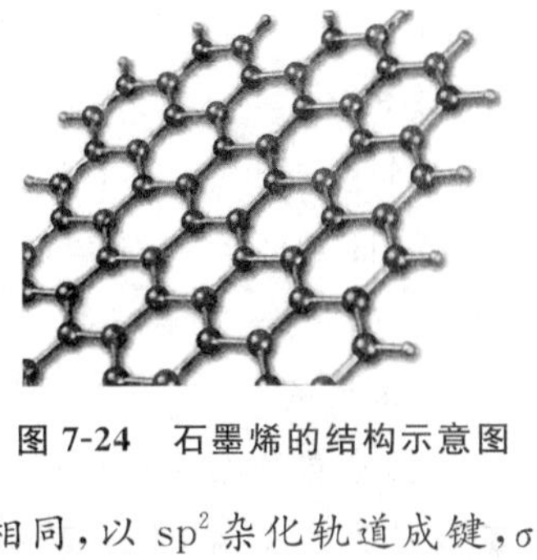

图 7-24　石墨烯的结构示意图

石墨烯内部碳原子的排列方式与石墨单原子层相同，以 sp^2 杂化轨道成键，σ 键与其他碳原子链接成六角环的蜂窝式层状结构，每个碳原子中垂直于层平面的 p_z 轨道形成贯穿全层的多原子多电子大 π 键，因此石墨烯的物理化学性质与石墨类似，可以利用石墨来推测石墨烯的性质。石墨烷的生成就是在二维石墨烯的基础上，每个碳原子多加上一个氢原子，从而使石墨烯中 sp^2 杂化碳原子变成 sp^3 杂化碳原子。

石墨烯的问世引起了全世界的研究热潮。它是已知材料中最薄的一种，牢固坚硬，同时还具有很好的韧性，且可以弯曲；具有优良的导电和光学性能，室温下传递电子的速度大于 15000 $cm^2 \cdot (V \cdot s)^{-1}$，且其受温度变化的影响较小；在 50～500 K 范围内都具有非常好的热传导性能，导热系数高达 5300 $W \cdot (m \cdot K)^{-1}$；它可以吸附并脱附各种原子和分子。因此，石墨烯在材料学、微纳加工、能源、生物医学和药物传递等方面具有重要的应用前景，被认为是一种未来革命性的材料。

习题

7-1 按照价键理论，写出下列分子的结构式。

BBr_3　CS_2　SiH_4　PCl_5　C_2H_4

7-2 用 VB 法和 MO 法说明下列双原子分子共价键的类型。

O_2　B_2　CO

7-3 试用杂化轨道理论说明下列分子的空间构型。

PF_3　$COCl_2$　C_2H_4　$SiCl_4$　H_2S

7-4 试用杂化轨道理论说明 BF_3 的空间构型是平面三角形，NF_3 的空间构型是三角锥形。

7-5 用 VB 法和 MO 法分别说明 H_2 能稳定存在，He_2 不能稳定存在。

7-6 试用 MO 法说明 N_2^+ 和 CN^- 的磁性。

7-7 判断下列说法是否正确并说明理由。

(1) 原子形成共价键的数目与其基态时所含有的未成对电子数相等；

(2) 直线形分子是非极性分子；

(3) 凡是三原子组成的直线形分子，中心原子是以 sp 杂化方式成键的；

(4) 同类分子中，分子越大，分子间作用力也越大；

(5) PH_3 分子是极性的，分子中的键也是极性的。

7-8 下列分子中，哪些具有对称的空间构型？哪些有极性？

SO_2　NH_3　H_2S　$CHCl_3$　PCl_3　BeF_2　CCl_4　Cl_2

7-9 解释下列现象：

(1) F 的电负性大于 O，但 HF 的沸点却低于 H_2O；

(2) 乙醇(C_2H_5OH)和二甲醚(CH_3OCH_3)的分子式相同，但前者的沸点为 78.5 ℃，后者的沸点却为 −23 ℃；

(3) 邻羟基苯甲酸在 CCl_4 中的溶解度比对羟基苯甲酸大。

7-10 下列分子间存在什么形式的分子间作用力？

(1) 苯和四氯化碳　(2) 乙醇和水　(3) 液氨　(4) 丙酮

拓展习题

第8章　配位化合物

配位化合物(coordination compounds)简称配合物,旧称络合物(complex compounds),是一类组成复杂、种类繁多、应用广泛的化合物。早在1704年,普鲁士人狄斯巴赫(Diesbsch)就发现了第一个配合物——普鲁士蓝,后来的研究表明其化学式为$Fe_4[Fe(CN)_6]_3$。配合物的研究通常认为是从1798年法国化学家塔萨厄尔(Tassaert)无意中发现$CoCl_3 \cdot 6NH_3$开始的。1893年,年仅27岁的瑞士化学家维尔纳(Alfred Werner)从有机化合物立体化学的角度得到启发,在德国*Journal of Inorganic Chemistry*发表了题为"论无机化合物的结构"的论文,成为配位化学分支学科建立的标志。

配位化学不仅广泛渗透到有机化学、分析化学、结构化学、物理化学等化学领域,而且还延伸到材料科学、生物科学、原子能科学等交叉领域中。配位化学的发展推动了各分支学科的发展,如现代分离技术、配位催化和化学模拟生物固氮等都与配合物有着密切关系。配合物在工业、农业、半导体、医药、环境保护、国防和航天等领域有着重要的应用。

本章主要介绍配合物的基本概念、基本结构理论和配位解离平衡的计算。

8.1　配位化合物的基本概念

8.1.1　配位化合物的定义

1980年,中国化学会公布的《无机化学命名原则》中,配位化合物的定义为"配位化合物是由可以给出孤对电子或多个不定域电子的一定数目的离子或分子(称为配位体)和具有接受孤对电子或多个不定域电子的空位的原子或离子(统称形成体,也称为中心原子、中心离子)按一定的组成和空间构型所形成的化合物。"

结合以上描述,可以将配合物的定义加以简化:由中心原子或离子和一定数目的配体分子或离子以配位键相结合而形成的具有一定空间构型的复杂分子或离子,通常称为配位单元(coordination unit,或称配位个体)。含有配位单元的化合物称为配位配合物。

配位单元可以是配阳离子,如$[Cu(NH_3)_4]^{2+}$和$[Ag(NH_3)_2]^+$;也可以是配阴离子,如$[CuCl_4]^{2-}$,$[HgI_4]^{2-}$和$[Fe(CN)_6]^{4-}$;还可以是不带电的中性配位分子,如$[Ni(CO)_4]$和$[Fe(CO)_5]$。

配位单元与带有异号电荷的离子结合形成配合物,如$[Cu(NH_3)_4]SO_4$,$[Ag(NH_3)_2]Cl$,

$K_4[Fe(CN)_6]$等均为配合物；中性的配位分子本身就是配合物，如$[Cu(NH_2CH_2COO)_2]$和$[Fe(CO)_5]$。

8.1.2 配位化合物的组成

配合物一般由内界(inner sphere)和外界(outer sphere)两部分构成(见图8-1)。配位单元为内界，通常用“[ ]”括起来，带有与配位单元异号电荷的离子为外界。如$[Cu(NH_3)_4]SO_4$中，$[Cu(NH_3)_4]^{2+}$为内界，SO_4^{2-}为外界；在配合物$H_3[Fe(CN)_6]$中，$[Fe(CN)_6]^{3-}$为内界，H^+为外界。

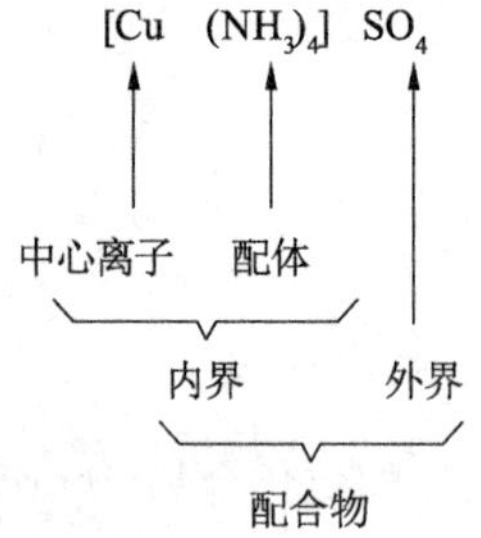

图 8-1 配合物的组成

内界是配合物的特征部分，配合物可以无外界，如中性的配位分子$[Fe(CO)_5]$，$[Co(NH_3)_3Cl_3]$均无外界。在配合物$[Co(NH_3)_6][Cr(CN)_6]$中，可以认为$[Co(NH_3)_6]^{3+}$和$[Cr(CN)_6]^{3-}$均为内界，或者认为二者互为内外界。

1. 形成体

在配合物中，中心原子或中心离子统称为配合物的形成体(formed body)，它是配合物的核心部分，其特征是具有空的价电子原子轨道，能接受孤对电子。形成体一般为带正电荷的阳离子，其中以过渡金属离子居多，如$[Fe(CN)_6]^{3-}$中的Fe^{3+}，$[Cu(NH_3)_4]^{2+}$中的Cu^{2+}，$[Ag(NH_3)_2]^+$中的Ag^+等；少数高氧化态的非金属元素也可以作为形成体，如$[BF_4]^-$中的B(Ⅲ)和$[SiF_6]^{2-}$中的Si(Ⅳ)等；还有少数配合物的形成体不是离子而是原子，如$[Fe(CO)_5]$中的Fe原子。

2. 配位体和配位原子

在配合物中与形成体结合的离子或中性分子称为配位体，简称配体(ligand)。配体可以是中性分子如H_2O，CO等；也可以是阴离子，如X^-，SCN^-等。常见配体见表8-1。

配体中能够提供孤对电子直接与形成体形成配位键的原子称为配位原子(coordination atom)，如配体NH_3中的N原子、H_2O中的O原子。常见的配位原子一般是电负性较大的非金属原子，如N，O，S，C和卤素等原子。

按照配体中所含配位原子数目的多少，可将配体分为单齿配体(monodentate ligand)和多齿配体(multidentate ligand)。

(1) 单齿配体。单齿配体是指只含有一个配位原子且与形成体只形成一个配位键的配体，其组成比较简单，如NH_3，H_2O，OH^-，F^-，I^-等。单齿配体可组成简单配合物。

(2) 多齿(基)配体。多齿配体是指含有两个或两个以上配位原子，它们与形成体可以形成多个配位键的配体。多齿配体的组成常比较复杂，多为有机化合物。如乙二胺$H_2N—CH_2—CH_2—NH_2$(简写为en)，含有两个配位原子N；草酸根离子$^-OOC—COO^-$(简写为ox)，含有两个配位原子。像这种含有两个配位原子且同时与形成体形成两个配位键的配体，通常称为双齿配体。

表 8-1　常见配体

配位类型	配位原子	实例
单齿配体	C	CN^- 氰根、CO 羰基
	N	NH_3 氨、—NCS^- 异硫氰酸根、NH_2^- 氨基、—NO_2^- 硝基、NO 亚硝基（亚硝酰）、CH_3NH_2 甲胺、C_6H_5N 吡啶
	O	H_2O 水、OH^- 羟基、$RCOO^-$ 酸根、—ONO^- 亚硝酸根
	S	—SCN^- 硫氰酸根、S^{2-} 硫离子、$S_2O_3^{2-}$ 硫代硫酸根
	X	F^- 氟离子、Cl^- 氯离子、Br^- 溴离子、I^- 碘离子
双齿配体	N	$H_2\ddot{N}—CH_2—CH_2—\ddot{N}H_2$ 乙二胺（en）、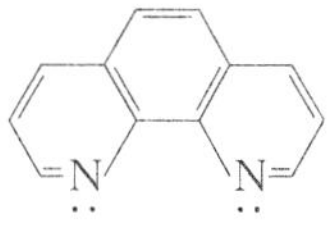 邻菲咯啉（*o*-phen）、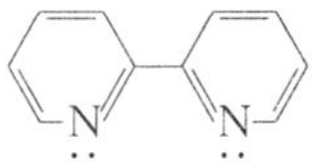 联吡啶（bipy）
	O	$^-OOC—COO^-$ 草酸根（ox）
	N，O	$H_2NCH_2COO^-$ 氨基乙酸根（gly）
四齿配体	N，O	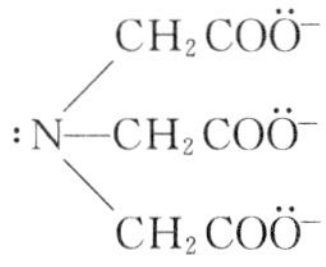 次氨基三乙酸根（NTA）
六齿配体	N，O	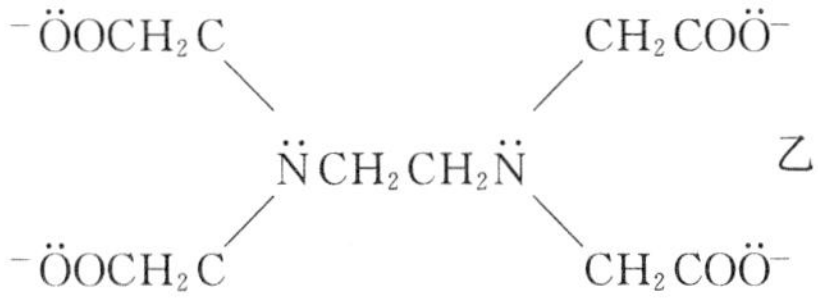 乙二胺四乙酸根（Y^{4-}）

形成体和多齿配体结合可形成一类具有环状结构的配合物，这类配合物称为螯合物（chelate）。通常把形成螯合物的多齿配体称为螯合剂（chelating agent）。氨基羧酸类化合物是最常见的螯合剂，如氨基乙酸、乙二胺四乙酸等，其中乙二胺四乙酸及其盐应用甚广。乙二胺四乙酸一般用简写 EDTA 表示，在化学方程式中常用 H_4Y 表示酸、Na_2H_2Y 表示二钠盐、Na_4Y 表示四钠盐。EDTA 是六齿配位体，2 个氨基 N 和 4 个羧基 O 都可提供孤对电子。EDTA 可以与除了 Na^+，K^+，Rb^+，Cs^+ 等离子以外的大多数金属离子结合成六配位、五个五原子环的螯合物，其中许多螯合物具有很好的稳定性。Ca^{2+}，Mg^{2+} 等离子一般不易形成配合物，但能与 EDTA 形成较稳定的螯合物：

$$Ca^{2+}+H_2Y^{2-}=\!=\!=[CaY]^{2-}+2H^+$$

形成的螯合离子$[CaY]^{2-}$的空间构型如图 8-2 所示。利用这一性质可以测定水中 Ca^{2+}，Mg^{2+} 等离子的含量，也可用来去除水中的 Ca^{2+} 和 Mg^{2+}，使水软化。

另外，有些配体虽含两个配位原子，但两个配位原子距离太近，形成配合物时仅有一个配位原子能与形成体键合，这类配体称为两可配体（ambident ligand，或称异性双齿配体）。

如配体 NO_2^- 中 N 原子和 O 原子上都有孤对电子，它们都可以作为配位原子，但不能同时与同一中心原子或离子键合，若以 N 原子配位，称为硝基（$—NO_2^-$），若以 O 原子配位，则称为亚硝酸根（$—ONO^-$）。再如硫氰酸根（$—SCN^-$，以 S 配位）与异硫氰酸根（$—NCS^-$，以 N 配位）也是如此。

值得注意的是，同一配体在不同配合物中的配位方式可能不止一种，因此配体的有效齿数并不是一成不变的。

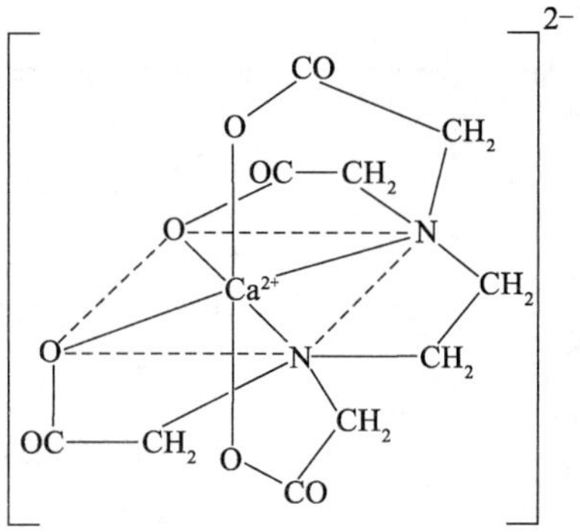

图 8-2 $[CaY]^{2-}$ 的空间构型示意图

3. 配位数

直接与形成体键合的配位原子的数目称为配位数（coordination number）。如 $[Ag(NH_3)_2]^+$ 中 Ag^+ 的配位数为 2，$[Fe(CO)_5]$ 中 Fe 的配位数为 5，$[CoCl_3(NH_3)_3]$ 中 Co^{3+} 的配位数为 6。

由单齿配体形成的配合物，形成体的配位数等于配体的数目。若配体为多齿配体，那么配位数就不等于配体的数目，如 $[Cu(en)_2]^{2+}$ 中 Cu^{2+} 的配位数为 4，而配体的数目则为 2。一般按如下方法确定形成体的配位数：

$$\text{形成体的配位数} = \sum_i \text{配体 } i \text{ 的数目} \times \text{配体的齿数} \tag{8-1}$$

形成体的配位数可以从 1 到 14，一般为偶数（2，4，6，8），最常见的是 4 和 6，配位数为奇数（3，5，7）的配位单元较少。

配位数与形成体和配体的电荷、半径有关。一般来说，大致具有如下规律：

（1）形成体所带正电荷越多，则对配体引力越大，越有利于形成高配位数的配合物。如 Ag^+ 和 Ag^{2+} 与 I^- 分别形成 $[AgI_2]^-$ 和 $[AgI_4]^-$。

（2）形成体的半径越大，其周围可容纳的配体的数目越多，因而配位数就越大。如 Al^{3+} 与 F^- 可以形成配位数为 6 的 $[AlF_6]^{3-}$；半径较小的 B^{3+} 则形成配位数是 4 的 $[BF_4]^-$。但是，如果形成体的半径过大，其与配体的相互作用显著，有时反而会减少配位数。

（3）配体的半径越大，则在形成体周围能容纳的配体的数目就越少，越利于形成低配位数的配位单元。如 Fe^{3+} 与半径较小的 F^- 形成 $[FeF_6]^{3-}$，与半径较大的 Cl^- 则形成 $[FeCl_4]^-$。

（4）配体的负电荷增加，虽增大了与形成体之间的引力，但同时也增大了配体相互之间的斥力，后者占主要作用，使得配位数减少。如 $[Co(H_2O)_6]^{2+}$ 的配位数为 6，而 $[CoCl_4]^{2-}$ 的配位数为 4。

影响配位数的因素还有配合物形成时的外界条件，如温度、浓度等。一般来说，增大配体浓度和降低反应温度，都有利于形成高配位数的配位单元。如随着 CN^- 浓度的不同，其与 Cu^+ 可形成配位数为 1～4 的几种配位单元。

4. 配位单元的电荷

配位单元的电荷等于形成体和配体两者电荷的代数和。配位单元的电荷可以是正数、负数，也可以是零。如 Cu^{2+} 与 4 个 Cl^- 配位生成的 $[CuCl_4]^{2-}$ 所带电荷是 −2；Ag^+ 与 2 个 NH_3 配位生成的 $[Ag(NH_3)_2]^+$ 所带电荷是 +1；Fe 与 5 个 CO 配位生成的 $[Fe(CO)_5]$ 所带电荷是 0。

如果配位单元带正电荷或负电荷，为了保证配合物的电中性，其外界必定带与配位单元相反的等量电荷。因此，根据外界所带电荷数，也可判断配位单元的电荷数。例如，$[Co(NH_3)_3(H_2O)Cl_2]Cl$ 中配位单元的电荷数为 +1。另外，配体的电荷数一般比较简单明了，若明确了配位单元的电荷，就能够推算出形成体的氧化数。

8.1.3　配位化合物的命名

1. 配合物的命名原则

配合物的命名遵循无机化合物命名的一般原则：先阴离子，后阳离子。

(1) 配位单元为配阳离子，若外界是简单阴离子，则在内外界之间加上“化”字；若外界是复杂酸根离子，则在内外界之间加上“酸”字；若外界为氢氧根，则在内外界之间加上“氢氧化”字。例如：

$[Co(NH_3)_6]Cl_3$	三氯化六氨合钴(Ⅲ)
$[Cu(NH_3)_4]SO_4$	硫酸四氨合铜(Ⅱ)
$[Zn(NH_3)_4](OH)_2$	氢氧化四氨合锌(Ⅱ)

(2) 配位单元为配阴离子，则在内外界之间加上“酸”字；若外界阳离子为 H^+，则直接在配阴离子之后缀以“酸”字。例如：

$K_2[PtF_6]$	六氟合铂(Ⅳ)酸钾
$H_3[Fe(CN)_6]$	六氰合铁(Ⅲ)酸

(3) 配合物的配位单元由配阳离子和配阴离子共同构成，则两者之间加上“酸”字。例如：

$[Cu(NH_3)_4][PtCl_4]$	四氯合铂(II)酸四氨合铜(Ⅱ)

2. 配位单元(内界)的命名顺序

命名配位单元时，先命名配体后命名形成体。配体名称前用倍数词头一、二、三、四等数字表示配体的个数(一可以省略)，几种不同配体名称之间以“·”隔开。最后一个配体与形成体之间须加以“合”字。形成体的后面加括号，括号内用罗马数字Ⅰ，Ⅱ，Ⅲ…表示形成体的氧化数(氧化数为 0 时省略)。格式为：配体个数—配体名称—“合”—形成体名称(形成体氧化数)。例如：

$[Zn(NH_3)_4]^{2+}$	四氨合锌(Ⅱ)离子

3. 配体的命名顺序

配合物的命名关键在于配体的命名，配体的命名按下列原则进行。

(1) 先无机配体后有机配体，复杂配体写在括号内。例如：

$[PtCl_2(PPh_3)_2]$　　二氯·二(三苯基膦)合铂(Ⅱ)

(2) 同为无机配体或同为有机配体时，先阴离子配体后中性分子配体。例如：

$K[PtCl_3(NH_3)]$　　三氯·氨合铂(Ⅱ)酸钾

(3) 同类配体，按配位原子元素符号的英文字母的顺序排列。例如：

$[Co(NH_3)_5(H_2O)]Cl_3$　　三氯化五氨·一水合钴(Ⅲ)

(4)同类配体，若配位原子相同，先命名原子数少的配体。例如：

$[Pt(NO_2)(NH_3)(NH_2OH)(Py)]Cl$　　氯化硝基·氨·(羟氨)·(吡啶)合铂(Ⅱ)

(5)同类配体，若配位原子和原子个数都相同，则按与配位原子直接相连的其他原子元素符号的英文字母的顺序排列。例如：

$[Pt(NH_2)(NO_2)(NH_3)_2]$　　氨基·硝基·二氨合铂(Ⅱ)

值得注意的是，这 5 条原则中每一条都是以前一条原则为基础的。书写有机配体的名称通常用括号括起来，如(乙二胺)、(三苯基膦)、(吡啶)。

有部分配合物目前仍沿用习惯名称(俗名)。如$[Ag(NH_3)_2]^+$为银氨配位单元，$[Cu(NH_3)_4]^{2+}$为铜氨配位单元，$H_2[PtCl_6]$为氯铂酸，$K_3[Fe(CN)_6]$为铁氰化钾(赤血盐)，$K_4[Fe(CN)_6]$为亚铁氰化钾(黄血盐)，$K_2[HgI_4]$为碘化汞钾。

8.2 配位化合物的化学键理论

配合物的化学键理论主要研究形成体和配体之间形成的配位键，并用来说明配合物的物理和化学性质，如配合物的配位数、空间构型、磁学性质、光学性质、热力学稳定性和动力学反应性等。

自从 1891 年维尔纳提出配位理论以来，随着人们对配合物认识的逐步深化，配合物的化学键理论也得到了迅速发展。化学家们先后提出了静电理论(electrostatic theory, EST)、价键理论(valence bond theory, VBT)、晶体场理论(crystal field theory, CFT)、分子轨道理论(molecular orbital theory, MOT)、配位场理论和角度重叠模型(angular overlap model, AOM)。

本节仅介绍价键理论和晶体场理论。

8.2.1 价键理论

1927 年，英国化学家西奇维(Nevil Sidgwick)引入配位键的概念；1931 年，鲍林把杂化轨道理论用于说明配合物的形成问题，逐步发展形成了配合物的价键理论。该理论概念简单明确，能解释许多配合物形成体的配位数、配位单元的空间构型、磁性和稳定性等问题，在配合物化学键和结构领域中，价键理论是最经典的理论之一。

1. 基本要点

(1) 配合物的形成体(M)与配体(L)之间以配位键结合。成键时,形成体以价电子层空轨道接受配位原子所提供的孤对电子而形成 σ 配位键(M←:L)。配体为电子对给予体,形成体为电子对接受体。

配位键的形成实际上是配体轨道与中心原子轨道相互交叠的结果。因此,在配合物中,形成体与配体间的结合力本质是共价键。

(2) 在成键过程中,形成体所提供的空轨道首先进行杂化,形成数目相等、能量相同、具有一定空间伸展方向的杂化空轨道。形成体的杂化空轨道与配位原子的孤对电子轨道在键轴方向重叠成键。

(3) 配位单元的空间构型取决于形成体杂化轨道的类型。

2. 价键理论的应用

1) 由形成体的杂化类型判断配合物的空间构型

由于形成体杂化类型不同,杂化轨道的空间构型也不同,因而,配位单元具有不同的空间构型。至于形成体究竟采用哪种方式进行杂化,既与中心原子的电子层结构有关,也与配体的性质有关。以$[FeF_6]^{3-}$和$[Fe(CN)_6]^{3-}$为例,讨论价键理论在解释形成体的杂化、成键过程及相应配位单元的空间构型中的应用。Fe^{3+}的价电子层结构为 $3d^5$,其能级相近的价层 4s,4p 和 4d 轨道是空的。

当 Fe^{3+} 与 6 个 F^- 配体结合形成$[FeF_6]^{3-}$时,由于 F 元素的电负性大,不易给出孤对电子,对 Fe^{3+} 中 3d 轨道上的电子排布不产生明显影响,因此 Fe^{3+} 采取 sp^3d^2 杂化类型,得到正八面体构型的 6 个等价的 sp^3d^2 杂化轨道,分别接受 6 个 F^- 配体的孤对电子,形成 6 个配位键。因此,$[FeF_6]^{3-}$为正八面体构型,含有 5 个未成对电子。$[FeF_6]^{3-}$配位单元的形成过程如图 8-3 所示。

当 Fe^{3+} 与 6 个 CN^- 配体结合形成$[Fe(CN)_6]^{3-}$时,CN^- 中 C 配位原子的电负性小,较易给出孤对电子,对 Fe^{3+} 的 3d 轨道产生重大影响,使其价层电子发生重排,原来 3d 轨道上的 5 个未成对电子中有 4 个两两配对,分别“挤入”2 个轨道中,剩余 1 个未成对电子占据 1 个轨道。空出的 2 个 3d 轨道与外层的 1 个 4s 轨道和 3 个 4p 轨道进行 d^2sp^3 杂化,得到正八面体构型的 6 个等价的 d^2sp^3 杂化轨道,接受 6 个 CN^- 配体的孤对电子,形成 6 个 σ 配位键。因此,$[Fe(CN)_6]^{3-}$为正八面体构型,含有 1 个未成对电子。$[Fe(CN)_6]^{3-}$配位单元的形成过程如图 8-4 所示。

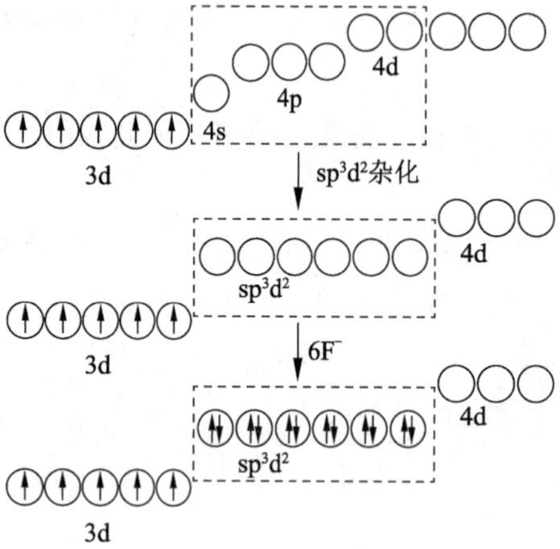

图 8-3 $[FeF_6]^{3-}$ 配位单元形成过程

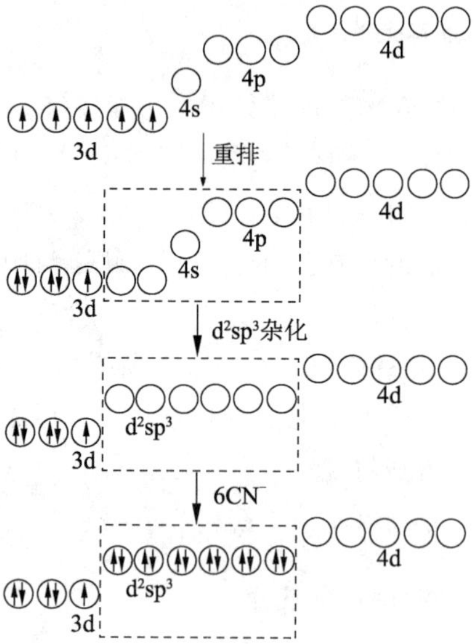

图 8-4 $[Fe(CN)_6]^{3-}$ 配位单元形成过程

表 8-2 列出了一些常见配位单元的配位数、空间构型和杂化轨道类型。常见的构型有直线形、三角形、正四面体、正方形、三角双锥、四方锥和正八面体。

表 8-2 常见配位单元的空间构型和杂化轨道类型

配位单位	配位数	空间构型	杂化轨道类型
$[Ag(NH_3)_2]^+$，$[Ag(CN)_2]^-$	2	直线形	sp
$[Cu(CN)_3]^{2-}$，$[HgI]_3^-$	3	平面三角形	sp^2
$[Zn(NH_3)_4]^{2+}$，$[Cd(CN)_4]^{2-}$	4	正四面体	sp^3
$[Ni(CN)_4]^{2-}$		平面正方形	dsp^2
$[Ni(CN)_5]^{3-}$，$[Fe(CO)_5]$	5	三角双锥体	dsp^3
$[TiF_5]^{2-}$		四方锥	d^4s
$[FeF_6]^{3-}$，$[AlF_6]^{3-}$，$[SiF_6]^{2-}$，$[PtCl_6]^{4-}$	6	正八面体	sp^3d^2
$[Fe(CN)_6]^{3-}$，$[Co(NH_3)_6]^{3+}$			d^2sp^3
$[V(H_2O)_6]^{3+}$		三方棱柱	d^4sp

2）判断外轨配合物和内轨配合物

形成体杂化轨道类型不仅决定了配合物的空间构型，还决定了配合物的类型。

根据形成体杂化时所提供的空轨道所属不同的电子层，配合物可分为外轨型配合物(outer-orbital complexes)和内轨型配合物(inner-orbital complexes)两种类型。

若形成体参与杂化的轨道属同一主层，全以最外层轨道 ns，np，nd 杂化成键，此配位键称为外轨配键，这种杂化方式形成的配合物称为外轨型配合物，如 $[Ni(NH_3)_4]^{2+}$ 和 $[CoF_6]^{3-}$。

外轨型配合物的特点：配合前后形成体的 d 电子分布未发生改变，单电子数不变，物质的磁性不变。形成外轨型配合物时，形成体一般提供相同主量子数的不同轨道相互杂化，如 ns,np,nd 中若干轨道杂化形成 sp,sp^2,sp^3,sp^3d^2 等杂化轨道，再与配体形成配位键，这种配位键离子性较强，共价性较弱，稳定性比内轨型配合物的差。

若形成体以部分次外层如$(n-1)d$ 轨道参与组成杂化轨道，则形成内轨配键，对应的配合物称为内轨型配合物，如$[Ni(CN)_4]^{2-}$和$[Co(NH_3)_6]^{3+}$。

内轨型配合物的特点：形成体一般采用不同主量子数的轨道相互杂化，如$(n-1)d$ 轨道可与 ns,np 轨道杂化形成 dsp^2,dsp^3,d^2sp^3 等杂化轨道与配体成键。由于内轨型配合物采用内层轨道成键，键的共价性较强，稳定性较好，在水溶液中，一般较难解离为简单离子。对于 d 电子数目≥4 的形成体，在形成内轨型配合物时，形成体的 d 电子排布会发生改变，即进行电子归并，单电子数目将减少（有时甚至为零），导致物质的磁性降低。

影响配合物类型（内、外轨）的主要因素有形成体的电子构型、电荷数及配体的种类。

具有$(n-1)d^{10}$构型的形成体（如 Zn^{2+},Cd^{2+},Hg^{2+} 等），它们的$(n-1)d$ 轨道都已填满 10 个电子，因而只能形成外轨型配合物；具有$(n-1)d^1\sim d^3$构型的形成体（如 V^{2+},Cr^{3+}）本身有空的 d 轨道，所以一般形成内轨型配合物；具有$(n-1)d^4\sim d^9$构型的形成体（如 Fe^{2+}，$Fe^{3+},Co^{3+},Ni^{2+},Cu^{2+}$ 等），它们有 4～9 个 d 电子，两种类型的配合物均有可能形成；具有$(n-1)d^8$构型的形成体（如 Ni^{2+},Pt^{2+},Pd^{2+} 等），常形成内轨型配合物。形成体的电荷数增多，有利于形成内轨型配合物，因为形成体的电荷较多时，它对配位原子孤对电子的引力增强，利于以其内层 d 轨道参与成键。如$[Co(NH_3)_6]^{3+}$为 d^2sp^3 杂化，是内轨型配合物；$[Co(NH_3)_6]^{2+}$为 sp^3d^2 杂化，是外轨型配合物。若配体的电负性较强（如 F^-），则较难给出孤对电子，对形成体 d 电子分布影响较小，易形成外轨型配合物，如$[FeF_6]^{3-}$；若配位原子的电负性较弱（如 CN^-），则较易给出孤对电子，孤对电子将影响形成体的 d 电子排布，使形成体空出内层轨道，形成内轨型配合物，如$[Fe(CN)_6]^{3-}$；对于 NH_3,H_2O 等配体，内、外轨型配合物均可形成。

某一配合物究竟是内轨型还是外轨型，可通过磁性测定和 X 射线对晶体结构的研究予以确定。

3）判断配合物的稳定性

配合物的稳定性包括热稳定性及其在溶液中的解离。由前面讨论可知，以 sp^3 或 sp^3d^2 杂化轨道成键的配合物为外轨型，而以$(n-1)d^2sp^3$或$(n-1)dsp^2$杂化轨道成键的配合物为内轨型。对于相同形成体，由于$(n-1)d$ 轨道的能量比 nd 轨道的能量低，用前者参与形成的内轨配键比用后者参与形成的外轨配键牢固，键能也大。因此，当形成相同配位数的配位单元时，内轨型配合物较外轨型配合物稳定，且在水中不易解离。例如，$[Fe(CN)_6]^{3-}$比$[FeF_6]^{3-}$稳定，$[Ni(CN)_4]^{2-}$比$[Ni(NH_3)_4]^{2+}$稳定。

4）判断配合物的磁性

物质的磁学性质存在 3 种情况。一是物质本身就有磁性，其磁性随外磁场的加强而加强，它的磁化方向与外磁场方向一致，这种物质称为顺磁性物质。如果配合物中有未成对电子，由于电子自旋产生的自旋磁矩不能抵消，故表现为顺磁性。二是物质本身没有磁性，在外磁场作用下会诱导出磁性，但磁化方向与外磁场方向相反（撤去外磁场其磁性就会消失），这种物质称为反(抗)磁性物质。如果配合物中的电子均已配对,由于成对电子的自旋方向相反,磁矩可以互相抵消,故一般表现为反磁性。三是物质被磁化的性质表现得很强烈,随着外磁场的加强其磁性急剧加强,而且在外磁场撤去后,其磁性有滞后现象,这种物质称为铁磁性物质。物质的铁磁性是因众多顺磁性原子在外磁场作用下沿外磁场方向有规律地排列而产生的。

形成体的杂化类型一般可通过测量磁性来判定。物质的磁性与组成物质的原子、分子或离子中的电子自旋运动有关。磁性强弱用磁矩 μ 表示,磁矩的单位适用玻尔磁子(B. M.)。根据磁学理论,如有未成对电子,即正自旋电子数和反自旋电子数不相等,电子自旋产生的磁效应不能互相抵消,物质就具有顺磁性,$\mu>0$;未成对电子越多,磁矩就越大。若电子都已成对,正自旋电子数和反自旋电子数相等,由此产生的磁效应相互抵消,物质表现为反磁性,$\mu=0$。对 d 区第四周期过渡元素所形成的配位单元,其磁矩 μ 可用“唯自旋”公式近似计算:

$$\mu=\sqrt{n(n+2)}\,\text{B. M.} \tag{8-2}$$

式中:B. M. 为玻尔磁子,1B. M. $=9.27\times10^{-24}$ A·m^2;n 为未成对电子数。据此,可得出配合物的磁矩及其与未成对电子数之间的关系,见表 8-3。

表 8-3 配合物的未成对电子数和磁矩的理论值

n	0	1	2	3	4	5
μ/B. M.	0.00	1.73	2.83	3.87	4.90	5.92

将实验测得的配合物的磁矩与理论值比较,便可确定中心原子的未成对电子数,由此可判断中心原子的杂化轨道类型,进一步确定配合物的空间构型和配合物类型,见表 8-4。

表 8-4 几种配合物的未成对电子数和磁矩的实验值

配合物	中心原子的 d 电子	$\mu_{实}$/B. M.	未成对电子数	中心原子的杂化轨道类型	空间构型	配合物类型
$Na_4[Mn(CN)_6]$	5	1.57	1	d^2sp^3	正八面体	内轨配合物
$[Mn(SCN)_6]^{4-}$	5	6.1	5	sp^3d^2	正八面体	外轨配合物
$[Fe(H_2O)_6]SO_4$	6	4.91	4	sp^3d^2	正八面体	外轨配合物
$K_3[FeF_6]$	5	5.45	5	sp^3d^2	正八面体	外轨配合物
$[Co(SCN)_4]^{2-}$	7	4.3	3	sp^3	正四面体	外轨配合物
$K_2[PtCl_4]$	8	0	0	dsp^2	平面正方形	内轨配合物

价键理论较成功地说明了配合物的形成、空间构型、配位数、磁性和稳定性,因此长久以来一直为人们所接受,在配位化学的发展过程中,起到了积极的推动作用。但是,价键理论也有局限性,它忽略了配体对形成体的作用,不能定量或半定量地说明配合物的性质,如配位单元的吸收光谱和特征颜色。因此,20 世纪 50 年代以来,价键理论逐渐被晶体场理论和分子轨道理论所取代。

8.2.2　晶体场理论

晶体场理论最初由物理学家贝特(Hans Bethe)和范弗莱克(John Hasbrouck van Vleck)分别在 1929 年和 1932 年提出,用以解释离子晶体的性质,但此理论提出后并没有引起人们的足够重视。直到 1952 年欧格尔(Leslie Orgel)把静电场理论和分子轨道理论结合起来,探讨 d 轨道能级分裂之后,化学家们利用晶体场理论成功地解释了过渡金属配合物的光谱性质和其他一些性质后,该理论才受到重视,并得到了充分发展。

1. 基本要点

晶体场理论是一种静电理论,它把配合物中的形成体看作带正电的点电荷,配体看作带负电的点电荷,着重讨论形成体 5 个等价 d 轨道在配体静电场作用下产生的能级分裂。其基本要点有:

(1) 形成体和配体之间的相互作用类似于离子晶体中正负离子间的静电作用。

(2) 形成体的 5 个能量相同的 d 轨道,在晶体场作用下要发生能级分裂,分裂类型与配合物的空间构型有关,分裂的程度则与形成体和配体的性质有关。

(3) 形成体的 d 电子按照一定的规则填入分裂后的 d 轨道。能级分裂后体系的能量比分裂前低,其降低值称为“晶体场稳定化能”(crystal field stablization energy,CFSE)。

2. d 轨道的能级分裂

当形成体没有与配体发生作用,处于自由离子或原子状态时,5 个 d 轨道虽然空间取向不同,但具有相同的能量(E_0),如图 8-5(a)所示。如果形成体处于一个带负电荷的球形电场中,d 轨道受到球形电场的静电排斥,各个 d 轨道的能量都将升高(E_s),如图 8-5(b)所示,由于这 5 个 d 轨道受到静电排斥的程度相同,因此能级升高,但并不发生分裂。

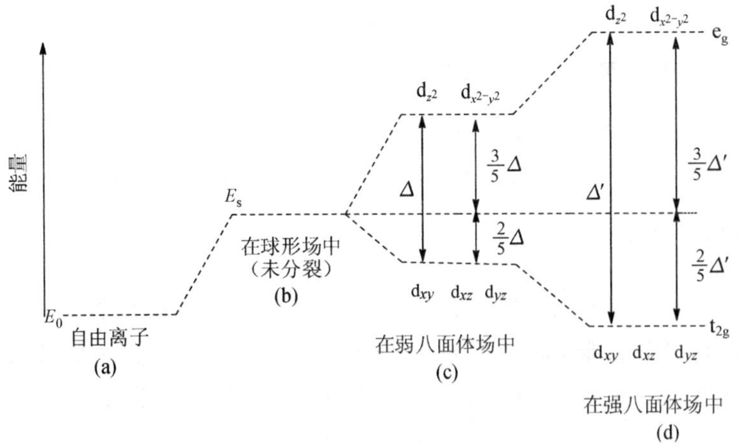

图 8-5　d 轨道能级在八面体场中的分裂

由于形成体 5 个 d 轨道本身的空间取向不同,所以当受到具有不同对称性的配体静电场的作用时,它们将受到不同的影响,各自的能量变化就会有所不同,从而出现 d 轨道的能级分裂。在不同晶体场作用下，形成体 d 轨道的能级分裂情况不同。

当形成体和配体形成配位数为 6 的正八面体配合物时，如图 8-6 所示，6 个相同的配体分别沿着 3 个坐标轴正负两个方向($\pm x, \pm y, \pm z$)接近形成体，带正电荷的形成体与带负电荷的配体(或极性分子带负电的一端)相互吸引；同时形成体 d 轨道上的电子受到配体负电荷的排斥，5 个 d 轨道的能量相对于自由离子状态的能量 E_0 都升高。由于 $d_{x^2-y^2}$ 和 d_{z^2} 轨道正好和配体“迎头相碰”，因而这两个 d 轨道中的电子受到配体的静电斥力最大，轨道能量升高较多，高于球形对称场的能量 E_s；而 d_{xy}，d_{xz} 和 d_{yz} 这三个轨道正好插在配体的空隙中间，受到配体的静电斥力较小，故轨道能量升高较少，低于球形对称场的能量 E_s。即在配体的影响下，原来能量相等的 d 轨道能级分裂为两组，如图 8-5(c)所示：一组为能量较高的 $d_{x^2-y^2}$ 和 d_{z^2} 轨道，称为 e_g 轨道，它们二者的能量相等；另一组为能量较低的 d_{xy}，d_{xz} 和 d_{yz} 轨道，称为 t_{2g} 轨道，它们三者的能量相等。这种能级分裂的现象，是晶体场理论的主要特征，称为晶体场分裂。很明显，配体的电场越强，d 轨道能级分裂的程度越大，如图 8-5(d)所示。

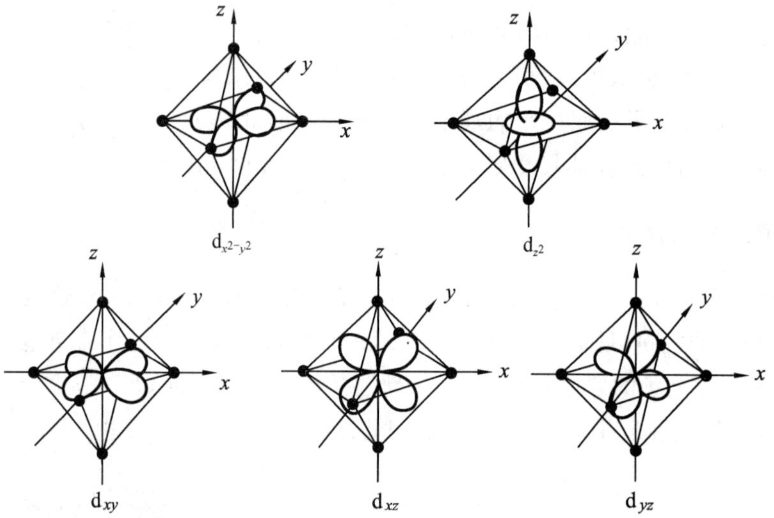

图 8-6　正八面体配合物内形成体 d 轨道和配体的相对位置示意图

其他如正四面体、平面正方形、三角双锥体等构型的配合物中，其配体所形成的电场与正八面体场不同，形成体 d 轨道的分裂情况不同，分裂的程度也就不同。

3. 分裂能及其影响因素

形成体的 d 轨道受不同构型配体电场的影响，能级发生分裂，分裂后其最高能级和最低能级之差称为晶体场分裂能(crystal field splitting energy)，简称分裂能，以 Δ 表示，单位为波数 cm^{-1}，也可为 $kJ \cdot mol^{-1}$。如在正八面体场中，用下标 O 表示八面体(octahedron)，有

$$\Delta_o = E_{e_g} - E_{t_{2g}} \tag{8-3}$$

这相当于一个电子由 t_{2g} 轨道跃迁到 e_g 轨道所需要的能量。这种跃迁叫作 d－d 跃迁。分裂能的大小可通过配合物的吸收光谱实验测得。

影响分裂能大小的主要因素如下：

1）配合物的几何构型

在同种配体、同种形成体、配体和形成体距离相同的条件下，配合物的几何构型不同，分裂能的大小明显不同。如正四面体中 d 轨道的分裂能 Δ_t［下标 t 表示四面体（tetrahedron）］仅为正八面体场分裂能 Δ_o 的 $\frac{4}{9}$。

当中心原子与配体一定时，配合物的几何构型与分裂能有关，分裂能的大小顺序为

平面正方形＞正八面体＞正四面体

2）配体的性质

同种形成体与不同的配体形成相同构型的配位单元时，其分裂能 Δ 随配体形成的电场强弱而变化。将各种不同的配体，按其与同一形成体生成的配合物的分裂能的大小顺序排列，得

弱场配体 $\longrightarrow$ 强场配体

$$I^- < Br^- < S^{2-} < SCN^- \approx Cl^- < NO_3^- < F^- < S_2O_3^{2-} < OH^- < ONO^- < C_2O_4^{2-}$$
$$< H_2O < NCS^- < EDTA < NH_3 < en < SO_3^{2-} < NO_2^- < CN^- < CO$$

这个顺序是从配合物的光谱实验确定的，故称为光谱化学序（spectrochemical series）。光谱化学序大体上可以将 H_2O，NH_3 作为区别弱场配体（如 I^-，Br^-，Cl^-，F^-）和强场配体（如 NO_2^-，CN^- 等）的界限。

3）形成体的电荷

同种配体与同一过渡元素形成相同构型的配合物时，形成体正电荷越多，其 Δ 越大。这是由于随着形成体正电荷数的增多，配体更靠近形成体，从而对形成体的 d 轨道产生较大的排斥力，使得 Δ 增大。如 $[Fe(H_2O)_6]^{3+}$ 和 $[Fe(H_2O)_6]^{2+}$ 的 Δ 分别为 13700 cm^{-1} 和 10400 cm^{-1}。

4）形成体所属的周期数

同种配体与相同氧化数同族过渡元素所形成的配合物，其 Δ 随形成体在周期表中所处的周期数而递增，这主要是由于与 3d 轨道相比，4d，5d 轨道伸展得较远，与配体更接近，受配体场的排斥较大。如 Co^{3+}，Rh^{3+}，Ir^{3+} 的乙二胺配位单元的 Δ 分别为 23300 cm^{-1}、34400 cm^{-1} 和 41200 cm^{-1}。

4. 电子成对能和配合物高、低自旋的预测

如前所述，同一形成体与不同配体所形成的配合物，其分裂能大小不同，这种差别有时会使某些形成体的 d 电子产生不同的排布状态，使未成对电子数不相同，从而使配合物的磁矩不相同。如在正八面体场中，形成体的 d 轨道能级分裂为 t_{2g} 和 e_g 两组，将会引起 d 电子的重新排布。d 电子在 t_{2g} 和 e_g 轨道中的排布，同样服从能量最低原理和洪特规则。

对于具有 d^1～d^3 构型的形成体，当其形成正八面体配合物时，d 电子优先排布在能量较低的 t_{2g} 轨道上，且自旋平行，其排布方式只有一种。如 Cr^{3+}（d^3）在八面体场中 d 电子的排布方式可表示为 $t_{2g}^3e_g^0$。

对于具有 d^4～d^7 构型的形成体，在八面体场中，d 电子可以有两种排布方式。3 个 d 电

子以自旋平行的方式分别占据 3 个简并 t_{2g} 轨道，第 4 个及其以后的电子是进入 t_{2g} 轨道还是进入 e_g 轨道，主要取决于晶体场分裂能 Δ_o 和电子成对能 E_p（简称成对能）的相对大小。显然，电子成对能 E_p 只取决于形成体，而晶体场分裂能 Δ_o 则由形成体和配体共同决定。因此，如果配体的晶体场较弱，即 $\Delta_o < E_p$，电子难成对，第 4 个及以后的 d 电子优先进入能量较高的 e_g 轨道，未成对电子数较多，磁矩较大，称为高自旋排布，形成的配合物相应地称为高自旋配合物；反之，如果配体的晶体场较强，即 $\Delta_o > E_p$，电子尽可能占据能量较低的 t_{2g} 轨道配对，未成对电子数减少，磁矩较小，称为低自旋排布，相应的配合物称为低自旋配合物。

对于具有 $d^8 \sim d^{10}$ 构型的形成体，与 $d^1 \sim d^3$ 构型的离子一样，不管分裂能的大小，其 d 电子的排布只有一种方式，并无高低自旋之分。

表 8-5 给出了八面体场中 d 电子在 t_{2g} 和 e_g 轨道中的排布情况。

表 8-5　八面体场中 d 电子在 t_{2g} 和 e_g 轨道中的排布情况

d^n	弱场（$\Delta_o < E_p$）					未成对电子数	强场（$\Delta_o > E_p$）					未成对电子数
	t_{2g}			e_g			t_{2g}			e_g		
d^1	↑					1	↑					1
d^2	↑	↑				2	↑	↑				2
d^3	↑	↑	↑			3	↑	↑	↑			3
d^4	↑	↑	↑	↑		4	↑↓	↑	↑			2
d^5	↑	↑	↑	↑	↑	5	↑↓	↑↓	↑			1
d^6	↑↓	↑	↑	↑	↑	4	↑↓	↑↓	↑↓			0
d^7	↑↓	↑↓	↑	↑	↑	3	↑↓	↑↓	↑↓	↑		1
d^8	↑↓	↑↓	↑↓	↑	↑	2	↑↓	↑↓	↑↓	↑	↑	2
d^9	↑↓	↑↓	↑↓	↑↓	↑	1	↑↓	↑↓	↑↓	↑↓	↑	1
d^{10}	↑↓	↑↓	↑↓	↑↓	↑↓	0	↑↓	↑↓	↑↓	↑↓	↑↓	0

需要注意的是，少数情况下，Δ_o 值和 E_p 值相近，这时高自旋和低自旋两种状态具有相近的能量，在外界条件（如温度、溶剂等）的影响下，这两种状态可以互变。

5. 晶体场稳定化能

由前面的讨论可知，在晶体场作用下，形成体的 d 轨道会发生分裂，生成能级升高和降低的轨道（相对于球形场），形成体的 d 电子进入能级分裂后的 d 轨道，比进入分裂前的 d 轨道所需要的能量低，降低的总能量称为晶体场稳定化能（CFSE）。可通过晶体场稳定化能的大小比较一些配合物的稳定性，晶体场稳定化能的代数值越小，配合物越稳定。

晶体场稳定化能与形成体的 d 电子数有关，也与晶体场的场强有关，此外还与配合物的几何构型有关。

对于八面体配合物，晶体场稳定化能的计算公式为

$$\mathrm{CFSE} = xE_{t_{2g}} + yE_{e_g} + (n_1 - n_2)E_p \tag{8-4}$$

式中，x 为 t_{2g} 轨道上的电子数；y 为 e_g 轨道上的电子数；n_1 为分裂前 d 轨道上的电子对数；n_2 为分裂后 d 轨道上的电子对数。若以 Δ_o 为单位，参见图 8-5，则

$$\mathrm{CFSE}=x\times(-0.4\Delta_o)+y\times(0.6\Delta_o)+(n_1-n_2)E_p$$

【例 8-1】 分别计算 Co^{3+} 形成的弱场和强场正八面体配合物的 CFSE，并比较这两种配合物的稳定性。

解：Co^{3+} 有 6 个 d 电子（$3d^6$），其电子排布情况分别为

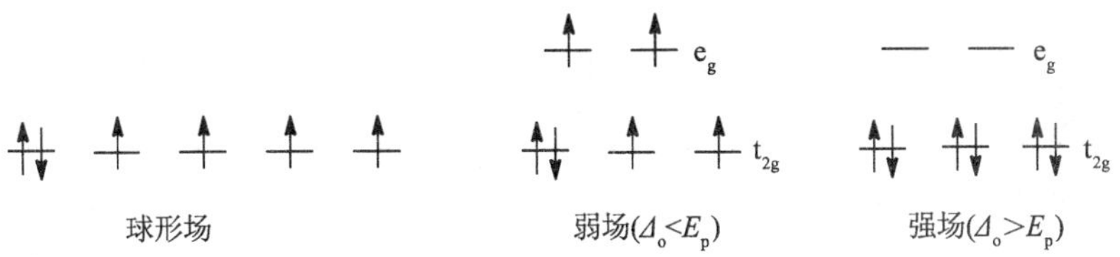

$$\mathrm{CFSE}=xE_{t_{2g}}+yE_{e_g}+(n_1-n_2)E_p$$

弱场

$$\begin{aligned}\mathrm{CFSE}&=4\times E_{t_{2g}}+2\times E_{e_g}+(1-1)\times E_p\\&=4\times(-0.4\Delta_o)+2\times0.6\Delta_o\\&=-0.4\Delta_o\end{aligned}$$

强场

$$\begin{aligned}\mathrm{CFSE}&=6\times E_{t_{2g}}+0\times E_{e_g}+(3-1)\times E_p\\&=6\times(-0.4\Delta_o)+2E_p\\&=-2.4\Delta_o+2E_p\\&=(2E_p-2\Delta_o)-0.4\Delta_o\\&<-0.4\Delta_o\end{aligned}$$

计算结果表明，Co^{3+} 与强场配体或弱场配体所形成的配合物的 CFSE 均小于零，强场时 CFSE 更低，故强场配体与 Co^{3+} 形成的配合物更稳定。

6. 晶体场理论的应用

应用晶体场理论可以计算配合物晶体场稳定化能的大小，解释配合物的稳定性、磁性、空间构型及颜色等性质。下面主要介绍晶体场理论在解释配合物的磁性和颜色方面的应用。

1）配合物的磁性

由于电子成对能和分裂能可以通过光谱实验数据求得，从而可以根据它们的相对大小，确定电子的排布情况，进而判断出配合物是高自旋还是低自旋，由此说明配合物的磁性。

价电子构型为 d^6 的 Fe^{2+} 形成的配合物 $[Fe(H_2O)_6]^{2+}$ 为顺磁性，$[Fe(CN)_6]^{4-}$ 为反磁性。这是因为在 $[Fe(H_2O)_6]^{2+}$ 中，H_2O 为弱场配体，分裂能（124.4 kJ·mol^{-1}）小于成对能（210.5 kJ·mol^{-1}），配合物为高自旋型，有 4 个未成对电子，表现为顺磁性；在 $[Fe(CN)_6]^{4-}$ 中，CN^- 为强场配体，分裂能（394.7 kJ·mol^{-1}）大于成对能（179.4 kJ·mol^{-1}），配合物为低自旋型，没有未成对电子，表现为反磁性。

2）过渡金属配合物的颜色

物质的颜色是由于物质选择性地吸收可见光（波长 400～700 nm）中某些波长的光线而

产生的。当白光投射到物体上时，如果全部被物体吸收，就呈黑色；如果全部反射出来，物体就呈白色；如果只吸收可见光中某些波长的光，则剩余的未被吸收的光的颜色就组成该物体的颜色。这就是吸收光谱的显色原理。

含有 d^1～d^9 电子的金属离子所形成的配合物一般都是有颜色的。例如，$[Ti(H_2O)_6]^{3+}$（d^1，紫红色），$[V(H_2O)_6]^{3+}$（d^2，绿色），$[Cr(H_2O)_6]^{3+}$（d^3，紫色），$[Cr(H_2O)_6]^{2+}$（d^4，天蓝色），$[Mn(H_2O)_6]^{2+}$（d^5，肉红色），$[Fe(H_2O)_6]^{2+}$（d^6，淡绿色），$[Co(H_2O)_6]^{2+}$（d^7，淡红色），$[Ni(H_2O)_6]^{2+}$（d^8，绿色），$[Cu(H_2O)_4]^{2+}$（d^9，蓝色），$[Cu(NH_3)_4]^{2+}$（d^9，深蓝色）。

晶体场理论认为，含有 d^1～d^9 电子的过渡金属离子一般具有未充满的 d 轨道，在配体场作用下 d 轨道发生能级分裂，由于轨道没有充满，因此在光照下，电子吸收光能后可从较低能级的 d 轨道向较高能级的 d 轨道跃迁，称为 d－d 跃迁。d－d 跃迁需要吸收光的能量一般在 1.99×10^{-19}～5.96×10^{-19} J（相当于 10000～30000 cm^{-1}），覆盖了全部可见光范围（即 13333～25000 cm^{-1}）。当可见光照射到配合物溶液时，与分裂能相当的光被吸收，使 d 电子发生 d－d 跃迁，可见光中没被吸收的部分则被反射或通过，因而配合物呈现一定的颜色（吸收光的补色）。对于不同的形成体或不同的配体，分裂能的大小不同，d－d 跃迁时所需的能量也不同，这样被吸收光的波长或光波能量不同，因此不同的配位单元就会呈现出不同的颜色。例如，$[Ti(H_2O)_6]^{3+}$ 的最大吸收峰在波数 20300 cm^{-1} 附近（波长 500 nm，绿色），因此 $[Ti(H_2O)_6]^{3+}$ 溶液呈现紫红色（绿色的互补色）。$[Ti(H_2O)_6]^{3+}$ 中的 d 电子吸收光能后，从能量低的 t_{2g} 轨道跃迁至能量高的 e_g 轨道，发生跃迁所吸收光的能量正好等于 t_{2g} 与 e_g 轨道之间的能级差，即相当于分裂能 Δ_o。由此可见，轨道的分裂能可由配合物吸收光谱的实验数据来求得，亦说明晶体场理论可以解释配合物的吸收光谱。

对于电子构型为 d^{10} 的金属配合物，由于 d 轨道已充满电子，不能再产生 d－d 跃迁，所以配合物一般是无色的。

晶体场理论较好地解释了配合物的构型、稳定性、磁性、颜色等，在配位化学中有着广泛的应用。如说明过渡金属配位单元的吸收光谱和配合物呈现颜色的原因，预测配合物的自旋状态，解释配合物的磁性和稳定性等。但是晶体场理论只考虑配位键的离子性，忽略了配位键是由共价键所引起的，因而也是不全面的。为此，人们又提出了较为完善的配位场理论和分子轨道理论，但这两者已超出本课程的基本要求，本书不做介绍。

8.3 配位平衡

可溶性配合物在水中一般会全部解离为内界配离子和外界离子两部分，如 $[Cu(NH_3)_4]SO_4$ 固体溶于水，则在水溶液中发生完全解离：

$$[Cu(NH_3)_4]SO_4 \longrightarrow [Cu(NH_3)_4]^{2+} + SO_4^{2-}$$

配离子在水溶液中相当稳定，仅部分解离为配离子的形成体与配体（类似于弱电解质），存在配位解离平衡（coordination dissociation equilibrium），简称配位平衡。如 $[Cu(NH_3)_4]^{2+}$ 配离子在溶液中的配位解离平衡可以表示为

$$[Cu(NH_3)_4]^{2+} \rightleftharpoons Cu^{2+} + 4NH_3$$

8.3.1　配合物的稳定常数

向硫酸铜溶液中加入过量的氨水将形成配离子$[Cu(NH_3)_4]^{2+}$，它和形成体及配体之间存在下列平衡：

$$Cu^{2+} + 4NH_3 \rightleftharpoons [Cu(NH_3)_4]^{2+}$$

其平衡常数表达式为

$$K_f^{\ominus} = \frac{c\{[Cu(NH_3)_4]^{2+}\}}{c(Cu^{2+})[c(NH_3)]^4}$$

式中，$K_f^{\ominus}$ 称为配离子的形成常数（formation constant），或称稳定常数（stability constant），通常用 $K_f^{\ominus}$ 或 $K_{稳}^{\ominus}$ 表示。$K_f^{\ominus}$ 或 $K_{稳}^{\ominus}$ 越大，表明在水中形成配离子的趋势越大，配离子越稳定。

在溶液中配离子的形成一般是分步进行的，在溶液中存在一系列的平衡，对应于这些平衡也有一系列的形成常数。继续以配离子$[Cu(NH_3)_4]^{2+}$为例，则有

$$Cu^{2+} + NH_3 \rightleftharpoons [Cu(NH_3)]^{2+}$$

$$K_{f1}^{\ominus} = \frac{c\{[Cu(NH_3)]^{2+}\}}{c(Cu^{2+})c(NH_3)}$$

$$[Cu(NH_3)]^{2+} + NH_3 \rightleftharpoons [Cu(NH_3)_2]^{2+}$$

$$K_{f2}^{\ominus} = \frac{c\{[Cu(NH_3)_2]^{2+}\}}{c\{[Cu(NH_3)]^{2+}\}c(NH_3)}$$

$$[Cu(NH_3)_2]^{2+} + NH_3 \rightleftharpoons [Cu(NH_3)_3]^{2+}$$

$$K_{f3}^{\ominus} = \frac{c\{[Cu(NH_3)_3]^{2+}\}}{c\{[Cu(NH_3)_2]^{2+}\}c(NH_3)}$$

$$[Cu(NH_3)_3]^{2+} + NH_3 \rightleftharpoons [Cu(NH_3)_4]^{2+}$$

$$K_{f4}^{\ominus} = \frac{c\{[Cu(NH_3)_4]^{2+}\}}{c\{[Cu(NH_3)_3]^{2+}\}c(NH_3)}$$

总反应为

$$Cu^{2+} + 4NH_3 \rightleftharpoons [Cu(NH_3)_4]^{2+}$$

$K_{f1}^{\ominus}$，$K_{f2}^{\ominus}$，$K_{f3}^{\ominus}$，$K_{f4}^{\ominus}$称为配离子的逐级形成常数。逐级形成常数的连乘积就等于总形成常数，即 $K_f^{\ominus}$ 或 $K_{稳}^{\ominus}$。

$$K_f^{\ominus} = K_{f1}^{\ominus} \times K_{f2}^{\ominus} \times K_{f3}^{\ominus} \times K_{f4}^{\ominus}$$

有时也用配合物的不稳定常数来表示配位解离平衡，例如：

$$[Cu(NH_3)_4]^{2+} \rightleftharpoons Cu^{2+} + 4NH_3$$

其平衡常数表达式为

$$K_d^{\ominus} = \frac{c(Cu^{2+})[c(NH_3)]^4}{c\{[Cu(NH_3)_4]^{2+}\}}$$

式中，$K_d^{\ominus}$ 称为配离子的解离常数（dissociation constant），或称不稳定常数（unstability constant），通常用 $K_d^{\ominus}$或 $K_{不稳}^{\ominus}$表示。$K_d^{\ominus}$或 $K_{不稳}^{\ominus}$越大，表明在水中配离子越易解离，即配离子越不稳定。实际上，配离子$[Cu(NH_3)_4]^{2+}$在水溶液中的解离是分步进行的：

$$[Cu(NH_3)_4]^{2+} \rightleftharpoons [Cu(NH_3)_3]^{2+} + NH_3$$
$$[Cu(NH_3)_3]^{2+} \rightleftharpoons [Cu(NH_3)_2]^{2+} + NH_3$$
$$[Cu(NH_3)_2]^{2+} \rightleftharpoons [Cu(NH_3)]^{2+} + NH_3$$
$$[Cu(NH_3)]^{2+} \rightleftharpoons Cu^{2+} + NH_3$$

总反应为

$$[Cu(NH_3)_4]^{2+} \rightleftharpoons Cu^{2+} + 4NH_3$$

各分步解离常数可以相应地用 $K_{d1}^{\ominus}$，$K_{d2}^{\ominus}$，$K_{d3}^{\ominus}$，$K_{d4}^{\ominus}$ 等表示。各分步解离常数与 $K_{d}^{\ominus}$ 有如下关系：

$$K_{d}^{\ominus} = K_{d1}^{\ominus} \times K_{d2}^{\ominus} \times K_{d3}^{\ominus} \times K_{d4}^{\ominus}$$

实质上，形成常数（或稳定常数）和解离常数（或不稳定常数）只是表示同一事物的两方面，因此对任何配合物而言，只需用一种常数来表示它在水中的稳定性即可。一些常见配离子的稳定常数列于附录 9 中。

显然，任何一个配离子的稳定常数与不稳定常数互为倒数关系：

$$K_{f}^{\ominus} = \frac{1}{K_{d}^{\ominus}} \tag{8-5}$$

以配离子 $[Cu(NH_3)_4]^{2+}$ 为例，各分步稳定常数与不稳定常数的关系表达如下：

$$K_{f1}^{\ominus} = \frac{1}{K_{d4}^{\ominus}}, K_{f2}^{\ominus} = \frac{1}{K_{d3}^{\ominus}}, K_{f3}^{\ominus} = \frac{1}{K_{d2}^{\ominus}}, K_{f4}^{\ominus} = \frac{1}{K_{d1}^{\ominus}}$$

8.3.2 稳定常数的应用

1. 计算配合物溶液中有关离子的浓度

由于一般配离子的逐级稳定常数彼此相差不大，因此，在计算配离子浓度时应注意考虑各级配离子的存在，但在实际工作中，通常加入过量的配位剂，由于配体过量，因而绝大部分中心离子处于最高配位数，而其他低配位数的各级配离子可以忽略不计，这样使用总的稳定常数 $K_{f}^{\ominus}$ 或 $K_{d}^{\ominus}$ 来进行相关计算，不会引起很大的误差。

【例 8-2】 将 0.10 mol·dm^{-3} $AgNO_3$ 与 0.50 mol·dm^{-3} NH_3 等体积混合，计算溶液中各种组分的浓度是多少？

解：查附录 9 可知，$K_{f}^{\ominus}\{[Ag(NH_3)_2]^+\} = 1.12 \times 10^7$

溶液等体积混合后，Ag^+ 和 NH_3 的浓度都减至原来的一半，即

$$c(Ag^+) = 0.05\ \text{mol} \cdot \text{dm}^{-3} \qquad c(NH_3) = 0.25\ \text{mol} \cdot \text{dm}^{-3}$$

因溶液中 NH_3 过量，且 $[Ag(NH_3)_2]^+$ 的 $K_{f}^{\ominus}$ 较大，因此，可认为 0.05 mol·dm^{-3} Ag^+ 与 NH_3 完全生成 $[Ag(NH_3)_2]^+$，消耗掉 0.10 mol·dm^{-3} NH_3。此外，生成的 $[Ag(NH_3)_2]^+$ 在溶液中存在解离平衡，设平衡时溶液中的 $c(Ag^+) = x$ mol·dm^{-3}，则

	Ag^+	+ $2NH_3$	$\rightleftharpoons$ $[Ag(NH_3)_2]^+$
起始浓度/(mol·dm^{-3})	0.050	0.25	0
平衡浓度/(mol·dm^{-3})	x	$0.25-2\times0.050+2x$	$0.050-x$

因为 x 很小，所以 $0.25-2\times0.050+2x\approx0.15$，$0.050-x\approx0.050$，则

$$K_f^\ominus=\frac{c\{[Ag(NH_3)_2]^+\}}{c(Ag^+)c(NH_3)^2}\approx\frac{0.050}{x\cdot(0.15)^2}=1.12\times10^7$$

$$x\approx\frac{0.05}{1.12\times10^7\times(0.15)^2}=1.98\times10^{-7}\ mol\cdot dm^{-3}$$

所以

$$c(Ag^+)=1.98\times10^{-7}\ mol\cdot dm^{-3}$$

$$c(NH_3)\approx0.15\ mol\cdot dm^{-3}$$

$$c\{[Ag(NH_3)_2]^+\}\approx0.050\ mol\cdot dm^{-3}$$

2. 比较配离子的稳定性

配离子的稳定常数是配离子的特征常数。利用稳定常数可以比较相同类型的配离子在水溶液中的稳定性。例如：

$[Ag(CN)_2]^-$　　$K_f^\ominus=1.26\times10^{21}$

$[Ag(S_2O_3)_2]^{3-}$　　$K_f^\ominus=2.88\times10^{13}$

$[Ag(NH_3)_2]^+$　　$K_f^\ominus=1.12\times10^7$

配离子类型相同时，配离子的稳定常数越大，配离子越稳定，所以配离子的稳定性顺序为

$$[Ag(CN)_2]^- > [Ag(S_2O_3)_2]^{3-} > [Ag(NH_3)_2]^+$$

但对于不同类型的配合物，须通过具体计算来判断其稳定性。例如，$[Cu(en)_3]^{2+}$ 的 $K_f^\ominus=1.00\times10^{21}$，$[Cu(EDTA)]^{2-}$ 的 $K_f^\ominus=5.01\times10^{18}$，尽管前者的 $K_f^\ominus$ 比后者的大，但相同配离子浓度下，后者的稳定性高于前者。

8.3.3　配位平衡的移动

对于任一配位平衡

$$M^{n+}+mL^-\rightleftharpoons ML_m^{(n-m)+}$$

如果向溶液中加入能与金属离子 M^{n+} 或配体 L^- 反应的试剂（如酸、碱、沉淀剂、氧化剂、还原剂、其他配位剂等），则会改变 M^{n+} 或配体 L^- 的浓度，使上述配位平衡发生移动。

下面将分别讨论配位平衡与酸碱平衡、沉淀溶解平衡、氧化还原平衡及其他配位平衡的相互影响和联系。

1. 配位平衡与酸碱平衡

由于多数配体是弱酸的酸根，当溶液的 pH 减小时，这些配体会与 H^+ 作用生成弱酸而使配位平衡发生移动；多数形成体的氢氧化物是弱碱，当溶液的 pH 增大时，金属离子会与 OH^- 作用生成弱碱，也会使配位平衡发生移动。

1）溶液 pH 的变化对配体浓度的影响

已知 Zn^{2+} 和 Ca^{2+} 均容易与 Y^{4-}（EDTA）形成配离子。但在溶液 pH＝4～5 时，Y^{4-} 会逐步与 H^+ 结合形成相应的弱酸，即

$$Y^{4-} \xrightarrow{+H^+} HY^{3-} \xrightarrow{+H^+} H_2Y^{2-} \xrightarrow{+H^+} H_3Y^- \xrightarrow{+H^+} H_4Y$$

Y^{4-}浓度的降低，使 ZnY^{2-} 和 CaY^{2-} 均有不同程度的解离，但因为 $K_f^\ominus\{[ZnY]^{2-}\}=2.51\times10^{16}$，远远大于 $K_f^\ominus\{[CaY]^{2-}\}=1.00\times10^{11}$，所以，在 pH＝4～5 的溶液中仍然存在 $[ZnY]^{2-}$，但 $[CaY]^{2-}$ 已基本解离。

2）溶液 pH 的变化对金属离子浓度的影响

向 $FeCl_3$ 溶液中加入氨水，得到 $Fe(OH)_3$ 沉淀，却没有得到 $[Fe(NH_3)_6]^{3+}$。原因在于氨水的加入同时增大了溶液中 OH^- 的浓度，Fe^{3+} 与 OH^- 的结合比 Fe^{3+} 与 NH_3 的结合要牢固得多，因此首先生成的不是 $[Fe(NH_3)_6]^{3+}$，而是 $Fe(OH)_3$。$Fe(OH)_3$ 的生成极大地降低了溶液中 Fe^{3+} 的浓度，使得 $[Fe(NH_3)_6]^{3+}$ 难以生成。同样，向含有 Al^{3+} 或 Cr^{3+} 的溶液中加入氨水时，也只得到氢氧化物沉淀而得不到配离子。

2. 配位平衡与沉淀溶解平衡

在含有配离子的溶液中加入某些沉淀剂，配离子有可能转化为沉淀。同样，在难溶沉淀中加入配位剂，沉淀有可能转化成为配离子而溶解，这种配离子和沉淀之间的相互转化，是配位反应与沉淀反应之间的竞争，其竞争能力的大小主要取决于配离子的 $K_f^\ominus$ 和难溶沉淀的 $K_{sp}^\ominus$，哪一方能使溶液中金属离子的浓度降得更低，转化反应向哪一方进行的倾向就越大。

配离子与沉淀之间转化反应的方向，可以通过计算转化反应的平衡常数来确定。

【例 8-3】 需要 1.0 dm^3 浓度为多少的 NH_3 溶液才能溶解 0.10 mol 固体 AgCl？

解：AgCl 溶解后，全部转化成 $[Ag(NH_3)_2]^+$（实际上，$[Ag(NH_3)_2]^+$ 会发生部分解离，但解离的量很微小），则

首先需要消耗掉 NH_3 溶液的量为 0.10×2＝0.20 mol，平衡浓度为 0.2 $mol\cdot dm^{-3}$

平衡时 $c(Cl^-)=0.10\ mol\cdot dm^{-3}$，$c\{[Ag(NH_3)_2]^+\}\approx 0.10\ mol\cdot dm^{-3}$，则

$$AgCl+2NH_3 \rightleftharpoons [Ag(NH_3)_2]^+ + Cl^-$$

平衡浓度/($mol\cdot dm^{-3}$)　　$c(NH_3)$　　0.10　　0.10

此反应可由下面 2 个反应组合而成：

(1) $AgCl(s) \rightleftharpoons Ag^+ + Cl^-$　$K_{sp}^\ominus$

(2) $Ag^+ + 2NH_3 \rightleftharpoons [Ag(NH_3)_2]^+$　$K_f^\ominus$

根据多重平衡规则，转化反应的平衡常数

$$K^\ominus=\frac{c\{[Ag(NH_3)_2]^+\}c(Cl^-)}{[c(NH_3)]^2}=K_f^\ominus\times K_{sp}^\ominus$$

分别查附录 7、附录 9 可知 $K_{sp}^\ominus(AgCl)=1.77\times10^{-10}$，$K_f^\ominus\{[Ag(NH_3)_2]^+\}=1.12\times10^7$，则

$$K^\ominus=\frac{(0.10)^2}{[c(NH_3)]^2}=K_f^\ominus\times K_{sp}^\ominus=1.98\times10^{-3}$$

解得平衡时 $c(NH_3)=\sqrt{\dfrac{0.10^2}{1.98\times10^{-3}}}=2.25\ mol\cdot dm^{-3}$

因此，NH_3 溶液的浓度应为平衡浓度加上反应消耗掉 NH_3 溶液的浓度，为

$$2.25+0.20\times1=2.45\ \text{mol}\cdot\text{dm}^{-3}$$

【例 8-4】 计算 CuI 在 1.0 $mol\cdot dm^{-3}$ NH_3 溶液中的溶解度。

解:此题为沉淀溶解平衡转化为配位平衡。设 CuI 的溶解度为 x $mol\cdot dm^{-3}$,平衡时 $c(I^-)=x\ mol\cdot dm^{-3}$,$c\{[Cu(NH_3)_2]^+\}\approx x\ mol\cdot dm^{-3}$,则

$$CuI+2NH_3 \rightleftharpoons [Cu(NH_3)_2]^+ + I^-$$

平衡浓度/($mol\cdot dm^{-3}$)　　1.0−2x　　x　　x

分别查附录 7、附录 9 可知 $K_{sp}^\ominus(CuI)=1.27\times10^{-12}$,$K_f^\ominus\{[Cu(NH_3)_2]^+\}=7.24\times10^{10}$,则

$$K^\ominus=K_f^\ominus\times K_{sp}^\ominus=1.27\times10^{-12}\times7.24\times10^{10}=9.19\times10^{-2}$$

$$K^\ominus=\frac{c\{[Cu(NH_3)_2]^+\}c(I^-)}{c(NH_3)^2}=\frac{x^2}{(1.0-2x)^2}=9.19\times10^{-2}$$

$$x=0.19\ \text{mol}\cdot\text{dm}^{-3}$$

即 CuI 在 1 $mol\cdot dm^{-3}$ NH_3 溶液中的溶解度为 0.19 $mol\cdot dm^{-3}$。

【例 8-5】 在 1 dm^3 含有 1.0×10^{-3} $mol\cdot dm^{-3}$ $[Cu(NH_3)_4]^{2+}$ 和 1.0 $mol\cdot dm^{-3}$ NH_3 的溶液中分别加入下述物质:

(1) 加入 0.001 mol Na_2S 固体,是否有 CuS 沉淀生成?

(2) 加入 0.001 mol NaOH 固体,是否有 $Cu(OH)_2$ 沉淀生成?(忽略加入固体对溶液体积的影响)

解:分别查附录 7、附录 9 可知 $K_f^\ominus\{[Cu(NH_3)_4]^{2+}\}=2.09\times10^{13}$,$K_{sp}^\ominus(CuS)=6.3\times10^{-36}$,$K_{sp}^\ominus[Cu(OH)_2]=2.2\times10^{-20}$

设溶液中的 $c(Cu^{2+})=x\ mol\cdot dm^{-3}$,则

$$[Cu(NH_3)_4]^{2+} \rightleftharpoons Cu^{2+}+4NH_3$$

平衡浓度/($mol\cdot dm^{-3}$)　　1.0×10^{-3}　　x　　1.0

$$K_d^\ominus=\frac{1}{K_f^\ominus}=\frac{c(Cu^{2+})[c(NH_3)]^4}{c\{[Cu(NH_3)_4]^{2+}\}}=\frac{x\cdot(1.0)^4}{1.0\times10^{-3}}$$

$$c(Cu^{2+})=x=4.78\times10^{-17}\ \text{mol}\cdot\text{dm}^{-3}\text{,则}$$

(1) 加入 0.001 mol Na_2S 固体时,溶液中 $c(S^{2-})=1.0\times10^{-3}\ mol\cdot dm^{-3}$,则

$$Q=c(Cu^{2+})\times c(S^{2-})=4.78\times10^{-17}\times1.0\times10^{-3}=4.78\times10^{-20}$$

根据溶度积规则,$Q>K_{sp}^\ominus(CuS)$,有沉淀生成,所以加入 0.001 mol Na_2S 固体后,溶液中有 CuS 沉淀生成。

(2) 加入 0.001 mol NaOH 固体时,溶液中 $c(OH^-)=1.0\times10^{-3}\ mol\cdot dm^{-3}$,则

$$Q=c(Cu^{2+})\times[c(OH^-)]^2=4.78\times10^{-17}\times(1.0\times10^{-3})^2=4.78\times10^{-23}$$

根据溶度积规则,$Q<K_{sp}^\ominus[Cu(OH)_2]$,没有沉淀生成,所以,加入 0.001 mol NaOH 固体后,溶液中没有 $Cu(OH)_2$ 沉淀生成。

3. 配位平衡与氧化还原平衡

如同沉淀的生成能影响到氧化还原电对的电极电势一样,配离子的形成会使溶液中金

属离子的浓度发生变化，从而引起电极电势的变化。例如，Pt^{2+}/Pt 的 $\varphi^{\ominus}$ 为 1.188 V，远高于硝酸为氧化态组成的各电对的 $\varphi^{\ominus}$（$0.8\ V<\varphi^{\ominus}<1.0\ V$），故铂（Pt）不溶于硝酸；但若在硝酸中加入能与 Pt^{2+} 形成配合物的配体，就可大幅度降低 Pt^{2+} 的浓度，使 Pt^{2+}/Pt 的电极电势明显下降，使铂的溶解成为可能。例如，在浓硝酸中按体积比 1∶3 加入浓盐酸，Pt^{2+} 与配位剂 HCl 形成 $[PtCl_4]^{2-}$，$[PtCl_4]^{2-}/Pt$ 的 $\varphi^{\ominus}$ 为 0.758 V，铂便可溶解了。金（Au）在 KCN 溶液中的溶解更为容易，只需氧气为氧化剂，因为 $[Au(CN)_2]^-/Au$ 的 $\varphi^{\ominus}$ 为 −0.596 V。这类反应广泛用于从金属矿砂中提取金，随后用金属锌置换金：

$$2[Au(CN)_2]^- + Zn \rightleftharpoons 2Au + [Zn(CN)_4]^{2-}$$

【例 8-6】 已知 $\varphi^{\ominus}(Cu^{2+}/Cu)=0.3419\ V$，$K_f^{\ominus}\{[Cu(NH_3)_4]^{2+}\}=2.09\times10^{13}$，不查表计算 $[Cu(NH_3)_4]^{2+}/Cu$ 电对的标准电极电势 $\varphi^{\ominus}$。

解：电极反应为

$$[Cu(NH_3)_4]^{2+} + 2e^- \rightleftharpoons Cu + 4NH_3$$

由标准态的定义得 $c\{[Cu(NH_3)_4]^{2+}\}=c(NH_3)=1.0\ mol\cdot dm^{-3}$

溶液中同时存在 $[Cu(NH_3)_4]^{2+}$ 的解离平衡，设溶液中的 $c(Cu^{2+})=x\ mol\cdot dm^{-3}$，则

$$[Cu(NH_3)_4]^{2+} \rightleftharpoons Cu^{2+} + 4NH_3$$

平衡浓度/($mol\cdot dm^{-3}$)　　1.0　　　　x　　　1.0

$$K_d^{\ominus}=\frac{1}{K_f^{\ominus}}=\frac{c(Cu^{2+})[c(NH_3)]^4}{c\{[Cu(NH_3)_4]^{2+}\}}=\frac{x\cdot(1.0)^4}{1.0}$$

$$x=c(Cu^{2+})=4.78\times10^{-14}\ mol\cdot dm^{-3}$$

计算电对 $[Cu(NH_3)_4]^{2+}/Cu$ 的标准电极电势 $\varphi^{\ominus}\{[Cu(NH_3)_4]^{2+}/Cu\}$，可以转化为计算电对 Cu^{2+}/Cu 在 $c(Cu^{2+})=4.78\times10^{-14}\ mol\cdot dm^{-3}$ 时的电极电势 $\varphi(Cu^{2+}/Cu)$。

Cu^{2+}/Cu 的电极反应为

$$Cu^{2+} + 2e^- \rightleftharpoons Cu$$

列电对 Cu^{2+}/Cu 的能斯特方程，则

$$\begin{aligned}\varphi^{\ominus}\{[Cu(NH_3)_4]^{2+}/Cu\}&=\varphi(Cu^{2+}/Cu)\\&=\varphi^{\ominus}(Cu^{2+}/Cu)+\frac{0.0592}{2}\lg c(Cu^{2+})\\&=-0.05239\ V\end{aligned}$$

在例 8-6 中，由于电对的氧化态物质生成配合物，其浓度减小，故 φ 值减小。如若电对的还原态物质生成配合物，则 φ 值增大。

电对中的氧化态物质生成配合物的 $K_f^{\ominus}$ 愈大，则 φ 值减小的程度愈大；还原态物质生成配合物的 $K_f^{\ominus}$ 愈大，则 φ 值增大的程度愈大。若氧化态和还原态同时生成配合物，则要比较两种配合物的 $K_f^{\ominus}$，具体的数值可通过计算求出。

4. 配离子之间的转化

配离子之间的转化与沉淀之间的转化类似，反应向着生成更稳定的配离子的方向进行。两种配离子的稳定常数相差越大，转化越完全。例如：

$$[Ag(NH_3)_2]^+ + 2CN^- \rightleftharpoons [Ag(CN)_2]^- + 2NH_3$$

该反应由下面 2 个反应组合而成：

(1) $[Ag(NH_3)_2]^+ \rightleftharpoons Ag^+ + 2NH_3 \quad K_d^\ominus\{[Ag(NH_3)_2]^+\} = 1/K_f^\ominus\{[Ag(NH_3)_2]^+\}$

(2) $Ag^+ + 2CN^- \rightleftharpoons [Ag(CN)_2]^- \quad K_f^\ominus\{[Ag(CN)_2]^-\}$

查附录 9 可知 $K_f^\ominus\{[Ag(NH_3)_2]^+\} = 1.12\times10^7$，$K_f^\ominus\{[Ag(CN)_2]^-\} = 1.26\times10^{21}$

根据多重平衡规则，则上述转化反应的平衡常数为

$$K^\ominus = K_d^\ominus\{[Ag(NH_3)_2]^+\}\cdot K_f^\ominus\{[Ag(CN)_2]^-\} = 1.12\times10^{14}$$

$K^\ominus$的数值很大，说明上述转化反应向着生成$[Ag(CN)_2]^-$的方向进行，接近完全。当两种配离子的稳定性差别不大时，配离子的转化反应不完全。例如：

$$[Ag(NH_3)_2]^+ + 2SCN^- \rightleftharpoons [Ag(SCN)_2]^- + 2NH_3$$

该反应由下面 2 个反应组合而成：

(1) $[Ag(NH_3)_2]^+ \rightleftharpoons Ag^+ + 2NH_3 \quad K_d^\ominus\{[Ag(NH_3)_2]^+\} = 1/K_f^\ominus\{[Ag(NH_3)_2]^+\}$

(2) $Ag^+ + 2SCN^- \rightleftharpoons [Ag(SCN)_2]^- \quad K_f^\ominus\{[Ag(SCN)_2]^-\} = 3.72\times10^7$

根据多重平衡规则，则上述转化反应的平衡常数为

$$K^\ominus = K_d^\ominus\{[Ag(NH_3)_2]^+\}\cdot K_f^\ominus\{[Ag(SCN)_2]^-\} = 3.32$$

从转化反应的平衡常数 $K^\ominus$的数值可知这一反应的可逆性比较明显。增大 SCN^- 的浓度有利于$[Ag(NH_3)_2]^+$转化成$[Ag(SCN)_2]^-$；反之，利用较浓的氨水可促使$[Ag(SCN)_2]^-$向生成$[Ag(NH_3)_2]^+$的方向转化。

8.4　配位化合物的应用

配位化学已经成为当代化学的前沿领域之一。配合物的应用已经渗透到许多自然科学领域和重工业部门，如化学分析、生物化学、医药、配位催化、电镀、湿法冶金、环境保护、造纸工业、食品工业、激光材料、染料等。

8.4.1　在分析化学中的应用

1. 离子的鉴定

某些金属离子或它的化合物与配位剂形成配合物时会发生颜色或溶解度的明显变化，这可用来定性鉴定金属离子。例如，在溶液中 NH_3 与 Cu^{2+} 能形成深蓝色$[Cu(NH_3)_4]^{2+}$，借此反应可鉴定 Cu^{2+}。

利用配合物的颜色和稳定性可以定量测定某些组分的含量。通常将螯合剂与某些金属离子生成有色难溶的内配盐作为鉴定这些离子的特征反应。例如，二甲基乙二肟是 Ni^{2+} 的特效试剂，在严格 pH 和氨的浓度的条件下，它与 Ni^{2+} 反应生成鲜红色沉淀，借此可以鉴定 Ni^{2+}，也可用于 Ni^{2+} 的定量测定。分析化学中的四大滴定之一就是络合滴定，如 EDTA 配位滴定法可以直接测定许多金属离子的含量。

2. 离子的掩蔽

多种金属离子共同存在时，要测定其中某一种离子，其他金属离子往往会与试剂发生同类反应而干扰测定。例如，Cu^{2+} 和 Fe^{3+} 都会氧化 I^- 成为 I_2，因此在用 I^- 测定 Cu^{2+} 时，共同存在的 Fe^{3+} 会产生干扰，但如果在测定前加入 F^- 或 PO_4^{3-}，使 Fe^{3+} 与之配合生成稳定的 $[FeF_6]^{3-}$ 或 $[Fe(HPO_4)]^+$，就能防止 Fe^{3+} 的干扰。这种防止干扰的作用称为掩蔽效应(masking effect)，NaF 和 H_3PO_4 等称为掩蔽剂(masking agent)。

3. 离子的分离

近年来发现某些有机螯合剂能和金属离子在水中形成溶解度极小的内配盐沉淀，它具有相当大的相对分子质量和固定的组成，这种沉淀还有易于过滤和洗涤的优点，因此以有机螯合剂为沉淀剂可以大大提高重量分析的精确度。例如，8－羟基喹啉能从热的 $HAc-Ac^-$ 缓冲溶液中定量沉淀 Cu^{2+}，Ca^{2+}，Al^{3+}，Fe^{3+}，Ni^{2+}，Co^{2+}，Zn^{2+}，Mn^{2+} 等离子，这样就可使上述离子分离出来。

4. 元素组成的检测

在分析化学中，常常需要对某些样品的组成进行检测，比如测定矿石中的金属元素组成，测定水中钙镁离子的含量(即测量水的硬度)等，这些检测也大多是利用配位滴定的原理和方法。

8.4.2 在工业中的应用

1. 湿法冶金提取贵金属

所谓湿法冶金就是指用水溶液直接从矿石中将金属以化合物的形式浸取出来，然后再进一步还原成金属。对于贵金属的提取，湿法冶金最为有效。例如，通过形成配合物可从矿石中提取金，将黄金含量低的矿石用 NaCN 溶液浸渍，并通入空气，可以将矿石中的金几乎完全浸出。反应方程式如下：

$$2Au+4CN^-+2H_2O+O_2 = 2[Au(CN)_2]^-+2OH^-+H_2O_2$$

再将含有 $[Au(CN)_2]^-$ 的浸出液用锌还原成单质金。反应方程式如下：

$$2[Au(CN)_2]^-+Zn = 2Au+[Zn(CN)_4]^{2-}$$

2. 制备高纯金属

几乎所有的过渡元素都能生成羰基化合物，有些金属甚至可以直接与 CO 反应生成金属羰基配合物。羰基配合物的熔点和沸点一般比相应金属化合物的低，易挥发，受热易分解为金属和 CO，因此常用于分离和提纯金属。通常先将含有杂质的金属制成金属羰基配合物，并使之挥发以与杂质分离，再加热分解羰基配合物，即可得到纯度很高的金属。

例如，此法可用于制备制造铁磁芯和催化剂的高纯铁粉。反应方程式如下：

$$Fe+5CO \xrightarrow[20\ MPa]{200\ ℃} [Fe(CO)_5] \xrightarrow{200\sim250\ ℃} 5CO+Fe$$

8.4.3 在配位催化方面的应用

某些配位反应能加快反应速率，起到催化作用。利用配位反应而产生的催化作用称为配位催化。由于催化活性高，选择性专一及反应条件温和，配位催化广泛用于有机合成和石油化学工业生产中。例如，乙烯合成乙醛（Wacker 法）中采用 $PdCl_2$ 和 $CuCl_2$ 的稀盐酸催化，首先，C_2H_4，H_2O 和 Pd^{2+} 等形成配合物 $[PdCl_2(H_2O)(C_2H_4)]$，然后水解成中间产物 $[PdCl_2(OH)(C_2H_4)]^-$，由于 C_2H_4 分子与 Pd^{2+} 配位后，其中的双键在 Pd^{2+} 的影响下被削弱而活化，有利于双键的打开及加成，在常温、常压下乙烯就能比较容易地氧化成乙醛。反应方程式如下：

$$C_2H_4+\frac{1}{2}O_2 \xrightarrow[稀\ HCl]{PdCl_2,CuCl_2} CH_3CHO$$

8.4.4 在生物医药方面的应用

金属配合物在生物化学中的应用非常广泛，而且极为重要。生物体内的许多酶本身就是金属离子的配合物。生物体中的能量转换、传递或电荷转移，化学键的形成或断裂，以及伴随这些过程出现的能量变化和分配等，常与金属离子和有机体生成复杂的配合物所起的作用有关。例如，植物生长中起光合作用的叶绿素（见图 8-7）是 Mg^{2+} 的卟啉配合物；动物血液中输送氧气的血红素（见图 8-8）是 Fe^{2+} 的卟啉配合物。

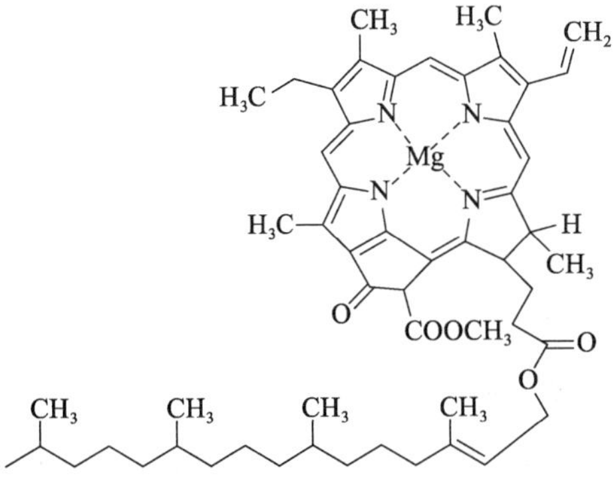

图 8-7 叶绿素的结构

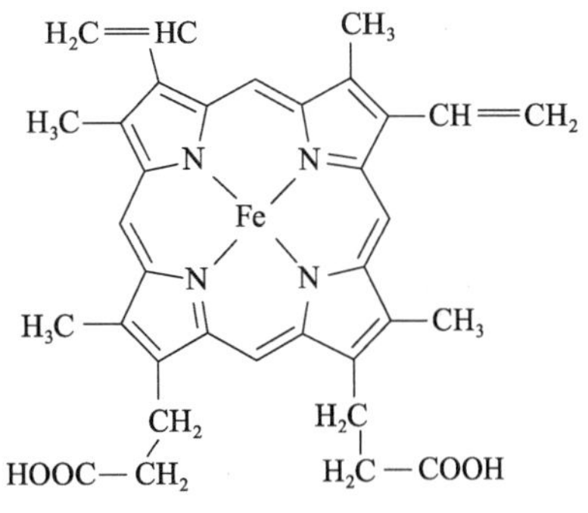

图 8-8 血红素的结构

在医学上，配合物还可作为药物来治疗某些疾病，且疗效好或毒副作用小。如 EDTA 和钙的配合物是人体铅中毒的高效解毒剂。当给铅中毒的人员注射溶有 $Na_2[Ca(EDTA)]$ 的生理盐水后，配离子发生如下转化：

$$Pb^{2+}+[Ca(EDTA)]^{2+} \rightleftharpoons Ca^{2+}+[Pb(EDTA)]^{2+}$$

由于 $[Pb(EDTA)]^{2+}$ 比 $[Ca(EDTA)]^{2+}$ 更稳定，并且 $[Pb(EDTA)]^{2+}$ 和剩余的 $[Ca(EDTA)]^{2+}$ 均可随尿液排出，因而可达到解毒的目的。

维生素 B_{12}（见图 8-9）曾经是一种极为重要的药物，但当时只能从动物的内脏中经人工提炼，因此价格极为昂贵，且供不应求。1973 年，有“现代有机合成之父”美誉的美国著名化学家伍德沃德(Robert Burns Woodward)率领来自14个国家的110名化学家，通过近百个严格的步骤，尽十余年之功终于成功合成了维生素 B_{12}，登上了人工合成天然产物的“珠穆朗玛峰”。

顺式$[PtCl_2(NH_3)_2]$(顺铂，见图8-10)是第一个被发现具有抗癌活性的金属配合物。1965年，科学家们在研究电场对细菌分裂丝状物的影响过程中，意外发现顺铂具有抗菌性，从而展开了对顺铂抗癌特性的研究。研究发现，顺铂对肿瘤有显著的抑制作用，顺铂在进入癌细胞后解离出两个 Cl^-，攻击靶心的碱基，形成碱基一铂一碱基结构，抑制DNA的复制，阻止癌细胞继续分裂，起到治疗癌症的作用。顺铂是目前世界上治疗癌症最有效的金属药物，对于卵巢癌、前列腺癌、睾丸癌、肺癌、鼻咽癌、食道癌等都有很好的疗效。

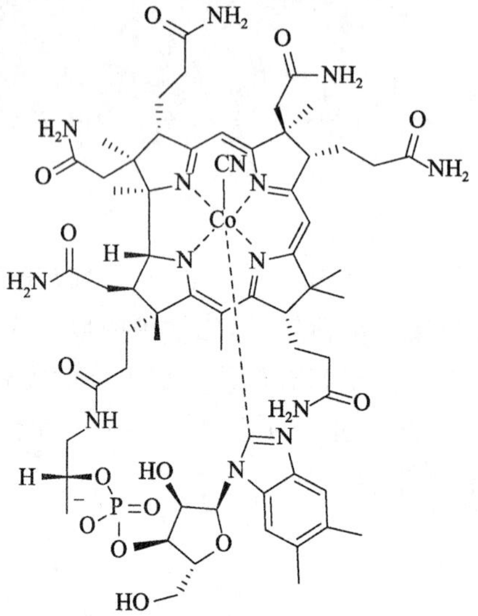

图8-9 维生素 B_{12} 的结构

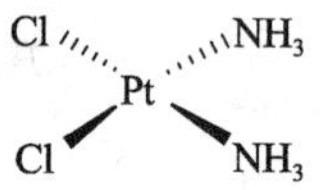

图8-10 顺铂的结构

拓展知识

➤ 1913年诺贝尔化学奖获得者：维尔纳(Alfred Werner)，瑞士人

维尔纳开创了现代配位化学的基础，被称为“配位化学之父”。他大胆地提出了新的化学键——配位键，并开创了配位理论，结束了当时无机化学界对配合物的模糊认识，而且为后来电子理论在化学上的应用及配位化学的形成开创了先河。由于在配位化学方面的开创性研究成果，维尔纳获得了1913年诺贝尔化学奖。

维尔纳提出的配位理论与当时流行的原子价理论有很大的出入，理论提出后受到一些化学家的冷遇与抵制。例如，英国化学家弗兰德一直攻击维尔纳的理论，至1916年才休止；丹麦著名化学家约根森自始至终与他论战。尽管面对的是这些有力的对手与经典化学的权威，但维尔纳没有退缩。他将自己后半生的全部精力致力于论证配位理论的实验工作。通过他与学生的有力验证，到20世纪初，配位理论逐渐为各国化学家所接受。此后，配位化学在世界范围内蓬勃发展。

➢ 1973年诺贝尔化学奖获得者：费歇尔（E. O. Ernst Otto Fischer），德国人；威尔金斯（Geoffrey Wilkinson），英国人

费歇尔和威尔金斯两位科学家是过渡金属有机化学和茂金属化学的开拓者，他们因在这方面的杰出贡献共同荣获了1973年的诺贝尔化学奖。他们主要从事过渡金属有机化合物的研究，尤其是二茂铁、二苯铬、环烯烃与过渡金属离子形成的π夹心配合物，以及著名的能催化氢化烯烃的威尔金斯催化剂——三（三苯基膦）氧化铑（$[RhCl(PPh_3)_3]$）的研究。这些以二茂铁为代表的有机金属化合物的合成，打破了划分无机和有机化学的旧界限，同时这些配合物可作为高效高选择性催化剂、汽油防爆剂、火箭助燃剂和抗辐射剂等，开创了合成材料的新天地。

➢ 1983年诺贝尔化学奖获得者：亨利·陶布（Henry Taube），美国人

1983年诺贝尔化学奖授予陶布，以表彰他对无机氧化还原反应机理的开拓性研究，特别是表彰其在金属配合物电子转移机理研究方面取得的重要成果。

1952年，陶布发表了论文“溶液中无机配合物取代反应的速率及机理”，指出取代反应速率与过渡金属配合物的电子构型存在密切关系，确切地阐明了配合物电子构型和活性的关系，并提出了外界和内界电子转移机理。他深入研究无机氧化还原反应所取得的成果，改变了人们原有的观念。他的研究成果及重要发现所产生的影响几乎涉及整个化学领域，特别是在金属配合物中电子的转移机理，以及电子通过金属间配位体桥的反应速度方面有出色的成果。他证实在混合价金属配合物中电子可借共振作用而离域。他的研究成果加深了人们对许多工业过程及各种生命体系本质的认识，同时也显示了发展基础研究工作的重要性。

➢ 1987年诺贝尔化学奖获得者：佩德森（Charles Pedersen），美国人；莱恩（Jean Marie Lehn），法国人；克拉姆（Donald Cram），美国人

1987年诺贝尔化学奖授予佩德森、莱恩和克拉姆3位化学家，以表彰他们在超分子化学理论方面的开创性工作。从此之后，超分子化学作为一门新兴的边缘科学快速发展起来。

1962年，佩德森用邻苯二酚和2,2′-二氯乙醚进行反应时发现产物中有未知物。经鉴定，这是一种大环的聚醚化合物。经过5年的深入研究，佩德森在1967年报道了对这种大环聚醚系统研究的成果并称之为“冠醚”。冠醚有一种很奇怪的性质，它一端的6个O原子使其易溶于水，另一端的—OH又使其能溶于有机溶剂，而且聚在一起的6个O原子正好能把一个K^+“抓住”。1968年，29岁的莱恩在佩德森的研究基础上，合成了一类在大环聚醚上再多一环的“穴醚”。穴醚可以与某些金属离子络合，把它包在“穴”中。后来，他又进一步合成了大三环、大四环的穴醚化合物，这些穴醚能识别不同的金属离子并把它们包在其中。他还提出了超分子的概念。克拉姆在佩德森研究的基础上，合成了一系列具有光学活性的冠醚化合物。具有分子识别能力的冠醚是主体结构，能够有选择性地与作为客体的分子起络合作用。克拉姆因此创立了“主客体化学”（也称主客体配合物化学）。主客体化学实际上是在研究模拟酶和底物的相互关系。这种模拟使人们对酶的催化作用有了进一步的了解，对研究生命体的运动有着极重要的作用。

➢ 2005年诺贝尔化学奖获得者：肖万（Yves Chauvin），法国人；格拉布（Robert H.

Grubbs),美国人;施罗克(Richard R. Schrock),美国人

2005年10月5日,瑞典皇家科学院宣布,将2005年诺贝尔化学奖授予肖万、格拉布和施罗克,以表彰他们在烯烃复分解反应研究领域做出的贡献。

烯烃复分解反应是有机化学中最重要且最有用的反应之一,在当今世界已被广泛应用于化学工业,尤其是在制药业和塑料工业中。1970年,肖万发表了一篇论文,提出烯烃复分解反应中的金属卡宾(一类金属有机化合物)作为催化剂形成金属杂环的环丁烷中间体的反应机理,这一理论为催化剂的定向合成与开发提供了理论基础。1990年,施罗克与他的合作者报道金属钼的卡宾化合物可作为非常有效的烯烃复分解催化剂,这是第一种实用的此类催化剂。该成果显示烯烃复分解可以取代许多传统的有机合成方法,并用于合成有机分子。1992年,格拉布等设计开发了具有明确结构的钌的复分解催化剂。此后,格拉布又对钌催化剂做了改进,这种"格拉布催化剂"成为第一种被普遍使用的烯烃复分解催化剂,并成为检验新型催化剂性能的标准。以这些发现为基础,学术界和工业界掀起了研究烯烃复分解反应、设计合成新型有机物质的热潮,这些发现为合成有机分子开辟了全新道路。

➢ 2016年诺贝尔化学奖获得者:索维奇(Jean-Pierre Sauvage),法国人;斯托达特(Sir James Fraser Stoddart),美国人;费林加(Bernard Lucas Feringa),荷兰人

2016年10月5日,瑞典皇家科学院宣布将2016年诺贝尔化学奖授予索维奇、斯托达特、费林加三位科学家,以表彰他们在分子机器设计与合成领域所做的贡献。

分子机器是指在分子层面的微观尺度上设计开发出来的机器,在向其提供能量时可移动执行特定任务。1983年,借助铜配位模板的方法,索维奇等掌握了对分子的控制技术,把两个环状分子组装起来,然后移走铜离子,得到机械键连接的两个环状分子。这是分子机器的突破性进展,分子部件从此可以连接在一起了。后来,索维奇又利用金属离子配位空间的要求,设计合成了一种索烃,它的其中一个环能在吸收能量后受控绕另一个环旋转,这是非生物分子机器的第一个雏形。1991年,斯托达特的研究组制造了环状分子结构与轴状分子结构的机械结合体——分子梭。1994年,斯托达特已经能够做到对分子梭运动状态的完全控制,使得它不再像在其他化学系统中那样,只会自由随机移动。索维奇团队也发展出能够控制拉伸和收缩移动的"分子肌肉"。1999年,费林加报道了第一例可以控制的、单向转动的、具有预期的旋转马达器件特征的分子机器。作为超分子化学的一个重要分支,三位科学家的开创性工作使得化学家在纳米层次上控制单分子和多分子的运动达到了前所未有的高度。诺贝尔奖评选委员会在声明中说,这三位获奖者发明了"世界上最小的机器",将化学发展推向了一个新的维度。

习 题

8-1 命名下列各配合物或配位单元,并指出形成体、配体、配位原子、配位数。

$[Zn(OH)(H_2O)_3]NO_3$	$[Co(NH_3)_5(H_2O)]Cl_3$
$[Fe(CO)_5]$	$[Co(NO_2)_3(NH_3)_3]$
$[Ca(EDTA)]^{2-}$	$[Cu(NH_3)_4]SO_4$

$K_3[Fe(SCN)_6]$　　$H_2[PtCl_6]$

$[Ag(NH_3)_2](OH)$　　$K[PtCl_5(NH_3)]$

8-2　指出下列配合物中哪些是内轨型配合物？哪些是外轨型配合物？

$[Cr(H_2O)_6]Cl_3$　　$K_3[Cr(CN)_6]$

$K_2[PtCl_4]$　　$K_2[Ni(CN)_4]$

$K_4[Mn(CN)_6]$　　$K_3[Fe(C_2O_4)_3]$

8-3　已知下列配合物的磁矩，根据配合物价键理论给出形成体的杂化轨道方式、价层电子排布及配位单元的几何构型。

$[Co(NH_3)_6]^{2+}$　　$\mu=3.9$ B. M.

$[Pt(CN)_6]^{2-}$　　$\mu=0$ B. M.

$[Mn(SCN)_6]^{2-}$　　$\mu=6.1$ B. M.

$[Co(NO_2)_6]^{4-}$　　$\mu=1.8$ B. M.

8-4　有两个组成相同但颜色不同的配合物，化学式均为 $CoBr(SO_4)(NH_3)_5$。向红色配合物中加入 $AgNO_3$ 后生成黄色沉淀，加入 $BaCl_2$ 后并不生成沉淀。向紫色配合物中加入 $BaCl_2$ 后生成白色沉淀，加入 $AgNO_3$ 后并不生成沉淀。写出这两个配合物的结构式和名称，并简述推理过程。

8-5　试解释为什么 $[Fe(CN)_6]^{4-}$ 为反磁性，而 $[Fe(CN)_6]^{3-}$ 为顺磁性。

8-6　用价键理论和晶体场理论分别描述下列配位单元的形成体的价层电子分布。

(1) $[Ni(NH_3)_6]^{2+}$（外轨型）

(2) $[Co(en)_3]^{3+}$（内轨型）

8-7　试解释为什么 $[Ni(H_2O)_4]^{2+}$ 的空间结构为四面体，而 $[Ni(CN)_4]^{2-}$ 的空间结构为正方形。

8-8　溶液中 Cu^{2+} 与 $NH_3 \cdot H_2O$ 的初始浓度分别为 0.20 $mol \cdot dm^{-3}$ 和 1.0 $mol \cdot dm^{-3}$，计算平衡时溶液中残留的 Cu^{2+} 的浓度。

8-9　计算 AgCl 在 1 dm^3 6 $mol \cdot dm^{-3}$ NH_3 溶液中的溶解度。

8-10　将 Na_2S 固体加入浓度为 0.1 $mol \cdot dm^{-3}$ 的 $[NiCN)_4]^{2-}$ 溶液中，使溶液中 S^{2-} 浓度为 0.1 $mol \cdot dm^{-3}$，判断能否产生 NiS 沉淀？如果是将 Na_2S 固体加入 0.1 $mol \cdot dm^{-3}$ 的 $[Co(NH_3)_6]^{2+}$ 溶液中，同样使溶液中 S^{2-} 浓度为 0.1 $mol \cdot dm^{-3}$，判断能否产生 CoS 沉淀？（忽略加入固体对溶液体积的影响）

8-11　已知 $Ag^+ + e^- \Longrightarrow Ag$ 的 $\varphi^\ominus=0.799$ V，$[Ag(NH_3)_2]^+$ 的 $K_d^\ominus=9.1\times10^{-8}$。不查表计算电对 $[Ag(NH_3)_2]^+/Ag$ 的 $\varphi^\ominus$。

8-12　已知

$Fe^{3+} + e^- \rightleftharpoons Fe^{2+}$　　$\varphi^\ominus=0.771$ V

$[Fe(CN)_6]^{3-} + e^- \rightleftharpoons [Fe(CN)_6]^{4-}$　　$\varphi^\ominus=0.358$ V

$Fe^{3+} + 6CN^- \rightleftharpoons [Fe(CN)_6]^{3-}$　　$K_f^\ominus=1.00\times10^{42}$

不查表，求反应 $Fe^{2+} + 6CN^- = [Fe(CN)_6]^{4-}$ 的 $K_f^\ominus$。

8-13 一原电池构成如下：

电极 A 铜片插入 2.0 $mol \cdot dm^{-3}$ $CuSO_4$ 和 10 $mol \cdot dm^{-3}$ NH_3 等体积混合组成的溶液中

电极 B 铜片插入 1.0 $mol \cdot dm^{-3}$ $CuSO_4$ 溶液中

若该原电池的电动势 $E = 0.39$ V，计算 $[Cu(NH_3)_4]^{2+}$ 的稳定常数 $K_f^\ominus$（$K_f^\ominus$ 不可查表）。

拓展习题

第9章　化学实验基本知识

9.1　化学实验室基本常识

9.1.1　化学实验室规则

实验室规则是人们长期在实验工作中归纳总结出来的，它是防止意外事故发生，保持正常从事实验的环境和工作秩序，做好实验的一个重要前提。人人必须遵守实验室规则。

(1) 实验前必须做好预习工作，明确实验内容、目的及注意事项，熟悉实验方法、步骤，掌握实验基本原理。

(2) 按时到实验室上课，不得迟到早退。进入实验室应穿长袖、过膝实验服，严禁穿短裤、拖鞋或凉鞋进入实验室。书包、衣物及其他与实验无关的物品须放在指定地方，不得影响实验。

(3) 进入实验室后，严格遵守实验室规则，保持室内安静、整齐，营造良好的实验环境。按要求进行实验分组，经教师同意后开始实验操作。要做规定以外的实验，应先征得教师的允许。

(4) 实验过程中，不得高声喧哗，不准随意走动，虚心接受教师的指导，严格按操作规程进行实验。实验中要细心大胆，仔细观察，如实记录，认真思考分析，切实提高实验操作能力。

(5) 实验台面、试剂架必须保持整洁。按规定的量取用试剂，注意节约。试剂取完后，应及时盖好原瓶盖并放回原处。

(6) 易燃、易爆品的使用应按教师的要求进行，不得违反操作规程。使用仪器设备时，应按要求安全操作。实验中如发现异常现象，应立即停止实验，及时向教师汇报并处理。实验中如发生事故，应立即停止实验并向教师报告，注意保护现场，认真检查，分析事故原因。

(7) 爱护公物，小心使用仪器和实验室设备。实验过程中如有仪器破损，应及时填写仪器报损单，经教师签署意见后向仪器室领取。实验室专用仪器、试剂不得擅自带出实验室。

(8) 节约使用水、电和实验耗材。实验中产生的废弃物按要求分类回收，严禁直接倾倒于实验室水槽中。

(9) 实验结束后，认真、如实地书写实验报告，不得抄袭和拼凑实验数据，按时送交教师批阅。

(10) 离开实验室前，关闭电源、气源和水源，做好仪器设备的整理、复原工作，做好实验室的清洁卫生工作，经教师检查同意后方可离开。

9.1.2 化学实验室安全规则

化学实验中使用的试剂种类繁多，其中不少为易燃、易爆、有毒或有腐蚀性的物质，存在不安全因素，若使用不当，很容易导致事故的发生。学生初次进行化学实验前，应进行必要的安全教育。进行实验时必须严格遵守安全规则，加强安全保护措施，保证实验正常进行。

(1) 实验开始前应检查仪器是否完整无损，装置是否正确稳妥，征得教师同意后，方可进行实验。

(2) 实验进行时，不得离开岗位。密切注意反应进行的情况和装置有无漏气、破裂等现象。

(3) 熟悉易燃、易爆、有毒或腐蚀性试剂的理化性质，按规定取用，同时采取必要的防护措施。

(4) 在进行有可能发生危险的实验时，要根据实验情况采取必要的安全措施，如戴防护眼镜、面罩或穿防护服等。

(5) 严禁在实验室内吸烟或进食，实验结束后要仔细洗手。

(6) 充分熟悉安全用具如灭火器材、沙箱及急救药箱的放置地点和使用方法，并妥善保管。安全用具和急救药品不准移作他用。

9.1.3 化学实验室常见事故的预防和处理

实验室安全工作坚持“安全第一，预防为主”的方针。实验中一旦发生意外事故，不可慌乱，要沉着冷静，有序处理。

1. 火灾的预防和处理

实验室中使用的有机溶剂大多数是易燃的，着火是实验室常见的事故之一，必须做好火灾的预防和处理工作。

为预防火灾，必须充分注意、切实遵守以下几点：

(1) 使用易燃溶剂时应远离火源。勿直火加热易燃液体，应在水浴中进行，且容器不可密闭，否则会引起爆炸。当附近有敞口的易燃液体时，切勿点火。在进行易燃物质的相关实验时，应先移走其他易燃物。

(2) 蒸馏易燃有机物时，装置不能漏气。如有漏气现象，应立即停止加热，待查明原因、消除隐患后方可继续实验。

(3) 回流或蒸馏易燃低沸点液体时，应放入沸石以防暴沸，严禁直火加热，加热速度宜慢，以免局部过热。

(4) 采用油浴加热时，必须避免水等物质溅入热油中，以免油外溅到热源上引起火灾。

(5) 当处理大量可燃性液体时，必须在通风橱内或指定的地方进行，同时确保室内无明火。

(6) 不得乱抛乱掷燃着的或带有火星的火柴梗、纸条等，也不得丢入废物缸中，否则易发生火灾等危险事故。

实验室如发生火灾事故，切莫惊慌失措，应沉着冷静、积极有序地参加灭火。如火情过大，应在采取一些必要的措施后，从消防通道撤离，同时拨打报警电话。

火灾的处理涉及两方面：一是防止火势蔓延升级；二是灭火。发生火灾时，首先熄灭附近所有火源，切断总电源，移开易燃易爆物品。然后根据不同的着火情况，视火势大小，采取不同的灭火措施。由于化学实验室的情况特殊，一般不用水灭火！通常采用隔绝空气的方法进行灭火。主要的灭火措施如下：

(1) 在着火初期，火势很弱且范围较小时，可用数层抹布把着火部分包裹起来。如小器皿(如烧杯或烧瓶)内着火，可盖上石棉板使之隔绝空气而熄灭，但绝对不能用嘴吹！

(2) 若油类着火，用砂或灭火器灭火，也可以撒干燥的固体碳酸钠或碳酸氢钠粉末灭火。

(3) 若电器着火，必须先切断电源，再用二氧化碳或四氯化碳灭火器灭火，绝不能使用水或泡沫灭火器，以免触电。

(4) 若衣服着火，切勿慌张乱跑，应赶快脱下衣服，或立即在地上打滚，或盖上石棉毡或毛毡等一类东西，使之隔绝空气而熄火。

总之，失火时应根据起火原因和火场周围的情况，采取相应的方法灭火，无论使用哪一种灭火器材，都应遵从先四周后中心的原则。实验室配备的灭火工具通常包括灭火器、消火砂、石棉毡等，平时要注意它们存放的位置，学习使用方法，定期对它们进行维护，一旦出现起火情况，可及时投入使用。

2. 爆炸的预防

对于易爆炸的固体，如重金属乙炔化物、苦味酸金属盐、三硝基甲苯等都不能受到重压或撞击，以免引起爆炸。对于危险的残渣，必须小心销毁。切勿使易燃易爆的气体接近火源。有机溶剂如乙醚和汽油一类的蒸气与空气混合后，很可能会因一个火花引起爆炸。注意可燃气体与助燃气体必须分开存放与使用。高压气体钢瓶使用时必须固定，避免倒地或受到撞击，否则会引起爆炸事故。

3. 触电的预防和处理

使用电器时，应防止人体与电器导电部分直接接触，不能用湿手或手握湿的物体接触电器插头。为防止触电，装置和设备的金属外壳等都应连接地线。实验结束后必须切断电源，并将电器插头拔下。一旦发生触电现象，应先切断电源再行施救。

4. 化学中毒、化学灼伤的预防和处理

化学中毒主要有吸入有毒蒸气、皮肤吸收有毒药品、有毒物质入口等几种情况。化学灼伤则是皮肤直接接触强腐蚀性物质、强氧化剂或强还原剂等引起的局部外伤。预防化学中

毒、化学灼伤的措施如下：

(1) 实验时应一直戴护目镜(平光玻璃或有机玻璃眼镜)，防止眼睛受刺激性气体熏染，防止化学药品(特别是强酸、强碱)、玻璃屑等异物进入眼内。

(2) 禁止用手直接取用任何化学药品。使用有毒药品时，除使用药匙、量器外，还必须戴橡皮手套，实验后立即清洗仪器用具，并用肥皂洗手。

(3) 尽量避免吸入任何试剂和溶剂蒸气，处理具有刺激性或有毒的化学试剂如 H_2S，Cl_2，Br_2，SO_2，SO_3，HCl，HF 或浓硝酸、发烟硫酸、浓盐酸、乙酰氯等时，必须在通风橱中进行，并保持实验室通风良好。通风橱开启后，不能把头伸入橱内。

(4) 严禁在酸性介质中使用氰化物。不能用乙醇等有机溶剂擦洗溅在皮肤上的药品，这种做法会加快皮肤对药品的吸收速度。

(5) 禁止口吸移液管或吸量管移取液体，尤其是浓酸、浓碱和有毒液体，应该使用洗耳球吸取。禁止品尝化学试剂。

(6) 不要俯向容器直接嗅闻气体。面部应远离容器，用手把离开容器的气流慢慢地扇向鼻孔。

一旦出现化学中毒的情况，应根据毒物的性质采取相应的急救措施。① 如果是有毒气体中毒，应将中毒者移至空气新鲜、流通的地方，解开其衣领及纽扣；如中毒者吸入少量 Cl_2 或 Br_2，可用 $NaHCO_3$ 溶液漱口，并饮用牛奶；如被 SO_2，Cl_2 刺激眼部，可用 $NaHCO_3$ 溶液充分洗涤。对 H_2S 中毒者禁止口对口人工呼吸。② 如果误服强酸，中毒者应饮用鸡蛋清、牛奶、植物油，再服用氢氧化钠膏、氢氧化铝凝胶；如果误服强碱，也要服用稀释的米醋或 2% 的醋酸、酸果汁、鸡蛋清、牛奶等。不论酸或碱中毒，都需灌注牛奶，但不要吃呕吐剂。严重者应及时送往医院。

一旦出现化学灼伤现象，下列各种急救法，仅为暂时减轻疼痛的措施，在紧急处理之后，应立即到医院诊治。① 酸灼伤时，先用大量水冲洗，然后用饱和 $NaHCO_3$ 溶液(或稀氨水、肥皂水)洗，再用水冲洗，最后涂上油膏并包扎好。如果酸溅入眼内，应抹去溅在外面的酸，立即用水冲洗，用洗眼杯或将橡皮管套在水龙头上用慢水冲洗眼睛，再用稀 $NaHCO_3$ 溶液洗，最后滴入少许蓖麻油。② 碱灼伤时，先用大量水冲洗，然后用饱和硼酸溶液、2% 醋酸溶液洗，再用水冲洗，最后涂上油膏并包扎好。如果碱溅入眼内，应抹去溅在外面的碱，立即用水冲洗，再用饱和硼酸溶液洗涤，最后滴入少许蓖麻油。③ 溴灼伤时，立即用 20% $Na_2S_2O_3$ 溶液冲洗，或用甘油洗，再用大量水冲洗干净，包上消毒纱布。

5. 烫伤的处理

在实验室里，被热烧瓶、烧杯等烫伤是常见的事故。若为轻微烫伤，应立即将伤处用大量水冲洗或浸泡 10～15 min，迅速降温避免余温烧伤，再在伤处涂些烫伤膏后包扎；若伤处起水泡则不宜挑破，可涂擦饱和 $NaHCO_3$ 溶液或用 $NaHCO_3$ 粉调成糊状敷于伤处，也可涂烫伤膏，再用纱布包扎后至医院治疗；若伤处皮肤已破，可涂些紫药水或 1% $KMnO_4$ 溶液，用纱布包扎后至医院治疗。

6. 创伤的处理

在实验室里，创伤是常见的事故。伤处不能用手抚摸，也不能用水洗涤。若是玻璃割伤，要仔细清查伤口处的玻璃碎粒。若伤势不重，待血流片刻后，用消毒棉花和硼酸水（或双氧水）洗净伤口，搽上碘酒后包扎好；若伤口较深，流血不止时，可在伤口上下 10 cm 处用纱布扎紧，减慢血流，有助血凝，并随即将伤者送往医院就诊。

9.1.4 实验室废弃物的处理

化学实验过程中必然会产生很多废弃物，即废渣、废液和废气（简称“三废”），多是有毒有害物质，有些甚至是剧毒或致癌物质，必须对其进行分类收集、存放，集中处理。

少量有毒有害气体可通过通风设备（通风橱或通风管道）经稀释后排至室外。大量有毒有害气体必须进行处理，可安装相应的气体吸收装置或与氧气充分燃烧，尽量控制和减少有毒有害气体的排放。如含 N,S,P 等的酸性气体可用导管通入碱液中，使其被吸收后再排放。

严禁直接将废液排入下水道。应根据废液的化学特性选择合适的容器和存放地点，密闭存放，禁止混合存储。容器应防渗漏，存放地应通风良好。一般废液可通过酸碱中和、混凝沉淀、NaClO 氧化等处理后排放。有机溶剂废液应根据其种类、性质收集于污桶后，经蒸馏、精馏等尽可能回收。无回收价值的有机废液可采用活性炭吸附法、H_2O_2 氧化法处理，或经燃烧炉完全燃烧。废酸、废碱液须经中和至近中性方可排放。一般有毒有害废液应按照要求分别收集在相应的容器中，并贴上标签注明废液的种类和日期，交由专业公司处理。剧毒、易燃、易爆废液的储存应按危险品管理规定处理，须按照相应的无害化处理方法处理后再收集到容器中。

废渣（固体废弃物）无害化处理后放入指定的公共废物箱中，交由专业公司处理。

在不具备独立进行相应处理的条件时，应将“三废”集中收集，交专门的处理机构处理。

9.2 实验数据的采集、处理与分析

许多化学实验常需要进行定量分析，分析结果是否准确可靠与结论的正确与否直接相关。然而，绝对准确的测定方法是没有的，分析过程中的误差是客观存在的。这就要求我们不仅要正确操作，还需要根据实际情况正确测定、记录和处理实验数据，使分析结果达到一定的准确度，满足实际需要。同时还要了解分析过程中产生误差的原因及其规律性，采取相应措施减小误差，使测定结果尽可能接近真实值。因此，必须掌握误差及有效数字的正确的概念，掌握分析和处理实验数据的科学方法。

9.2.1 误差的种类及其产生的原因

在定量分析中，由于受分析方法、测量仪器、所用试剂及分析人员主观条件等方面的限制，因而不可避免地会出现测定结果和真实值不完全一致的现象。误差是指测定值与真实值之间的差值。根据误差产生的原因及性质，可以将误差分为系统误差、随机误差和过失误

差 3 类。

系统误差又称可测误差，是某种固定原因引起的结果误差，有方法误差、仪器误差、试剂误差、操作误差 4 种，具有明显的规律性，通常是影响测定结果准确度的重要因素之一。在同一条件下，进行重复测定时，系统误差会重复出现，其大小与正负往往可以测定，若能找出其产生的原因，是可以设法减小或消除的。

随机误差又称为偶然误差、不定误差，是由随机的偶然因素引起的，其特点是不恒定，无法校正，数据的分布符合统计学规律，如大误差出现机会少，小误差出现机会多，大小相等的正负误差出现机会均等。例如，测定过程中温度、湿度、气压的微小变动，使用分析天平时突然的震动等都会引起测量数据的波动。对同一样品，可以通过增加平行测定次数(一般为 2～4 次)，取其平均值来减小随机误差。

过失误差是由于操作人员粗心大意或不遵守操作规程所引起的差错。例如，读错刻度，看错砝码，加错试剂，记录或计算出错，操作中溶液溅失等。过失误差没有任何规律可循，也是造成准确度不高的重要因素之一。通过加强责任心，严格按操作规程认真操作即可避免。在实验中，属于明显过失引起的错误的测定数据，应该舍弃。

9.2.2 实验数据的处理

数据处理的任务就是要通过对少量实验数据的合理分析，对分析结果做出正确的判断，对结果的可靠性与精密程度给出正确的表述。

通常在分析实验中，对一个试样平行测定 2 至 4 次，得各自观测值 x_i，其真实值为 μ，先计算出平均值 $\bar{x}$，再计算绝对误差 E_i 和相对误差 E_r、平均偏差 $\bar{d}$ 和相对平均偏差 $R\bar{d}$。如果分析结果的相对平均偏差小于或等于 0.2%，可认为符合要求，取其平均值写出报告。否则，应重做实验。

例如，测定一溶液的浓度，三次测定结果为 0.6241，0.6238，0.6244 $mol \cdot dm^{-3}$。经计算：

$$\text{平均值 } \bar{x} = \frac{0.6241+0.6238+0.6244}{3} = 0.6241$$

$$\text{平均偏差 } \bar{d} = \frac{0+0.0003+0.0003}{3} = 0.0002$$

$$\text{相对平均偏差 } R\bar{d} = \frac{0.0002}{0.6241} \times 100\% = 0.03\%$$

显然相对平均偏差小于 0.2%，符合要求，可用 0.6241 $mol \cdot dm^{-3}$ 写报告分析结果。

如果测定次数在 4 次以上，要对总体平均值可能存在的区间做出估计，就要进行统计处理。

在一系列平行测定所得的数据中，常常会有个别数据与其他数据偏离较远，这些偏离的数据称为可疑值或异常值。例如，在分析某一含氮试样时，平行测定了 4 次，测定结果分别为 0.5142，0.5164，0.5162 和 0.5168。其中 0.5142 这个值偏离其他值较远，为可疑值。若为获得精密度较好的分析结果，随意将其舍弃，这种做法不妥。只有确知在该值测定过程中有错误时，才能将它舍弃；否则，就必须根据误差理论的规定，决定可疑值的取舍。

9.2.3　提高分析结果准确度的方法

在定量分析中，不同的分析方法有不同的准确度和灵敏度。在测定含量较高的组分时，宜采用重量法和滴定分析法，虽然灵敏度不太高，但能获得较准确的结果，分析结果的相对平均偏差小于 0.2%。在测定含量低的组分时，则应选用灵敏度高的仪器分析方法。在确定测定方法后，可采用下述方法提高分析结果的准确度。

1. 减小测量误差

不同的分析目的要求有不同的准确度，为了达到分析工作规定的允许误差，在整个分析过程中，必须控制各测量步骤的误差。如果某一步造成的误差超过允许值，其他各步无论多么准确也失去了意义。

例如，用称量法称样，需要两次读数，一般分析天平的称量误差为 ±0.0002 g，为保证测量相对平均偏差不超过 0.1%，须称取试样量为 0.2 g(称准至小数点后第四位)。如果允许称量的相对平均偏差为 0.2%，则称取试样重 0.1 g 即可。

又如，在滴定分析中，滴定管读数误差为± 0.02 mL(读两次)，为了使测量时的相对误差不超过 0.1%，则消耗滴定溶液的体积至少为 20 mL。

2. 增加平行测定次数，减小随机误差

在消除或减少系统误差的前提下，如果严格遵守操作规程，平行测定次数越多，分析结果的平均值越接近真实值。即增加测定次数，用“多次测定取平均值”的办法可以减小随机误差。在一般分析中，平行测定 3 至 5 次，就可获得较准确的分析结果。

3. 消除系统误差

1）对照实验

对照实验就是用已知含量的标准试样与待测试样，按同样的方法进行分析对照；或者用标准方法及其他可靠的分析方法进行对照。根据标准试样(或标准方法)分析结果，判断试样分析结果有无系统误差。

2）回收实验

称取等量试样两份，向一份试样中加入已知量的被测组分，然后平行测定两份试样，根据加入的被测组分是否可以定量回收，即可判断有无系统误差。

3）空白实验

空白实验是指在不加试样的情况下，按照与试样相同的操作程序和条件进行分析，所得结果称为空白值。从试样分析结果中扣除空白值后，便可得到更接近真实含量的分析结果。

如空白值过大，就必须提纯试剂及蒸馏水，或选用适合的器皿。空白实验可用来减小或消除由试剂、蒸馏水、实验器皿等引起的系统误差。

4）校准仪器

如果实验允许误差为 1%，可不必校准仪器。在要求分析误差为 0.2%时，A 级(一等)

滴定管、移液管、容量瓶也可不校准。在精确的分析中，如使用B级(二等)仪器，必须进行校准。分析天平与砝码也要定期检定，确保应有的准确性。

容量仪器校准后，求出校准值，并在计算结果时加以采用，可消除仪器误差。

9.2.4 有效数字及计算规则

为了得到准确的测量结果，不仅要正确使用各种测量仪器来测量数据，而且要正确地记录和计算。用数据来表达测量结果时，一方面反映测定值的大小，另一方面反映测定的可靠程度，所以在记录和计算中某一个数据保留几位是十分重要的。如果记录的数据与所用分析方法和测量仪器的准确度不符合，那么做出的报告也是难以令人信服的。

1. 有效数字

有效数字(significant figure)是指在分析测量时能测量到的具有实际意义的数字，包括全部准确数字和最后一位不确定的可疑数字。例如，用万分之一分析天平进行称量，称得无水 Na_2CO_3 质量 2.6132 g，它是五位有效数字，前四位是准确的，最后一位是可疑的，可能有 ±0.0001 g 的误差，这种误差来源于估计的不可靠性，故有时称为不确定度(uncertainty)。最后一位虽可疑，但绝非臆造，能正确地反映出观测的精确程度。

计算数据和计算结果时应保留几位数字，一定要根据测定方法和使用仪器的准确度来确定。如滴定管读数能准至 ±0.01 mL，因此，如滴定时用去 23.20 mL，就不可记录为 23.2 mL。用感量为 0.01 g 的台秤称量某一试样的质量，如果称量为 14.60 g，则应记录为 14.60 g，不能写成 14.6 g 或 14.600 g。

数字“0”在不同的位置，所起的作用是不同的，它可以是有效数字，也可以不是有效数字，应作具体分析。例如：

0.0470　　三位有效数字

3.0000　　五位有效数字

0.0470 中有三个“0”，在“4”前面的两个“0”只起定位作用，不是有效数字；“7”后面的“0”与 3.0000 中的四个“0”都有实际意义，是有效数字。

还有一些数字，它的有效数字位数较含糊，应根据实际情况加以明确表示。如 46500，它可能意味着下列情况之一：

4.65×10^4　　三位有效数字

4.650×10^4　　四位有效数字

4.6500×10^4　　五位有效数字

因此，书写这类数据时最好以上述科学表示法之一表示，以便准确地表示出它究竟有几位有效数字。

化学分析中，常遇到倍数或分数关系，因为它是自然数，非测量所得，可视为无限多位有效数字。

对于 pH，pOH，$pK_a^{\ominus}$，lg *c* 等对数值，其有效数字的位数，仅取决于尾数部分的位数。整数部分只代表该数原值的幂次方，作用相当于 0.0470 中“4”前面的“0”。例如：pH＝9.18 为两位有效数字，换算为 $c(H^+)$ 时，$c(H^+)=6.6\times10^{-10}$；$pK_a^\ominus=5.73$ 为两位有效数字，换算为 $K_a^\ominus$ 时，$K_a^\ominus=1.8\times10^{-6}$。

此外，计算有效数字位数时，若第一位有效数字大于8，在有关运算中，其有效数字位数可多算一位。例如：9.72与10.04其相差接近(约为千分之一)，因此，9.72可以认为是四位有效数字。

2. 有效数字的修约

在处理数据过程中，涉及各测量数据的有效位数可能不同。因此，为了达到分析要求的准确度，同时减少计算麻烦，就要按一定计算规则规定应保留数字的位数而弃去多余的数字，即进行数字的修约(rounding)。

根据国家标准(GB 3103—93)，数字的修约规则有两种，在化学分析中为了使修约误差最小，常采用"四舍六入五成双"。即测量数值中被修约的那个数字等于或小于4时，该数字舍去。等于或大于6时，则进位。等于5且后面的数皆为0时，则视5前面的数而定，若5前面的数为偶数，则舍去，若5前面的数为奇数，则进位。当5后面还有不为0的任何数时，无论5前面是偶数或奇数，都进位。

如将下列测定值修约为两位有效数字，结果应为

5.478	5.5
3.530	3.5
2.450	2.4
2.550	2.6
2.4502	2.5
2.5499	2.5

在进行数字的修约时，如进行多次修约可能会产生误差，因此推荐一次完成修约。如2.5499修约为两位有效数字时，不能先修约为2.550，再修约为2.6，而应一次修约为2.5。

3. 有效数字的计算规则

1) 加减法

有效数字加减后的和或差的有效位数以原始数据中小数点后位数最少、相对误差最大的数据确定。用科学表示法表示的数据要先化成相同的指数，然后再加减。

如将2.51，16.419，35.6250三个数字相加时，首先找出小数点后位数最少的数为2.51，其绝对误差0.01为最大，以它为标准，可用两种方法计算结果：① 将各个数直接相加，然后修约结果；② 先修约各个数，然后再相加。

先加后修约　$2.51+16.419+35.6250=54.554\longrightarrow54.55$

先修约后加　$2.51+16.419+35.6250\longrightarrow2.51+16.42+35.62=54.55$

有时为减小舍入误差的累积，在修约各个加数时，小数位数最少的数多保留一位有效位数。例如：

先加后修约　$1.25+2.4375+3.27502=6.96252\rightarrow6.96$

修约成小数点后 2 位再相加　1.25＋2.4375＋3.27502→1.25＋2.44＋3.28＝6.97

修约成小数点后 3 位再相加　1.25＋2.4375＋3.27502→1.25＋2.438＋3.275＝6.963→6.96

显然第三种方法既简单，准确度也高。

和或差的有效数字位数可能超过或低于原始数据。例如：

5.345＋6.928＝12.273(多一位有效数字)

7.26－6.69＝0.57(少一位有效数字)

2）乘除法

几个数乘除时，积或商的有效数字根据原始数据中有效数字位数最少(相对误差最大)的数确定。这样，结果的相对误差才会与各数中相对误差最大的数相适应。例如，0.0138，8.2671×10^{-5}，21.67 三个数相乘，有效数字的保留以 0.0138 为准。结果为

$$0.0138\times8.2671\times10^{-5}\times21.67=2.4722431866\times10^{-5}\rightarrow2.47\times10^{-5}$$

或　$0.0138\times8.2671\times10^{-5}\times21.67\rightarrow0.0138\times8.267\times10^{-5}\times21.67=2.472213282\times10^{-5}\rightarrow2.47\times10^{-5}$

最后结果仍然保留三位有效数字。10 的次方不影响有效位数。

在计算过程中，为避免修约造成误差的累积，可多保留一位有效数字进行计算，最后再将计算结果按修约规则修约。

3）对数和反对数

对数尾数的有效数字位数应与真数的有效数字位数相同。例如：

$$\lg \underbrace{672}_{\text{真数}}=\underbrace{2}_{\text{首数}}.\underbrace{827}_{\text{尾数}}$$

因为 672 可写成 6.72×10^{2}，它的对数的首数相应于 6.72×10^{2} 中 10 的幂，起决定小数点位置的作用。

将对数转换成反对数时，有效位数应与尾数的位数相同。例如：

$$\lg 10^{-3.42}\text{的反对数为 }10^{-3.42}=3.8\times10^{-4}$$

又如，$c(H^{+})=6.6\times10^{-9}\ mol\cdot dm^{-3}$ 的溶液，pH 应为 8.18，而不是 8 或 8.2。

4. 有效数字运算在实际中的应用

1）正确地记录测量数据

如用万分之一的天平，称得某试样 0.2580 g，只能记为 0.2580 g，记成 0.258 g 或 0.25804 g 均不正确。

2）正确地选取用量和选用适当的仪器

如实验误差为 0.1 %，用万分之一的天平采用减量法称量应不低于 0.2 g。若称取 2 g 样品，用千分之一的天平即可，因为它已满足称量准确度的要求。

3）正确地表示分析结果

如分析某试样中的铁含量时，称样品 3.4 g，甲两次测定结果含铁量(质量分数)为 0.31 和 0.33，乙两次测定结果为 0.321 和 0.324，其中甲表示的结果正确，因为称样的准确度为

$$\frac{\pm 0.1}{3.4}\times 100\% = \pm 2.9\%$$

甲分析结果的准确度为

$$\frac{\pm 0.01}{0.32}\times 100\% = \pm 3.1\%$$

乙分析结果的准确度为

$$\frac{\pm 0.001}{0.322}\times 100\% = \pm 0.31\%$$

显然乙分析结果的准确度大大超过了称样的准确度，因此所出报告是不符合实际的。

9.3 实验预习、记录和报告

为达到实验目的、取得较好的实验结果，实验课前须做好预习。预习时应认真阅读实验教材和相关参考文献，明确实验目的和实验要求，弄清实验原理，熟悉实验方法和实验步骤。预习时还需思考实验中的注意事项，做到胸有成竹。在预习的基础上，完成预习笔记，预习笔记应包括：① 实验目的和原理；② 简单明了的实验步骤或相应的记录表格；③ 实验注意事项和预习中的存疑。

实验过程中，应认真完成实验，细心观察实验现象，并及时记录观察到的现象和测得实验数据。实验记录务必实事求是，不可捏造事实和编造数据；实验记录必须详细及时，不可不记或补记；实验记录还应做到字迹工整，以免过后无法看懂。实验完成后，实验记录需经教师签字。

实验结束后，根据实验记录进行归纳总结、分析讨论，认真完成实验报告。实验报告应简明扼要、书写工整。实验报告内容除包括实验目的、实验原理外，还要以简图、表格的形式表示出实验步骤，观察到的实验现象和测得的实验数据需在表格中反映出来，同时还要对实验现象和实验数据进行分析、解释，并给出结论，最后完成实验思考题等。

实验报告的一般格式要求如下：

(1) 实验名称。每篇实验报告都有名称，一般由教材指定实验名称。实验名称应该简洁、鲜明、准确。

(2) 实验目的与要求。指出为什么要进行此项实验，经过此项实验应掌握什么化学原理和方法、实验知识和技能。

(3) 实验原理。实验原理是进行实验的理论依据，常常要求给出反应的方程式和反应机理。

(4) 仪器、试剂和材料。应罗列出实验所需的主要仪器、试剂和材料，特殊仪器、试剂、材料需要加以介绍。

(5) 实验步骤。实验步骤通常都是按照操作时间先后分成几步进行并在前面标注序号。操作过程的说明要简单、明了、清晰，要着重注明实验中需注意的地方。实验步骤有时可画成用箭头表示的示意图。

(6) 实验现象与原始数据。应及时、正确、客观地记录实验现象与原始数据，绝对不能做完实验后再补。对于实验中出现的异常现象和异常数字要记下当时的情况，便于做完实验后分析。

(7) 数据处理。对整个实验记录进行处理，数字处理方法必须符合规定。对于合成化合物的实验还应有反应的产率，对于分离、提纯物质的实验还应有回收率。

(8) 实验结果。实验结果是整个实验的核心和成果，为准确起见，应采用化学专业术语来描写。

(9) 讨论或结论。讨论是对影响实验的主要因素、异常现象或数据的解释。结论是根据实验结果做出的最后判断，叙述时可以引用关键性数据与结果，采用明确、肯定的语言。

下面是实验报告示例。

实验 12.4　水硬度的测定

实验目的

实验原理

实验内容

1. 总硬度的测定

2. 钙硬度的测定

3. 镁硬度的测定

数据记录与处理

编号		1	2	3
EDTA 标准溶液浓度/($mol \cdot dm^{-3}$)				
水总硬度测定	滴定管终读数/mL			
	滴定管初读数/mL			
	EDTA 用量 V_1/mL			
	总硬度/°dH			
	总硬度平均值/°dH			
	相对平均偏差/%			
钙镁硬度测定	滴定管终读数/mL			
	滴定管初读数/mL			
	EDTA 用量 V_2/mL			
	钙硬度/°dH			
	钙硬度平均值/°dH			
	相对平均偏差/%			
	镁硬度/°dH			

讨论

9.4 化学实验常用仪器及其洗涤和干燥

9.4.1 化学实验常用仪器

玻璃具有良好的化学稳定性，化学实验需大量使用玻璃仪器及器皿。玻璃可分为硬质玻璃和软质玻璃两种。软质玻璃的耐热性、硬度、耐腐蚀性较差，但透明度好，一般用于制造非加热仪器，常见的试剂瓶、漏斗、量筒、吸量管、移液管等都用软质玻璃加工制造。硬质玻璃的耐热性、耐腐蚀性、耐冲击性都较好，经常用于制造烧杯、试管、蒸馏瓶和冷凝管等。

常用的部分玻璃仪器见图 9-1。

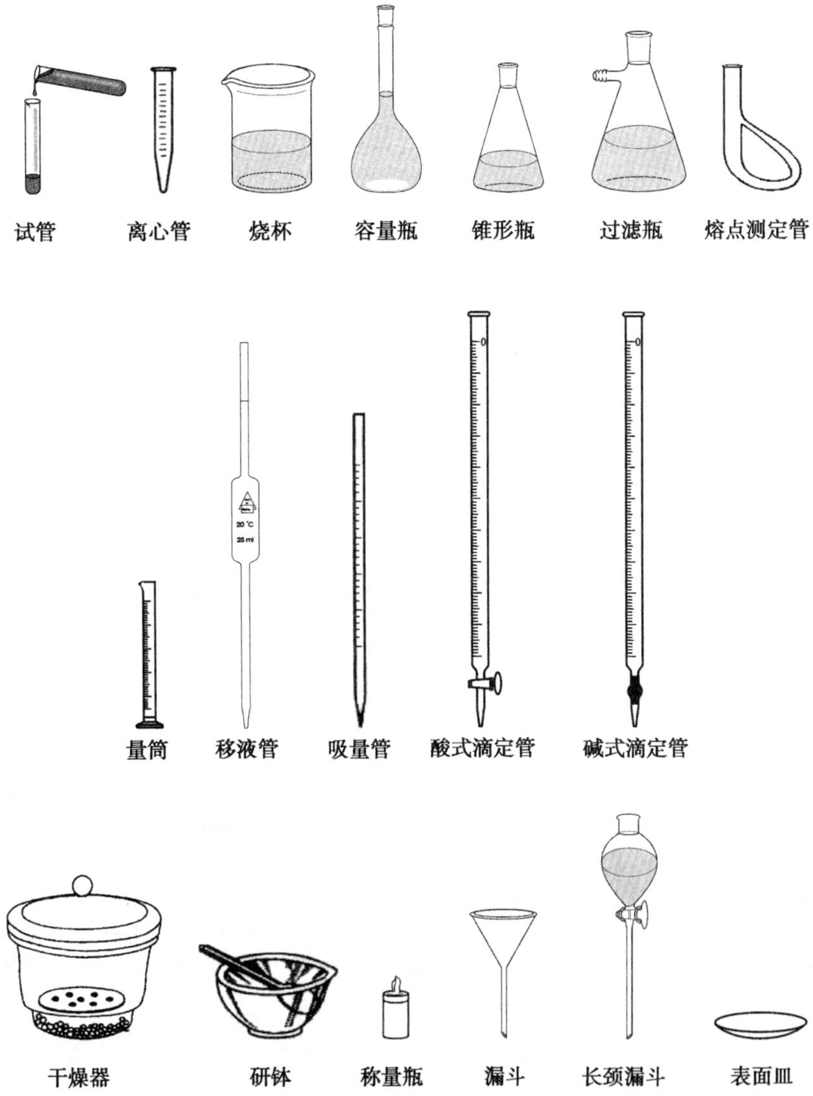

图 9-1 常用的普通玻璃仪器

在化学实验中，还常用带有标准磨口的玻璃仪器(见图 9-2)。磨口分内磨口和外磨口，均按标准尺寸磨制。标准磨口的玻璃仪器的每个部件在其磨口塞的上或下显著部位均有烤印的白色标志，表明规格。常用的有 10，12，14，19，24，29，34，40 等。有的标准口玻璃仪器有两个数字，如 10/30，10 表示磨口大端的直径为 10 mm，30 表示磨口的高度为 30 mm。磨口套管和磨口塞应由同种玻璃制成。由于仪器口塞尺寸的标准化、系统化，有严格执行标准[锥度误差均为(1±0.006)：10]，且可磨砂密合，所以凡属于同类型规格的接口，均可任意连接，各部件能组装成各种配套仪器。不同类型规格的部件无法直接组装时，可使用转换接头连接。使用标准口玻璃仪器，操作方便，便于清洗，既可免去配塞及钻孔等过程，又能避免反应物或产物被塞子污染，而且磨口塞磨砂性能良好，其密合性可达较高真空度，用于毒物或挥发性液体的实验时较为安全。

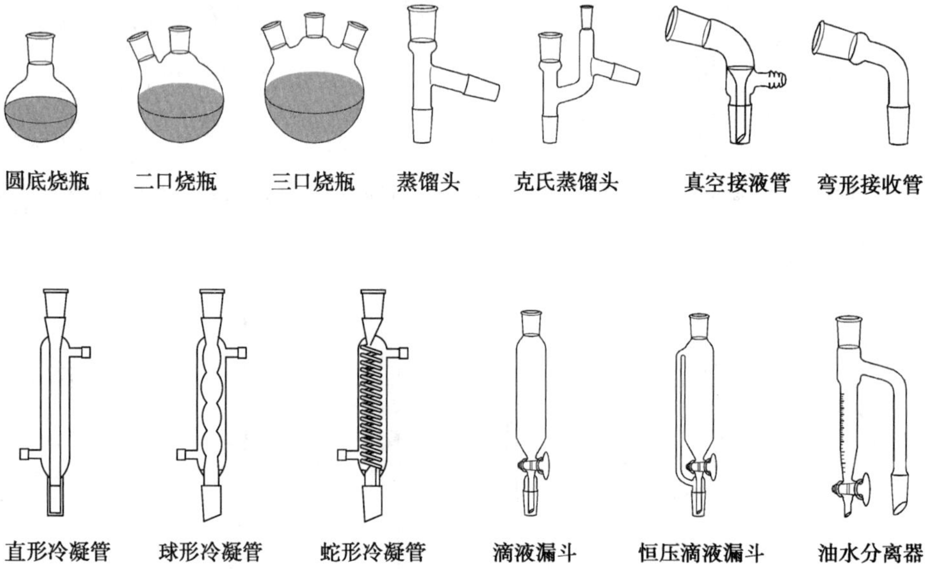

图 9-2　常用的标准磨口玻璃仪器

常用的部分其他仪器见图 9-3。

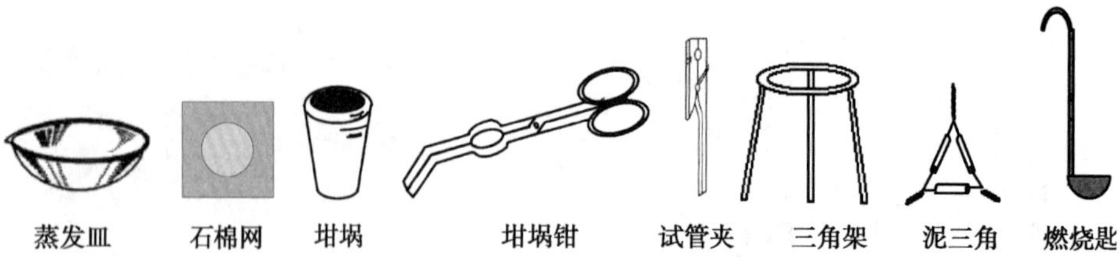

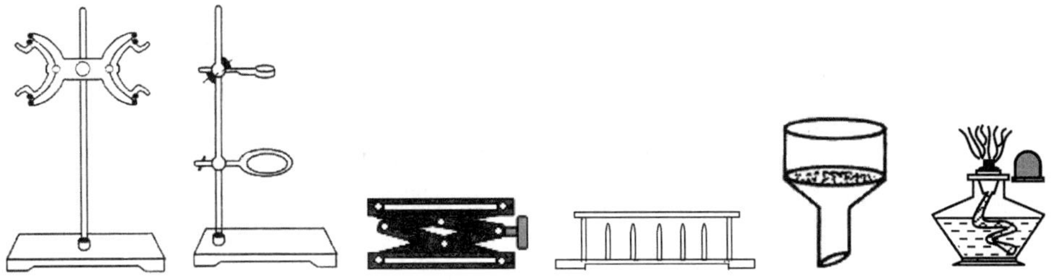

图 9-3　其他常用仪器

9.4.2　玻璃仪器的洗涤和干燥

化学实验过程中要使用各种玻璃仪器，进行实验必须使用清洁的玻璃仪器，实验用过的玻璃仪器必须立即洗涤。为了得到准确的分析结果，玻璃仪器的洗涤必须符合要求。玻璃仪器是否清洁的标志是，加水倒置，水可以沿玻璃仪器的器壁均匀流下，器壁被水均匀润湿后只有一层既薄又均匀的水膜，无水珠附着在上面。洗净后的仪器，不能用布或纸擦拭，以免布、纸纤维留在器壁上弄脏仪器。

洗涤玻璃仪器的方法很多，应根据实验要求、污物的性质和仪器的性能来选用。

1. 非定容玻璃仪器的洗涤

非定容玻璃仪器是指没有准确刻度的仪器，如烧瓶、烧杯、试管、漏斗、表面皿等。常用水和毛刷刷洗非定容玻璃仪器，以除去仪器上的尘土、可溶性杂质和不溶性杂质。根据仪器的大小和形状选用合适的毛刷，洗涤时要防止毛刷的铁丝损坏仪器。若仪器上附着油污或有机物质，可用去污粉（或洗涤剂）进行洗刷，仍不能洗净的，可用热的碱液洗涤。对某些附着物也可以用稀硝酸洗涤。然后用清水连续冲洗，最后用去离子水润洗三次。

2. 定容玻璃仪器的洗涤

在进行精确定量分析时，要用到定容仪器。定容仪器是指具有准确刻度的分析仪器，如吸量管、移液管、滴定管、容量瓶等。定容仪器及形状特殊、不能用刷子洗刷的仪器，可以用铬酸洗液清洗。

铬酸洗液是一定量的 $K_2Cr_2O_4$ 与浓硫酸的混合液，具有很强的氧化性和去污能力。由于洗液的腐蚀性很强且有毒，在使用时要注意安全。用洗液洗涤仪器时，先往仪器内慢慢加入少量的洗液（约仪器总容量的 1/5），将仪器慢慢转动，使洗液充分浸润器壁。再转动仪器，使洗液在仪器器壁流动，10 min 后把洗液倒回洗液容器内，再用水冲洗，最后用去离子水润洗。若洗液颜色变绿，表示已失效，丧失了去污能力，应该弃去，不能再倒回洗液容器中。

除了上述洗涤方法外，还有超声波清洗。超声波清洗特别适用于有深孔、盲孔、凹凸槽等玻璃仪器的洗涤。只要把欲清洗的玻璃仪器放在超声波清洗槽中（槽内提前注入适量的水或含适量洗涤剂的溶液），接通电源，就可利用声波的能量和振动进行清洗。清洗过的玻璃仪器再用蒸馏水或去离子水冲洗干净即可。

3. 玻璃仪器的干燥

在实验中，经常需用干燥的玻璃仪器。干燥玻璃仪器的方法主要有以下几种：

(1) 自然风干。通常情况下，每次实验后应将仪器洗净，倒置在干燥架上使之自然风干。下次实验时如不是绝对无水操作，可直接使用自然风干后的玻璃仪器。

(2) 烘干。化学实验室一般都配备红外烤箱和电热(鼓风)干燥箱，可用于需要绝对无水操作的玻璃仪器的干燥。把玻璃仪器按从上往下的顺序放入烘箱，仪器口向上，带有磨口塞的仪器，必须取出活塞，才能烘干。烘箱内温度保持在 100～105℃，约 0.5 h，待烘箱内温度降至室温后方可取出玻璃仪器。切勿把很热的玻璃仪器取出，以免破裂。向已工作的烘箱内放入湿的玻璃仪器时，不可放在上层，以免水滴下落至下层的热仪器上，使其骤冷而破裂。不能将带有塑料组件的仪器直接放入烘箱，要先拆除塑料组件，以防高温下塑料软化变形。

(3) 吹干。在实际工作中，有时仪器洗涤后要立即使用，这时就需要快速干燥。可尽量沥干附在洗净仪器上的水，然后用 95% 乙醇或丙酮荡洗一次，再用电吹风吹干。电吹风吹时需先通入冷风 1～2 min，再吹入热风至完全干燥，最后吹入冷风使仪器逐渐冷却。此法适用于少量急用仪器的干燥。

9.5 常用化学试剂

9.5.1 化学试剂的规格

化学试剂的种类繁多，其用途不同，相应的标准也不同。根据化学试剂的纯度及杂质含量的多少，可将其分为以下几个等级。

(1) 优级纯试剂。亦称保证试剂，为一级品，纯度高，杂质极少，主要用于精密分析和科学研究，常以 GR 表示。

(2) 分析纯试剂。亦称分析试剂，为二级品，纯度略低于优级纯，杂质含量略高于优级纯，适用于重要分析和一般性研究工作，常以 AR 表示。

(3) 化学纯试剂。为三级品，纯度较分析纯差，但高于实验试剂，适用于工厂、学校一般性的分析工作，常以 CP 表示。

(4) 实验试剂。为四级品，纯度比化学纯差，但比工业品纯度高，主要用于一般化学实验，不能用于分析工作，常以 LR 表示。

化学试剂除上述几个等级外，还有基准试剂、光谱纯试剂及超纯试剂等。此外，还有一些特殊规格的试剂，如指示剂、当量试剂、生化试剂、生物染色剂及高纯工艺用试剂等。

化学试剂的纯度对实验结果的准确度影响很大，不同的实验对试剂的纯度要求也不相同。在进行实验工作时，试剂的选用原则是保证其所含杂质对实验结果无影响。由于不同规格的同一试剂价格相差很大，在选用试剂时还需遵循节约的原则，一味选用超标准的试剂会造成浪费。

根据我国化学试剂通用的分类法及化学工业部颁布的“化学试剂包装及标志”的规定，化学试剂的不同等级分别用不同颜色来标记，具体见表 9-1。

表 9-1　我国化学试剂等级标志

纯度分类	光谱纯	基准试剂	优级纯	分析纯	化学纯	实验试剂	生物染色剂
英文标志	SP	PT	GR	AR	CP	LR	BS
百分含量	≥99.99%	≥99.8%	99.8%	99.7%	≥99.5%		
标签颜色		深绿色	深绿色	金光红色	中蓝色	黄色	玫红色

9.5.2　化学试剂的安全保管

化学试剂保管时要特别注意安全，还要防火、防水、防挥发、防曝光和防止变质。因此，需要根据试剂的理化性质，分类隔离存放。

(1) 普通试剂。按无机、有机分类存放于阴凉通风、温度低于 30 ℃的柜内即可。

(2) 易燃液体。通常把闪点在 25 ℃以下的液体均列入易燃类。易燃液体极易挥发成气体，遇明火即燃烧，要求单独存放于阴凉通风处，理想存放温度为−4～4 ℃。存放最高室温不得超过 30 ℃，特别要注意远离火源。

(3) 燃爆类。引火点低，受热、冲击、摩擦或与氧化剂接触能急剧燃烧甚至爆炸的物质为燃爆类试剂。此类试剂中，有些遇水反应十分猛烈，会发生燃烧爆炸；有些本身就是炸药或极易爆炸；有些与空气接触能发生强烈的氧化作用而引起燃烧。要求存放室内温度不超过 30 ℃，与易燃物、氧化剂均须隔离存放。如黄磷应保存在水中，切割也应在水中进行。

(4) 强氧化剂类。主要指过氧化物或含氧酸及其盐。此类试剂在适当条件下会发生爆炸，并可与有机物、镁、铝、锌粉、硫等易燃固体形成爆炸混合物。要求存放于阴凉通风处，最高温度不得超过 30 ℃。必须与酸类及木屑、炭粉、硫化物、糖类等易燃可燃物或易被氧化物隔离，注意散热。

(5) 强腐蚀类。对人体皮肤、黏膜、眼、呼吸道或某些物品有极强腐蚀性的液体和固体(包括它们的蒸气)为强腐蚀类试剂。存放处要求阴凉通风，并与其他药品隔离放置。

(6) 剧毒类。专指由消化道侵入极少量即能使人中毒致死的试剂。生物试验半致死量在 $50\ mg \cdot kg^{-1}$ 以下者称为剧毒物品。要求置于阴凉干燥处，与酸类试剂隔离。此类试剂应锁在专门的毒品柜中，建立双人签字登记领用制度，以及使用、消耗、废物处理等制度。

(7) 指示剂类。指示剂可按酸碱指示剂、氧化还原指示剂、络合滴定指示剂及荧光吸附指示剂分类排列。有机试剂可按分子中碳原子的数目排列。

9.6 试纸、指示剂和滤纸

9.6.1 试纸及使用方法

用指示剂或试剂浸渍过后得到的干纸条称为试纸，通过其颜色变化来检验液体或气体中某些物质的存在及相应的性质，具有操作简单、使用方便的特点。常用的试纸有红色和蓝色石蕊试纸、碘化钾一淀粉试纸、酚酞试纸、广泛和精密 pH 试纸、乙酸铅试纸、品红试纸等。常见试纸及其用途见表 9-2。

表 9-2　常见试纸及其用途

试纸	用途
红色石蕊试纸	遇 pH≥8.0 的溶液润湿时变蓝色，遇碱性蒸气或溶于水后溶液 pH≥8.0 的气体变蓝色。常用于检验碱性溶液或蒸气等
蓝色石蕊试纸	遇 pH≤5.0 的溶液润湿时变红色，遇酸性蒸气或溶于水后溶液 pH≤5.0 的气体变红色。常用于检验酸性溶液或蒸气等
中性石蕊试纸	遇碱变蓝色，遇酸变红色。常用于检验溶液的酸碱性
碘化钾一淀粉试纸	用纯水浸湿后遇到能氧化 I^- 的氧化剂时变蓝色。常用于检验能氧化 I^- 的氧化剂如 Cl_2，Br_2，NO_2，O_3，HClO，H_2O_2 等
pH 试纸	有广泛试纸和精密试纸。遇到酸碱性强弱不同的溶液时，显示不同的颜色，可与标准比色卡对照粗略地检验溶液的 pH。广泛试纸的检测变色域一挡间隔为“1”；精密试纸的检测变色域一挡间隔为“0.2”“0.3”“0.4”或“0.5”
酚酞试纸	遇 pH 为 8.2～10 的溶液变红色，用水润湿后遇碱性蒸气或溶于水后溶液 pH 为 8.2～10 的气体变红色，常用于检验 pH>8.2 的稀碱溶液或氨气等
醋酸铅试纸	遇 H_2S 变黑色，常用于检验痕量的 H_2S
刚果红试纸	pH 变色范围为 3.0(蓝紫色)～5.2(红色)。常用于检验强酸
铁氰化钾试纸	遇含 Fe^{2+} 的溶液变蓝色。常用于检验溶液中的 Fe^{2+}
亚铁氰化钾试纸	遇含 Fe^{3+} 的溶液变蓝色。常用于检验溶液中的 Fe^{3+}

试纸的使用方法如下：

(1) 检验溶液的性质时，一般取一小块试纸在表面皿或玻璃片上，用蘸有待测液的玻璃棒或胶头滴管点于试纸的中部，观察颜色的变化，判断溶液的性质。

(2) 检验气体的性质时，一般先用蒸馏水把试纸润湿，粘在玻璃棒的一端，用玻璃棒把试纸靠近盛有待测气体的试管口，通过观察试纸的颜色变化情况来判断气体的性质。

使用试纸时需注意：

(1) 试纸不可直接伸入溶液。

(2) 试纸不可接触试管口、瓶口、导管口等。

(3) 测定溶液的 pH 时，pH 试纸不可事先用蒸馏水润湿，因为润湿试纸相当于稀释被检验的溶液，会导致测量不准确。

（4）取出试纸后，应将盛放试纸的容器盖严，以免被实验室的一些气体沾污。

9.6.2 指示剂

指示剂是在滴定分析中用来指示滴定终点的试剂，也常用它检验溶液的酸碱性。滴定过程中，到滴定终点附近时，指示剂会发生颜色变化、能产生浑浊或沉淀，以及有荧光现象等，从而指示终点。一般分为酸碱指示剂、氧化还原指示剂、沉淀滴定指示剂、金属指示剂、吸附指示剂等。

1. 酸碱指示剂

酸碱指示剂通常是有机弱酸或有机弱碱，在特定的 pH 范围内，会随溶液 pH 改变而变色。不同的酸碱指示剂有不同的变色范围。常用的酸碱指示剂有酚酞、甲基橙、甲基红、百里酚酞等（见表 9-3）。常见的混合酸碱指示剂见表 9-4。

表 9-3　常见的酸碱指示剂

名称	变色 pH 范围	颜色变化	浓度
甲基紫（第一变色范围）	0.13～0.5	黄～绿	0.1%或 0.05%的水溶液
甲基绿	0.1～2.0	无色～黄	0.1%的水溶液
百里酚蓝（第一变色范围）	1.2～2.8	红～黄	0.1%的 20%乙醇溶液
甲基黄	2.9～4.0	红～黄	0.1%的 90%乙醇溶液
甲基橙	3.1～4.4	红～橙	0.1%的水溶液
溴酚蓝	3.0～4.6	黄～蓝紫	0.1%的 20%乙醇溶液或其钠盐水溶液
溴甲酚绿	4.0～5.6	黄～蓝	0.1%的 20%乙醇溶液或其钠盐水溶液
甲基红	4.4～6.2	红～黄	0.1%的 60%乙醇溶液或其钠盐水溶液
溴百里酚蓝	6.0～7.6	黄～蓝	0.1%的 20%乙醇溶液或其钠盐水溶液
中性红	6.8～8.0	红～黄	0.1%的 60%乙醇溶液
苯酚红	6.4～8.4	黄～红	0.1%的 60%乙醇溶液或其钠盐水溶液
酚酞	8.0～10.0	无色～红	0.2%的 90%乙醇溶液
百里酚蓝（第二变色范围）	8.0～9.6	黄～蓝	0.1%的 20%乙醇溶液
百里酚酞	9.4～10.6	无色～蓝	0.1%的 90%乙醇溶液

表 9-4　常见的混合酸碱指示剂

指示剂溶液的组成	变色时 pH 值	颜色		备注
		酸色	碱色	
一份 0.1%甲基黄乙醇溶液 一份 0.1%次甲基蓝乙醇溶液	3.25	蓝紫	绿	pH=3.2　蓝紫色 pH=3.4　绿色

续表

指示剂溶液的组成	变色时 pH 值	颜色		备注
		酸色	碱色	
一份 0.1%甲基橙水溶液 一份 0.25%靛蓝(二磺酸)水溶液	4.1	紫	黄绿	
一份 0.1%溴百里酚绿钠盐水溶液 一份 0.2%甲基橙水溶液	4.3	黄	蓝绿	pH=3.5 黄色 pH=4.05 绿色 pH=4.3 浅绿色
三份 0.1%溴甲酚绿乙醇溶液 一份 0.2%甲基红乙醇溶液	5.1	酒红	绿	
一份 0.1%溴甲酚绿钠盐水溶液 一份 0.1%氯酚红钠盐水溶液	6.1	黄绿	蓝紫	pH=5.4 蓝绿色 pH=5.8 蓝色 pH=6.2 蓝紫色
一份 0.1%中性红乙醇溶液 一份 0.1%次甲基蓝乙醇溶液	7.0	紫蓝	绿	pH=7.0 紫蓝色
一份 0.1%甲酚红钠盐水溶液 三份 0.1%百里酚蓝钠盐水溶液	8.3	黄	紫	pH=8.2 玫红色 pH=8.4 清晰的紫色
一份 0.1%百里酚蓝 50%乙醇溶液 三份 0.1%酚酞 50%乙醇溶液	9.0	黄	紫	从黄到绿,再到紫
一份 0.1%酚酞乙醇溶液 一份 0.1%百里酚酞乙醇溶液	9.9	无	紫	pH=9.6 玫瑰红 pH=10 紫色
二份 0.1%百里酚酞乙醇溶液 一份 0.1%茜素黄 R 乙醇溶液	10.2	黄	紫	

2. 氧化还原指示剂

氧化还原指示剂本身具有氧化还原性质,它的氧化态与还原态具有不同的颜色,在滴定中被氧化或还原时就会发生颜色改变,指示出溶液电位的变化,可用于指示氧化还原滴定的终点。常见的氧化还原指示剂见表 9-5。

表 9-5 常见的氧化还原指示剂

名称	E/V	颜色		配制方法
		氧化态	还原态	
二苯胺	0.76	紫	无	A 液:1.5 g 二苯胺溶于 100 cm^3 冰醋酸,再加 1.5 cm^3 浓硫酸,储于棕色瓶中 B 液:体积分数为 0.2%的乙醛溶液 将 0.1 cm^3 B 液加入 10 cm^3 A 液中,现配现用
二苯胺磺酸钠(0.5%)	0.84	紫	无	将 0.5 g 二苯胺磺酸钠溶于 100 cm^3 水中,必要时过滤,现配现用
邻菲啰啉-Fe(II)(0.5%)	1.06	淡蓝	红	将 0.5 g $FeSO_4 \cdot 7H_2O$ 溶于 100 cm^3 水中,加 2 滴 H_2SO_4 溶液、0.5 g 邻菲啰啉

续表

名称	E/V	颜色		配制方法
		氧化态	还原态	
N-邻苯氨基苯甲酸(0.2%)	1.08	紫红	无	将 0.2 g 邻苯氨基苯甲酸加热溶解在 100 cm^3 0.2% Na_2CO_3溶液中，必要时过滤
淀粉(1%)				将 1 g 可溶性淀粉，加少许水调成糨糊状，在搅拌下注入 100 cm^3 沸水中，微沸 2 min，静置，取上层溶液使用(若要保持稳定，可在研磨淀粉时加入 1 mg HgI_2)

3. 沉淀滴定指示剂、金属指示剂

沉淀滴定指示剂主要用于 Ag^+ 与卤素离子的滴定，以铬酸钾、铁铵矾或荧光黄作指示剂。金属离子指示剂简称金属指示剂，在一定 pH 下能与金属离子配位呈现一种与游离指示剂完全不同的颜色，可用于指示配位滴定的终点。常见的沉淀滴定指示剂及金属指示剂见表 9-6。

表 9-6 常见的沉淀滴定指示剂及金属指示剂

名称	颜色		配制方法
	游离态	化合物	
铬酸钾	黄	砖红	5%水溶液
铁铵矾(40%)	无	血红	$NH_4Fe(SO_4)_2 \cdot 12H_2O$ 饱和水溶液，加数滴浓 HNO_3 溶液
荧光黄(0.5%)	黄绿色荧光	粉红	0.5 g 荧光黄溶于乙醇，并用乙醇稀释至 100 cm^3
铬黑 T(EBT)	蓝	酒红	① 将 0.2 g EBT 溶于 15 cm^3 三乙醇胺及 5 cm^3 甲醇中 ② 1 g EBT 与 100 g NaCl 研细、混匀(1∶100)
钙指示剂	蓝	红	将 0.5 g 钙紫红素与 100g NaCl 研细、混匀
二甲酚橙(XO)(0.1%)	亮黄	红	将 0.1 g 二甲酚橙溶于 100 cm^3 去离子水中
K-B 指示剂	蓝	红	将 0.5 g 酸性铬蓝 K 与 1.25 g 萘酚绿 B 及 25 g K_2SO_4 研细、混匀
磺基水杨酸	无	红	10%水溶液
吡啶偶氮萘酚(PAN 指示剂)(0.2%)	黄	红	将 0.2 gPAN 溶于 100 cm^3 乙醇中
邻苯二酚紫(0.1%)	紫	蓝	将 0.1 g 邻苯二酚紫溶于 100 cm^3 去离子水中
钙镁试剂(0.5%)	红	蓝	将 0.1 g 钙镁试剂溶于 100 cm^3 去离子水中

9.6.3 滤纸

滤纸是一种使溶液与固体分离的过滤工具，一般由棉质纤维制成，具有纯洁度高、组织均匀、过滤速度恒定及强度高的特点。目前,我国生产的滤纸主要有定量分析滤纸、定性分析滤纸和层析定性分析滤纸三类。

定量分析滤纸特别是无灰级的滤纸,经过特别的处理程序,能够较有效地抵抗化学反应,因此所生成的杂质较少,灼烧后残留灰分很少,对分析结果几乎不产生影响,可用作定量分析。定量分析滤纸分快速、中速、慢速三类,在滤纸盒上分别以白带(快速)、蓝带(中速)、红带(慢速)为标志分类。滤纸有圆形和方形两种外形。常用的圆形滤纸的规格按直径分为 ϕ9 cm,ϕ11 cm,ϕ12.5 cm,ϕ15 cm 和ϕ18 cm 数种,方形定量滤纸有 60 cm×60 cm 和 30 cm×30 cm 等规格。

定性分析滤纸一般残留灰分较多,仅供一般的定性分析使用和用于过滤沉淀或溶液中的悬浮物,不能用于定量分析。定性分析滤纸的类型和规格与定量分析滤纸基本相同,分快速、中速和慢速三种,在滤纸盒上分别印有快速、中速、慢速字样。

层析定性分析滤纸主要是在纸色谱分析法中用作担体(载体),进行待测物的定性分离。层析定性分析滤纸有 1 号和 3 号两种,每种又分为快速、中速和慢速三种。

在实验中滤纸经常与漏斗或布氏漏斗等仪器一同使用。使用前需把滤纸折成合适的形状,常见的折法有四折法和菊花状折叠法。滤纸四折法适用于常压过滤,方法如下:将滤纸对折两次,得到四层重叠的扇形,把折叠的滤纸展开一层就得到一圆锥体,且锥体的角度与漏斗的圆锥体角度相同。若漏斗的圆锥体角度略大于或小于 60°,在第二次折叠滤纸时,采取不完全对折,然后视具体情况展开滤纸即可。用食指将折好的滤纸放入漏斗中,滤纸应与漏斗密合,否则会影响过滤速度。可将滤纸三层外面的两层撕下一角(保存于干燥的表面皿中,备用),然后用食指按在漏斗内壁上,使漏斗与滤纸紧贴(见图 9-4)。滤纸边缘应比漏斗的边缘略低 0.5~1.0 cm,不要使滤纸边缘与漏斗边缘相平,更不要超出漏斗边缘。如果滤纸边缘过高,溶液就会沿着滤纸上升而外溢。在倾倒溶液之前,应选用同类溶剂润湿滤纸,并用玻璃棒轻压滤纸,赶出气泡,使滤纸紧贴漏斗,既可以加快过滤速度,又可以避免部分滤液被滤纸吸收而造成损失。

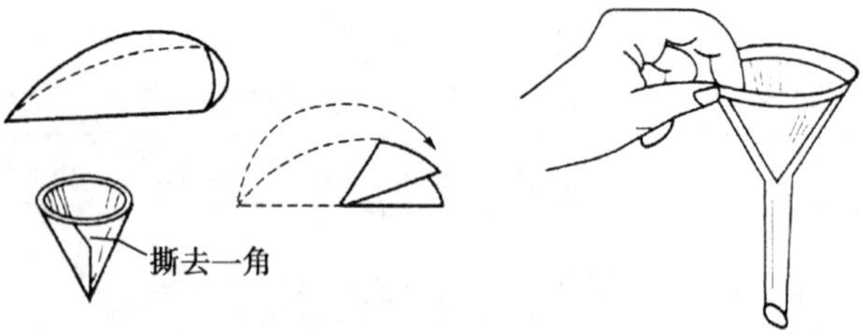

图 9-4 滤纸的折叠与安放

过滤热饱和溶液时,常使用菊花状折叠滤纸,其折叠方法如下:先把滤纸折成半圆形,再对折成圆形的四分之一,展开如图 9-5(a);再以 3 对 4 折出 5,1 对 4 折出 6,如图 9-5(b);4 对 5 折出 7,4 对 6 折出 8,如图 9-5(c);然后以 3 对 5 折出 9,1 对 6 折出 10,如图 9-5(d);然后再 1 对 10、10 对 6、6 对 8……9 对 3 分别反向折叠,如图 9-5(e);把滤纸打开,在 1 和 3 的地方各向内折叠一个小叠面,如图 9-5(f),最后做成如图 9-5(g)形状的折叠滤纸,就可以放入漏斗中使用。需要注意的是,每一次折叠时,在折纹近中点处切勿对叠纹重压,否则过滤时滤纸的中央易破裂。

滤纸的折叠程度愈高，能提供的表面面积愈高，过滤效果亦愈好，但要注意不要过度折叠而导致滤纸破裂。

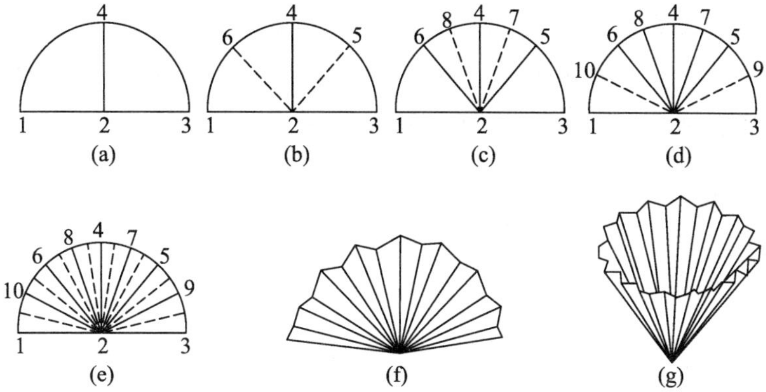

图 9-5　菊花状滤纸的折叠

9.7　实验用水及纯水的制备

9.7.1　实验用水

国际标准化组织（ISO）于 1983 年制定的纯水标准，将纯水分为三个级别：一级水，二级水和三级水。国家标准（GB/T 6682－2008）明确规定了实验室用水的级别、主要技术指标、制备方法及检验方法。表 9-7 列出了实验室用一、二、三级水的主要技术指标。化学实验室用水的原水一般应为饮用水或比较纯净的水，如自来水，目视观察应为无色透明的液体。在一般实验室中，洗涤仪器先用自来水，再用去离子水或蒸馏水洗涤。实验要求不同，对使用的水质的要求也不同。进行无机微量分析时，要用一次去离子水，在一般化学分析实验中，三级水即可满足要求，但在微量或超微量分析中，需要使用二级水或一级水。先进分析仪器的应用对实验用高纯水的质量提出了更高的要求。新版纯水标准《仪器分析用高纯水规格及试验方法》（GB/T 33087－2016）于 2017 年 5 月正式发布，无论是对于电阻率、总有机碳（total oxygen carbon，TOC）微生物，还是对于部分重点的钠离子、氯离子和硅，都有明确的指标。该标准所指高纯水主要是在仪器分析过程中所用的空白水。

表 9-7　实验室用水级别指标

指标名称	一级	二级	三级
pH 范围（25℃）	—	—	5.0～7.5
电导率（25℃）/（$mS \cdot m^{-1}$）	≤0.01	≤0.10	≤0.50
可氧化物质含量（以 O 计）/（$mg \cdot dm^{-3}$）	—	≤0.08	≤0.4
吸光度（254 nm，1 cm 光程）	≤0.001	≤0.01	—

续表

指标名称	一级	二级	三级
蒸发残渣(105±2℃)含量/(mg·dm^{-3})	—	≤1.0	≤2.0
可溶性硅(以 SO_2计)/(mg·dm^{-3})	≤0.01	≤0.02	—

高校各类实验较多,用水量较大,对水质尤其是电导率的要求各异,因此经常自行制备各类水。自来水、一般实验室用水、去离子水、蒸馏水、超纯水的电导率/(S·m^{-1})范围分别为 $5.3\times10^{-2}\sim5.0\times10^{-1}$,$1.0\times10^{-4}\sim5.0\times10^{-3}$,$8.0\times10^{-5}\sim4.0\times10^{-4}$,$6.0\times10^{-6}\sim2.8\times10^{-4}$,$5.5\times10^{-6}\sim1.0\times10^{-5}$。

9.7.2 纯水的制备

一级水可用二级水经进一步处理而制得。例如,二级水经过蒸馏或离子交换混合床处理后,再经微孔滤膜过滤可制得一级水,或用石英蒸馏装置进一步蒸馏制备一级水。二级水可用蒸馏、反渗透、去离子后再经蒸馏等方法制备。三级水可采用蒸馏、反渗透或去离子(离子交换及电渗析)等方法制得。

在现代大型实验室中,往往有较好的制水设备,这些制水设备的原理和方法如下。

1. 蒸馏法

蒸馏法制纯水时,由于绝大部分无机盐不挥发,因此水较纯净,适用于一般实验室。按蒸馏器皿可分为玻璃、石英蒸馏器,金属材质的铜、不锈钢和白金蒸馏器等。按蒸馏次数可分为1次、2次和多次蒸馏法。此外,为了去掉一些特殊的杂质,还需要采取一些特殊的措施。例如,预先加入少许高锰酸钾可除去易氧化物,加入少许磷酸可除去三价铁,加入少许不挥发酸可制取无氨水等。蒸馏法的优点是设备成本低,操作简单;缺点是只能除掉水中非挥发性杂质,且能耗高。蒸馏水可以满足普通分析实验室的用水要求。

2. 离子交换法

离子交换法能除去原水中绝大部分盐、碱和游离酸,但不能完全除去有机物和非电解质。离子交换法所制水中的TOC和化学需氧量(chemical oxygen demand,COD)值往往比原水还高。这是因为树脂质量不佳,或树脂的预处理不彻底,或树脂中所含的低聚物、单体、添加剂等没有除尽,或树脂不稳定,不断地释放出分解产物。因此,制备去离子水时,最好利用市售的普通蒸馏水或电渗水替代原水进行离子交换处理。制备方式主要有如下两种。

(1) 复床式。按阳床—阴床—阳床—阴床—混合床的方式连接来生产去离子水。早期多采用这种方式,便于树脂再生。

(2) 混床式。混床式(2~5级串联不等)的去离子效果好,但再生不方便。

离子交换法的去离子效果好,所制纯水的纯度高,但不能除掉水中的非离子型杂质,常含微量有机物。去离子水为目前各种规模化学实验室所采用,适用于一般分析及无机物分析。

3. 电渗析法

将离子交换法中的树脂做成膜，就变成了电渗析法。电渗析法产生于 1950 年，由于其能耗低，常作为离子交换法的前处理步骤。在外加直流电场作用下，利用阴阳离子交换膜分别选择性地允许阴阳离子透过，使一部分离子透过离子交换膜迁移到另一部分水中去，从而使一部分水纯化，另一部分水浓缩，这就是电渗析法的原理。电渗析法也不能除掉非离子型杂质。电渗析是常用的脱盐技术之一，此法产出的水的纯度能满足实验室一般用水要求。电渗析法与离子交换法联用，可制得较好的化学实验用纯水。

4. 反渗透法

反渗透法是目前应用最广的一种脱盐技术。反渗透膜虽于 1977 年出现，但其规模化生产和广泛用于脱盐却是近十年的事情。反渗透膜能去除无机盐、有机物（相对分子质量＞500）、细菌、热源、病毒、悬浊物（粒径＞0.1 μm）等。产出水的电阻率相较原水的电阻率升高近 10 倍。反渗透可以滤除 98％～99％的绝大多数污染物，能去除绝大部分的盐类离子，作为离子交换的前处理，能显著延长去离子柱的使用时间。由于其具有较高的纯化效率，反渗透处理水适合作为许多实验室常规用水，是水纯化系统中一种非常有效的技术。

9.7.3　特殊需求用水的制备

（1）无氯水。加入亚硫酸钠等还原剂，将自来水中的余氯还原为氯离子，以 *N*-二乙基对苯二胺（DPD）检查不显色，继用附有缓冲球的全玻璃蒸馏器进行蒸馏制取。

（2）无二氧化碳水。常用制备方法有两种。一是煮沸法：将蒸馏水或去离子水煮沸至少 10 min，或使水量蒸发 10％以上，加盖放冷即可制得无二氧化碳水。二是曝气法：将惰性气体或纯氮通入蒸馏水或去离子水至饱和，即得无二氧化碳水。无二氧化碳水应贮存于一个附有碱石灰管的橡皮塞盖严的瓶中。

（3）无砷水。一般蒸馏水或去离子水多能达到基本无砷要求。应避免使用软质玻璃（钠钙玻璃）制成的蒸馏器。进行痕量砷的分析时，应使用石英蒸馏器、聚乙烯离子交换树脂柱管和贮水瓶。

（4）无铅（无重金属）水。用氢型强酸性阳离子交换树脂柱处理原水，即可制得无铅纯水。贮水器应预先进行无铅处理，经 6 $mol \cdot dm^{-3}$ 硝酸溶液浸泡过夜再用无铅水洗净方可使用。

（5）无酚水。向水中加入氢氧化钠至 pH 大于 11，使水中酚生成不挥发的酚钠后，用全玻璃蒸馏器蒸馏制得（蒸馏前可加少量高锰酸钾溶液使水呈紫红色，再进行蒸馏）。

（6）不含有机物的蒸馏水。加少量高锰酸钾碱性溶液于水中，使水呈红紫色，再以全玻璃蒸馏器蒸馏制得（整个过程应使水呈红紫色，否则应随时补加高锰酸钾）。

9.7.4　实验用水的贮存

纯水的科学管理和合理使用是纯水纯度的保障，工作人员要认真负责，盛装纯水的容器必须保持洁净(新容器使用前需用20%HCl溶液浸泡2到3天),且不宜过大。首先用自来水涮洗3遍,再用纯水涮洗3遍,方可盛装纯水。盛装完毕并在无菌操作下使用纯水后,应及时封闭容器,确保纯水不被污染。各级水均使用密闭的专用聚乙烯容器。三级水也可使用密闭的专用玻璃容器。

贮存期污染的主要来源是容器的可溶成分、空气中的二硫化碳和其他杂质。因此,一级水不可贮存,需使用前制备。二级水和三级水可适量制备,分别贮存于预先经同级水清洗过的相应容器中。

第 10 章　化学实验常用仪器

10.1　称量仪器

天平是化学实验室中最常用的称量仪器。天平的种类很多，根据天平的平衡原理，可分为杠杆式天平和电磁力式天平；根据天平的使用目的，可分为分析天平和其他专用天平；根据天平分度值的大小，可分为常量、半微量、微量、超微量天平。在实验中，应根据实验要求和分析精度合理地选用天平。本节介绍化学实验室中常见的托盘天平和电子分析天平。

10.1.1　托盘天平

托盘天平又称台秤，用于样品的粗称，能准确称至 0.1 g。常用的托盘天平有 200 g(能称准至 0.1 g)和 500 g(能称准至 0.5 g)两种最大载荷，能迅速称出物体的质量，但精度不高，仅用于配制大致浓度溶液时的称量。托盘天平的构造如图 10-1 所示。

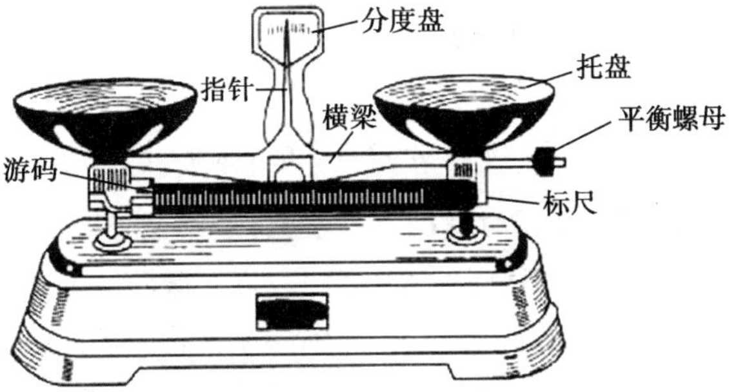

图 10-1　托盘天平

使用托盘天平称量前，应检查托盘天平是否平衡(指针是否停在刻度尺中间)，即调节零点。方法是，先将标尺上的游码拨至标尺的左端("0"刻度处)，观察指针的摆动情况。如果指针在刻度尺的中央左右摆动几乎相等，即表示天平处于平衡状态，可以使用。如果指针在刻度尺的中央左右摆动的距离相差很大或完全偏到某一边，则须调节托盘天平的平衡螺母至平衡后方可使用。

称量时，被称量的物品放在左盘，用镊子夹取砝码(由大到小)放在右盘上，再用标尺上的游码调节至指针停在刻度盘的中间位置，天平处于平衡状态。此时指针所停的位置称为停点。零点与停点相符时(停点与零点之间允许偏差1小格以内),砝码和游码所示的质量之和就是被称量物的质量。

称量时应注意以下几点:

(1) 被称量物不能直接放在托盘上。根据不同情况将被称量物置于称量纸上、表面皿中或其他容器内。易潮解或具有腐蚀性的物品必须放在玻璃容器内进行称量。

(2) 不能称量过冷或过热的物品。

(3) 称量完毕,应将砝码放回砝码盒中,游码移回"0"刻度处,并将两托盘叠放在一侧,或用橡皮圈架起,以免天平摆动。

(4) 保持天平的整洁。托盘上撒有药品和污物时应立即清理。

10.1.2 电子分析天平

分析天平是指称量精度为0.0001 g的天平,其称量原理为利用电子装置完成电磁力补偿的调节,使物体在重力场中实现力的平衡,或通过电磁力矩的调节,使物体在重力场中实现力矩的平衡。常用的分析天平有电光分析天平和电子分析天平。电子分析天平采用数字显示,具有自动调零校准、自动去除皮重、称量速度快等优点,因而使用较为普遍。

BS124S型电子天平是多功能、上皿式常量分析天平,最大载荷120 g,感量0.1 mg,其结构和控制面板如图10-2所示。

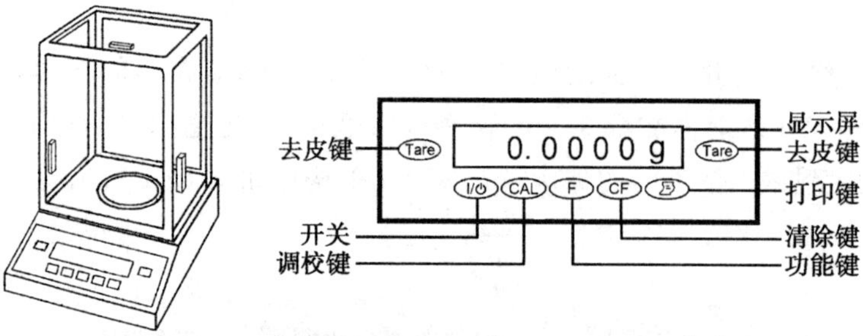

图 10-2 BS124S型电子天平

电子分析天平的操作简单,使用时遵循下列步骤:

(1) 水平调节。天平应安放于稳固的天平台上,防止振动。天平室应避免阳光照射,保持干燥。使用天平时,动作要轻缓,并随时检查天平的水平状态。观察水平仪(在天平的背部),如水平仪水泡偏移,需调整水平调节脚,使气泡处于水平仪圆环中心。

(2) 预热。接通电源,显示屏的右上方会显示一个"O"符号,一般预热30 min以上。

(3) 开启显示器。轻按开关键,显示屏全亮。约2 s后,显示屏显示天平的型号,然后是称量模式,出现"0.0000 g"字样。如果显示的不是"0.0000 g",则需要按一下去皮键(Tare)。

(4) 校准。天平在第一次使用、位置移动或长时间不用时,使用前需要进行校准。校准的方法为,完成上述步骤(1)~(3),轻按校准键(CAL),显示屏显示"+100.0000 g"后,把准备好的"100 g"校准砝码放上秤盘,天平进入校准状态。几秒钟后,显示屏出现"+100.0000 g",移走校准砝码,显示屏应出现"0.0000 g",校准结束;否则,需要再清零,重复上述操作至校准为止。一般为了得到准确的校准结果,须至少重复以上校准操作步骤2次。

(5) 称量。按“Tare”键，显示为零后，置被称量物于秤盘上，待显示器数字稳定并出现单位“g”后，即可读出被称量物的质量。如去皮称量，按“Tare”键清零，置容器于秤盘上，天平显示容器质量，再按“Tare”键，显示零，即去除皮重。再置被称量物于容器中，或将被称量物逐步加入容器中直至达到所需质量，此时显示屏显示待称物的净质量。拿开容器及待称物后，显示屏显示负值，按“Tare”键后归 0.0000 g。被称量物(去皮称重应含容器)质量不得超过天平的最大载荷。

(6) 复原。称量完毕，可按一下开关，使天平处于待机状态。

使用电子分析天平的常规注意事项如下：

(1) 被称量物须置于称量纸上、表面皿中或合适容器内，不得直接放在秤盘上。不得称量过热、过冷或含易挥发、有腐蚀性气体的物质。

(2) 同一次实验中应只使用同一台天平，减少仪器误差。称量完毕，及时在仪器使用记录本上登记使用情况。检查天平内外的卫生情况，关闭天平。秤盘上如有洒落的药品需及时清理，保持天平箱内洁净。

(3) 天平箱内放置干燥剂并定期更换，以保持天平箱内干燥。经常使用期间(如 2 h 内)，无须拔下天平电源插头，天平处于待机状态有利于保持天平箱内的干燥。但如长时间不使用天平，应拔下电源插头，盖上天平罩，并定期保养。

10.1.3　称量方法

常用的称量方法有直接称量法、固定质量称量法和递减称量法，分别介绍如下。

1. 直接称量法

直接称量法是指将物体直接置于秤盘上称量其质量的方法，适用于称量洁净干燥的器皿、块状金属等。不可用手直接接触物体，可用镊子或小纸条等夹取待称量物。称量前，先按去皮键(Tare)使天平显示屏读数为“0.0000 g”，打开一侧天平门，将物体轻放于秤盘上，再关闭天平门，待显示的数字稳定并出现单位“g”后，该读数即为物体的质量。

2. 固定质量称量法

固定质量称量法又称增量法，用于称量固定质量的样品，适用于称量不易吸潮、在空气中能稳定存在的粉末状或小颗粒样品(如基准试剂、矿石试样等)。称量前，先将容器(称量纸、表面皿或小烧杯等)放于托盘上，再按去皮键(Tare)使天平显示屏读数为“0.0000 g”，然后将样品逐渐添加到容器中，直至天平读数符合要求。

3. 递减称量法

递减称量法又称减量法、差减法，用于称量有一定范围但质量不要求固定的样品，适用于称量多份易吸水、易氧化或易与 CO_2 等反应的样品。方法为，将样品置于称量瓶中，先称出其质量，再称量取出部分样品后称量瓶的质量，两次质量之差即为取出样品的质量。重复操作，可连续称量多份样品，因取出样品后称量瓶的质量逐渐减小，故称递减称量法。称量时的操作步骤如下：

(1) 用小纸条套在装有适量样品的称量瓶上，从干燥器中取出称量瓶，置于托盘上，称取其第一次质量，记为 m_1。

(2) 将称量瓶从天平上取出，在接收容器的上方倾斜瓶身，用称量瓶盖(同样也须用纸片捏住)轻敲瓶口上部使试样慢慢落入容器中，瓶盖始终不要离开接收容器的上方，如图 10-3 所示。当取出的试样接近所需量(可从体积上估计)时，一边继续用瓶盖轻敲瓶口，一边逐渐将瓶身竖直，使黏附在瓶口上的试样落回称量瓶或容器中。然后盖好瓶盖，准确称其质量，记为 m_2。两次质量之差，即为试样的质量(m_1-m_2)。

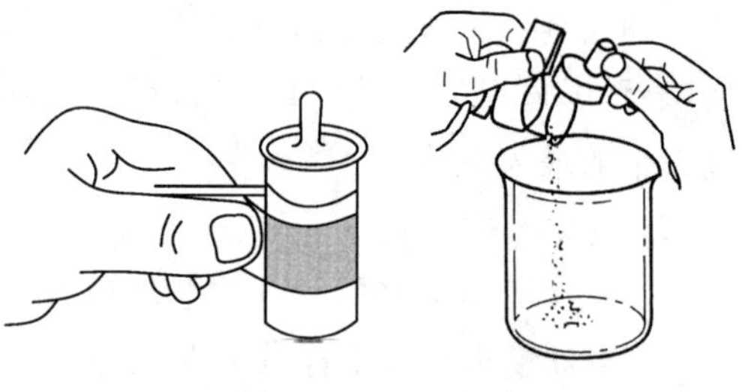

图 10-3 递减称量法的取样操作

按上述方法连续递减，可称量多份试样。若所称试样的质量不符合要求，可重复上述操作。

10.2 度量仪器

移液管、吸量管、容量瓶、滴定管、量筒、量杯、微量进样器等是化学实验室中测量液体体积的常用玻璃度量仪器(简称“量器”)。

10.2.1 移液管与吸量管

移液管、吸量管都是用来准确移取一定体积液体的量器。

移液管是一根两端细长、中间膨大的玻璃管(见图 9-1)，在管的上端有一环形标线，膨大部分标有它的容积和标定时的温度。常用的移液管有 10 mL，25 mL，50 mL，100 mL 等规格。吸量管是管身粗细均匀、刻有表示容积分度线的玻璃管，故又称为刻度移液管(见图 9-1)，一般只用于移取小体积且体积不是整数的液体，常用规格有 0.1 mL，0.2 mL，0.5 mL，1 mL，2 mL，5 mL 和 10 mL 等。吸量管移取液体的准确度不如移液管。

移液管和吸量管的使用方法如下：

(1) 洗涤。移液管和吸量管一般采用铬酸洗液洗涤，再依次用自来水润洗 3 次、蒸馏水润洗 3 次，洗净的移液管和吸量管整个内壁和下部的外壁不挂水珠。移取液体前再用少量操作液(待移取液体)润洗 3 次。

(2) 操作方法。用右手的大拇指和中指捏住移液管或吸量管上端，将管的下端插入液面以下 1～2 cm(太深会使管外黏附液体过多，影响移取体积的准确性；太浅会产生空吸，甚至会将液体吸入洗耳球)。左手拿洗耳球，先排出球内空气，再用洗耳球的尖端顶住吸管的管口，缓慢松开左手手指使液体慢慢吸入管内。当液面升高到刻度以上时移去洗耳球，立即用右手食指封住管口。将移液管或吸量管提离液面，使管尖端靠着盛液体器皿的内壁，保持管身垂直，略微放松右手食指(可用拇指和中指轻轻转动移液管)使液体慢慢流出，直到管内液体的弯月面与刻度线相切为止。立即用右手食指压紧管口，在盛液体器皿内壁靠去吸管尖嘴外的液滴。移出吸管至承接容器中，倾斜承接容器成 30°而保持吸管垂直，管尖靠着容器内壁，松开食指，让管内液体自然地全部沿壁流下（见图 10-4），待管中液体流尽后仍需等待 10～15 s，将管身左右旋转几次，然后移去吸管。注意在使用非吹出式的移液管或吸量管时，切勿用外力强行使残留在尖嘴内的液体流出，因为在校正吸管体积时已扣除了它们的体积。但有一类吸管上标有“吹”字，使用时必须将尖嘴处的液体吹入承接容器中，因为标识体积时已包含了这部分液体。

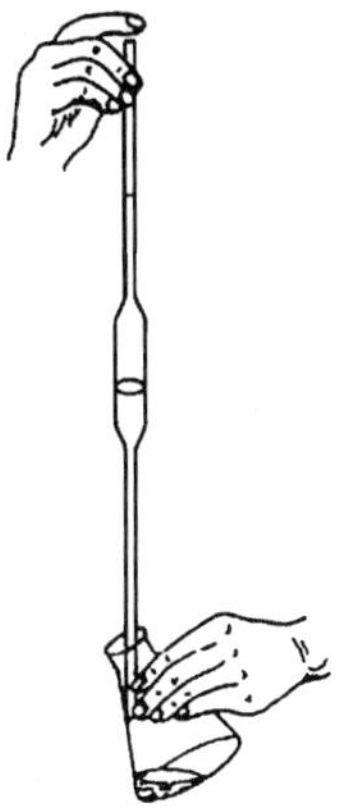

图 10-4　移液管操作

移液管或吸量管使用后，应洗净放在移液管架上。注意，移液管、容量瓶等有刻度的精确玻璃量器，均不宜放在烘箱中烘烤。

10. 2. 2　容量瓶

容量瓶是用于准确配制一定体积或一定浓度溶液的容量器皿，为一细颈梨形平底瓶，带有磨口玻璃塞或塑料塞（见图 10-5）。在其颈部有标线，表示在指定温度下，当溶液充满至弯月面与标线相切时，溶液体积等于瓶上所标明的体积。常用的有 5 mL，10 mL，25 mL，50 mL，100 mL，250 mL，500 mL 和 1000 mL 等规格。容量瓶的使用方法如下：

（1）检漏。容量瓶使用前应先检查是否漏水，即在瓶中加水至标线，盖紧瓶塞，左手按住瓶塞，右手拿住瓶底，将瓶倒立 10 s 左右，观察有无渗水。旋转瓶塞 180°再同样检查一次。因磨口塞与瓶是配套的，瓶塞与瓶不配套时也会引起漏水，所以一般用细线将瓶塞系在瓶颈上。

（2）洗涤。依次用铬酸洗液、自来水、蒸馏水洗净，使内壁不挂水珠。

（3）操作。用固体物质配制标准溶液时，先将准确称取的固体物质于小烧杯中溶解，再将溶液转移至容量瓶中。在转移溶液时，方法如图 10-5(a)所示，用玻璃棒伸入容量瓶中引流，烧杯嘴紧贴玻璃棒，倾斜烧杯使溶液慢慢沿玻璃棒流入。玻璃棒上部不要碰瓶口，下端靠住瓶颈内壁，但不可离瓶口太近，以免溶液溢出。倾完溶液后，将烧杯沿玻璃棒轻轻上提，同时将烧杯直立，使烧杯嘴上所附溶液流回烧杯中。再用洗瓶以少量蒸馏水（或其他溶剂）洗涤烧杯 3～4 次，每次洗出液均要以上述操作方法转入容量瓶中。用蒸馏水（或其他溶剂）稀释至约 2/3 体积时，旋摇容量瓶使溶液初步混合（切勿倒转容量瓶），以减少体积效应。然后继续加水，接近标线时应逐滴加水至弯月面恰好与标线相切。盖紧瓶塞，用手指压住瓶盖，另一手指尖托住瓶底（尽量减少手与瓶身的接触，以免体温对溶

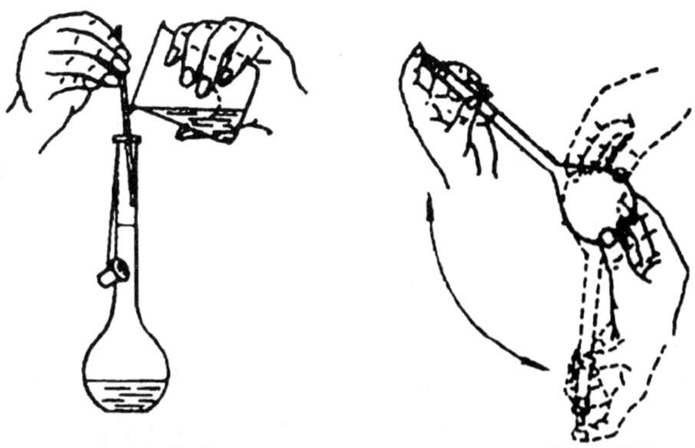

(a) 溶液的转移　(b) 溶液的混匀

图 10-5　容量瓶的使用操作

液产生影响)，将瓶倒转并摇动，再倒转过来，使气泡上升到顶。如此反复多次，使溶液混合均匀，如图 10-5(b)所示。

如果所溶解的固体易溶，且溶解时不产生很大的热效应，也可将称好的固体小心地全部转移到容量瓶中，再加溶剂按上法稀释。用容量瓶稀释溶液时，则需用移液管吸取一定体积的溶液移入瓶后，按上法稀释。

热溶液冷至室温后，才能稀释至标线；否则会造成体积误差。需要避光物质的溶液应以棕色容量瓶配制。配好的溶液如需长时间保存，应转移到磨口试剂瓶中。容量瓶长时间不用时，应洗净，然后用纸片垫在瓶塞与瓶身之间，以防止时间过久，无法打开瓶塞。

10.2.3 滴定管

滴定管主要用于滴定分析中对滴定剂体积的测量，管身细长且内径均匀，管上面刻有均匀的分度线。常用规格有 25 mL 和 50 mL 两种，刻度精确到 0.1 mL，可估读到 0.01 mL。

滴定管分为酸式滴定管和碱式滴定管两种(见图 9-1)。酸式滴定管下端有玻璃旋塞，用来盛装酸性溶液和氧化性溶液，不宜盛装碱性溶液，因为碱性溶液能腐蚀玻璃，使活塞难于转动。碱式滴定管下端连接一乳胶管(橡皮管)，管内有玻璃珠以控制溶液的流出速度，乳胶管下端再连一尖嘴玻璃管，可以盛装碱性及无氧化性溶液，凡是能与乳胶管起反应的溶液，如 $KMnO_4$，I_2，$AgNO_3$ 等溶液，均不能装入碱式滴定管中。一些见光易分解的溶液，如 $KMnO_4$，$Na_2S_2O_3$，$AgNO_3$ 等溶液可用棕色滴定管。另有一种滴定管为通用型滴定管，它带有聚四氟乙烯旋塞，适用于各类溶液。

1. 滴定管的准备

酸式滴定管使用前应选择合适的洗涤剂和洗涤方法使之洁净。通常可用自来水或管刷蘸肥皂水或洗涤剂洗刷(避免使用去污粉)滴定管，然后用自来水冲洗干净，蒸馏水润洗；有油污的滴定管需用铬酸洗液洗涤。洗净后的酸式滴定管使用前应先涂抹凡士林，检查旋塞转动是否灵活。涂凡士林的方法是将旋塞取出，用吸水纸擦净旋塞和旋塞槽，用手指蘸少许凡士林在旋塞的两头涂上薄薄一层，旋塞孔附近尽量少涂一些，以免凡士林堵住旋塞孔，如图 10-6(a)所示。还可分别在旋塞粗的一端和旋塞槽细的一端的内壁上薄涂一层凡士林。将旋塞直插入旋塞槽中，如图 10-6(b)所示，向同一方向转动旋塞直至油膜均匀透明。如果发现旋塞转动不灵活或油膜上出现纹路，表示凡士林涂得不够；如有凡士林从旋塞缝内被挤出或旋塞孔被堵，则表示凡士林涂得太多。这时都必须把塞槽和活塞擦干净，重新涂抹凡士林。检查滴定管是否漏水，如漏水则需将旋塞取出，重新涂抹凡士林后再使用。再次检漏合格后，用细线将旋塞与滴定管系好，以防旋塞脱落打碎，将滴定管倒挂在滴定台架上备用。

碱式滴定管使用前应检查乳胶管和玻璃珠是否完好，并检查滴定管是否漏水，控制是否灵活。如果乳胶管已经老化，玻璃珠过大(不易操作)或过小(漏水)，均应更换。碱式滴定管的洗涤与酸式滴定管相同，但尖嘴管可取下放在小烧杯中浸泡 2 min，再用自来水、蒸馏水洗净后装好，倒挂在滴定台架上备用。

目前，实验室中也会使用一种外观类似于酸式滴定管的通用型滴定管(或称聚四氟乙烯滴定管)，其旋塞采用聚四氟乙烯材料，耐酸碱、耐氧化剂和还原剂，使用较方便。使用时操作与酸式滴定管相似，可省去涂抹凡士林等步骤，且可以装入包括酸碱在内的各种类型滴定剂，具有多用途的优点。

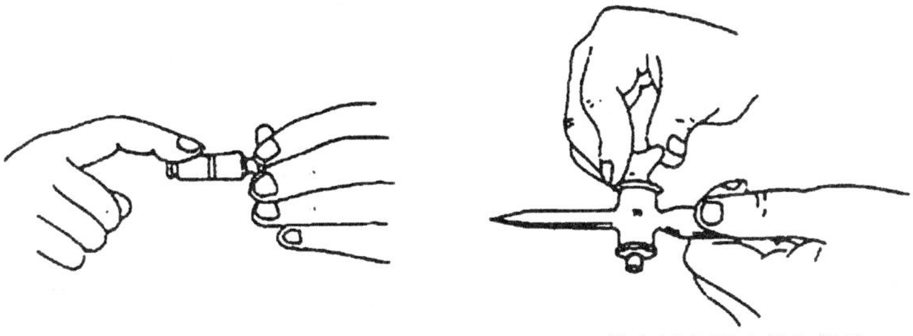

(a) 旋塞上涂凡士林　　(b) 旋塞插入槽内单向旋转

图 10-6　旋塞涂凡士林方法

2. 滴定管装液

滴定管装操作溶液前需用操作溶液润洗 2 或 3 遍，操作时，两手平端滴定管，慢慢转动，使待装溶液流遍全管，第一次润洗时大部分溶液可由滴定管上口放出，其他则从出口管流净，以除去管内残留水分。装操作溶液时，应将溶液直接装入滴定管中，不得使用其他容器以免改变操作溶液的浓度或造成污染。溶液装好后，还需赶走尖嘴内的气泡，否则在滴定过程中，气泡逸出将影响测量结果。右手持滴定管上部无刻度处，并使滴定管倾斜 30°，左手快速打开活塞使溶液冲出以除去酸式滴定管下端的气泡，如一次未能排出，则重复上述操作。除去碱式滴定管下端的气泡时，需将橡皮管向上弯曲，挤动玻璃珠，使溶液从尖嘴处喷出，气泡随之排出，如图 10-7 所示。赶完气泡后，调节滴定管中溶液的液面至 0 刻度或 0 刻度以下。

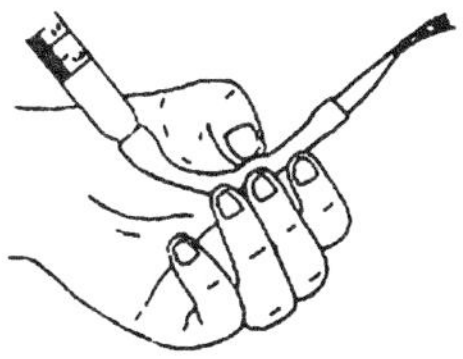

图 10-7　碱式滴定管排除气泡方法

3. 滴定管的读数

滴定管读数不准确而引起的误差是滴定分析误差的主要来源之一，因此，掌握正确的读数方法和养成良好的习惯显得尤为重要。滴定管读数的基本方法和要求如下：

(1) 读数时，滴定管应保持垂直。

(2) 装入溶液或放出溶液后，需等 1～2 min，待附着在内壁的溶液流下来再进行读数。

(3) 对于无色及浅色溶液，读数时应读取弯月面下缘最低点[见图 10-8 (a)]，视线应与弯月面最低点在同一水平，偏高或偏低都会引起误差。

(4) 有色溶液如 $KMnO_4$，I_2 溶液等，因其弯月面不清楚，可读取液面的最高处对应的数据[见图 10-8 (b)]，此时视线应与该点水平，且注意初读数与终读数采用同一标准。

(5) 一些滴定管的背后有一条白底蓝线，溶液会在此显示出两个清晰的弯月面，并相交于蓝色线上，读取交叉点的数据[见图 10-8 (c)]。

（6）为了方便读数，还可采用读数卡（白纸卡中有一约 3 cm×1.5 cm 的黑色长方形）。读数时，将读数卡放在滴定管背后，此时可看到弯月面的反射层呈黑色，然后读与此黑色弯月面相切的刻度[见图 10-8（d）]。

（7）读数必须读到小数点后第二位，即要求估读到 0.01 mL。数据必须及时记录在记录本上。

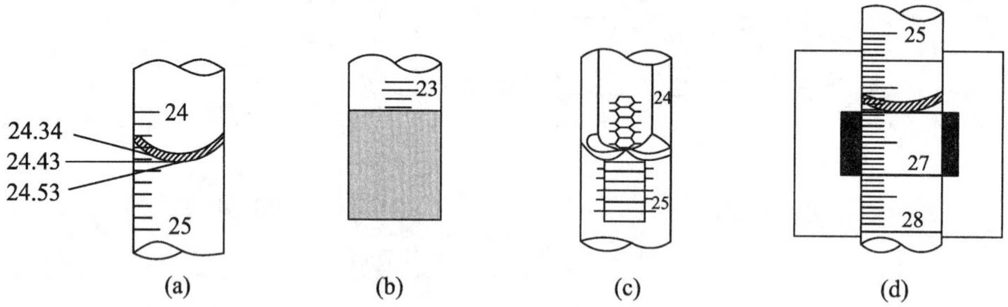

图 10-8　滴定管读数

4. 滴定操作

滴定一般在锥形瓶中进行，需要时也可在烧杯中进行。

酸式滴定管的滴定操作如图 10-9 所示，用左手控制滴定管的旋塞，大拇指在前，食指和中指在后，手指略微弯曲，轻轻向内扣住活塞，无名指和小指卡在旋塞下方。转动活塞时，要注意勿使手心顶着活塞，以防活塞被顶出，造成漏液。右手握持锥形瓶，边滴边摇动，使瓶内溶液混合均匀。摇动时应做同一方向的圆周运动。开始滴定时，溶液滴出的速度可以稍快些，但不能使溶液成线状流出。接近终点时，滴定速度要减慢，应一滴或半滴地加入，滴一滴，摇几下，同时用洗瓶吹入少量蒸馏水洗锥形瓶内壁，使附着的溶液全部流下。然后再半滴、半滴地加入，直至终点到达为止。加半滴溶液的方法为，稍稍转动滴定管旋塞，使有半滴溶液悬于滴定管口，将锥形瓶内壁与管口相接触，使液滴流下，并以蒸馏水冲下。

使用碱式滴定管时，左手拇指在前，食指在后，捏住乳胶管中的玻璃珠所在部位稍上处，其余三指控制尖嘴管，使之不要晃动。右手的操作与上述一样。滴定时（见图 10-10），左手拇指和食指轻轻挤压乳胶管，使玻璃珠移向手心一侧，在乳胶管和玻璃珠之间形成一条缝隙，溶液即可流出。不能挤压玻璃珠下方的乳胶管，否则会在尖嘴管中形成气泡。

进行滴定操作时，还需注意以下几点：

（1）每次平行滴定前都应将液面调节在 0 刻度或以下附近位置，以减少误差。

（2）滴定时，左手不能离开滴定管的旋塞，任溶液自流而下。

（3）摇动锥形瓶时，微动腕关节，使溶液顺一个方向旋转。不可前后晃动锥形瓶，以免溶液溅出。

（4）滴定时，要密切观察锥形瓶中的颜色变化，并相应调整滴加溶液的速度和方法。不要因为看滴定管中体积的变化，而忽略锥形瓶中的反应。

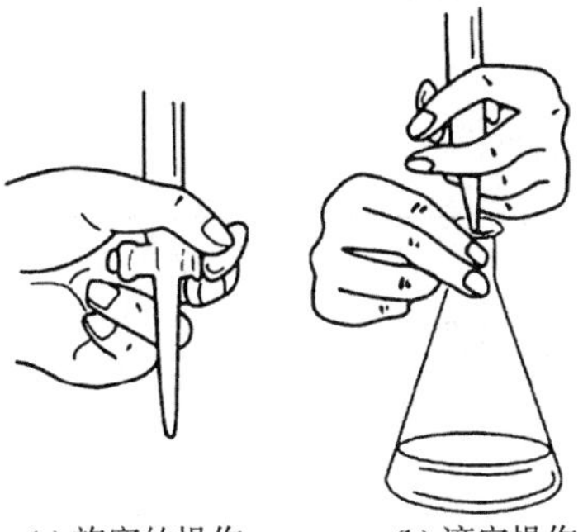

(a) 旋塞的操作　(b) 滴定操作

图 10-9　酸式滴定管的操作

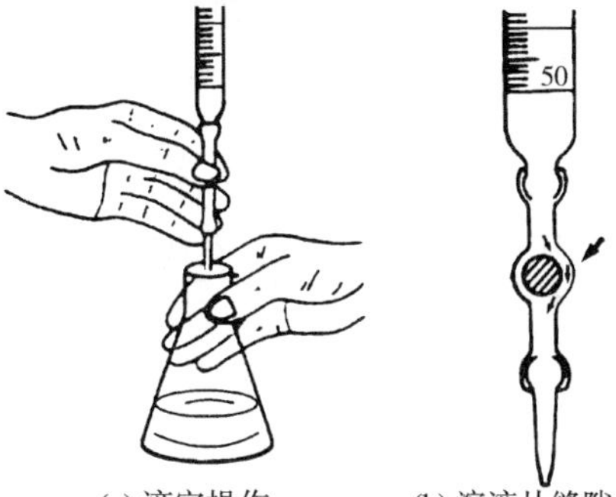

(a) 滴定操作　(b) 溶液从缝隙流下

图 10-10　碱式滴定管的操作

10.2.4　量筒与量杯

量筒和量杯的精度低于以上几种量器，常用来量取体积精度要求不高的溶液或纯水。

量筒是具有刻度的玻璃圆筒(见图 9-1)，其规格以所能量度的最大容量(mL)表示，常用的有 10 mL，50 mL，100 mL，500 mL，1000 mL 等规格。量筒容积越大，最小刻度单位的体积越大，估读产生的误差也就越大(其准确度就越小)。实验中可根据具体要求选用合适规格的量筒。

用量筒量取液体时，应左手持量筒，并以大拇指指示所需体积刻度。右手持试剂瓶(瓶塞反置桌面，瓶签向右手手心)，瓶口紧靠量筒口边缘，慢慢注入液体。读数时应使视线与量筒与液体的凹面的最低处保持水平，偏高或偏低都会造成较大误差。量筒的透明度良好，但耐热性较差，因此，不能用来加热或溶解物质(特别是一些溶解热较大的物质，如 NaOH，H_2SO_4 等)。

量杯为上粗下细的锥形容器，规格、使用范围、方法都与量筒相似。因其上部直径较大，故不易量准，但放置比较稳定，是医药部门常用的量器。

10.3　其他仪器

10.3.1　密度计

密度计是在实验中测定液体密度(比重)的一种仪器，它是一根粗细不均匀的密封玻璃管，管的下部装有少量密度较大的铅丸或水银。它的制造与工作原理是物体浮在液体中所承受的浮力等于重力。常用的密度计分为两类：一类用来测定密度大于 $1g \cdot dm^{-3}$ 的液体，称为重表；另一类用来测定密度小于 $1g \cdot dm^{-3}$ 的液体，称为轻表。

测定液体密度时，在大量筒中注入待测液体，将干燥的密度计慢慢地、竖直地放入液体中(不可突然放入，以免影响读数的准确性和打碎密度计)。为使密度计不与量筒接触，在浸入时应用手扶住密度计上端，待平稳后再松开。当密度计完全平稳后，从它的刻度处读出待测液体的密度。测量完毕，用水将密度计冲洗干净，用软布擦干，放回密度计盒中。需要注意的是，密度计的读数是由上而下增大的，读数时视线要与液体凹面相切。常用酸碱的浓度、密度见表10-1。

表10-1 常用酸碱的浓度、密度

溶液（化学式）	溶质摩尔质量/（$g \cdot mol^{-1}$）	溶质质量分数/%	密度/（$g \cdot dm^{-3}$）	物质的量浓度/（$mol \cdot dm^{-3}$）
冰醋酸（HAc）	60.05	99.5	1.05	17.4
浓盐酸（HCl）	36.46	37.2	1.19	12.0
浓硝酸（HNO_3）	63.02	70.98	1.42	16.0
浓硫酸（H_2SO_4）	98.08	95.6	1.84	18.0
发烟硫酸（$H_2SO_4 \cdot xSO_3$）	—	（20%SO_3）	1.92	—
浓磷酸（H_3PO_4）	98.00	85	1.69	14.7
浓氨水（$NH_3 \cdot H_2O$）	17.03	28.3	0.90	15.0

10.3.2 酸度计

酸度计（也称pH计）是一种常用的仪器设备，主要用来精密测量液体介质的酸碱度。人们根据生产与生活的需要，科学地研究生产了许多型号的酸度计。酸度计的分类方式较多，按测量精度可分0.2级、0.1级、0.01级或更高精度；按仪器体积分有笔式（迷你型）、便携式、台式、在线式（在线连续监控测量）；按先进程度分为经济型pH计、智能型pH计、精密型pH计，或分为指针式pH计、数显式pH计等。一般来说，首先根据用户测量所需的精度决定pH酸度计的精度级别，然后根据用户的喜好选择各种形状的pH计。

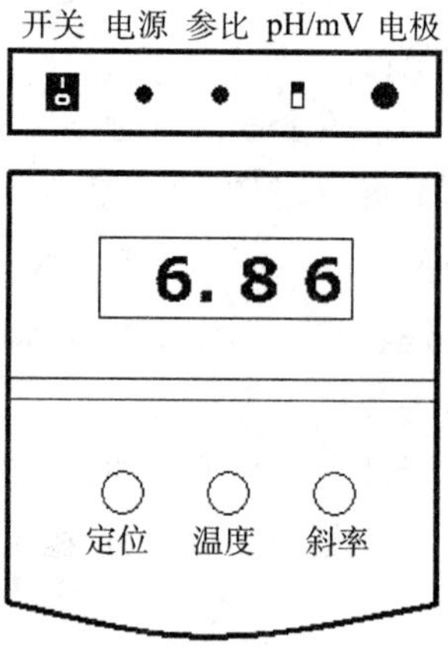

图10-11 pHS-3C型酸度计示意图

化学实验室中常用酸度计的工作原理是电位法，这种类型的酸度计也称为氧化还原电位计，有多种型号，目前使用较多的是pHS-3C型酸度计（见图10-11）。

1. 仪器面板上各调节旋钮的作用

“定位”调节旋钮用于消除电极不对称电位测量结果所产生的误差。

“温度”调节旋钮用于补偿溶液温度不同对测量结果产生的影响。因此，在进行溶液pH测量及pH校正时，必须将此旋钮调至该溶液温度值上。

“斜率”调节旋钮用于补偿电极转换系数。由于实际的电极系统并不能达到理论转换系数（100%）。因此，设置此调节旋钮是便于用两点校正法对电极系统进行pH校正，使仪器能更精确地测量溶液的pH。

“斜率”和“定位”调节旋钮仅在进行 pH 测量及校正时有作用。

2. 测量

(1) 安装。连接电源，将复合电极插入相应插孔中，用蒸馏水清洗电极，清洗后用滤纸吸干，拨功能开关至 pH 挡。

(2) 校正。开启仪器电源开关，预热 30 min 后进行仪器的定位和测量。调节仪器面板上的温度旋钮，使旋钮上的刻度线对准待测溶液的温度值。把斜率调节旋钮顺时针旋到底(即调到 100%位置)。将电极插入 pH=6.86 的标准缓冲溶液中平衡一段时间，待读数稳定后，调节“定位”旋钮，使仪器显示读数为 6.86。用蒸馏水冲洗电极并吸干水分后，插入 pH=4.00(或 pH=9.18) 的标准缓冲溶液中平衡一段时间，待读数稳定后，调节“斜率”旋钮，使仪器显示读数为 4.00(或 9.18)。为保证精度，重复上述步骤 2 次或 3 次，直至不用再调节“定位”或“斜率”两调节旋钮为止。仪器校正完毕，“定位”和“斜率”旋钮不可再动。

(3) 测量。经校正过的仪器，即可用来测定被测溶液。将电极清洗并吸干水分后，插入样品溶液中进行测量。测量多个样品溶液时，一般要由稀到浓进行测定，每换一种溶液都需要清洗电极。测量完毕，将电极清洗后浸于去离子水中。

3. 注意事项

(1) 为了保证 pH 的测量精度要求，每次使用前必须用标准溶液加以校正。一般来说，仪器在连续使用时，每天可标定一次。校正时标准溶液的温度与状态(静止还是流动)和被测液的温度与状态应尽量一致。

(2) 一般选用 pH=6.86 和 pH=4.00 的标准缓冲溶液校正仪器，测定偏碱性的溶液时，应选用 pH=6.86 和 pH=9.18 的标准缓冲溶液校正仪器。

(3) 为提高测量的准确度，在电极插入被测溶液后，可用玻璃棒搅动溶液使之均匀后再读出该溶液的 pH，但应注意，玻璃棒不得碰到电极。

(4) 在使用过程中，遇到换用新电极、“定位”或“斜率”旋钮变动等情况时，仪器需重新进行校正。

10.3.3 电导率仪

电导率用来表示溶液传导电流的能力。水的电导率与其所含无机酸、碱、盐的量有一定的关系，当它们的浓度较低时，电导率随着浓度的增大而增加。因此，该指标常用于推测水中离子的总浓度或含盐量，以及化学动力学过程的研究。

电导是电阻的倒数，因此电导值实际上是通过测量电阻值后换算得到的。由于离子在电极上会发生放电，产生极化，因而测定溶液电导时要使用高频率的交流电，以防止产生电解产物。测定溶液电导时，采用镀铂黑电极可减少超电位，而在零电流时读取电导的最后读数也可使超电位为零。在实验室中，通常测量的物理量是电导率，其定义公式为

$$\kappa = G\frac{l}{A}$$

式中，l 为测定电解质溶液时两电极间距离，单位为 m；A 为电极面积，单位为 m^2；G 为溶液的电导，单位为 S(西门子)；κ 为溶液的电导率，指电极面积为 1 m^2、电极间距为 1 m 时，两电极间 1 m^3 的立方导体的电导，单位为 $S \cdot m^{-1}$。

电解质溶液的摩尔电导率 Λ_m 是指含有 1 mol 电解质的溶液置于相距 1 m 的两平行电极间的电导，单位为 $S \cdot m^2 \cdot mol^{-1}$。它与电导率的关系为

$$\Lambda_m = \frac{\kappa}{c}$$

式中，c 为电解质溶液的浓度，单位为 $mol \cdot m^{-3}$。

若用同一仪器依次测定一系列液体的电导，由于电极面积(A)与电极间距离(l)保持不变，所以相对电导就等于相对电导率。

目前在实验室中，测量电解质溶液的电导率时，常使用 DDS-11A 型电导率仪。它是一种数字显示精密台式电导率仪，测量范围广，操作简便，配上适当的组合单元还可实现自动记录。图 10-12 为 DDS-11A 型电导率仪的结构示意图。

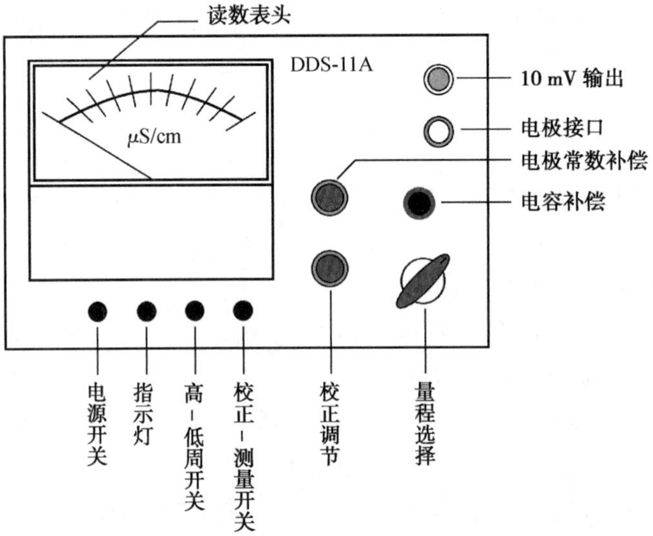

图 10-12 DDS-11A 型电导率仪结构示意图

DDS-11A 型电导率仪的测量范围为 0～10^5 $\mu S \cdot cm^{-1}$，分为 12 个量程；配套电极为 DJS-1 型光亮电极、DJS-1 型铂黑电极和 DJS-10 型铂黑电极。量程范围与配用电极见表 10-2。

表 10-2 DDS-11A 型电导率仪的量程范围及套用电极

量程	电导率/($\mu S \cdot cm^{-1}$)	量程频率	配套电极
1	0～0.1	低周	DJS-1 型光亮电极
2	0～0.3	低周	DJS-1 型光亮电极
3	0～1	低周	DJS-1 型光亮电极
4	0～3	低周	DJS-1 型光亮电极

续表

量程	电导率/(μS·cm^{-1})	量程频率	配套电极
5	0～10	低周	DJS-1 型光亮电极
6	0～30	低周	DJS-1 型铂黑电极
7	0～100	低周	DJS-1 型铂黑电极
8	0～300	低周	DJS-1 型铂黑电极
9	0～1000	高周	DJS-1 型铂黑电极
10	0～3000	高周	DJS-1 型铂黑电极
11	0～10^4	高周	DJS-1 型铂黑电极
12	0～10^5	高周	DJS-10 型铂黑电极

1. 使用方法

(1) 开启仪器电源前，观察表头指针是否指零，如不指零，则应调整表头上的调零螺丝，使表针指零。将“校正-测量”开关拨至“校正”位置。连接电源，打开电源开关，并预热 10 min，待指针完全稳定下来为止。

(2) 根据液体电导率的大小选用低周或高周，使开关指向所选择频率(见表 10-2)，一般当使用量程低于 300 时，选用“低周”；使用量程高于 300 时，选用“高周”。将量程选择开关拨到所需要的测量范围。如预先不知道待测液体的电导率范围，应先把开关拨在最大测量挡，然后逐挡下调。

(3) 根据液体电导率的大小选用电极，使用 DJS-1 型光亮电极和 DJS-1 型铂黑电极时，把电极常数调节器调节在与配套电极常数相对应的位置上。例如，配套电极常数为 0.95，则电极常数调节器上的白线调节在 0.95 的位置处。如选用 DJS-10 型铂黑电极，应把调节器调在 0.95 位置处，再将测得的读数乘以 10，即为待测液的电导率。

(4) 电极使用时，用电极夹夹紧电极的胶木帽，并通过电极夹把电极固定在电极杆上，将电极插头插入电极插口内。旋紧插口上的紧固螺丝，再将电极浸入待测溶液中。

(5) 将“校正-测量”开关拨在“校正”，调节校正调节器指示在满刻度。将“校正-测量”开关拨向测量，这时指示读数乘以量程开关的倍率，即为待测液的实际电导率。例如，量程开关放在 0～10^3 μS·cm^{-1} 挡，而指针指示为 0.5，则被测液的电导率为 0.5×10^3 = 500 μS·cm^{-1}。量程开关指向黑点时，读表头上刻度为 0～1.0 μS·cm^{-1}的数；量程开关指向红点时，读表头上刻度为 0～3 μS·cm^{-1}的数。

(6) 当用 0～0.1 μS·cm^{-1}或 0～0.3 μS·cm^{-1}两挡测量纯水时，在电极未浸入溶液前，调节电容补偿器，使电表指示为最小值(此最小值是电极铂片间的漏电阻，由于此漏电阻的存在，使用调节电容补偿器时，电表指针不能达到零点)，然后开始测量。

2. 注意事项

(1) 电极的插头和引线不能潮湿，否则测量结果不准确。

(2) 高纯水被盛入容器后要迅速测量，否则空气中 CO_2 溶入水中，会引起电导率快速增加。

(3) 盛待测溶液的容器需排除离子的污染。

(4) 测定前先以待测液体淋洗电极 3 次，再进行测定。

(5) 每测定一份样品后，要用蒸馏水冲洗电极，再用吸水纸吸干。使用吸水纸时，切忌摩擦铂黑，以免铂黑脱落，引起电极常数的改变。电极应定期进行常数标定。重新镀铂黑时，必须重新确定。

10.3.4 综合电位差计

电位差计用途很广，配以标准电池、标准电阻等器具，不仅能在对准确度要求很高的场合测量电动势、电势差(电压)、电流、电阻等电学量，而且配合以各种换能器，还可用于温度、位移等非电量的测量和控制。目前使用较多的有 SDC 数字电位差综合测试仪(见图10-13)。综合电位差计的使用方法如下。

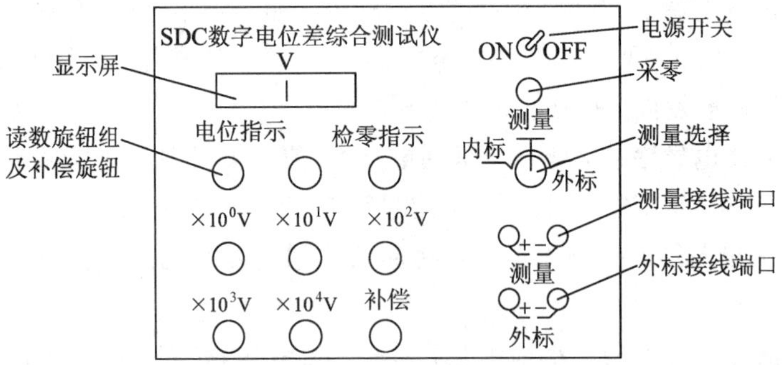

图 10-13 SDC 数字电位差综合测试仪结构示意图

1. 开机

连接综合电位差计的电源线，开启仪器，预热 15 min。

2. 以内标为基准进行测量

(1) 用连接线将待测电池按“＋”“－”极性与“测量插孔”连接。

(2) 将“测量选择”旋钮置于“内标”。

(3) 将“10^0”位旋钮置于“1”，将“补偿”旋钮逆时针旋到底，其他旋钮均置于“0”。此时，“电位指示”显示“1.000 00”V。

(4) 待“检零指示”显示数值稳定后，按一下“采零”键，此时，检零指示应显示“0000”。

(5) 将“测量选择”置于“测量”。

(6) 依次调节“10^0～10^4”及“补偿”旋钮，使“检零指示”显示为“0000”，此时，“电位显示”数值即为被测电动势的值。

注意：测量过程中，若“检零指示”显示溢出符号“OU. L”，说明“电位指示”显示的数值与被测电动势值相差过大。

3. 以外标为基准进行测量

(1) 将标准电池按"+""-"极性与"外标插孔"连接。

(2) 将"测量选择"旋钮置于"外标"。

(3) 调节"$10^0\sim10^4$"及"补偿"旋钮,使"电位指示"显示的数值与标准电池的电动势相同。

(4) 待"检零指示"数值稳定后,按一下"采零"键,使"检零指示"显示为"0000"。

(5) 拔出"外标插孔"的连接线,再将待测电动势按"+""-"极性接入"测量插孔"。

(6) 将"测量选择"置于"测量"。

(7) 依次调节"$10^0\sim10^4$"以及"补偿"旋钮,使"检零指示"显示为"0000",此时,"电位显示"数值即为被测电动势的值。

4. 关机

关闭电源开关,然后拔下电源线,整理各类连接线收入仪器箱中。

10.3.5 VIS-7220N 可见分光光度计

分光光度计用于有色物质和经过反应可以显色物质的定性和定量测定,具有一定的波长调节范围,可以直接显示透光率、吸光度,并具有浓度直读功能。在定性测定方面,其通常用作物质鉴定和有机分子结构的研究;在定量测定方面,可测定化合物和混合物中各组分的含量,也可测定物质的解离常数、配合物稳定常数等。

1. 工作原理和仪器构造

分光光度法测量的理论依据是朗伯-比耳定律:溶液中的物质在光的照射和激发下,产生对光吸收的效应。但是物质对光的吸收是有选择性的,各种不同的物质都有其各自的吸收光谱。因此,根据定律,当一束单色光通过一定浓度范围的稀有色溶液时,溶液对光的吸收程度 A 与溶液的浓度 c 或液层厚度 b 成正比。

朗伯定律的表达式为

$$A=\lg\frac{I_0}{I}=k_1b$$

比耳定律的表达式为

$$A=\lg\frac{I_0}{I}=k_2c$$

朗伯-比耳定律的表达式为

$$A=\lg(I_0/I_t)=\lg(1/T)=\varepsilon bc$$

式中,I_0为入射光强度;I 为透射光强度;T 为透光率,$T=I_t/I_0$;A 为吸光度(无因次量,以前称消光度 E,或光密度 D);b 为液层厚度,通常以 cm 为单位;c 为有色溶液浓度;k_1,k_1为比例常数;ε 为比例常数,是与吸光物质性质、入射光波长、溶剂及温度等有关的常数,单位受 c

的制约。

VIS-7220N 可见分光光度计由光源、单色器、样品池、检测系统和信号显示系统组成。仪器的光学系统、结构示意图如图 10-14 所示。仪器工作时,液晶屏显示各种操作模式和测量值,可根据不同需要显示透射比值(T%)、吸光度值(ABS)及浓度值(CONC)。

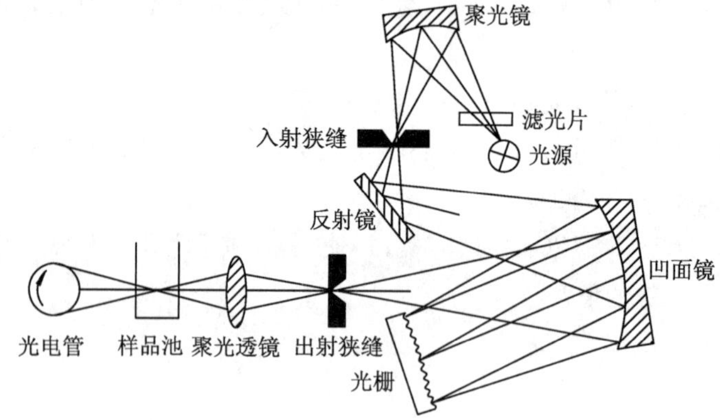

(a) 光学系统

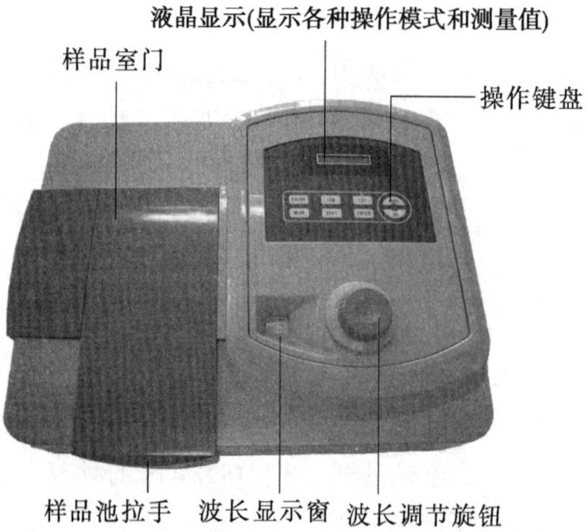

(b) 结构示意图

图 10-14　VIS-7220N 可见分光光度计

2. 基本操作步骤

安装好仪器后,检查样品池位置,使其处在光路中(拉动拉手应感到每挡的定位)。关好样品室门,打开仪器电源开关,工作方式选择指示灯应在透射比位置,使标样点在第一点,显示器应显示为"XX．X",预热 15 min 后即可进行测量。具体操作步骤按吸光度测量模式叙述如下:

(1) 在样品池中,放置空白溶液及样品。

(2) 按需要调节波长旋钮,使显示窗显示所需波长值。

(3) 按“MODE”键使%T 指示灯亮,按 100%T 键,使仪器显示“100.00”。

(4) 在样池架中放挡光块,拉入光路,盖上样品池,按 0%T 键。

(5) 取出挡光块,放入空白溶液,盖上样品池,按“MODE”键,使 ABS 指示灯亮。按 100%T 键,使仪器显示“0.00”。

(6) 拉动样品拉手使各待测样品依次进入光路,则显示器上依次显示样品的吸光度值,记下相应的数据,整个测定过程需保留参比溶液比色皿。

(7) 测量完毕,从样品池中取出比色皿,关闭电源。

3. 注意事项

(1) 不同比色皿之间存在色差,建议测量过程中固定用一只比色皿盛放参比溶液。比色皿中溶液体积以 2/3～4/5 为宜,以免洒落在样品池中。如发生样品洒落的情况,须及时清理。

(2) 比色皿有 2 个光滑面,是用来对准光路的,还有 2 个粗糙面,手只能接触比色皿的粗糙面,不能接触光滑面。比色皿的内部只能用水润洗,使用后先用自来水内外冲洗干净比色皿,再用蒸馏水润洗,然后将其粗糙面朝下放入比色皿盒内。

(3) 每次改变波长后,均应重新进行 100%T 和 0%T 调节。

(4) 若连续测量时间过长,光电管会因疲劳造成读数漂移。因此,每次读数后应随手打开样品池盖,使光闸自动关闭。

第 11 章　化学实验基本操作

11.1　加热与冷却

化学反应往往需要在加热或冷却的条件下进行，许多基本实验操作也离不开加热或冷却，因此，加热和冷却在化学实验中非常普遍。

11.1.1　加热

1. 加热热源

实验室常用的热源有煤气、酒精和电能，分别有煤气灯、酒精灯、酒精喷灯、电炉、电热套、恒温水浴装置及管式炉和马弗炉等加热仪器或装置，有时也采用红外灯加热。

酒精灯是实验室最常用的加热仪器，如图 11-1 所示，其由灯帽、灯芯和灯壶三部分组成。酒精灯提供的温度范围通常为 300～500 ℃，其外焰加热温度最高，可达 400～500 ℃，适用于对温度要求不高的实验。温度的高低与灯芯的长短也有一定的关系，灯芯短时加热温度低，所以可根据温度需要调节灯芯长度。酒精灯中的酒精易挥发、易燃，使用时须注意安全，如不慎有酒精在灯外燃烧，可用湿抹布或石棉毡盖灭。

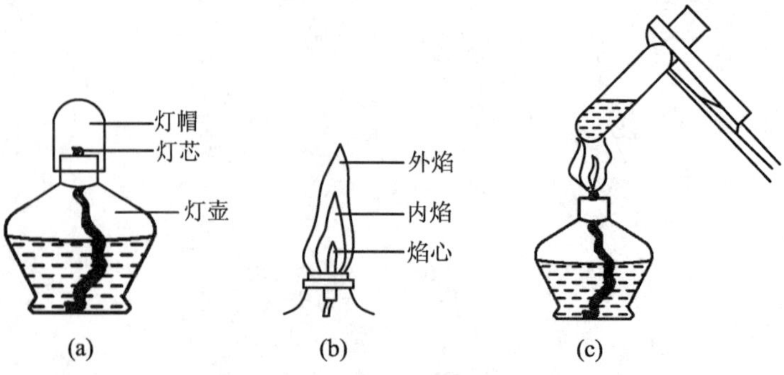

图 11-1　酒精灯的结构及使用

使用酒精灯时需要注意以下几点：

(1) 点燃酒精灯前，需检查酒精的量是否符合 1/2～2/3 灯壶容积的要求，同时还要检查灯芯是否平整、完好及长度是否合适等。

(2) 点燃酒精灯前，先将灯头提出，吹去灯内酒精蒸气。

(3) 点燃酒精灯时，必须用火柴引燃。绝不可用燃着的酒精灯去点燃另一酒精灯，以免酒精洒落引起火灾或烧伤。

(4) 熄灭酒精灯时用灯帽盖上即可，不能用嘴吹灭。待火焰熄灭片刻后，应将灯帽打开，通气后再重新盖上，以免冷却后因灯帽内的负压使其难以打开。

(5) 如需添加酒精，应把火熄灭，牵出灯芯，然后借助漏斗将酒精缓慢注入灯壶，避免酒精洒在灯外。

需要高温的实验常使用酒精喷灯，酒精喷灯也是用酒精作为燃料的加热器。使用时，先将酒精汽化与空气混合，再点燃混合气体，故其温度高，约 900 ℃。酒精喷灯有挂式和座式两种，使用方法均与酒精灯相似。

2. 加热方法

加热操作可分为直接加热和间接加热两种。实验中常采用的加热方法主要有以下几种。

1) 直火加热

适用于对试管中不易燃烧的试剂进行快速加热、蒸发皿加热和坩埚的灼烧等。加热前，须擦干试管或容器外壁，试管中的被加热液体不要超过容量的 1/3，其他容器不超过其容量的 1/2，防止加热时液体外溅。试管加热时，用试管夹夹住试管口上端，如图 11-1(c)所示。加热过程中还需上下移动试管，使其均匀受热，以免液体汽化时暴沸喷出，造成事故。

高温加热固体时，应把固体放在坩埚内灼烧。夹取在高温下的坩埚时，须用坩埚钳。灼热的物体不可以直接放在实验台上，须放在石棉网上。

2) 空气浴

适用于沸点在 80 ℃以上的试剂的加热，是一种常用的间接加热方法。空气浴可避免局部过热而损坏仪器，以及加热易燃物质所带来的燃烧危险。最简单的空气浴是在明火与被加热的物体之间隔一层石棉网，但这种加热方式受热很不均匀。

3) 水浴

适用于沸点在 100 ℃以下的试剂的加热，尤其是一些低沸点的易燃有机液体，如乙醚、乙醇、苯、丙酮、正己烷等。操作时，注意不可让容器底部触及水浴锅底部，防止局部过热。如果加热温度稍高于 100 ℃，可用无机盐类的饱和水溶液作为热传导液。

使用水浴加热时，应注意水会不断蒸发，需及时添加，保证水浴锅中的水量。

4) 油浴

适用于沸点范围在 100～250 ℃的试剂的加热，优点是加热均匀、速度快。常用的导热油主要有液体石蜡、硅油和真空泵油。由于导热油大多易燃烧，故在使用时不可超出其适用温度范围。

5) 砂浴

加热温度高，但温度上升慢，散热速度快，温度不易控制，应用不广。

6）酸浴

浓 H_2SO_4 常用于酸浴，可加热至250～270 ℃。300 ℃时 H_2SO_4 发生分解，生成白烟，若在浓 H_2SO_4 中适当加入 K_2SO_4，可加热到350 ℃左右。由于浓 H_2SO_4 具有强腐蚀性，目前此法已不常用。

11.1.2 冷却

有些化学反应的中间体在室温下不稳定，须在低温下进行实验，如重氮化反应等。还有一些放热反应，产生的热使反应难以控制，也须在低温下进行。此外，常见的重结晶过程中，为了便于结晶析出也需要在低温下进行。

实验中常使用的冷却方法是冰水浴，即将反应容器浸于冰水混合物中，比单纯使用冰的冷却效果更好。如果水对反应没有影响，还可将碎冰直接加到反应器中，可以更加有效地保持低温。当需要将反应物冷却到0 ℃以下时，可使用冰盐混合物作为冷却剂，即将无机盐研细与碎冰混合均匀后使用。常见的冰盐混合物的制冷作用可参见表11-1。

表11-1 常见的冰盐混合物的制冷作用

盐类	冰与盐的比例	能达到的最低温度/℃
NH_4Cl	4∶1	−15
$NaNO_3$	2∶1	−18
NaCl	3∶1	−21
$CaCl_2 \cdot 6H_2O$	1∶1	−29
$CaCl_2 \cdot 6H_2O$	2∶3	−55

液氨也是常用的冷却剂，温度可达−33 ℃。干冰和一些易挥发的溶剂混合可得到更低的温度，如干冰与乙醇的混合物可达−72 ℃，干冰与乙醚或丙酮等的混合物可达−78 ℃。以液氮为冷却剂时，温度可低至−196 ℃。

11.2 固液分离方法

常用的固液分离方法有倾析法、过滤法和离心分离法等。借助过滤器将液体和不溶性固体的混合物分开的操作称为过滤。当沉淀和溶液的混合物通过滤纸等过滤器时，留在滤纸上的沉淀称为滤饼，通过过滤器进入容器的溶液称为滤液。根据生成的沉淀物的性质和实验要求，过滤可分为常压过滤、减压过滤、热过滤和冷过滤。

11.2.1 倾析法

倾析法主要用于分离密度大或结晶颗粒较大的沉淀，静置后沉淀能很快沉降至容器底部，便于分离和洗涤。倾析法的操作方法如下：静置混合物待沉淀沉降，以玻璃棒引流的方式小心地将沉淀上层的清液慢慢倾入另一容器中。沉淀如需洗涤，只需向沉淀中加入少量洗涤液(如蒸馏水)并搅拌均匀,待沉淀沉降后,再次倾去溶液,重复上述操作 2～3 次,即可将沉淀洗净。

11.2.2 常压过滤法

常压过滤是最常见的过滤方法,常常使用玻璃漏斗和滤纸进行过滤。适用于过滤胶状沉淀或细小的晶体沉淀,其缺点是过滤速度较慢。根据需要过滤分离的沉淀物的量,选择大小合适的漏斗和滤纸。

标准玻璃漏斗圆锥体的角度应为 60°,因此需要折叠滤纸。一般按四折法折叠,折叠的方法见本书 9.6.3 节。折叠后的滤纸边沿应低于漏斗上沿 0.5～1.0 cm。

过滤时应注意以下几点:

(1) 漏斗应放在漏斗架(或铁架台)上,并调节漏斗架的高度,使漏斗的出口靠在接收容器的内壁上,以便滤液能顺着器壁流下,不致溅出。

(2) 转移时遵循先溶液、后沉淀的原则,避免沉淀物堵塞滤纸而减慢过滤的速度。

(3) 过滤前应先用少量蒸馏水润湿滤纸,使滤纸与漏斗壁紧贴,以免产生空腔,影响过滤速度。

(4) 转移溶液和沉淀时,使用玻璃棒引流(见图 11-2),玻璃棒轻靠在漏斗内壁 3 层滤纸处,使溶液沿玻璃棒缓慢流入漏斗中。停止转移溶液时,烧杯不可立即离开玻璃棒,应将烧杯嘴沿玻璃棒略向上提 1 cm,并慢慢扶正烧杯,然后离开玻璃棒,这样可使烧杯嘴上的液滴顺玻璃棒流入漏斗中。

(5)加入漏斗中的溶液不能超过圆锥滤纸总容积的 2/3,过多会使溶液通过滤纸和漏斗内壁间的缝隙流入接收容器,从而失去过滤的作用。

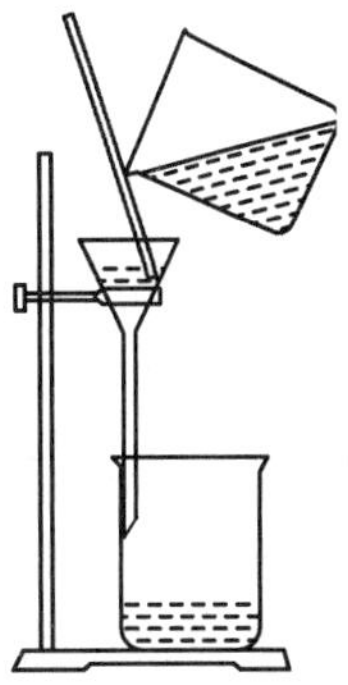

图 11-2 过滤操作

此外,若沉淀物的颗粒较大,且沉淀物可弃去,也可以用棉花代替滤纸过滤。过滤时,取一块棉花放在漏斗底部,用水润湿,棉花的边缘应紧贴漏斗的内壁,然后小心倒入要过滤的液体。

11.2.3 减压过滤法

利用真空泵产生的负压使滤纸上下方形成压力差,从而缩短过滤所需时间,加快过滤速度的过滤方法,称为减压过滤,又称抽滤。该方法可以使沉淀物(或晶体)与母液充分分离,所滤集的固状物也较容易干燥,不适用于分离胶态沉淀或颗粒很细的沉淀。减压过滤的装置通常由抽滤瓶、布氏漏斗、缓冲瓶(见图 11-3)和真空泵组成。实验室使用的真空泵为循环水式多用真空泵(见图 11-4)。

减压过滤的操作方法:首先在布氏漏斗中铺一层滤纸(为防止滤纸破裂,必要时可以使用双层滤纸),所用滤纸的直径应比漏斗的筛板内径略小,但必须全部覆盖漏斗筛板上的小孔,用少量相同溶剂或要过滤的溶液润湿滤纸,再按图 11-3 连接装置,布氏漏斗的下端斜面应正对抽滤瓶的支管口,用导管连接安全瓶和真空泵的抽气口。倾倒溶液前,先开启真空泵,

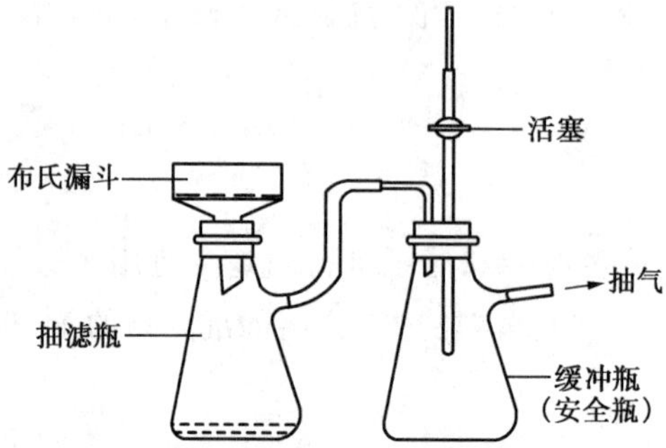

图 11-3 减压过滤装置

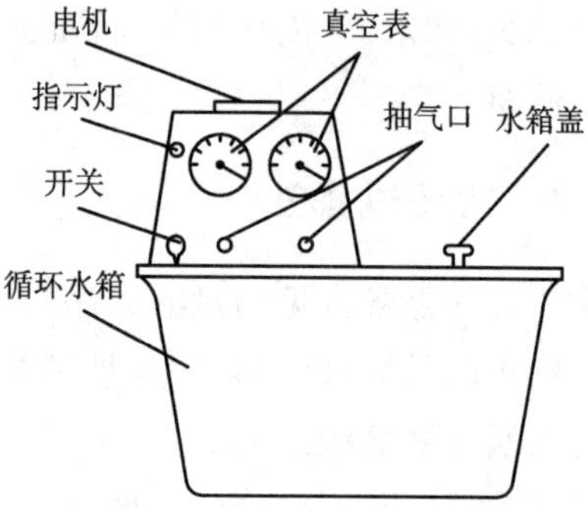

图 11-4 循环水式多用真空泵

关闭安全瓶活塞,使滤纸紧贴漏斗筛板(这样既可以防止滤纸因滤液倒入而漂起,也可以防止固状物颗粒从滤纸四周透入堵塞筛孔),然后小心地把要过滤的混合物通过玻璃棒引流入布氏漏斗中。过滤完毕,先打开安全瓶活塞,再关闭真空泵。取下布氏漏斗并小心倒置在滤纸上或容器中,轻轻敲打漏斗边缘或用洗耳球从漏斗出口处往里吹气,使滤纸和沉淀脱离漏斗。滤液应从抽滤瓶的上口倒入洁净的容器中,绝对不可从侧面的支管倒出,以免滤液受到污染。

11.2.4 保温过滤法

用普通的玻璃漏斗过滤热的饱和溶液时,常在漏斗中或其颈部析出晶体,使过滤困难,这就需要采用保温过滤的方式。保温漏斗是一种减少散热的夹套式漏斗,是在金属铜套内放置一短颈且粗的玻璃漏斗而形成的(见图 11-5)。使用时在夹套内加入热水(通常为沸水,加水不能过满,以免加热至沸后溢出),加热金属铜套的侧管即可把夹层中的水烧热而使漏斗保持温热。过滤时,在漏斗中放入滤纸并用少量热水润湿后,将待分离的热溶液分批转入漏斗中。转移到漏斗中的溶液既不能太满,也不能等漏斗中溶液滤完再转入新溶液,未转入的溶液和保温漏斗应用小火加热,保持微沸。过滤完毕,将滤液加盖放置使其自然冷却结晶。

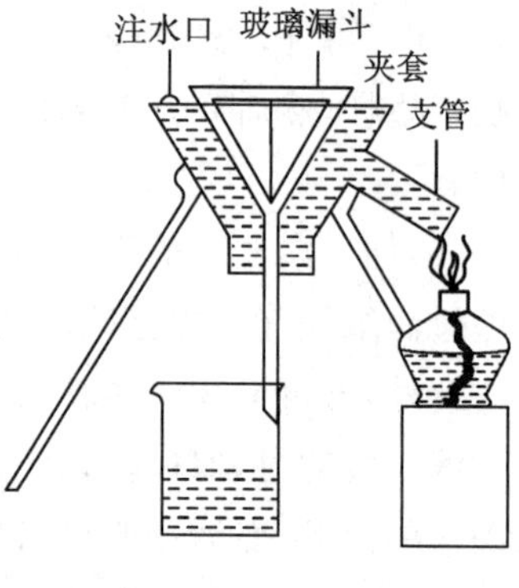

图 11-5 保温漏斗

进行保温过滤时,溶液的溶剂通常是易燃的有机溶剂,这就需要在过滤前先熄灭火源,以免发生燃烧事故。为了尽量利用滤纸的有效面积以加快过滤速度,过滤热的饱和溶液时,常常将滤纸折叠成菊花状,折叠方法见本书 9.6.3 节。

11.2.5 离心分离法

当被分离的沉淀量较少时,可用离心分离法。该方法分离速度快,操作简单,能迅速判断沉淀与溶液是否完全分离。

电动离心机转动的速度极快,使用时要特别注意安全。在使用离心机时,一般需要在离心管套管的底部适当垫一点棉花。为使离心机转动时保持平衡,几支离心管要放在对称的位置上，且要求离心管的规格相同，管内的液体质量尽可能相等。若只有一份试样，则在对称的位置上放置一支装有与试样等质量的水的离心管，离心管内液体的量不应超过总容量的 1/2。离心管放入离心机后，盖上离心机盖。打开离心机开关，选择离心时间，然后调节速度旋钮从低挡逐渐加速。离心结束后，需将速度旋钮逆时针旋转到停止位置，待离心机完全停止转动后，再打开盖子取出离心管。绝不可用外力强制使离心机停止，以免发生意外。

使用离心机的过程中，一旦出现机身剧烈振动或有异常噪声等情况，应立即切断离心机的电源，查明原因，排除故障后才能再次使用。

通过离心作用，沉淀物紧密地聚集在离心管的底部而清液在上部，用滴管将上清液吸出后可使沉淀与溶液分离。如沉淀需要洗涤，可向离心管中加入少量去离子水或洗涤液，用滴管向离心管中鼓气的方法充分搅拌混合物，然后再次离心，用吸管吸出洗涤液，重复上述操作，直至沉淀洗净。

11.3 固体和液体的干燥

干燥是指除去附在固体上或混杂在液体与气体中的少量水分，也包括除去少量溶剂。在化学实验中，经常需要对化学试剂进行干燥，如基准物质无水 Na_2CO_3 的干燥和合成产物的干燥等。干燥的方法分为物理法与化学法两种。物理法有吸附、分馏和利用共沸蒸馏将水分带走等。近年来，常用离子交换树脂和分子筛等进行干燥。化学法则是利用干燥剂除水。根据使用原理可将干燥剂分为两类：第一类能与水可逆结合生成水合物，如 $CaCl_2$，$MgSO_4$ 等；第二类则与水发生不可逆的化学反应而生成新的化合物，如金属钠、五氧化二磷等。目前，实验室中应用最广泛的是第一类干燥剂。

11.3.1 固体的干燥

重结晶得到的固体常含有水分或有机溶剂，应根据固体的性质选择适当的方法进行干燥。

1. 自然晾干

自然晾干是一种简单、经济的干燥方法。将需干燥的固体平堆在滤纸上，再盖上另一张滤纸后加以挤压，先尽可能除去一部分水或有机溶剂，再将固体自然散放在一张新的滤纸上，上面覆盖一张滤纸，留在空气中自然晾干。易氧化、易与 CO_2 反应、易吸湿的化合物不能采用该方法进行干燥。

2. 加热干燥

热稳定性较好的固体化合物可在电热干燥箱内除去水分或溶剂，但应注意控制干燥箱内温度，不可超过该固体的熔点。另外，还可以使用真空恒温干燥箱及红外线干燥箱进行干燥。

3. 干燥器干燥

易吸湿或在较高温度干燥时会分解或变色的固体化合物可用干燥器干燥。干燥器有普通干燥器和真空干燥器两种。两者的不同之处在于真空干燥器的器盖上有一玻璃活塞用于抽真空。干燥器盖与缸身之间的平面经过磨砂处理,使用时在磨砂处涂润滑脂使干燥器密闭,缸中有多孔瓷板,瓷板下面放置干燥剂,板上放置装有待干燥样品的表面皿等(见图 9-1)。真空干燥器的干燥效率优于普通干燥器,解除容器内真空时,为防止空气流入太快将固体冲散,开启活塞放入气体时要慢,最好另用一表面皿覆盖在盛样品的表面皿上,以免吹散被干燥的物质。干燥器内使用的干燥剂应按样品所含的溶剂来选择。

4. 冷冻干燥

热敏性的物质,特别是一些生物物质,当通过常规蒸馏或减压蒸馏脱水后,会因分解而损失,可采用冷冻干燥(低压冻干)法,如对酶、多糖、多肽等进行干燥脱水。

11.3.2 液体的干燥

液体的干燥通常是将干燥剂加入液体中进行干燥,因而选用合适的干燥剂是关键。选择的条件是干燥剂必须不溶于该液体,不与之发生化学反应或催化作用,并且能与水结合生成固体析出。

一方面,干燥剂的性能是通过其容量(即一定量的干燥剂能去除水的总量)、速度(结合水或生成水合物的速度)、强度(最终能达到的干燥程度)、适用的化合物范围等来衡量的。另一方面,需要干燥的溶剂也是影响干燥效果的因素之一,如乙醚作溶剂比苯或乙酸乙酯作溶剂的干燥时间短。表 11-2 列出了一些常用干燥剂的性能与适用范围,表中定性表示出干燥剂的等级。

表 11-2 常用干燥剂的性能与适用范围

物质	容量	速度	强度	价格	简便	适用范围
$CaCl_2$	H	M	M	L	H	a
$CaSO_4$	L	H^+	H^+	M	H	b
$MgSO_4$	H	H	M^+	L	M	c
分子筛	H	H	H		H	c
K_2CO_3	M	M	M		M	d
Na_2SO_4	H^+	L	L	L	M	e

注:强弱顺序 H>M>L。
a. 可与醇类、酚、胺类、氨基酸、酰胺、酮和一些醛及酯结合,不能用于这些物质的干燥。
b. 一般使用,半水合物温度低于 100 ℃稳定。
c. 一般使用。
d. 与酸和酚反应,不能用于酸性物质的干燥。
e. 一般使用,十水合物超过 32 ℃不稳定。

如液体含水量较高,经济的干燥方法可通过两步进行。先使用经济、高容量和低强度的干燥剂除去大部分水，再用高强度的干燥剂做进一步的干燥。例如，无水 Na_2SO_4 吸水后形成 $Na_2SO_4 \cdot 10H_2O$，能结合其自身质量 1.27 倍的水，而无水 $CaSO_4$ 是一种高强度、低容量的干燥剂，只能结合其自身质量 6% 的水，因此，可先用无水 Na_2SO_4 干燥，然后用无水 $CaSO_4$ 进一步干燥。

液体的干燥，可先加一部分干燥剂，放置 5～15 min 并不间断振摇。如果有两种液态出现（干燥剂饱和溶液）或干燥剂凝结在一起，必须再增加干燥剂。例如，加入过量的无水 $MgSO_4$ 后，将混合物振摇后静置，使溶液慢慢澄清，此时干燥剂应呈疏松状且不结块。

11.4　熔点和沸点的测定

目前，测量温度的方法有很多，最常用的是用温度计进行测量。常用温度计有分度值为 1 ℃的量程为 100 ℃的酒精和水银温度计；分度值为 2 ℃的量程为 200 ℃和 300 ℃的水银温度计。根据实验条件和要求，可选用匹配的温度计。在测量温度时一般采用全浸法，也有将温度计局部浸入测量温度的方法，但不常用，必要时还需对温度计进行校正。如果实验要求较高，可以使用分度值为 0.1 ℃的精密温度计。一套精密温度计由多根温度计组成。

在进行物质的熔点和沸点的测量实验中，需选用专门的测定方法，除温度计外，还需要使用其他仪器和装置。

11.4.1　熔点的测定

纯固态化合物通常都有固定的熔点，它是指该物质固液两态在标准大气压下达到平衡（固态与液态蒸气压相等）时的温度。实验室测得的熔点，实际上是该物质的熔程（熔化范围），即物质从开始熔化到完全熔化的温度范围。纯物质的熔程温差一般为 0.5～1 ℃。当物质混有少量杂质时，熔点就会下降，熔程则增大。因此，熔点是鉴定固体有机化合物的一个重要物理常数，根据熔程的大小还可判别其纯度。

实验室测定熔点的方法有毛细管法和显微熔点测定法。毛细管法测熔点应用较为广泛，此法所用仪器简单，操作方便，现介绍如下。

1. 样品的填装

取 10～20 mg 干燥的样品，研成细粉末后置于一表面皿上，用玻璃棒将样品粉末集成一堆。取一根一端封闭的毛细管（长 5～6 cm），将开口的一端插入粉末中，使粉末进入毛细管。另取一根长 30～40 cm 的玻璃管，垂直于表面皿上方，将毛细管开口端向上，从玻璃管上端自由落下，使粉末落入并填紧在毛细管封闭端的底部。为了在毛细管内装入长 2～3 mm 紧实的样品，一般需重复上述操作多次。熔点测定前，将黏附于毛细管外壁的样品除去，以免污染导热液。欲测得准确的熔点，样品一定要研细，填装紧实，这样样品才能均匀受热。同一样品应平行填装三支毛细管备用。

2. 熔点的测定

测定熔点常使用熔点测定管(Thiele 管),又称 b 形管,如图 11-6 所示。管中加导热液(石蜡油或浓硫酸)至弯管和直管连接处,管口配一开口的软木塞,插入一温度计,其刻度应面向木塞开口处(也可将温度计吊挂在铁架台上代替开口的软木塞)。温度计的水银球位于 b 形管两侧管中间位置,装好样品的毛细管用橡皮圈固定于温度计下端(注意橡皮圈应套在毛细管开口端,不能让其触及导热液),使毛细管中样品部分位于温度计水银球中部,并在图 11-6 所示的部位加热。受热的导热液在 b 形管中对流循环,使温度较为均匀。先进行粗测,按每分钟 5～6 ℃的速度升高温度,直至样品熔化,可得到一个近似的熔点。然后把热浴冷却至熔点以下 30 ℃左右,另换一支装有样品的毛细管进行测定。初始时升温可稍快,当温度上升到比近似熔点低 10 ℃左右时,调小火焰,使温度上升速度减慢到每分钟 1～2 ℃,并仔细观察毛细管中样品的变化。当管内样品开始塌陷、出现萎缩并有液滴产生时为初始熔解(初熔)温度,当固体样品全部熔化成透明液体时为全熔温度,记下这两个温度,即为样品的熔程。一般一份样品需平行测定熔点 2 次,且 2 次熔点误差不可超过±1 ℃。

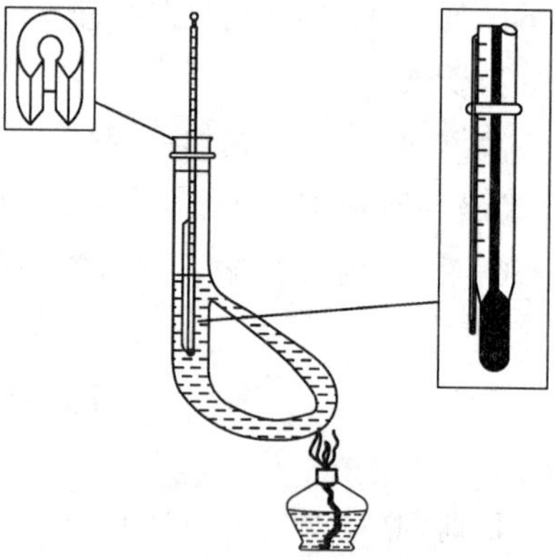

图 11-6 熔点测定

11.4.2 沸点的测定

液体的蒸气压随温度的升高而增大,当其蒸气压增大到与外界大气压相等时,液体开始沸腾,此时的温度即为该液体的沸点。沸点的测定有常量法和微量法两种。常量法采用常压蒸馏装置进行,在整个蒸馏过程中,应使温度计的水银球保持被冷凝的液滴润湿,此时的温度即为液体的液-气平衡时的温度,温度计的读数就是馏出液的沸点。不纯液体有机物的沸点,取决于杂质的物理性质及两者的相互作用。如杂质是难挥发性的,则不纯液体的沸点比纯物质的沸点略有提高;若杂质是易挥发性的,则蒸馏时液体的沸点会逐渐上升。因此,也可通过测定沸点来鉴定有机物或判断其纯度。

1. 常压蒸馏法测定沸点

按图 11-7 搭建好常压蒸馏装置。将液体样品沿瓶颈壁注入合适的干燥圆底烧瓶中,为防止暴沸,在烧瓶内加入 1～2 粒沸石,装好温度计,温度计的水银球上端应与蒸馏头的支管下部相平,以便水银球能被蒸气包围。开始测定时,首先检查装置的气密性,然后开启冷凝水并加热进行蒸馏,当瓶内液体沸腾时瓶内有大量蒸气产生,温度计水银柱

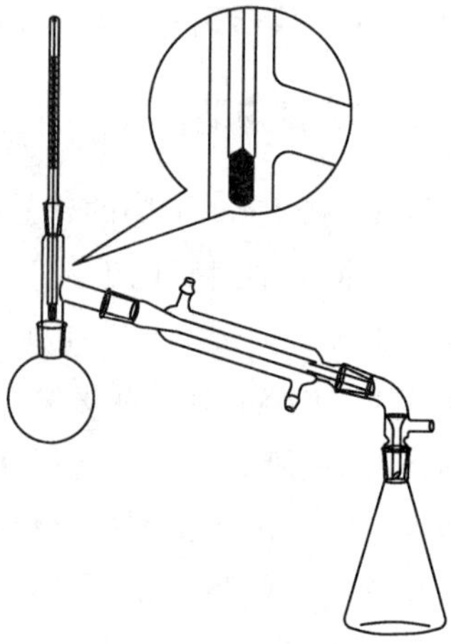

图 11-7 常压蒸馏装置

迅速上升，此时调节火焰或水浴温度使馏出液的馏出速度控制在1～2滴/秒，记下大部分样品馏出时的温度，即为样品的沸点。

2. 微量法测定沸点

微量法测定沸点可借用熔点测定装置来进行。在一端封闭，直径为5 mm，长约5 cm的薄壁小试管中加入液体样品3～4滴，再在管中放入一支一端封闭的毛细管，毛细管的开口端向下浸入溶液中，用橡皮圈将此小试管固定在温度计的一侧，并使液面与温度计水银球上限刻度平齐，如图11-8所示。然后将温度计连同小试管一起置于盛有导热液的b形管中加热。当升高到一定温度时，有大量气泡从毛细管中排出，表明此时被测液体的蒸气压已与外界大气压相等。大量蒸气以毛细管末端的小气泡为“气化中心”从液体中逸出。为了便于观察，可在液体沸腾时停止加热，让温度逐渐下降，气泡逐渐减少。当毛细管末端不再放出气泡，液体开始进入毛细管时，读取温度计所示的数值，即为样品的沸点。

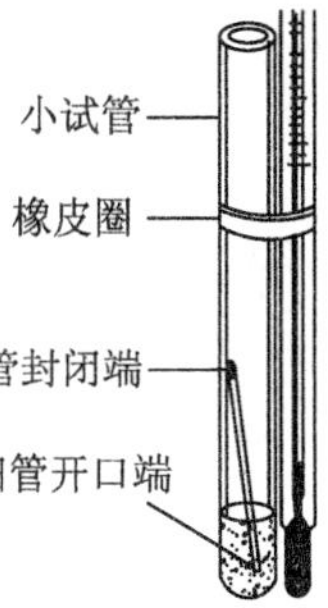

图11-8 微量法测定沸点装置

11.5 萃取、重结晶与升华

在化学实验中，用于物质分离和提纯的方法较多，常见的有过滤、蒸发、结晶、重结晶、蒸馏与分馏、分液、萃取、升华、离子交换和渗析等，可根据需要加以采用。

11.5.1 萃取

萃取是利用物质在两种不相溶(或微溶)溶剂中的溶解度或分配系数不同来达到分离、提取或纯化目的的一种操作。萃取分为液—液萃取、液—固萃取、气—液萃取。

1. 液—液萃取

1) 萃取原理

如溶液是由化合物X溶解于溶剂A而成，要从其中萃取X，可选择对X溶解度极好、与溶剂A不相溶且不反应的溶剂B进行萃取。在一定温度下，X在A，B两相间的比例遵循分配定律，X在A，B两相间的浓度比为常数，称为分配系数，以K表示，即

$$K=\frac{c_A}{c_B}$$

式中，c_A，c_B分别表示溶解平衡时X在A，B中的浓度。

依照分配定律，用相同量的溶剂分几次萃取比一次萃取效果好，即少量多次效率高。现通过计算加以说明。

设化合物X在$V(cm^3)$溶剂A中溶解了$W_0(g)$，每次用$S(cm^3)$溶剂B进行重复萃取。第一次萃取后X在溶剂A中的剩余质量为$W_1(g)$，则在第一次萃取达到溶解平衡时，X在

溶剂 A 中的浓度为 W_1/V（单位为 $g \cdot cm^{-3}$），在溶剂 B 中的浓度为 $(W_0-W_1)/S$（单位为 $g \cdot cm^{-3}$）。根据分配定律有

$$K=\frac{W_1/V}{(W_0-W_1)/S}$$

整理后可得

$$W_1=W_0\left(\frac{KV}{KV+S}\right)$$

第二次萃取后，X 在溶剂 A 中的剩余质量为 W_2(g)，则在达到溶解平衡时，X 在溶剂 A 中的浓度为 W_2/V（单位为 $g \cdot cm^{-3}$），在溶剂 B 中的浓度为 $(W_1-W_2)/S$（单位为 $g \cdot cm^{-3}$），有

$$K=\frac{W_2/V}{(W_1-W_2)/S}$$

或

$$W_2=W_1\left(\frac{KV}{KV+S}\right)=W_0\left(\frac{KV}{KV+S}\right)^2$$

依此类推，经过 n 次萃取后，化合物 X 在溶剂 A 中的剩余量 W_n(g)为

$$W_n=W_0\left(\frac{KV}{KV+S}\right)^n$$

例如，在 15 ℃时 4 g 正丁酸溶于 100 cm^3 的水溶液，用 100 cm^3 苯来萃取正丁酸。15 ℃时正丁酸在水中与苯中的分配系数 K 为 1/3，若用 100 cm^3 的苯来一次萃取，则萃取后正丁酸在水溶液中的剩余量为

$$W=4\times\frac{\frac{1}{3}\times 100}{\frac{1}{3}\times 100+100}=1.0\ g$$

萃取效率为 $\frac{4-1}{4}\times 100\%=75\%$。

若用 100 cm^3 苯分三次萃取，即每次用 33.33 cm^3 苯来萃取，经第三次萃取后，正丁酸在溶液中的剩余量为

$$W'=4\times\left(\frac{\frac{1}{3}\times 100}{\frac{1}{3}\times 100+33.33}\right)^3=0.5\ g$$

萃取效率为 $\frac{4-0.5}{4}\times 100\%=87.5\%$。

因此，为节省溶剂并提高效率，在进行萃取操作时，要遵循少量多次的原则。但并非萃取次数越多越好，当溶剂总量保持不变时，萃取次数增加，每次使用的溶剂体积就要减少。$n>5$ 时，n 与 V 两个因素的影响几乎相互抵消了，再增加次数，W_n/W_{n+1} 的变化不大，可忽略，一般萃取操作中以萃取 3 次为宜。

2）萃取操作

通常用分液漏斗来进行液-液萃取。萃取前必须先对分液漏斗进行检漏，以防使用时

发生泄漏导致损失。先用滤纸擦干活塞及塞孔，在活塞的小孔两侧涂抹少量凡士林（注意不要抹在活塞的孔中），随后将活塞插入塞孔后单向转动至油膜透明，在活塞的凹槽处套上一直径合适的橡皮圈，而上端玻璃塞无须涂抹凡士林。然后在分液漏斗中加入水或萃取用的试剂，观察是否漏液。如玻璃塞漏液，则需更换分液漏斗；如活塞处漏液，则需重新涂抹凡士林后再进行检查直至不漏。活塞和玻璃塞需用细线系在漏斗上。

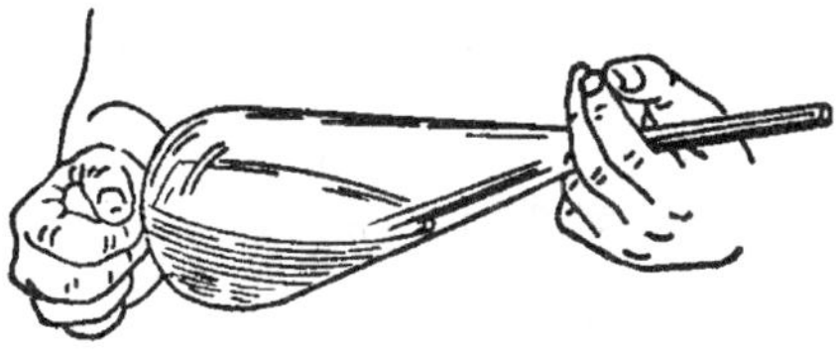

图 11-9 分液漏斗的振摇

萃取时，先将液体与萃取用的溶剂由分液漏斗的上口倒入，盖好玻璃塞，振摇漏斗，使两层液体充分接触。振摇的操作方法是先将漏斗倾斜，使漏斗的上口略朝下，右手捏住漏斗上口颈部，并用食指末节压紧玻璃塞，以免玻璃塞松开，左手的食指和中指蜷握在活塞的柄上，使振摇过程中玻璃塞和活塞均夹紧，且便于灵活地旋开活塞（见图 11-9）。振摇后，使漏斗仍保持倾斜状态，旋开活塞以放出蒸气或产生的气体，使内外压力平衡。若漏斗内盛有挥发性溶剂如乙醚、苯等，振摇后更应及时、小心旋开活塞以放出气体（漏斗口要远离他人）。振摇数次后，将分液漏斗放在专用的漏斗架上（或固定于铁架台的铁圈中，铁圈最好用石棉绳包裹），静置使乳浊液分层。有时溶剂与一些物质的溶液一起振摇会形成稳定的乳浊液，此时应避免剧烈振摇。若已形成了乳浊液且一时又不易分层，则可向其中加入食盐以降低乳浊液的稳定性。操作中轻轻旋转漏斗，也可加速分层。一般情况下，长时间静置可使乳浊液分层。

待分液漏斗中的两层液体界面清晰时，即可进行分离。分离两层液体时，下层液体经活塞放出，上层液体从上口倒出。如果上层液体也经活塞放出，则附着在漏斗活塞下面颈部的残液会污染上层液体。分离时，先打开分液漏斗的玻璃塞，将漏斗的下端靠在接收器的壁上。缓缓旋开活塞，让液体缓慢流下，当两液面界限接近活塞时，关闭活塞并手持漏斗颈稍加振摇，使黏附在漏斗壁上的液体下沉，再静置片刻，这时下层液体常会略有增多。再将下层液体仔细放出，重复 2～3 次，以便把下层液体分离干净。然后把剩下的上层液体从上口倒出。

使用分液漏斗时应注意：

（1）用细线绑住分液漏斗的玻璃塞和活塞。

（2）使用前一定要先检漏。

（3）不能把活塞上附有凡士林的分液漏斗放在烘箱内烘干。

（4）不能用手拿分液漏斗的下端。

（5）旋开活塞放气时，漏斗口不能对着人。

（6）使用完毕应洗净分液漏斗，擦净活塞上的凡士林，在活塞和玻璃塞处夹上纸条，防止下次使用时无法打开。

2. 液一固萃取

液一固萃取是从固体混合物中萃取所需要的物质，它是从天然产物如植物中提取固体天然物常用的方法。液一固萃取中最简单的方法是将固体混合物先行研细后置于烧瓶中，加入适当溶剂，用力振荡浸取或加热回流后，趁热过滤或用倾析的方法把萃取液和残留的固体分开。此时从固体中提取的组分进入溶剂中形成溶液，溶液中该组分的含量取决于其在溶剂中的溶解度。为使提取完全，上述操作一般要重复多次。若被萃取物质在溶剂中溶解度较大，也可将固体混合物放在有滤纸的锥形玻璃漏斗中，用溶剂淋洗。若被萃取物质的溶解度很小，则宜采用索氏提取器(soxhlet extractor)来萃取。

索氏提取器，又称脂肪抽取器或脂肪抽出器，由烧瓶、提取筒和回流冷凝管三部分组成，装置如图 11-10 所示。它是利用溶剂的回流及虹吸原理，使固体物质连续多次被纯溶剂所萃取，因而效率很高。萃取前，应先将固体研细，以增加浸润面积，然后将研细的固体装入滤纸套筒内，再置于提取筒中，烧瓶内盛放溶剂，并与提取筒(磨口)相连，提取筒上端接冷凝管。溶剂受热沸腾后，其蒸气沿提取筒侧管上升至冷凝管处被冷凝为液体，滴入提取筒内的滤纸套筒中，并浸泡筒中样品。当液面超过虹吸管最高处时，提取液被虹吸流回烧瓶，从而萃取出固体中可溶于溶剂的部分物质。如此多次循环，把要提取的物质富集于烧瓶内。提取液经常压(或减压)浓缩除去溶剂后，即得产物。

图 11-10　索氏提取器

11.5.2　重结晶

重结晶是提纯固体物质最常用和最有效的方法之一。当物质的溶解度随温度升高(或降低)而急剧增加(或减小)时，便可利用重结晶的方法进行纯化。通过合成直接获得的固体物质往往含有杂质，提纯时常采用重结晶法。

重结晶时，先将待提纯的固体在较高温度下溶于合适的溶剂中，趁热滤去不溶杂质，再将滤液冷却至室温或室温以下，使原滤液变成过饱和溶液，这时，溶质因溶解度降低以结晶的形式析出，其他可溶性杂质则仍留在母液中，最后滤去母液即可获得较纯净的晶体。必要时可重复上述操作，直至获得满意的结果。

重结晶时溶剂的选择非常重要，一般溶剂需符合下列条件：

(1) 不与重结晶的物质发生化学反应。

(2) 高温时重结晶的物质在溶剂中的溶解度较大，而低温时该物质的溶解度很小。

(3) 杂质在溶剂中应具有尽可能大的溶解度，可保留在母液中与重结晶物质分离或者在溶剂中难溶甚至不溶，可利用热过滤除去。

(4) 易与重结晶的物质分离。

如果一种物质在某些溶剂中的溶解度太大，而在另一些溶剂中的溶解度又太小，难以找到一种合适的溶剂时，还可使用混合溶剂，即把对此物质溶解度很大的和溶解度很小的且能互溶的两溶剂(如水和乙醇)按一定比例混合，这样往往可以得到满意的结果。

为了便于分离生成的晶体，重结晶的操作通常在锥形瓶或烧杯中进行。使用易挥发或易燃的溶剂时，为了避免溶剂的挥发或火灾的发生，常使用回流装置。溶剂可由冷凝管上口小心加入。先加入少量溶剂，加热到沸腾，然后逐渐添加溶剂，直到固体全部溶解为止。注意不要因为重结晶的物质中含有不溶解的杂质而加入过量的溶剂。除高沸点溶剂外，一般都用水浴加热。在加入可燃性溶剂前，要先熄灭明火。

趁热过滤除去所得热饱和溶液中的不溶性杂质，对于溶液中的有色杂质，可利用活性炭脱去。加入活性炭前，应停止加热，在溶剂沸点以下进行，须不断搅动以免发生暴沸，然后用保温漏斗或布氏漏斗趁热过滤。若采用减压过滤，须预热布氏漏斗并用热的溶剂润湿滤纸。

滤液静置等待结晶时，必须使热溶液慢慢地冷却，如此所得的结晶较纯净。一般溶液浓度大、冷却速度快时，析出晶体细小且不够纯净。热的滤液在碰到冷的吸滤瓶时，往往很快析出结晶，但其质量通常不佳，还需重新加热滤液使晶体完全溶解，再让它慢慢自然冷却。若晶体不易析出，可用玻璃棒摩擦器壁或投入晶种(同一物质的晶体)，促使晶体析出。为使晶体完全从母液中分离，最后可用冰水浴冷却。

晶体全部析出后，以减压过滤的方式分离，可以用少量溶剂淋洗以提高晶体纯度。晶体干燥后，可通过测定熔点等方法确定其纯度。

11.5.3　升华

一些物质在固态时具有较高的蒸气压，当固体受热后往往不经过熔融状态就直接气化为蒸气，这一过程称为升华。蒸气遇冷后又直接冷凝为固体。当这类物质中含有难挥发杂质时，可以用升华的方法进行精制提纯。用这种方法制得的产品纯度较高，但操作时间长，损失也较大。

图 11-11(a)为常压下的简易升华装置。进行升华操作时，先将待升华物在蒸发皿中铺匀，上覆盖一张带有若干小孔的圆滤纸，再倒置一大小合适的玻璃漏斗，漏斗颈部轻塞少许棉花或玻璃纤维，以减少蒸气逸出。用砂浴或在石棉网上加热蒸发皿，逐渐升高温度，并控制温度在待升华物的熔点以下，使待升华物气化，蒸气通过滤纸孔，遇冷后凝结在滤纸上层或漏斗内壁上。必要时，漏斗外壁上可用湿布冷却。

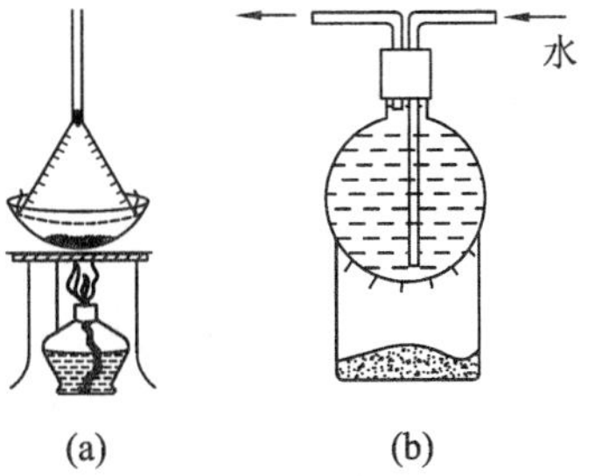

图 11-11　升华装置

需要对大量的物质升华精制时，可在烧杯中进行，如图 11-11(b)。烧杯上放置一个通冷凝水的大小合适的烧瓶，当烧杯中的物质升华后，蒸气在烧瓶底部凝结成晶体并附着在瓶底。升华前必须将需精制的物质充分干燥，否则其中的水受热汽化后冷凝在瓶底，使固体物质不易附着。

第12章 大学化学实验

12.1 溶液的配制

一、实验目的

(1) 掌握配制溶液的两种方法,熟悉溶液的有关计算。

(2) 初步掌握移液管、吸量管、容量瓶、量筒、量杯等度量仪器的使用方法。

(3) 练习使用台秤、密度计。

(4) 掌握物质溶解、转移等基本操作。

二、实验原理

根据不同的实验需要,配制溶液有粗配和精配两种方法。水是最常用的溶剂,一般所用的水是蒸馏水,有时根据实验需要也用去离子水或重蒸水,通常不指明溶剂的溶液即为水溶液。

配制浓度准确度要求不高(一般为1或2位有效数字)的溶液(非标准溶液)时,一般采用粗配法。有些物质(如浓盐酸、固体氢氧化钠等)在敞开体系中容易挥发或容易吸潮,因而不能通过精确称量直接精配,只能先行粗配成所需的大致浓度,待其稳定后用另一基准试剂或标准溶液来测定它的准确浓度(这种操作过程称为标定)。粗配对所用仪器的精度要求不高,一般用托盘天平称量固体、量筒量取液体。如生理盐水($9\ g\cdot dm^{-3}$ NaCl溶液)的配制属于粗配。

配制浓度准确度要求较高(一般为4位有效数字)的溶液(如由基准试剂直接配制标准溶液)时,必须使用精密的仪器如分析天平、容量瓶、移液管、吸量管等进行精配。

在配制溶液时,一般需要知道:① 所用溶质的摩尔质量;② 所要配制溶液的浓度;③ 所要配制溶液的体积。根据这三方面计算所需溶质的质量或体积。

配制溶液一般按下列步骤进行:① 计算(计算所需溶质的质量或体积);② 称量(固体溶质要称,液体溶质要量);③ 溶解(若是易水解的盐,需加入适量的酸),必要时以小火助溶;④ 转移至试剂瓶内;⑤ 洗涤溶解溶质的容器内壁和玻璃棒,洗涤液一并转移至试剂瓶内;⑥ 稀释至所需体积;⑦ 在试剂瓶上贴上标明何种试剂、浓度和配制日期的标签,摇匀备用。

切忌将固体试剂直接放入试剂瓶溶解，防止因溶解发热而导致试剂瓶破裂或溶解不完全。

配制溶液时通常还需使用一些仪器。量筒、移液管和容量瓶的使用方法见本书10.2节，密度计的使用方法见本书10.3节。

三、仪器、试剂和材料

仪器：托盘天平；烧杯；量筒；1000 mL 试剂瓶；100 mL 容量瓶；100 mL 量杯；10 mL 移液管；10 mL 吸量管；密度计。

试剂：浓盐酸；固体 NaOH；固体 NaCl；1 mol・dm^{-3} HAc；硫酸。

材料：标签；称量纸；橡皮塞。

四、实验内容

1. 9 g・dm^{-3}生理盐水的配制

计算出配制100 cm^3 9 g・dm^{-3}生理盐水所需 NaCl 的质量，并用托盘天平称量。将称得的 NaCl 放入小烧杯中，用少量去离子水将其溶解，倒入100 mL 量杯中，并用少量水润洗烧杯2～3次，洗涤液倒入量杯，然后加水稀释至100 mL 刻度线，搅匀即可。经教师检查后将配制的溶液倒入统一的回收瓶中。

2. 0.1 mol・dm^{-3} NaOH 溶液的配制

计算出配制1000 cm^3 0.1 mol・dm^{-3} NaOH 溶液所需 NaOH 的质量。取一干燥的小烧杯，在托盘天平上称重后加入 NaOH 固体，称出所需质量的 NaOH。用少量去离子水使烧杯内的 NaOH 溶解，待冷却后，倒入1000 mL 试剂瓶中，并用少量水润洗烧杯2～3次，洗涤液倒入试剂瓶，然后加水稀释至1000 mL 刻度线，用橡皮塞塞紧，摇匀，贴上标签，标明溶液名称、浓度、配制日期、配制人，保存在实验柜内备用。

3. 0.1 mol・dm^{-3} HCl 溶液的配制

根据浓盐酸的密度，查出其质量分数(见表10-1)，再计算出配制1000 cm^3 0.1 mol・dm^{-3} HCl 溶液所需浓盐酸的体积。

用量筒量取所需浓盐酸，倒入1000 mL 试剂瓶中，用去离子水洗涤量筒2～3次，洗涤液倒入试剂瓶中，然后加水稀释至1000 mL，盖上瓶塞，摇匀后贴上标签，标明溶液名称、浓度、配制日期、配制人，保存在实验柜内备用。

4. 溶液的准确稀释

用10 mL 移液管或10 mL 吸量管吸取10.00 cm^3 1 mol・dm^{-3} HAc 溶液，放入100 mL 容量瓶中，加去离子水至接近标线，再用滴管逐滴加入去离子水至刻度标线，摇匀，计算稀释后的 HAc 溶液的浓度。经教师检查后将稀释的溶液倒入统一的回收瓶中。

5. 测密度

将硫酸(或根据实验室条件用其他液体)注入大量筒中,用密度计测出硫酸的密度。然后查浓度密度对照表,得出质量分数,计算此硫酸的浓度,将结果记录在报告中。

五、思考题

(1) 用固体 NaOH 配制溶液时,为什么不直接在量筒中配制?

(2) 量筒和移液管都可以用来量取一定体积的液体,它们能否互相代用?什么时候用量筒?什么时候用移液管?

(3) 用容量瓶配制溶液时,瓶内残余少量去离子水会不会对浓度产生影响?为什么?

(4) 用容量瓶准确配制溶液时,若不小心加水超过了刻度线,能否吸出瓶内液体,使液面恰好与刻度线相平?如不能,应怎么办?

12.2 粗食盐的精制

一、实验目的

(1) 掌握酒精灯和托盘天平的使用方法。

(2) 练习溶解、过滤、蒸发、结晶和干燥等基本操作。

(3) 了解食盐提纯的方法、原理和有关离子的鉴定方法。

二、实验原理

粗食盐中含有泥沙等不溶性杂质及 Ca^{2+},Mg^{2+},K^+,SO_4^{2-} 等可溶性杂质。将粗食盐溶于水后,用过滤的方法可以除去不溶性杂质。Ca^{2+},Mg^{2+},SO_4^{2-} 等需要用化学方法才能除去。因为 NaCl 的溶解度随温度的改变变化不大,不能用重结晶的方法纯化,一般可用适当的试剂使可溶性杂质生成难溶化合物沉淀而除去。

在粗食盐溶液中加入稍过量的 $BaCl_2$ 溶液,溶液中的 SO_4^{2-} 便转化为难溶解的 $BaSO_4$ 沉淀。

$$Ba^{2+}+SO_4^{2-} = BaSO_4\downarrow$$

过滤除去 $BaSO_4$ 沉淀后,再在滤液中加入稍过量的 NaOH 和 Na_2CO_3 溶液,滤液中的 Ca^{2+},Mg^{2+} 及过量的 Ba^{2+} 等便转化为相应沉淀。

$$Ca^{2+}+CO_3^{2-} = CaCO_3\downarrow$$

$$Mg^{2+}+2OH^- = Mg(OH)_2\downarrow$$

$$Ba^{2+}+CO_3^{2-} = BaCO_3\downarrow$$

过滤除去沉淀后,溶液中的杂质离子主要有 K^+,OH^-,CO_3^{2-}。加入 HCl 酸化溶液并加热,从而除去溶液中的 OH^-,CO_3^{2-} 及过量的 HCl。

$$OH^- + H^+ = H_2O$$

$$CO_3^{2-} + 2H^+ = CO_2 \uparrow + H_2O$$

粗食盐中的 K^+ 仍留在溶液中。由于 KCl 的溶解度比 NaCl 的大，而且在粗食盐中含量少，在随后的蒸发、浓缩和结晶过程中，绝大部分仍留在母液而与 NaCl 分离。结晶后的 NaCl 经干燥可得到精制食盐。

三、仪器、试剂和材料

仪器：托盘天平；烧杯；量筒；试管；酒精灯；普通漏斗；漏斗架；点滴板；布氏漏斗；吸滤瓶；缓冲瓶；循环水式多用真空泵；蒸发皿；泥三角；石棉网；坩埚钳。

试剂：粗食盐；1.0 mol·dm^{-3} $BaCl_2$ 溶液；2.0 mol·dm^{-3} NaOH 溶液；饱和 Na_2CO_3 溶液；2.0 mol·dm^{-3} HCl 溶液；95%乙醇；0.5 mol·dm^{-3} $(NH_4)_2C_2O_4$ 溶液；6.0 mol·dm^{-3} HAc 溶液；镁试剂。

材料：滤纸；pH 试纸。

四、实验内容

1. 粗食盐的精制

(1) 称量和溶解。称取 10.0 g 粗食盐于 100 mL 烧杯中，加入 40 cm^3 去离子水，加热搅拌使其溶解，不溶性杂质则沉于底部。

(2) 除去泥沙和 SO_4^{2-}。保持溶液微沸，边搅拌边逐滴加入 2～3 cm^3 1.0 mol·dm^{-3} $BaCl_2$ 溶液至沉淀完全。为了检查 SO_4^{2-} 是否沉淀完全，可停止加热、搅拌，待沉淀沉降后，用滴管吸取约 2 cm^3 上清液于试管中，加入约 1 cm^3 95% 乙醇，再沿试管壁滴入 2 滴 1.0 mol·dm^{-3} $BaCl_2$ 溶液，如无浑浊说明沉淀完全。如出现浑浊则表示 SO_4^{2-} 尚未除尽，需继续滴加 $BaCl_2$ 至不再产生沉淀为止。沉淀完全后继续煮沸 3 min，以便使颗粒长大而易于沉降和过滤。趁热用倾析法除去沉淀，保留滤液并移到另一烧杯中。

(3) 除去 Ca^{2+}，Mg^{2+} 和过量的 Ba^{2+}。加热滤液至微沸并保持，边搅拌边向滤液中加入约 0.5 cm^3 2.0 mol·dm^{-3} NaOH 溶液，继续滴加饱和 Na_2CO_3 溶液至无沉淀生成为止(同上述方法，用 Na_2CO_3 溶液检验沉淀是否完全)。过滤后将滤液转入蒸发皿中，弃去沉淀。

(4) 除去 OH^- 和 CO_3^{2-}。向滤液中逐滴加入 2.0 mol·dm^{-3} HCl 溶液至滤液呈微酸性为止(用玻璃棒蘸取溶液，滴在点滴板上的 pH 试纸上检测，呈微酸性，pH=4～5)。

(5) 除去 K^+ 等离子。将蒸发皿中的滤液用小火加热蒸发，浓缩至溶液呈黏稠状时停止加热，切不可蒸干。冷却至室温后减压抽滤，并用 3～5 cm^3 95%乙醇洗涤滤饼。

(6) 干燥。将所得盐的晶体转移到蒸发皿中，置于石棉网上，用微火加热干燥，干燥过程中不断搅拌以防结块或固体溅出。无水蒸气逸出后，继续加热 2～3 min，冷至室温后称其质量并计算产率。

2. 纯度的检验

称取粗食盐和提纯后的产品各 1 g，分别溶于 5 cm^3 去离子水中，并将粗食盐过滤。将两盐溶液各分成三份，盛于试管中，分别进行下列项目检验。

SO_4^{2-} 检验：各取一支试管，分别滴加 2 滴 $BaCl_2$ 溶液，检查有无白色沉淀生成。若有沉淀产生，再加入 2.0 mol·dm^{-3} HCl 溶液至溶液呈酸性，沉淀若不溶解证明有 SO_4^{2-} 存在，对照观察，记录结果。

Ca^{2+} 检验：各取一支试管，分别加入 6 mol·dm^{-3} HAc 溶液使之呈酸性，再分别加入 2 滴 0.5 mol·dm^{-3} $(NH_4)_2C_2O_4$ 溶液，观察是否有白色 CaC_2O_4 沉淀生成，记录结果。

Mg^{2+} 检验：各取一支试管，分别加入 2 mol·dm^{-3} NaOH 溶液使之呈碱性，再各加 2～3 滴镁试剂，观察有无蓝色絮状沉淀生成，记录结果。

五、注意事项

（1）在粗食盐滤液浓缩过程中，注意防止过度加热，溶液表面出现晶膜时，应向溶液中适当加去离子水，以便除去氯化钾。

（2）抽滤后加少量 95% 乙醇洗涤，不宜多，尤其不能大量加水洗涤，否则产品损失大。

（3）产品应分别回收，不可带出实验室，更不可食用！

六、思考题

（1）在除去 SO_4^{2-}，Ca^{2+}，Mg^{2+} 等离子时，其先后次序能否改变？

（2）能否用无毒的 $CaCl_2$ 代替毒性较大的 $BaCl_2$ 除去 SO_4^{2-}？

（3）在浓缩过程中，能否把溶液蒸干？为什么？

（4）粗盐提纯过程中，加入 HCl 的目的是什么？

（5）造成产率过低或过高的原因主要有哪些？

12.3 醋酸解离度和解离平衡常数的测定

一、实验目的

（1）加深对弱电解质解离平衡、解离度、解离平衡常数的理解。

（2）掌握用 pH 法测定醋酸解离度和解离平衡常数的原理和方法。

（3）学习使用酸度计。

（4）掌握移液管、容量瓶、滴定管等度量仪器的使用方法。

二、实验原理

一般只要设法测定弱电解质达到平衡时各物质的浓度，便可根据解离平衡常数 $K_a^{\ominus}$、解离度 α 的表达式求得相应弱电解质的解离平衡常数和解离度。测定解离平衡常数的方法主要有目测法、pH 法、电导率法、电化学法和分光光度法。本实验通过 pH 法测定 HAc 的解离度和解离平衡常数。

HAc 是一元弱酸，其起始浓度为 c_0，在水溶液中存在以下解离平衡（已忽略水的解离）：

$$\mathrm{HAc} \rightleftharpoons \mathrm{H^+} + \mathrm{Ac^-}$$

起始浓度/$(\mathrm{mol\cdot dm^{-3}})$　　c_0　　0　　0

平衡浓度/$(\mathrm{mol\cdot dm^{-3}})$　　$c_0-c(\mathrm{H^+})$　　$c(\mathrm{H^+})$　　$c(\mathrm{Ac^-})$

平衡时，由于 $c(\mathrm{H^+})=c(\mathrm{Ac^-})$，所以醋酸的解离平衡常数 $K_a^\ominus$ 为

$$K_a^\ominus(\mathrm{HAc})=\frac{c(\mathrm{H^+})c(\mathrm{Ac^-})}{c_0-c(\mathrm{H^+})}=\frac{[c(\mathrm{H^+})]^2}{c_0-c(\mathrm{H^+})}$$

根据定义，解离度的计算公式如下：

$$\alpha=\frac{\text{已解离的电解质分子数}}{\text{溶液中原电解质分子数}}\times 100\%$$
$$=\frac{c(\mathrm{H^+})}{c_0}\times 100\%$$

当 $\alpha<5\%$ 时，$c_0-c(\mathrm{H^+})\approx c_0$，代入解离平衡常数、解离度的表达式，即有

$$K_a^\ominus(\mathrm{HAc})=\frac{[c(\mathrm{H^+})]^2}{c_0} \qquad \alpha=\sqrt{\frac{K_a^\ominus(\mathrm{HAc})}{c_0}}$$

由此可知，测出 HAc 溶液的 pH，换算出 $c(\mathrm{H^+})$，即可计算其解离度和解离平衡常数。

本实验需要使用酸度计，酸度计的使用方法见本书 10.3 节。

三、仪器、试剂与材料

仪器：碱式滴定管；10 mL 吸量管；25 mL 移液管；锥形瓶；50 mL 容量瓶；烧杯；酸度计。

试剂：0.2 $\mathrm{mol\cdot dm^{-3}}$ HAc 溶液；0.2 $\mathrm{mol\cdot dm^{-3}}$ NaOH 标准溶液(准确浓度已标定)；标准缓冲溶液(pH=4.00，pH=6.86)；酚酞指示剂。

四、实验内容

1. 醋酸溶液浓度的测定

用移液管吸取 25.00 $\mathrm{cm^3}$ 0.2 $\mathrm{mol\cdot dm^{-3}}$ HAc 溶液，置于 250 mL 锥形瓶中，加入 2 滴酚酞指示剂，然后用 NaOH 标准溶液滴定至出现微红色，并在 30 s 内不褪色，即为终点。平行测定 3 次，把滴定的数据和计算结果填入下表。

编号	1	2	3
滴定管终读数/mL			
滴定管初读数/mL			
消耗 NaOH 溶液体积 $V/\mathrm{cm^3}$			
$c(\mathrm{HAc})/(\mathrm{mol\cdot dm^{-3}})$			
平均值/$(\mathrm{mol\cdot dm^{-3}})$			

2. 配制不同浓度的醋酸溶液

用吸量管和移液管分别吸取 2.50，5.00，10.00，25.00 $\mathrm{cm^3}$ 已测得准确浓度的 HAc 溶

液，分别加入 50 mL 容量瓶中，再用去离子水稀释定容，计算出 HAc 溶液的准确浓度并填入下表。

3. 测定醋酸溶液的 pH，并计算其解离度和解离常数

分别用 4 个干燥的 50 mL 烧杯盛装上述四种 HAc 溶液，并依次编号为 1，2，3，4。按由稀到浓的顺序，用酸度计分别测定上述四种溶液的 pH，记录数据和实验温度。计算其解离度和解离平衡常数并填入下表。

溶液编号	$c_0/(mol \cdot dm^{-3})$	pH	$c(H^+)/(mol \cdot dm^{-3})$	α	$K_a^\ominus(HAc)$	$K_a^\ominus(HAc)$的均值
1						
2						
3						
4						

五、注意事项

(1) 测定不同浓度的醋酸溶液的 pH 时，一定要按由稀到浓的顺序。

(2) 酸度计的玻璃电极的主要传感部分为下端的玻璃泡。此玻璃泡极薄，切勿与硬物接触。

六、思考题

(1) 改变 HAc 溶液的浓度或温度，其解离度和解离常数有无变化？若有变化，会发生怎样的变化？

(2)"解离度越大，酸度就越大"这种说法是否正确？为什么？

(3) 实验中应如何保护酸度计的玻璃电极？

12.4 水硬度的测定

一、实验目的

(1) 了解水硬度的概念及其表示方法。

(2) 了解 EDTA 法测定水硬度的原理和方法。

(3) 了解钙指示剂和铬黑 T 的应用。

二、实验原理

通常将含有钙、镁盐类的水称为硬水。水的硬度分为暂时硬度 a 和永久硬度 g。暂时硬度又称碳酸盐硬度，是指与水中重碳酸根（碳酸氢根）和少量碳酸根结合的 Ca^{2+}，Mg^{2+} 所形成的硬度，遇热或煮沸时钙、镁的重碳酸盐分解生成相应的碳酸盐沉淀而从水中除去Ca^{2+}，Mg^{2+}。水中的钙、镁主要以硫酸盐、氯化物、硝酸盐等形式存在时则形成永久硬度，它们不能用煮沸的方法除去。暂时硬度和永久硬度的总和称为水的总硬度，它是天然条件下水中Ca^{2+}，Mg^{2+}数量的总和，由Mg^{2+}形成的称为镁硬度，由Ca^{2+}形成的称为钙硬度。水的硬度对饮用水和工业用水影响极大，是水质分析的常规项目。

水中Ca^{2+}，Mg^{2+}的含量可用EDTA（乙二胺四乙酸，常用H_4Y表示）标准溶液滴定。先测出水中Ca^{2+}，Mg^{2+}的总量，再测出水中Ca^{2+}的含量。Mg^{2+}的含量则用水中Ca^{2+}，Mg^{2+}的总量扣除Ca^{2+}含量后得到，通过换算即可得知总硬度、钙硬度和镁硬度的值。

测定水中Ca^{2+}，Mg^{2+}的总量，可通过在pH值为10的氨性缓冲溶液中，以铬黑T（缩写为EBT，在pH＝6.3～11.0范围内显示为蓝色，与金属离子结合的配合物显示为酒红色）为指示剂，用EDTA标准溶液滴定。铬黑T与EDTA都可与Ca^{2+}，Mg^{2+}生成配合物，稳定性次序为$CaY^{2-}>MgY^{2-}>Mg\text{-}EBT>Ca\text{-}EBT$。因此在水样中加入铬黑T后，其首先与$Mg^{2+}$结合，生成酒红色配合物。当滴入EDTA时，EDTA则先与游离的Ca^{2+}配位，然后再与游离的Mg^{2+}配位，最后夺取Mg-EBT配合物中的Mg^{2+}，使铬黑T游离出来，终点时溶液由酒红色变为蓝色。

由于铬黑T与Mg^{2+}显色灵敏度高，与Ca^{2+}显色灵敏度低，所以当水样中Mg^{2+}含量较低时，用铬黑T作指示剂往往得不到敏锐的终点。因此，实际操作时可在缓冲溶液中加入一定量的MgY^{2-}盐，利用置换滴定法的原理来提高终点变色的敏锐性。对于水样中的Fe^{3+}，Al^{3+}等干扰离子，滴定时可加适量三乙醇胺来掩蔽。

水硬度的表示方法有很多，我国目前常用的表示方法为，以度（°dH）计（德国度），即在1 dm^3水中含有10 mg CaO为1度（°dH）（所测得的钙、镁离子都折合为相应物质的量的CaO质量），1°dH＝10 $mg\cdot dm^{-3}$ CaO。实验中测定水硬度的计算公式如下：

$$\text{水硬度}(^\circ dH)=\frac{c(EDTA)\times V(EDTA)\times M(CaO)\times 10^{-1}}{V(H_2O)\times 10^{-3}}$$

式中，$c(EDTA)$为EDTA标准溶液的浓度，单位为$mol\cdot dm^{-3}$；$V(EDTA)$为滴定时消耗EDTA标准溶液的体积，单位为cm^3；$V(H_2O)$为水样的体积，单位为cm^3；$M(CaO)$为CaO的摩尔质量，单位为$g\cdot dm^{-3}$。

三、仪器、试剂与材料

仪器：移液管；锥形瓶；酸式滴定管。

试剂：0.02 $mol\cdot dm^{-3}$ EDTA标准溶液；6 $mol\cdot dm^{-3}$ HCl溶液；10% NaOH溶液；pH＝10的氨性缓冲溶液（NH_3-NH_4Cl）；钙指示剂；铬黑T指示剂；1∶2三乙醇胺溶液。

四、实验内容

1. 水的总硬度的测定

吸取100 cm^3澄清水样于锥形瓶中，加入1～2滴6 $mol\cdot dm^{-3}$ HCl使溶液酸化，并煮沸数分钟以除去CO_2，冷却后加入5 cm^3 1∶2三乙醇胺溶液、5 cm^3 pH=10的氨性缓冲溶液和10 mg(约绿豆大小)铬黑T指示剂，摇匀，用EDTA标准溶液滴定，溶液由酒红色转变为蓝色即为终点，记下消耗的EDTA标准溶液的体积V_1。平行测定3次。

2. 钙硬度的测定

吸取100 cm^3澄清水样于锥形瓶中，加入1～2滴6 $mol \cdot dm^{-3}$ HCl使溶液酸化，并煮沸数分钟以除去CO_2，冷却后加入5 cm^3 10% NaOH溶液，摇匀。再加入10 mg(约绿豆大小)钙指示剂，摇匀，此时溶液呈酒红色。用EDTA标准溶液滴定至溶液呈蓝色即为终点。记下消耗EDTA标准溶液的体积V_2。平行测定3次。

3. 镁硬度的确定

由总硬度减去钙硬度得到镁硬度。

五、数据记录与处理

按下表填写实验数据，根据EDTA标准溶液的浓度和消耗的体积，由实验原理中给出的公式计算出水的总硬度、钙硬度和镁硬度。

编号		1	2	3
EDTA标准溶液浓度/($mol \cdot dm^{-3}$)				
水的总硬度测定	滴定管终读数/mL			
	滴定管初读数/mL			
	EDTA用量V_1/cm^3			
	总硬度/°dH			
	总硬度/°dH平均值			
	相对平均偏差/%			
钙镁硬度测定	滴定管终读数/mL			
	滴定管初读数/mL			
	EDTA用量V_2/cm^3			
	钙硬度/°dH			
	钙硬度/°dH平均值			
	相对平均偏差/%			
	镁硬度/°dH			

六、注意事项

(1) 若水样不清，则必须过滤，过滤所用的器皿和滤纸必须是干燥的，最初的滤液须弃去。

(2) 水样中含有 Cu^{2+},Zn^{2+},Mn^{2+} 等离子时,会影响测定结果,可加入 1 cm^3 1% Na_2S 溶液使 Cu^{2+},Zn^{2+} 等转化成硫化物沉淀后滤除,加入盐酸羟胺可消除 Mn^{2+} 的干扰。

(3) 水样中 $Ca(HCO_3)_2$ 含量较高时,在碱性条件下可能慢慢析出 $CaCO_3$ 沉淀,使滴定终点拖长,变色不敏锐,所以滴定前最好将溶液酸化,煮沸除去 CO_2,但需注意 HCl 加入量不宜过多,否则会影响滴定时溶液的 pH。

七、思考题

(1) 什么是水硬度? 水硬度有哪些表示方法?

(2) 用 EDTA 法测定水硬度时,哪些离子的存在会产生干扰? 应如何消除?

(3) 配位滴定中为什么要加入缓冲溶液?

12.5 水中化学需氧量的测定

一、实验目的

(1) 了解化学需氧量(COD)的意义。

(2) 了解 $KMnO_4$ 法测定水样中 COD 的原理和方法。

(3) 熟悉返滴定法的原理与方法。

二、实验原理

COD 是指在规定的条件下,水样中能被氧化的物质氧化所需耗用氧化剂的量。COD 是衡量水体受还原性物质(主要是有机物)污染程度的综合性指标。在一定条件下,采用强氧化剂氧化水中可还原性物质时所消耗氧化剂的量,折合成氧的质量浓度(以 $mg \cdot dm^{-3}$ 计)表示 COD 值。

在饮用水的标准中,Ⅰ类和Ⅱ类水 COD≤15、Ⅲ类水 COD≤20、Ⅳ类水 COD≤30、Ⅴ类水 COD≤40。COD 的数值越大,表明水体的污染情况越严重。

水样中 COD 的测定,其结果会因氧化剂的种类和浓度、反应溶液的温度和酸度等条件的不同而不同。因此,COD 是一个条件性指标,测定时必须严格按操作步骤进行。目前,水样中 COD 的测定方法应用较为广泛的是酸性高锰酸钾氧化法与重铬酸钾氧化法。对地表水、地下水和饮用水等污染不严重的水体,一般采用 $KMnO_4$ 法,测得的 COD 标记为 COD_{Mn};工业污水及生活污水中因含有较多复杂污染物,宜采用 $K_2Cr_2O_7$ 氧化法,测得的 COD 标记为 COD_{Cr}。本实验采用 $KMnO_4$ 法。

在水样中加入硫酸和一定量的 $KMnO_4$ 标准溶液,加热使 $KMnO_4$ 与水中有机物充分反应,再加入一定量的 $Na_2C_2O_4$ 标准溶液与剩余的 $KMnO_4$ 充分作用,最后再用 $KMnO_4$ 返滴定溶液中剩余的 $C_2O_4^{2-}$,通过计算可得 COD 值。具体的反应式为

$$4MnO_4^- + 12H^+ + 5C^* = 4Mn^{2+} + 5CO_2\uparrow + 6H_2O$$ (C^* 指水样中的还原性物质)

$$2MnO_4^- + 5C_2O_4^{2-} + 16H^+ = 2Mn^{2+} + 8H_2O + 10CO_2\uparrow$$

若水样中 Cl^- 含量大于 300 mg·dm^{-3}，将影响测定结果，加水稀释降低 Cl^- 浓度可消除。如不能消除，还可加入 Ag_2SO_4，1 g Ag_2SO_4 可消除 200 mg Cl^- 的干扰。此外，还可采用碱性高锰酸钾法测定 Cl^- 含量较高的水样。

水样采集后应立即进行分析，如需放置可加入少量的硫酸铜以抑制生物对有机物的分解。

三、仪器、试剂与材料

仪器：电子分析天平；托盘天平；电炉；酸式滴定管；玻璃砂芯漏斗；移液管；容量瓶；锥形瓶。

试剂：0.01 mol·dm^{-3} $KMnO_4$ 标准溶液；$Na_2C_2O_4$ 固体；3 mol·dm^{-3} H_2SO_4 溶液；1 mol·dm^{-3} $MnSO_4$ 溶液。

材料：环境水样；沸石。

四、实验内容

1. 0.01 mol·dm^{-3} $Na_2C_2O_4$ 标准溶液的配制

准确称取 0.66～0.67 g 基准试剂 $Na_2C_2O_4$ 固体于小烧杯中，加入蒸馏水溶解，然后定量移入 250 mL 容量瓶中，加水稀释至刻度，充分摇匀后备用。计算其准确浓度。

2. 0.01 mol·dm^{-3} $KMnO_4$ 标准溶液的标定

准确移取 25.00 cm^3 上述 $Na_2C_2O_4$ 标准溶液于 250 mL 锥形瓶中，加入 5 cm^3 3 mol·dm^{-3} H_2SO_4 溶液并加热至 75～85 ℃，趁热用 $KMnO_4$ 溶液滴定至溶液显微红色，并在 30 s 内不褪色，即为滴定终点。平行测定 3 次，计算 $KMnO_4$ 标准溶液的浓度和结果的相对平均偏差。

3. 水样中 COD 的测定

准确移取 100 cm^3 水样于 250 mL 锥形瓶中，加入 5 cm^3 3 mol·dm^{-3} H_2SO_4 溶液，并准确加入 10 cm^3 $KMnO_4$ 标准溶液，加入几粒沸石后立即在电炉上加热至沸，从冒第一个大气泡起计时，准确煮沸 10 min。此时溶液应仍为紫红色，若溶液的颜色消失，则需要再准确加入 10 cm^3 $KMnO_4$ 标准溶液，重新煮沸 10 min。取下锥形瓶，冷却 1 min 后准确加入 10 cm^3 $Na_2C_2O_4$ 标准溶液，充分摇匀。此时溶液应由紫红色转为无色，趁热用 $KMnO_4$ 标准溶液滴定，溶液由无色变为稳定的微红色且 30 s 内不褪色，即为滴定终点。记录加入标准溶液的体积、滴定消耗的体积及加入 $Na_2C_2O_4$ 标准溶液的体积。平行测定 3 次。

另取 100 cm^3 蒸馏水代替水样，按上述方法操作，测定 COD 空白值，记录消耗的 $KMnO_4$ 标准溶液的体积。

根据滴定过程和反应式可知，COD 的计算公式如下：

$$COD_{Mn}=\frac{\frac{1}{4}\times[5\times c(KMnO_4)\times V(KMnO_4)-2\times c(Na_2C_2O_4)\times V(Na_2C_2O_4)]\times M(O_2)}{V(\text{水样})\times 10^{-3}}$$

式中，COD_{Mn}为酸性高锰酸钾法测得的水样COD值，单位为$mg \cdot dm^{-3}$；$c(KMnO_4)$为$KMnO_4$标准溶液的浓度，单位为$mol \cdot dm^{-3}$；$V(KMnO_4)$为消耗$KMnO_4$标准溶液的体积，单位为cm^3；$c(Na_2C_2O_4)$为$Na_2C_2O_4$标准溶液的浓度，单位为$mol \cdot dm^{-3}$；$V(Na_2C_2O_4)$为加入$Na_2C_2O_4$标准溶液的体积，单位为cm^3；$M(O_2)$为O_2的摩尔质量，单位为$g \cdot mol^{-1}$；V(水样)为水样的体积，单位为cm^3。

五、数据记录与处理

自行设计表格，按上述公式分别计算COD值，最终环境水样的COD值要扣除蒸馏水的空白值。

六、注意事项

(1) 采集环境水样时，若为地表水，可用桶、瓶等容器直接采取，一般将容器沉至水下0.3～0.5 m处采集；采集自来水或带抽水设备的地下水时，先排放2～3 min，让积存的杂质流去，然后用瓶、桶等采集。

(2) 本方法是条件性实验，必须严格按规定操作，否则结果不能进行比较。

七、思考题

(1) 水样加入高锰酸钾溶液加热后，若紫红色消失，说明什么？应如何采取措施？

(2) 水样中Cl^-含量高时对测定有何干扰？应采用什么方法消除？

(3) 清洁地面水、轻度污染的水源、严重污染的水源的COD值有何区别？

12.6 工业废水中挥发酚的测定

一、实验目的

(1) 掌握分光光度计的结构和使用方法。

(2) 了解环境中酚污染对水环境的影响及检测方法。

(3) 熟悉直接分光光度法测定工业废水中挥发酚的原理和操作方法。

二、实验原理

环境中的酚污染主要指酚类化合物对水体的污染，含酚废水是当今世界危害大、污染范围广的工业废水之一，是水污染的重要来源。通常含酚废水中，苯酚和甲酚等的含量最高。目前，环境监测常以苯酚和甲酚等沸点在230 ℃以下的挥发性酚作为污染指标。我国规定生活饮用水中酚类化合物的限值为0.002 $mg \cdot dm^{-3}$，污染中酚类化合物的最高容许排放浓度为0.5 $mg \cdot dm^{-3}$(Ⅰ类和Ⅱ类标准)。测定水体中挥发酚的方法主要有4-氨基安替比林分光光度法、溴化滴定法、气相色谱法等，国家标准(HJ 503—2009)采取4-氨基安替比林分光光度法。

4-氨基安替比林分光光度法在测定不同水体时可分别采用直接分光光度法或萃取分光光度法。在碱性条件和氧化剂铁氰化钾的作用下，酚类与4-氨基安替比林反应，生成橘红色的物质，在510 nm处有最大吸收，以分光光度计直接测定挥发酚含量，即为直接分光光度法。若用氯仿萃取此有色物质，可以增加颜色的稳定性，提高灵敏度，在460 nm处有最大吸收，再以分光光度计测定挥发酚含量，为萃取分光光度法。工业废水和生活污水宜用直接分光光度法测定，检出限为0.01 mg·dm^{-3}，测定范围为0.04～2.50 mg·dm^{-3}。地表水、地下水和饮用水宜用萃取分光光度法测定，检出限为0.0003 mg·dm^{-3}，测定范围为0.001～0.04 mg·dm^{-3}。

本实验采用4-氨基安替比林分光光度法测定工业废水中挥发酚含量。由于样品中各种酚的相对含量不同，因而不能提供一个含混合酚的通用标准，通常选用苯酚为标准，即结果均以苯酚含量表示。

三、仪器、试剂和材料

仪器：VIS—7220型分光光度计；1 cm玻璃比色皿；蒸馏装置；移液管；容量瓶。

试剂：无酚水[1]；4-氨基安替比林溶液[2]；酚标准储备溶液[3]；$CuSO_4$溶液[4]；80 g·dm^{-3}铁氰化钾溶液；1∶9磷酸溶液；甲基橙指示剂；pH=10.0的氨性缓冲溶液(NH_3-NH_4Cl)。

材料：含酚废水样；吸水纸；擦镜纸。

四、实验内容

1. 水样的预蒸馏

量取250 cm^3待测水样于蒸馏瓶中，加两滴甲基橙指示剂，用磷酸溶液调水样颜色至橙红色(此时pH约为4)。加入5.0 cm^3硫酸铜溶液(如取样时已加过，则不必再加)及数粒玻璃珠，加热蒸馏，至馏出液约为225 cm^3时，停止加热，放冷。向蒸馏瓶中加入25 cm^3水，继续蒸馏至馏出液为250 cm^3为止。

注：[1] 本实验所用水均为无酚水，制备时，在1 dm^3水中加入0.2 g经200 ℃活化0.5 h的活性炭粉末，充分振摇后，放置过夜。用双层中速滤纸过滤，滤出液储于硬质玻璃瓶中备用；或加氢氧化钠使水呈强碱性，并滴加高锰酸钾溶液至紫红色，移入蒸馏瓶中加热蒸馏，收集馏出液备用。

[2] 4-氨基安替比林溶液的配制方法：称取2.0 g 4-氨基安替比林溶于水中，稀释到100 cm^3。该溶液用时方配制，贮于棕色瓶内，置于冰箱中可保存一周。

[3] 酚标准储备溶液的配制方法：称取1.0 g苯酚溶于煮沸后冷却的水中，稀释至1 dm^3，其准确浓度以硫代硫酸钠法标定。

[4] $CuSO_4$溶液的配制方法：称取100 g $CuSO_4·5H_2O$溶解于1 dm^3水中。

2. 绘制标准曲线

（1）取 1.00 cm^3 酚标准储备溶液于 100 mL 容量瓶中，加水稀释至刻度并摇匀，即得酚标准中间液。

（2）于 50 mL 容量瓶中分别加入 0.00，0.50，1.00，1.50，2.00，2.50 cm^3 酚标准中间液，再分别加入 0.5 cm^3 pH＝10.0 的氨性缓冲溶液，1 cm^3 4－氨基安替比林溶液，混匀。加入 1 cm^3 铁氰化钾溶液，用水稀释到刻度并混匀。放置 15 min 后，于 510 nm 波长处，用 1cm 比色皿，以试剂空白为参比，测定吸光度，绘制标准曲线。

3. 水样测定

取 50 cm^3 馏出液或分取适量馏出液用水稀释到 50 cm^3，置于容量瓶中，按绘制标准曲线的步骤操作，测定吸光度 A_s，计算减去空白试验后的吸光度 A_b。空白试验是以水代替水样，经蒸馏后，按与水样相同的步骤测定。

五、数据记录与处理

（1）以吸光度为纵坐标、苯酚含量为横坐标，绘制标准曲线。

（2）根据水样扣除空白后的吸光度，在标准曲线上对照计算出水样中挥发酚的含量（以苯酚计，单位为 $mg \cdot dm^{-3}$）。

六、注意事项

（1）如水样中挥发酚含量较高，移取适量水样并稀释至 250 cm^3 进行蒸馏，在计算时应乘以稀释倍数。水样中挥发酚类浓度低于 0.5 $mg \cdot dm^{-3}$ 时，采用萃取分光光度法。

（2）当水样中含游离氯等氧化剂，硫化物、油类、芳香胺类、甲醛、亚硫酸钠等还原剂时，应先在蒸馏前做适当的预处理。

（3）一般水样经一次蒸馏足以净化样品，若馏出液出现浑浊，则需用磷酸酸化后再次蒸馏。

（4）样品和标准溶液中加入氨性缓冲液和 4－氨基安替比林溶液后须混匀才能加入铁氰化钾溶液，否则结果偏低。

（5）若苯酚试剂呈红色，则需对苯酚精制，方法如下：取在水浴上融化后的苯酚，置于适量的蒸馏瓶中加热蒸馏，空气冷凝，注意保温，收集 182～184 ℃的馏分。精制的苯酚冷却后应为无色，低温时析出结晶，贮于暗处。

七、思考题

（1）预蒸馏两次，馏出液仍浑浊时如何处理？

（2）根据实验情况，分析影响测定结果准确度的因素。

12.7 废旧干电池的综合利用

一、实验目的

(1) 了解废旧干电池的主要成分和回收利用的方法。

(2) 掌握制备、提纯、分析等基本操作。

(3) 熟悉废旧干电池中锌、碳粉及 MnO_2，NH_4Cl 含量的测定方法。

(4) 了解利用废旧干电池制备 MnO_2，NH_4Cl，$ZnSO_4 \cdot 7H_2O$ 及其产率计算和纯度检验的方法。

二、实验原理

家用电器的普及和种类的增加，使得电池的使用量随之剧增。随意丢弃废旧电池，对生态环境和公共健康危害很大。废旧电池中的有色金属是宝贵的自然资源，如果废旧电池回收再利用，还可节约资源。

民用干电池是使用量大、较分散的电池产品，主要是锌锰干电池，还有少量的锌银、锂电池等品种。锌锰干电池的结构组成见本书 5.5 节图 5-6，在其使用过程中，锌皮消耗得最多，MnO_2起到氧化作用，NH_4Cl 作为电解质，碳粉作为导电填料，发生的化学反应为

$$Zn + 2NH_4Cl + 2MnO_2 \xlongequal{} Zn(NH_3)_2Cl_2 + 2MnOOH$$

以 1 号废旧锌锰电池为例，一节废旧电池中约含有碳棒 5.2 g、锌皮 7.0 g、锰粉 25 g、铜帽 0.5 g、其他成分 32 g。因此，回收废旧电池可以获得多种物质，如铜、锌、MnO_2及NH_4Cl、碳棒等。由于废旧干电池组成复杂，在电池回收过程中，需要对未反应的电极、电解质等分别进行回收利用。

以下分别介绍废旧锌锰电池中锌及 MnO_2，NH_4Cl，$ZnSO_4 \cdot 7H_2O$ 提取或含量测定的方法。

1. 锌的提取与含量测定

将锌皮溶于酸后，通过加氨水和 NH_4Cl，$(NH_4)_2SO_4$，$(NH_4)_2S_2O_8$ 等，使锌和其他元素分离，调节溶液 pH 在 5.8～6.0 的范围下，用 $Na_2S_2O_3$掩蔽 Cu^{2+}，用氟化物掩蔽 Al^{3+}，以二甲酚橙为指示剂，用 EDTA 溶液滴定即可确定锌含量。

2. MnO_2的提取与含量测定

黑色粉末经水充分溶解后过滤，所得滤渣主要是 MnO_2、碳粉和少量有机物。通过灼烧可以去除碳粉和少量有机物，得到较纯的 MnO_2。MnO_2的含量通常用草酸盐容量法进行测定。在 H_2SO_4 介质中，用过量的 $H_2C_2O_4$ 将四价锰还原为二价锰，再用 $KMnO_4$溶液滴定过量的 $H_2C_2O_4$，可计算出 MnO_2的含量(注意：酸度和光照对本方法的测定结果影响较大)。

$$H_2C_2O_4 + H_2SO_4 + MnO_2 \xlongequal{} MnSO_4 + 2CO_2\uparrow + 2H_2O$$

$$5H_2C_2O_4 + 2KMnO_4 + 3H_2SO_4 = MnSO_4 + K_2SO_4 + 10CO_2\uparrow + 8H_2O$$

3. NH_4Cl 的提取与含量测定

黑色粉末经水充分溶解后过滤，所得滤液是 NH_4Cl 和 $ZnCl_2$ 的混合溶液。利用 NH_4Cl 和 $ZnCl_2$ 的溶解度不同可实现 NH_4Cl 的回收。不同温度下 NH_4Cl 和 $ZnCl_2$ 在水中的溶解度如下表所示。

不同温度下 NH_4Cl 和 $ZnCl_2$ 在水中的溶解度(g/100 g 水)

温度/℃	0	10	20	30	40	60	80	90	100
NH_4Cl	29.4	33.2	37.2	41.4	45.8	55.3	65.6	71.2	77.3
$ZnCl_2$	342	363	395	437	452	488	541	—	614

可以通过间接法进行 NH_4Cl 含量的测定。NH_4Cl 与甲醛作用生成六亚甲基四胺和 HCl，用 NaOH 标准溶液滴定生成的 HCl，即可计算出产品中 NH_4Cl 的含量。

$$4NH_4Cl + 6HCHO = (CH_2)_6N_4 + 4HCl + 6H_2O$$

4. $ZnSO_4 \cdot 7H_2O$ 的提取与含量测定

锌皮可以与 H_2SO_4 反应：

$$Zn + H_2SO_4 = ZnSO_4 + H_2\uparrow$$

充分反应后的溶液用 NaOH 调节 pH=8，使 Zn^{2+} 完全转化为 $Zn(OH)_2$ 沉淀，再加入稀 H_2SO_4，调节溶液 pH=4，将 $Zn(OH)_2$ 沉淀完全溶解，再进一步将溶液酸化、蒸发、浓缩、结晶即可获得 $ZnSO_4 \cdot 7H_2O$。

$$ZnSO_4 + 2NaOH = Zn(OH)_2\downarrow + Na_2SO_4$$

$$Zn(OH)_2 + H_2SO_4 = ZnSO_4 + 2H_2O$$

$$ZnSO_4 + 7H_2O = ZnSO_4 \cdot 7H_2O$$

$ZnSO_4 \cdot 7H_2O$ 纯度的测定：将 $ZnSO_4 \cdot 7H_2O$ 溶于水配制成溶液，再用 EDTA 标准溶液进行滴定，即可计算 $ZnSO_4 \cdot 7H_2O$ 的含量。

三、仪器、试剂和材料

仪器：托盘天平；电子天平；蒸发皿；表面皿；玻璃棒；漏斗；滤纸；坩埚钳；酒精灯；减压抽滤装置；烧杯；250 mL 锥形瓶；50 mL 容量瓶；250 mL 容量瓶；酸式滴定管。

试剂：40%甲醛；2 $mol \cdot dm^{-3}$ H_2SO_4 溶液；2 $mol \cdot dm^{-3}$ HCl 溶液；1∶1 浓盐酸；0.2 $mol \cdot dm^{-3}$ NaOH 溶液；2 $mol \cdot dm^{-3}$ NaOH 标准溶液；1∶1 氨水；pH=10 的氨性缓冲溶液(NH_3-NH_4Cl)；蒸馏水；3% H_2O_2 溶液；0.01 $mol \cdot dm^{-3}$ $KMnO_4$ 标准溶液；0.02 $mol \cdot dm^{-3}$ EDTA 标准溶液；$H_2C_2O_4$；1∶2 三乙醇胺；酚酞指示剂；铬黑 T 指示剂。

材料：废旧干电池一节；螺丝刀；小刀；钳子；剪子；pH 试纸。

四、实验内容

1. 材料准备

取废旧干电池一节，先用小刀剥去电池最外层的包装纸，再用螺丝刀将顶盖去掉，随后用小刀去除下面的沥青封口层，接着用钳子将铜帽连同碳棒从电池中拔出，实现碳棒和铜帽的回收。用剪刀剥开废电池外壳，分开黑色粉末与锌皮。锌皮用于制备 $ZnSO_4 \cdot 7H_2O$(注意：如果锌皮上沾有黑色粉末，应用水刷洗去除，刷洗液也要转移到黑色粉末的水溶液中)。

2. 从黑色粉末中提取 MnO_2

准确称黑色粉末质量 m_1，并放入 100 mL 烧杯中，加入 50 mL 蒸馏水，加热溶解，随后减压抽滤并用蒸馏水洗涤滤饼 3 次，滤渣主要为 MnO_2、碳粉和少量有机物，滤液中主要包括 NH_4Cl,$MnCl_2$,$ZnCl_2$，用来提取 NH_4Cl。将滤渣用蒸馏水冲洗 2～3 次，转移到蒸发皿中，用酒精灯进行灼烧，边加热边搅拌，以去除其中的碳粉和少量有机物。待蒸发皿中没有火星时，再继续灼烧 5～10 min，冷却后即可得到 MnO_2，称其质量 m_2。利用差量法可以计算碳粉在黑色粉末中的含量。

3. 从黑色粉末中提取 NH_4Cl

将滤液转移到蒸发皿中，用酒精灯加热蒸发，一边加热一边搅拌(防止局部过热)，待蒸发皿底部有晶体析出且只剩少量晶体液膜时，停止加热，自然冷却后，将蒸发皿置于冷水中冷却，得到 NH_4Cl 晶体(此时仍含有少量杂质)，将其减压抽滤，滤液备用。将得到的 NH_4Cl 晶体进行重结晶一次，并进一步过滤，再将晶体从滤纸上取下，晾干，记录质量 m_3。此时，滤液中主要成分为 $MnCl_2$ 和 $ZnCl_2$。

4. 利用废旧干电池锌皮制备 $ZnSO_4 \cdot 7H_2O$

将处理过的锌皮剪碎并称量，记录质量 m_4。将碎锌片置于 100 mL 烧杯中，加入 50 mL 2 $mol \cdot dm^{-3}$ H_2SO_4 溶液溶解，并加热。待没有气泡产生时，停止加热。静置后过滤，将滤液加热近沸。随后加入 10 滴 3% H_2O_2 溶液，并在不断搅拌下滴加 2 $mol \cdot dm^{-3}$ NaOH 溶液。在加入 2 $mol \cdot dm^{-3}$ NaOH 溶液的过程中会不断有大量白色沉淀生成，继续搅拌滴加 2 $mol \cdot dm^{-3}$ NaOH 溶液直至溶液 pH=8。再用布氏漏斗减压抽滤，用少量蒸馏水洗涤滤饼 2～3 次，即可获得 $Zn(OH)_2$ 沉淀。

将 $Zn(OH)_2$ 沉淀转移到烧杯中，逐滴加入 2 $mol \cdot dm^{-3}$ H_2SO_4 溶液，并不断搅拌沉淀使其溶解，直至烧杯中溶液 pH=4，停止滴加 H_2SO_4 溶液(即使仍存在少量白色固体未溶解，也无须再加 H_2SO_4 溶液)。随后将溶液逐渐加热至沸腾，促使 Fe^{3+} 完全水解，生成 $Fe(OH)_3$ 沉淀，趁热过滤，弃去滤渣。继续往滤液中滴加 2 $mol \cdot dm^{-3}$ H_2SO_4 溶液，直至溶液 pH=2。将滤液转移到蒸发皿中，水浴加热蒸发浓缩，液面上出现晶膜后停止加热。自然冷却后，将其减压抽滤，再用滤纸吸干滤饼，称其质量为 m_5。计算 $ZnSO_4 \cdot 7H_2O$ 的产率。

5. MnO_2纯度的检验

准确称取 0.1 g MnO_2产品(记录质量 m_6)溶于 2 mol·dm^{-3} H_2SO_4溶液,再加入 0.15 g $H_2C_2O_4$,待 MnO_2与 $H_2C_2O_4$反应完毕,转移到沸水浴中加热,用 0.01 mol·dm^{-3} $KMnO_4$标准溶液在 70～80℃下滴定过量的 $H_2C_2O_4$,直至溶液为粉红色,且 30 s 内不褪色,即为滴定终点。记录消耗的 $KMnO_4$标准溶液的体积,即可计算 MnO_2含量。平行滴定 3 次。

$$\omega(MnO_2)=\frac{\left[\frac{m(H_2C_2O_4)}{M(H_2C_2O_4)}-\frac{\frac{5}{2}\times c(KMnO_4)\times V(KMnO_4)}{1000}\right]\times M(MnO_2)}{m_6}\times 100\%$$

6. NH_4Cl 纯度的检验

称取约 0.35 g NH_4Cl 产品(记录质量 m_7)置于锥形瓶中,加入 10 mL 蒸馏水,再加入 3 mL 40%甲醛水溶液,充分反应后,加入 2～3 滴酚酞指示剂,摇匀,静置 1 min,用 2 mol·dm^{-3} NaOH 标准溶液滴定至粉红色,且 30 s 内不褪色,即为滴定终点。记录消耗的 NaOH 标准溶液的体积,即可计算 NH_4Cl 含量。平行滴定 3 次。

$$\omega(NH_4Cl)=\frac{c(NaOH)\times V(NaOH)\times M(NH_4Cl)}{1000\times m_7}\times 100\%$$

7. $ZnSO_4\cdot 7H_2O$ 纯度的检验

称取约 1.0 g $ZnSO_4\cdot 7H_2O$ 产品(记录质量 m_8)置于 100 mL 烧杯中,加 20 mL 蒸馏水溶解,然后用玻璃棒引流至 250 mL 容量瓶中,并用少量蒸馏水冲洗烧杯 2～3 次,洗涤液倒入容量瓶,定容。取 25 mL 溶液置于 250 mL 锥形瓶中,逐滴加入几滴 1∶2 三乙醇胺溶液,调节溶液 pH=10,加入 10 mg(绿豆大小)铬黑 T 指示剂,用 0.02 mol·dm^{-3} EDTA 标准溶液滴定,直至溶液由酒红色变为纯蓝色,且 30 s 内不褪色,即为滴定终点。记录消耗的 EDTA 标准溶液的体积,即可计算 $ZnSO_4\cdot 7H_2O$ 含量。平行滴定 3 次。

$$\omega(ZnSO_4\cdot 7H_2O)=\frac{c(EDTA)\times V(EDTA)\times M(ZnSO_4\cdot 7H_2O)}{1000\times m_8\times\frac{25}{250}}\times 100\%$$

五、注意事项

(1) 用水刷洗除去锌皮杂质,并将其剪碎,可以使反应更完全。

(2) 滴定速度不能过快,防止滴定过量,应遵循先快再慢的原则;当滴定过程中溶液颜色有变化时,应等溶液颜色稳定后再滴入下一滴。

(3) 要调节好溶液的 pH。

(4) 蒸发温度不能太高,并且要安全使用酒精灯和电炉。

(5) 注意实验操作规范和实验安全。

六、思考题

(1) 如何确定溶解锌皮时酸的用量?

(2) 加热蒸发 NH_4Cl 和 $ZnCl_2$ 混合溶液时应注意什么?

(3) 制备 $ZnSO_4 \cdot 7H_2O$ 过程中几次调节 pH 的作用分别是什么?

(4) 如何确定黑色混合物中碳粉和有机物已经除尽?

(5) 如何回收废旧干电池中的 Pb,Cd,Hg?

12.8 陶瓷文物表面沉积膜和可溶盐的去除

中国是瓷器的故乡,瓷器是古代劳动人民的一个重要创造。近年来,随着考古工作的进行,不断有陶瓷文物出土,其表面通常存在沉积膜和可溶盐。陶瓷文物的清洁和保护已成为一个重要的课题。

陶瓷文物的原材料一般是黏土,其主要成分是硅酸盐,其烧制温度在 700~1000 ℃。由于黏土中不同成分的耐热收缩性能不同,烧结后会产生各种毛细孔结构。在地底环境中,土壤中的可溶盐会随着水分的蒸发产生沉积,使盐分在陶瓷文物表面和空隙内析出。长时间的沉积和积累会导致盐分反复溶解-结晶,累积到一定程度后会形成体积较大的可溶盐晶体。这种反复溶解-结晶的过程会引起陶胎膨胀-收缩,进而产生应力,使得陶器侧壁和表面形成压力,减弱黏土间的相互作用力,降低陶器的强度。因此,一般需要去除陶瓷文物内部的可溶盐。

出土的陶瓷文物通常还会存在另一种污渍——沉积物。这些沉积物在一般情况下不会影响陶瓷文物的保存。但是,由于这些沉积物会覆盖文物表面的彩绘、装饰花纹、文字等信息,因此会影响陶瓷文物的外观形貌,从而影响陶瓷文物的历史价值,阻碍人们充分寻找历史信息。因此,必要时需要清除陶瓷文物表面的沉积膜。

一、实验目的

(1) 了解陶瓷文物表面沉积膜和内部可溶盐对文物的影响。

(2) 了解文物表面沉积膜和内部可溶盐的去除方法。

(3) 理解文物表面沉积膜和内部可溶盐的去除意义。

(4) 掌握有机螯合剂去除沉积膜的一般步骤和方法。

二、实验原理

陶瓷文物表面沉积物的形成主要源于地下水。地下水中的可溶盐进入瓷器孔隙内部时,与陶瓷中的 Ca,Mg,Fe 等金属的氧化物发生作用,使得这些金属氧化物发生溶解,进一步与水中的 CO_3^{2-},SO_4^{2-},SiO_3^{2-} 等形成不溶于水的沉淀,并在陶瓷文物表面形成沉积膜。离子反应方程式如下:

$$M^{2+} + CO_3^{2-} = MCO_3 \downarrow$$

$$M^{2+}+SO_4^{2-}=\!=\!=MSO_4\downarrow$$

$$M^{2+}+SiO_3^{2-}=\!=\!=MSiO_3\downarrow$$

其中，M^{2+} 为 Ca^{2+}，Mg^{2+}。

目前，文物表面沉积物清洗方法常有机械法和化学法。根据清洗剂的不同类型，将化学法分为无机酸清洗法和有机螯合剂清洗法。

1. 无机酸清洗法

无机酸清洗法是指用无机酸（如 HCl，H_2SO_4，HF 等）作清洗剂，通过分解沉积物中的阴离子（CO_3^{2-}，SO_4^{2-}，SiO_3^{2-} 等），实现文物表面的清洗。

（1）石灰质沉积物。石灰质沉积物实际上是指碳酸盐类沉积物。这类沉积物易于去除，可采用 HCl 或者 HNO_3 溶液去除，其反应如下：

$$MCO_3+2H^+=\!=\!=M^{2+}+CO_2\uparrow+H_2O$$

（2）石膏质沉积物。石膏质沉积物是指硫酸盐类沉积物。这类沉积物不溶于 HCl，H_2SO_4，稀 HNO_3，但是可以和浓 HNO_3 发生反应生成可溶性硝酸盐，其反应如下：

$$CaSO_4+2HNO_3(浓)=\!=\!=Ca(NO_3)_2+H_2SO_4$$

也可以采用热的 $(NH_4)_2SO_4$ 饱和溶液除去石膏质沉积物。

（3）硅质沉积物。硅质沉积物是金属硅酸盐，是最难去除的一类沉积物。通常用 1% HF 溶液涂在陶瓷表面，隔几分钟后清洗，如此反复操作，直至洗净。但是，由于氢氟酸有剧毒，这种方法很少采用。

2. 有机螯合剂清洗法

有机螯合剂清洗法是利用螯合剂夺取沉积物中的阳离子（金属离子），使不溶的沉积物中的阴离子与螯合剂中的钠离子形成可溶钠盐而达到清除目的。此方法对陶瓷损害较小，应用较广。

常用的螯合剂有乙二胺四乙酸二钠盐（EDTA－2Na）、二乙烯三胺五乙酸五钠盐、氨三乙酸和六偏磷酸钠等。在实际使用中，最常用的是 EDTA－2Na 和六偏磷酸钠。

（1）EDTA－2Na。EDTA－2Na 属于非酸型阳离子清洗剂，是一种常见的螯合剂，其化学式为

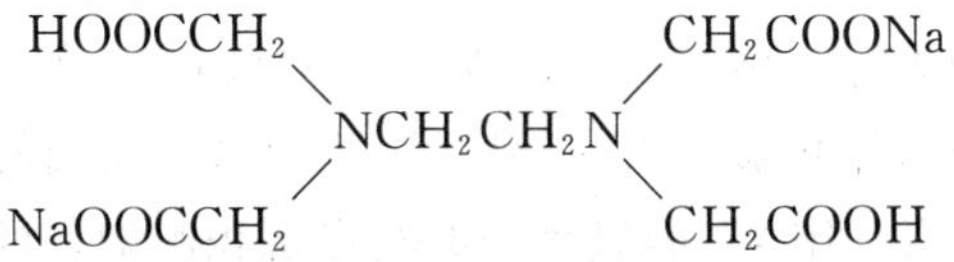

EDTA－2Na 能够通过配位键与沉积物中的金属离子结合，形成五元螯合环，从而能够强烈地吸引金属离子形成螯合反应。EDTA－2Na 会夺取沉积物中的阳离子（对 Ca^{2+}，Mg^{2+} 螯合能力强，但对 Fe^{2+}，Ba^{2+} 螯合能力很差），沉积物中的阴离子与 Na^+ 形成可溶性钠盐而被去除。

（2）六偏磷酸钠。六偏磷酸钠的螯合能力强于 EDTA－2Na，可将 Ca^{2+}，Mg^{2+}，Fe^{2+}，

Ba^{2+}从沉积物中螯合夺出而溶解除去。六偏磷酸钠与陶瓷文物中的金属离子反应如下：

$$Na_2[Na_4(PO_3)_6]+2M^{2+} = Na_2[M_2(PO_3)_6]+4Na^+$$

其中，M^{2+}常为Ca^{2+}，Mg^{2+}，Fe^{2+}，Ba^{2+}。

检测陶瓷文物内部可溶盐去除程度的有效方法是测量文物浸泡液的电导率。由于去除陶瓷文物表面沉积物时都借助可溶盐，因此，可溶盐去除得越多，浸泡液中的可溶盐就越多，溶液的电导率也就越高；相反，当陶器中所有可溶盐都被去除后，浸泡液中也就不存在可溶盐，其电导率接近或等于纯净的蒸馏水的电导率值。

三、仪器、试剂和材料

仪器：水浴锅；DDS－11A 型电导率仪；DJS-1 型铂黑电极；100 mL 烧杯；电子天平；坩埚钳；玻璃棒；表面皿；量筒；胶头滴管。

试剂：蒸馏水；1%HCl；浓 HNO_3；1%HF；1%$Na_2[Na_4(PO_3)_6]$；EDTA－2Na；NaOH；1∶2 三乙醇胺；2%HAc 等。

材料：洗瓶；滤纸；称量纸；带盐陶片；麻纸；手术刀；刀片、带沉积膜陶片等。

四、实验内容

1. 可溶盐的去除

将带盐陶片表面的积土清理干净。向水浴锅中加入蒸馏水，放入待清理陶片，保持蒸馏水浸没陶片。加热并保持温度在 98 ℃（夜间不加热，降温）。浸泡陶片一周后，更换蒸馏水继续浸泡，直至可溶盐完全除去。

2. 可溶盐去除程度的检验

利用电导率仪测定浸泡液的电导率，直至浸泡液的电导率接近或等于蒸馏水的电导率。电导率仪的使用方法见本书 10.3.3 节。

3. 无机酸清洗法去除陶瓷文物表面沉积物

(1) 石灰质沉积物的去除。用胶头滴管吸取一定量的 10%HCl 或 HNO_3 溶液，将其滴加到带沉积膜陶片的沉积物上，待沉积物分解后，用蒸馏水清洗掉残留的酸和残渣。

(2) 石膏质沉积物的去除。将带沉积膜陶片先用水润湿，然后滴加少量的浓 HNO_3 于石膏质上，待其溶解后，及时用机械法去除，最后用蒸馏水去除残留的酸。

(3) 硅质沉积物的去除。用 1%的氢氟酸涂在带沉积膜陶片的沉积物表面，每次涂几分钟，涂后用蒸馏水洗净，反复操作，直至将沉积物清理干净。

4. 螯合剂清洗法去除陶瓷文物表面沉积物

(1) EDTA－2Na 清洗法。称取适量 NaOH 溶于蒸馏水，加入 1∶2 三乙醇胺，再加入适量的 EDTA－2Na 配制成 EDTA－2Na 溶液。将带有沉积物的陶片放入 EDTA－2Na 溶液中，直至完全淹没。随后加热升温至75～80 ℃，并不停翻动陶片，煮沸20～30 min后将陶片取出。如果表面还有沉积物未清理干净，可以用手术刀或刀片剔除已经软化的沉积物，并用大量自来水清洗。多次重复直至清理干净。随后用2%HAc溶液浸泡陶片2～3天以中和多余的碱，最后用蒸馏水洗净、晾干。

(2) 六偏磷酸钠清洗法。将多层麻纸铺在陶片表面，用10% $Na_2[Na_4(PO_3)_6]$溶液将多层纸张润湿并贴在沉积物上，使新生成的螯合物和可溶性钠盐渗入多层纸中，待水分蒸发后，将纸揭下，完成一次清洗。重复上述操作2～3次，直至沉积物被洗净。

五、注意事项

(1) 电导率仪的引线不能潮湿，否则会引起测量误差。

(2) 测量高纯水的电导率速度应快，防止空气中的 CO_2 溶于水形成 CO_3^{2-}，影响电导率的测量。

(3) 使用无机酸时应在通风橱内操作，并戴好防护手套。

(4) EDTA-2Na溶液清洗沉积物后，应用HAc溶液浸泡文物，防止残留的碱对其造成腐蚀。

六、思考题

(1) 为什么在脱盐过程中需要将蒸馏水白天加热、夜间降温？

(2) 所有陶瓷表面沉积物都要清理吗？

(3) 为什么实验中去除硅质沉积物时采用的是1%HF溶液？

(4) 用化学法去除陶瓷表面的沉积膜是否对陶瓷本身有影响？如果有，可能会存在哪些影响？

附　录

附录 1　有关计量单位

SI 基本单位

量的名称	单位名称	符号	量的名称	单位名称	符号
长度	米	m	热力学温度	开[尔文]	K
质量	千克(公斤)	kg	物质的量	摩[尔]	mol
时间	秒	s	发光强度	坎[德拉]	cd
电流	安[培]	A			

注:① 圆括号中的名称,是它前面的名称的同义词,下同。

② 无方括号的量的名称与单位名称均为全称。方括号中的字,在不引起混淆、误解的情况下,可以省略。去掉方括号中的字即为其名称的简称,下同。

③ 本标准所称的符号,除特殊指明外,均指我国法定计量单位中所规定的符号及国际符号,下同。

包括 SI 辅助单位在内的具有专门名称的 SI 导出单位

量的名称	SI 导出单位		
	名称	符号	用 SI 基本单位和 SI 导出单位表示
[平面]角	弧度	rad	$1\ \text{rad}=1\ \text{m/m}=1$
立体角	球面度	sr	$1\ \text{sr}=1\ \text{m}^2/\text{m}^2=1$
频率	赫[兹]	Hz	$1\ \text{Hz}=1\ \text{s}^{-1}$
力,重力	牛[顿]	N	$1\ \text{N}=1\ \text{kg}\cdot\text{m/s}^2$
压力,压强,应力	帕[斯卡]	Pa	$1\ \text{Pa}=1\ \text{N/m}^2$
能[量],功,热量	焦[耳]	J	$1\ \text{J}=1\ \text{N}\cdot\text{m}$
功率,辐[射能]通量	瓦[特]	W	$1\ \text{W}=1\ \text{J/s}$
电荷[量]	库[仑]	C	$1\ \text{C}=1\ \text{A}\cdot\text{s}$
电压,电动势,电位	伏[特]	V	$1\ \text{V}=1\ \text{W/A}$
电容[量]	法[拉]	F	$1\ \text{F}=1\ \text{C/V}$

续表

量的名称	SI 导出单位		
	名称	符号	用 SI 基本单位和 SI 导出单位表示
电阻	欧[姆]	Ω	1 Ω=1 V/A
电导	西[门子]	S	1 S =1 $Ω^{-1}$
磁通[量]	韦[伯]	Wb	1 Wb=1 V·s
磁通[量]密度,磁感应强度	特[斯拉]	T	1 T=1 Wb/m^2
电感	亨[利]	H	1 H=1 Wb/A
摄氏温度	摄氏度	℃	1 ℃=1 K
光通量	流[明]	lm	1 lm=1 cd·sr
[光]照度	勒[克斯]	lx	1 lx=1 lm/m^2
[放射性]活度	贝可[勒尔]	Bq	1 Bq=1 s^{-1}
吸收剂量	戈[瑞]	Gy	1 Gy=1 J/kg

表示倍数和分数单位的词头

因数	词头	英文	中文	符号
10^{24}	yotta	Septillion	尧[它]	Y
10^{21}	zetta	Sextillion	泽[它]	Z
10^{18}	exa	Quintillion	艾[可萨]	E
10^{15}	peta	Quadrillion	拍[它]	P
10^{12}	tera	Trillion	太[拉]	T
10^{9}	giga	Billion	吉[咖]	G
10^{6}	mega	Million	兆	M
10^{3}	kilo	Thousand	千	k
10^{2}	hecto	Hundred	百	h
10^{1}	deca	Ten	十	da
10^{-1}	deci	Tenth	分	d
10^{-2}	centi	Hundredth	厘	c
10^{-3}	milli	Thousandth	毫	m
10^{-6}	micro	Millionth	微	μ
10^{-9}	nano	Billionth	纳[诺]	n
10^{-12}	pico	Trillionth	皮[可]	p
10^{-15}	femto	Quadrillionth	飞[母托]	f
10^{-18}	atto	Quintillionth	阿[托]	a
10^{-21}	zepto	Sextillionth	仄[普托]	z
10^{-24}	yocto	Septillionth	幺[科托]	y

可与国际单位制单位并用的我国法定计量单位

量的名称	单位名称	单位符号	与 SI 单位的关系
时间	分 [小]时 日(天)	min h d	1 min=60 s 1 h=60 min=3600 s 1 d=24 h=86400 s
[平面]角	度 [角]分 [角]秒	° ′ ″	$1°=(\pi/180)$ rad $1'=(1/60)°=(\pi/10800)$ rad $1''=(1/60)'=(\pi/648000)$ rad
体积,容积	升	L(l)	$1\ L=1\ dm^3=10^{-3}\ m^3$
质量	吨 原子质量单位	t u	$1\ t=10^3$ kg $1\ u\approx1.660540\times10^{-27}$ kg
旋转速度	转每分	r/min	$1\ r/min=(1/60)\ s^{-1}$
长度	海里	n mile	1 n mile=1852 m (只用于航行)
速度	节	kn	1 kn=1 n mile/h=(1852/3600) m/s (只用于航行)
能	电子伏	eV	$1\ eV\approx1.602177\times10^{-19}$ J
级差	分贝	dB	
线密度	特[克斯]	tex	$1\ tex=10^{-6}$ kg/m
面积	公顷	hm^2	$1\ hm^2=10^4\ m^2$

压力单位的换算

帕斯卡/Pa	工程大气压/at	毫米水柱/mmH_2O	标准大气压/atm	毫米汞柱/mmHg
1	1.02×10^{-5}	0.102	9.86923×10^{-6}	0.0075
98067	1	10^4	0.9678	735.6
9.807	0.0001	1	9.678×10^{-5}	0.0736
101325	1.033	10332	1	760
133.32	0.00136	13.6	0.00132	1

注:① 1 牛顿/米^2($N\cdot m^{-2}$)= 1 帕(Pa),1 工程大气压(at)= 1 千克力/厘米^2($kgf\cdot cm^{-2}$);
② 1 毫米汞柱(mmHg)= 1 托(Torr),标准大气压即物理大气压;
③ 1 巴(bar)= 10^5 牛顿/米^2($N\cdot m^{-2}$)。

附录 2 一些物理和化学的基本常数

量的名称	符号	数值	单位
电磁波在真空中的速度	c, c_0	2.99792458×10^8	$m\cdot s^{-1}$
真空磁导率	μ_0	$4\pi\times10^{-7}=1.2566370614\times10^{-6}$	$N\cdot A^{-2}$

续表

量的名称	符号	数值	单位
真空介电常数 $\varepsilon_0=1/\mu_0 c_0^2$	ε_0	$10^7/(4\pi\times 299792458^2)=$ $8.854187817\times10^{-12}$	$F\cdot m^{-1}$
引力常数 $F=Gm_1m_2/r^2$	G	$6.6742(10)\times10^{-11}$	$m^3\cdot kg^{-1}\cdot s^{-2}(N\cdot m^2\cdot kg^{-2})$
普朗克常量 $\hbar=h/2\pi$	h $\hbar$	$6.6260693(11)\times10^{-34}$ $1.05457168(18)\times10^{-34}$	$J\cdot s$ $J\cdot s$
元电荷	e	$1.60217653(14)\times10^{-19}$	C
质子质量常量	m_u	$1.66053886(28)\times10^{-27}$	kg
电子[静]质量	m_e	$9.1093826(16)\times10^{-31}$	kg
质子[静]质量	m_p	$1.67262171(29)\times10^{-27}$	kg
阿伏加德罗常数 $L=N/n$	N_A, L	$6.0221415(10)\times10^{23}$	mol^{-1}
法拉第常数 $F=N_Ae$	F	96485.3383(83)	$C\cdot mol^{-1}$
摩尔气体常数 $pV_m=RT$	R	8.314472(15)	$J\cdot mol^{-1}\cdot K^{-1}$
玻耳兹曼常量 $k=R/N_A$	k	$1.3806505(24)\times10^{-23}$	$J\cdot K^{-1}$

附录 3　希腊字母表

大写	小写	英文注音	国际音标	中文读音	意义
Α	α	alpha	a:lf	阿尔法	角度;系数
Β	β	beta	bet	贝塔	磁通系数;角度;系数
Γ	γ	gamma	ga:m	伽马	电导系数(小写)
Δ	δ	delta	delt	德尔塔	变动;密度;屈光度
Ε	ε	epsilon	ep'silon	伊普西龙	对数之基数
Ζ	ζ	zeta	zat	截塔	系数;方位角;阻抗;相对黏度;原子序数
Η	η	eta	eit	艾塔	磁滞系数;效率(小写)
Θ	θ	theta	θit	西塔	温度;相位角
Ι	ι	iota	aiot	约塔	微小,一点儿
Κ	κ	kappa	kap	卡帕	介质常数
Λ	λ	lambda	lambd	兰布达	波长(小写);体积
Μ	μ	mu	mju	缪	磁导系数微(千分之一)放大因数(小写)
Ν	ν	nu	nju	纽	磁阻系数
Ξ	ξ	xi	ksi	克西	
Ο	ο	omicron	omik'ron	奥密克戎	
Π	π	pi	pai	派	圆周率
Ρ	ρ	rho	rou	肉	电阻系数(小写)
Σ	σ	sigma	'sigma	西格马	总和(大写),表面密度;跨导(小写)

续表

大写	小写	英文注音	国际音标	中文读音	意义
Τ	τ	tau	tau	套	时间常数
Υ	υ	upsilon	jup'silon	宇普西龙	位移
Φ	φ	phi	fai	佛爱	磁通;角
Χ	χ	chi	phai	西	
Ψ	ψ	psi	psai	普西	角速;介质电通量(静电力线);角
Ω	ω	omega	o'miga	欧米伽	欧姆(大写);角速(小写);角

附录4 常见化合物的摩尔质量

化合物	M/(g·mol^{-1})	化合物	M/(g·mol^{-1})
Ag_3AsO_4	462.52	$BaCl_2 \cdot 2H_2O$	244.26
$AgBr$	187.77	$BaCrO_4$	253.32
$AgCl$	143.32	BaO	153.33
$AgCN$	133.89	$Ba(OH)_2$	171.34
$AgSCN$	165.95	$BaSO_4$	233.39
Ag_2CrO_4	331.73	$BiCl_3$	315.33
AgI	234.77	$BiOCl$	260.48
$AgNO_3$	169.87	CO_2	44.01
$AlCl_3$	133.34	CaO	56.08
$AlCl_3 \cdot 6H_2O$	241.43	$CaCO_3$	100.09
$Al(NO_3)_3$	213.00	CaC_2O_4	128.10
$Al(NO_3)_3 \cdot 9H_2O$	375.14	$CaCl_2$	110.98
Al_2O_3	101.96	$CaCl_2 \cdot 6H_2O$	219.07
$Al(OH)_3$	78.00	$Ca(NO_3)_2 \cdot 4H_2O$	236.15
$Al_2(SO_4)_3$	342.15	$Ca(OH)_2$	74.09
$Al_2(SO_4)_3 \cdot 18H_2O$	666.42	$Ca_3(PO_4)_2$	310.17
As_2O_3	197.84	$CaSO_4$	136.14
As_2O_5	229.84	$CdCO_3$	172.42
As_2S_3	245.80	$CdCl_2$	183.32
$BaCO_3$	197.34	CdS	144.46
BaC_2O_4	225.35	$Ce(SO_4)_2$	332.22
$BaCl_2$	208.23	$Ce(SO_4)_2 \cdot 4H_2O$	404.28

续表

化合物	M/ (g·mol^{-1})	化合物	M/ (g·mol^{-1})
$CoCl_2$	129.84	$FeCl_2$	126.75
$CoCl_2 \cdot 6H_2O$	237.93	$FeCl_2 \cdot 4H_2O$	198.81
$Co(NO_3)_2$	182.94	$FeCl_3$	162.21
$Co(NO_3)_2 \cdot 6H_2O$	291.03	$FeCl_3 \cdot 6H_2O$	270.30
CoS	90.99	$FeNH_4(SO_4)_2 \cdot 12H_2O$	482.19
$CoSO_4$	154.99	$Fe(NO_3)_3$	241.86
$CoSO_4 \cdot 7H_2O$	281.10	$Fe(NO_3)_3 \cdot 9H_2O$	404.00
$CO(NH_2)_2$	60.06	FeO	71.84
$CrCl_3$	158.35	Fe_2O_3	159.69
$CrCl_3 \cdot 6H_2O$	266.45	Fe_3O_4	231.53
$Cr(NO_3)_3$	238.01	$Fe(OH)_3$	106.87
Cr_2O_3	151.99	FeS	87.91
$CuCl$	99.00	Fe_2S_3	207.89
$CuCl_2$	134.45	$FeSO_4$	151.91
$CuCl_2 \cdot 2H_2O$	170.49	$FeSO_4 \cdot 7H_2O$	278.01
$CuSCN$	121.63	$FeSO_4 \cdot (NH_4)_2SO_4 \cdot 6H_2O$	392.14
CuI	190.45	H_3AsO_3	125.94
$Cu(NO_3)_2$	187.56	H_3AsO_4	141.94
$Cu(NO_3)_2 \cdot 3H_2O$	241.60	H_3BO_3	61.83
CuO	79.55	HBr	80.91
Cu_2O	143.09	HCN	27.03
CuS	95.61	$HCOOH$	46.03
$CuSO_4$	159.61	H_2CO_3	62.03
$CuSO_4 \cdot 5H_2O$	249.68	$H_2C_2O_4$	90.03
CH_3COOH	60.05	$H_2C_2O_4 \cdot 2H_2O$	126.06
CH_3COONa	82.03	HCl	36.46
$CH_3COONa \cdot 3H_2O$	136.08	HF	20.01
$C_4H_8N_2O_2$（丁二酮肟）	116.12	HI	127.01
$C_6H_4 \cdot COOH \cdot COOK$	204.22	HIO_3	175.91
$C_6H_{12}O_6$（葡萄糖）	180.16	HNO_3	63.02
$C_{12}H_{12}O_{11}$（蔗糖）	342.3	HNO_2	47.01

续表

化合物	$M/$ ($g \cdot mol^{-1}$)	化合物	$M/$ ($g \cdot mol^{-1}$)
H_2O	18.02	$KHC_2O_4 \cdot H_2O$	146.14
H_2O_2	34.01	$KHC_2O_4 \cdot H_2C_2O_4 \cdot 2H_2O$	254.19
H_3PO_4	98.00	$KHC_4H_4O_6$	188.18
H_2S	34.08	$KHSO_4$	136.16
H_2SO_3	82.08	KI	166.00
H_2SO_4	98.08	KIO_3	214.00
$Hg(CN)_2$	252.63	$KIO_3 \cdot HIO_3$	389.91
$HgCl_2$	271.49	$KMnO_4$	158.03
Hg_2Cl_2	472.09	$KNaC_4H_4O_6 \cdot 4H_2O$	282.22
HgI_2	454.40	KNO_3	101.10
$Hg_2(NO_3)_2$	525.19	KNO_2	85.10
$Hg_2(NO_3)_2 \cdot 2H_2O$	561.22	K_2O	94.20
$Hg(NO_3)_2$	324.61	KOH	56.11
HgO	216.59	K_2SO_4	174.26
HgS	232.65	$MgCO_3$	84.31
$HgSO_4$	296.65	$MgCl_2$	95.21
Hg_2SO_4	497.24	$MgCl_2 \cdot 6H_2O$	203.30
$KAl(SO_4)_2 \cdot 12H_2O$	474.39	MgC_2O_4	112.32
KBr	119.00	$Mg(NO_3)_2 \cdot 6H_2O$	256.41
$KBrO_3$	167.00	$MgNH_4PO_4$	137.31
KCl	74.56	MgO	40.30
$KClO_3$	122.55	$Mg(OH)_2$	58.32
$KClO_4$	138.55	$Mg_2P_2O_7$	222.55
KCN	65.12	$MgSO_4 \cdot 7H_2O$	246.47
KSCN	97.18	$MnCO_3$	114.95
K_2CO_3	138.21	$MnCl_2 \cdot 4H_2O$	197.90
K_2CrO_4	194.19	$Mn(NO_3)_2 \cdot 6H_2O$	287.04
$K_2Cr_2O_7$	294.19	MnO	70.94
$K_3Fe(CN)_6$	329.24	MnO_2	86.94
$K_4Fe(CN)_6$	368.34	MnS	87.00
$KFe(SO_4)_2 \cdot 12H_2O$	503.24	$MnSO_4$	151.00

续表

化合物	M/(g·mol^{-1})	化合物	M/(g·mol^{-1})
$MnSO_4 \cdot 4H_2O$	223.06	$NaNO_2$	69.00
NO	30.01	$NaNO_3$	85.00
NO_2	46.01	Na_2O	61.98
NH_3	17.03	Na_2O_2	77.98
CH_3COONH_4	77.08	$NaOH$	40.00
NH_4Cl	53.49	Na_3PO_4	163.94
$(NH_4)_2CO_3$	96.09	Na_2S	78.04
$(NH_4)_2C_2O_4$	124.10	$Na_2S \cdot 9H_2O$	240.18
$(NH_4)_2C_2O_4 \cdot H_2O$	142.11	Na_2SO_3	126.04
NH_4SCN	76.12	Na_2SO_4	142.04
NH_4HCO_3	79.06	$Na_2S_2O_3$	158.11
$(NH_4)_2MoO_4$	196.01	$Na_2S_2O_3 \cdot 5H_2O$	248.17
NH_4NO_3	80.04	$NiCl_2 \cdot 6H_2O$	237.69
$(NH_4)_2HPO_4$	132.06	NiO	74.69
$(NH_4)_2S$	68.14	$Ni(NO_3)_2 \cdot 6H_2O$	290.79
$(NH_4)_2SO_4$	132.14	NiS	90.76
NH_4VO_3	116.98	$NiSO_4 \cdot 7H_2O$	280.85
Na_3AsO_3	191.89	P_2O_5	141.94
$Na_2B_4O_7$	201.22	$PbCO_3$	267.21
$Na_2B_4O_7 \cdot 10H_2O$	381.37	PbC_2O_4	295.22
$NaBiO_3$	279.97	$PbCl_2$	278.11
$NaCN$	49.01	$PbCrO_4$	323.19
$NaSCN$	81.07	$Pb(CH_3COO)_2$	325.29
Na_2CO_3	105.99	$Pb(CH_3COO)_2 \cdot 3H_2O$	379.30
$Na_2CO_3 \cdot 10H_2O$	286.14	PbI_2	461.01
$Na_2C_2O_4$	134.00	$Pb(NO_3)_2$	331.20
$NaCl$	58.44	PbO	223.20
$NaClO$	74.44	PbO_2	239.20
$NaHCO_3$	84.01	$Pb_3(PO_4)_2$	811.54
$Na_2HPO_4 \cdot 12H_2O$	358.14	PbS	239.27
$Na_2H_2Y \cdot 2H_2O$	372.24	$PbSO_4$	303.26

续表

化合物	M/(g·mol^{-1})	化合物	M/(g·mol^{-1})
SO_3	80.06	$SrCrO_4$	203.61
SO_2	64.06	$Sr(NO_3)_2$	211.63
$SbCl_3$	228.12	$Sr(NO_3)_2 \cdot 4H_2O$	283.69
$SbCl_5$	299.03	$SrSO_4$	183.68
Sb_2O_3	291.52	$UO_2(CH_3COO)_2 \cdot 2H_2O$	424.15
Sb_2O_5	323.52	V_2O_5	181.88
Sb_2S_3	339.72	$ZnCO_3$	125.40
SiF_4	104.08	ZnC_2O_4	153.40
SiO_2	60.08	$ZnCl_2$	136.29
$SnCl_2$	189.62	$Zn(CH_3COO)_2$	183.47
$SnCl_2 \cdot 2H_2O$	225.65	$Zn(CH_3COO)_2 \cdot 2H_2O$	219.50
$SnCl_4$	260.52	$Zn(NO_3)_2$	189.39
$SnCl_4 \cdot 5H_2O$	350.60	$Zn(NO_3)_2 \cdot 6H_2O$	297.49
SnO_2	150.71	ZnO	81.39
SnS	150.77	ZnS	97.6
$SrCO_3$	147.63	$ZnSO_4$	161.5
SrC_2O_4	175.64	$ZnSO_4 \cdot 7H_2O$	287.56

附录 5 一些物质的标准热力学函数(298.15 K,100 kPa)

化学式	状态	$\Delta_f H_m^\ominus$/(kJ·mol^{-1})	$\Delta_f G_m^\ominus$/(kJ·mol^{-1})	$S_m^\ominus$/(J·mol^{-1}·K^{-1})
Ag	s	0	0	42.6
Ag	g	284.9	246.0	173.0
Ag^+	aq	105.6	77.1	72.7
AgBr	s	−100.4	−96.9	107.1
AgCl	s	−127.0	−109.8	96.3
Ag_2CO_3	s	−505.8	−436.8	167.4
Ag_2CrO_4	s	−731.7	−641.8	217.6
AgI	s	−61.8	−66.2	115.5
$AgIO_3$	s	−171.1	−93.7	149.4
$AgNO_3$	s	−124.4	−33.4	140.9
Ag_2O	s	−31.1	−11.2	121.3

续表

化学式	状态	$\Delta_f H_m^\ominus$/(kJ·mol^{-1})	$\Delta_f G_m^\ominus$/(kJ·mol^{-1})	$S_m^\ominus$/(J·mol^{-1}·K^{-1})
Ag_2S	s	−32.6	−40.7	144.0
Ag_2SO_4	s	−715.9	−618.4	200.4
Al	s	0	0	28.3
Al	g	330.0	289.4	164.6
Al^{3+}	aq	−531.0	−485.0	−321.7
$AlCl_3$	s	−704.2	−628.8	109.3
AlF_3	s	−1510.4	−1431.1	66.5
AlI_3	s	−313.8	−300.8	159.0
Al_2O_3(刚玉)	s	−1675.7	−1582.3	50.9
$AlPO_4$	s	−1733.8	−1617.9	90.8
As(灰)	s	0	0	35.1
$AsBr_3$	g	−130.0	−159.0	363.9
$AsCl_3$	l	−305.0	−259.4	216.3
AsH_3	g	66.4	68.9	222.8
As_2O_5	s	−924.9	−782.3	105.4
As_2S_3	s	−169.0	−168.6	163.6
Au	s	0	0	47.4
Au	g	366.1	326.3	180.5
B	s	0	0	5.9
BBr_3	l	−239.7	−238.5	229.7
BCl_3	l	−427.2	−387.4	206.3
B_2H_6	g	35.6	86.7	232.1
BI_3	g	71.1	20.7	349.2
BN	s	−254.4	−228.4	14.80
B_2O_3	s	−1273.5	−1194.3	54.0
Ba	s	0	0	62.5
Ba	g	180.0	146.0	170.2
Ba^{2+}	aq	−537.6	−560.8	9.6
$BaBr_2$	s	−757.3	−736.8	146.0
$BaCl_2$	s	−855.0	−806.7	123.7
$BaCO_3$	s	−1213.0	−1134.4	112.1

续表

化学式	状态	$\Delta_f H_m^\ominus$/(kJ·mol^{-1})	$\Delta_f G_m^\ominus$/(kJ·mol^{-1})	$S_m^\ominus$/(J·mol^{-1}·K^{-1})
BaF_2	s	−1207.1	−1156.8	96.4
$Ba(NO_3)_2$	s	−988.0	−792.6	214.0
BaO	s	−548.0	−520.3	72.1
$Ba(OH)_2 \cdot 8H_2O$	s	−3342.2	−2792.8	427
BaS	s	−460.0	−456.0	78.2
$BaSO_4$	s	−1473.2	−1362.2	132.2
Be	s	0	0	9.5
Be^{2+}	aq	−382.8	−379.7	−129.7
$BeCl_2$	s	−490.4	−445.6	75.8
$BeCO_3$	s	−1025.0	—	52.0
BeO	s	−609.4	−580.1	13.8
$Be(OH)_2$	s	−902.5	−815.0	51.9
$BeSO_4$	s	−1205.2	−1093.8	77.9
Bi	s	0	0	56.7
$BiCl_3$	s	−379.1	−315.0	177.0
Bi_2O_3	s	−573.9	−493.7	151.5
Bi_2S_3	s	−143.1	−140.6	200.4
Br^-	aq	−121.5	−103.9	82.4
Br_2	l	0	0	152.2
Br_2	g	30.9	3.1	245.5
C(石墨)	s	0	0	5.7
C(石墨)	g	716.7	671.3	158.1
C(金刚石)	s	1.9	2.9	2.4
CO	g	−110.5	−137.2	197.7
CO_2	g	−393.5	−394.4	213.8
CO_3^{2-}	aq	−677.1	−527.8	−56.9
CS_2	l	89.0	64.6	151.3
Ca	s	0	0	41.6
Ca^{2+}	aq	−542.8	−553.6	−53.1
$CaBr_2$	s	−682.8	−663.6	130.0
$CaCl_2$	s	−795.4	−748.8	108.4

续表

化学式	状态	$\Delta_f H_m^{\ominus}$/(kJ·mol^{-1})	$\Delta_f G_m^{\ominus}$/(kJ·mol^{-1})	$S_m^{\ominus}$/(J·mol^{-1}·K^{-1})
$CaCO_3$(方解石)	s	−1207.6	−1129.1	91.7
$CaCO_3$(霰石)	s	−1207.8	−1128.2	88.0
CaF_2	s	−1228.0	−1175.6	68.5
CaH_2	s	−181.5	−142.5	41.4
$Ca(NO_3)_2$	s	−938.2	−742.8	193.2
CaO	s	−634.9	−603.3	38.1
$Ca(OH)_2$	s	−985.2	−897.5	83.4
CaS	s	−482.4	−477.4	56.5
$CaSO_4$	s	−1434.5	−1332.0	106.5
$Ca_3(PO_4)_2$	s	−4120.8	−3884.7	236.0
Cd	s	0	0	51.8
Cd^{2+}	aq	−75.9	−77.6	−73.2
$CdBr_2$	s	−316.2	−296.3	137.2
$CdCl_2$	s	−391.5	−343.9	115.3
$CdCO_3$	s	−750.6	−669.4	92.5
CdF_2	s	−700.4	−647.7	77.4
CdO	s	−258.4	−228.7	54.8
$Cd(OH)_2$	s	−560.7	−473.6	96.0
CdS	s	−161.9	−156.5	64.9
$CdSO_4$	s	−933.3	−822.7	123.0
Ce	s	0	0	72.0
Ce^{3+}	aq	−696.2	−672	−205
Ce^{4+}	aq	−537.2	−503.8	−301
Ce_2O_3	s	−1796.2	−1706.2	150.6
CeO_2	s	−1088.7	−1024.6	62.3
Cl^-	aq	−167.2	−131.2	56.5
Cl_2	g	0	0	223.1
ClO_2	g	102.5	120.5	256.8
Cl_2O	g	80.3	97.9	266.2
Co	s	0	0	30.0
Co^{2+}	aq	−58.2	−54.4	−113

续表

化学式	状态	$\Delta_f H_m^\ominus$/(kJ·mol^{-1})	$\Delta_f G_m^\ominus$/(kJ·mol^{-1})	$S_m^\ominus$/(J·mol^{-1}·K^{-1})
Co^{3+}	aq	92	134	−305
$CoCl_2$	s	−312.5	−269.8	109.2
$CoCO_3$	s	−713.0	−637	89
CoO	s	−237.9	−214.2	53.0
$Co(OH)_2$	s	−539.7	−454.3	79.0
$CoSO_4$	s	−888.3	−782.3	118.0
Cr	s	0	0	23.8
$CrCl_3$	s	−556.5	−486.1	123.0
Cr_2O_3	s	−1139.7	−1058.1	81.2
Cs	s	0	0	85.2
Cs^+	aq	−258.3	−292.0	133.1
CsBr	s	−405.8	−391.4	113.1
CsCl	s	−443.0	−414.5	101.2
$CsClO_4$	s	−443.1	−314.3	175.1
Cs_2CO_3	cr	−1139.7	−1054.3	204.5
CsF	s	−553.5	−525.5	92.8
CsI	s	−346.6	−340.6	123.1
$CsNO_3$	s	−506.0	−406.5	155.2
Cs_2O	s	−345.8	−308.1	146.9
Cs_2SO_4	s	−1443.0	−1323.6	211.9
Cu	s	0	0	33.2
Cu^+	aq	71.7	50.0	40.6
Cu^{2+}	aq	64.8	65.5	−99.6
CuBr	s	−104.6	−100.8	96.1
CuCl	s	−137.2	−119.9	86.2
$CuCl_2$	s	−220.1	−175.7	108.1
CuCN	s	96.2	111.3	84.5
CuI	s	−67.8	−69.5	96.7
CuO	s	−157.3	−129.7	42.6
$Cu(OH)_2$	s	−449.8	−373	108
CuS	s	−53.1	−53.6	66.5

续表

化学式	状态	$\Delta_f H_m^\ominus$/(kJ·mol^{-1})	$\Delta_f G_m^\ominus$/(kJ·mol^{-1})	$S_m^\ominus$/(J·mol^{-1}·K^{-1})
$CuSO_4$	s	−771.4	−662.2	109.2
Cu_2O	s	−168.6	−146.0	93.1
Cu_2S	s	−79.5	−86.2	120.9
F^-	aq	−332.6	−278.8	−13.8
F_2	g	0	0	202.8
Fe	s	0	0	27.3
Fe^{2+}	aq	−89.1	−78.9	−137.7
Fe^{3+}	aq	−48.5	−4.7	−315.9
$FeCl_2$	s	−341.8	−302.3	118.0
$FeCl_3$	s	−399.5	−334.0	142.3
$FeCO_3$	s	−740.6	−666.7	92.9
$FeCr_2O_4$	s	−1444.7	−1343.8	146.0
FeO	s	−272.0	−251	61
Fe_2O_3	s	−824.2	−742.2	87.4
Fe_3O_4	s	−1118.4	−1015.4	146.4
FeS	s	−100.0	−100.4	60.3
$FeSO_4$	s	−928.4	−820.8	107.5
H_2	g	0	0	130.7
H^+	aq	0	0	0
HBr	g	−36.3	−53.4	198.7
HCl	g	−92.3	−95.3	186.9
HClO	g	−78.7	−66.1	236.7
HF	g	−273.3	−275.4	173.8
HI	g	26.5	1.7	206.6
HNO_2	g	−79.5	−46.0	254.1
HNO_3	l	−174.1	−80.7	155.6
H_2O	l	−285.8	−237.1	70.0
H_2O	g	−241.8	−228.6	188.8
H_2O_2	l	−187.8	−120.4	109.6
H_3P	g	5.4	13.4	210.2
H_3PO_4	s	−1284.4	−1124.3	110.5

续表

化学式	状态	$\Delta_f H_m^\ominus$/(kJ·mol^{-1})	$\Delta_f G_m^\ominus$/(kJ·mol^{-1})	$S_m^\ominus$/(J·mol^{-1}·K^{-1})
H_3PO_4	l	−1271.7	−1123.6	150.8
H_2S	g	−20.6	−33.4	205.8
H_2SO_4	l	−814.0	−690.0	156.9
H_3Sb	g	145.1	147.8	232.8
H_2Se	g	29.7	15.9	219.0
H_2SiO_3	s	−1188.7	−1092.4	134.0
H_4SiO_4	s	−1481.1	−1332.9	192.0
Hg	l	0	0	75.9
Hg	g	61.4	31.8	175.0
Hg^{2+}	aq	171.1	164.4	−32.2
Hg_2^{2+}	aq	172.4	153.5	84.5
$HgBr_2$	s	−170.7	−153.1	172.0
Hg_2Br_2	s	−206.9	−181.1	218.0
$HgCl_2$	s	−224.3	−178.6	146.0
Hg_2Cl_2	s	−265.4	−210.7	191.6
Hg_2CO_3	s	−553.5	−468.1	180.0
HgI_2	s	−105.4	−101.7	180.0
Hg_2I_2	s	−121.3	−111.0	233.5
HgO	s	−90.8	−58.5	70.3
HgS	s	−58.2	−50.6	82.4
Hg_2SO_4	s	−743.1	−625.8	200.7
I^-	aq	−55.2	−51.6	111.3
I_2	s	0	0	116.1
I_2	g	62.4	19.3	260.7
K	s	0	0	64.7
K^+	aq	−252.4	−283.3	102.5
KBH_4	s	−227.4	−160.3	106.3
KBr	s	−393.8	−380.7	95.9
$KBrO_3$	s	−360.2	−271.2	149.2
$KBrO_4$	s	−287.9	−174.4	170.1
KCl	s	−436.5	−408.5	82.6

续表

化学式	状态	$\Delta_f H_m^\ominus$/(kJ·mol^{-1})	$\Delta_f G_m^\ominus$/(kJ·mol^{-1})	$S_m^\ominus$/(J·mol^{-1}·K^{-1})
$KClO_3$	s	−397.7	−296.3	143.1
$KClO_4$	s	−432.8	−303.1	151.0
KCN	s	−113.0	−101.9	128.5
K_2CO_3	s	−1151.0	−1063.5	155.5
KF	s	−567.3	−537.8	66.6
KH	s	−57.7	−53	50
KH_2PO_4	s	−1568.3	−1415.9	134.9
KI	s	−327.9	−324.9	106.3
KIO_3	s	−501.4	−418.4	151.5
KIO_4	s	−467.2	−361.4	175.7
$KMnO_4$	s	−837.2	−737.6	171.7
KNO_2	s	−369.8	−306.6	152.1
KNO_3	s	−494.6	−394.9	133.1
KOH	s	−424.6	−379.4	81.2
KO_2	s	−284.9	−239.4	116.7
K_2O	s	−361.5	−322	94
K_2O_2	s	−494.1	−425.1	102.1
K_2S	s	−380.7	−364.0	105.0
KSCN	s	−200.2	−178.3	124.3
K_2SO_4	s	−1437.8	−1321.4	175.6
K_2SiF_6	cr	−2956.0	−2798.6	226.0
Li	s	0	0	29.1
Li^+	aq	−278.5	−293.3	13.4
$LiAlH_4$	s	−116.3	−44.7	78.7
$LiBH_4$	s	−190.8	−125.0	75.9
LiBr	s	−351.2	−342.0	74.3
LiCl	s	−408.6	−384.4	59.3
Li_2CO_3	s	−1215.9	−1132.1	90.4
LiF	s	−616.0	−587.7	35.7
LiH	cr	−90.5	−68.3	20.0
LiI	s	−270.4	−270.3	86.8

续表

化学式	状态	$\Delta_f H_m^\ominus$/(kJ·mol^{-1})	$\Delta_f G_m^\ominus$/(kJ·mol^{-1})	$S_m^\ominus$/(J·mol^{-1}·K^{-1})
$LiNO_2$	s	−372.4	−302.0	96.0
$LiNO_3$	s	−483.1	−381.1	90.0
LiOH	s	−487.5	−441.5	42.8
Li_2O	s	−597.9	−561.2	37.6
Li_2SO_4	s	−1436.5	−1321.7	115.1
Li_2SiO_3	s	−1648.1	−1557.2	79.8
Mg	s	0	0	32.7
Mg	g	147.1	112.5	148.6
Mg^{2+}	aq	−466.9	−454.8	−138.1
$MgBr_2$	s	−524.3	−503.8	117.2
$MgCl_2$	s	−641.3	−591.8	89.6
$MgCO_3$	s	−1095.8	−1012.1	65.7
MgF_2	s	−1124.2	−1071.1	57.2
MgH_2	s	−75.3	−35.9	31.1
MgI_2	s	−364.0	−358.2	129.7
$Mg(NO_3)_2$	s	−790.7	−589.4	164.0
MgO	s	−601.6	−569.3	27.0
$Mg(OH)_2$	s	−924.5	−833.5	63.2
MgS	s	−346.0	−341.8	50.3
$MgSO_4$	s	−1284.9	−1170.6	91.6
Mn	s	0	0	32.0
Mn^{2+}	aq	−220.8	−228.1	−73.6
$MnCl_2$	s	−481.3	−440.5	118.2
$MnCO_3$	s	−894.1	−816.7	85.8
MnO_2	s	−520.0	−465.1	53.1
MnS	s	−214.2	−218.4	78.2
Mo	s	0	0	28.7
N_2	g	0	0	191.6
NH_3	g	−45.9	−16.4	192.8
NH_4^+	aq	−133.26	111.17	113.4
NH_4Br	s	−270.8	−175.2	113.0

续表

化学式	状态	$\Delta_f H_m^\ominus$/(kJ·mol^{-1})	$\Delta_f G_m^\ominus$/(kJ·mol^{-1})	$S_m^\ominus$/(J·mol^{-1}·K^{-1})
NH_4Cl	s	−314.4	−202.9	94.6
NH_4F	s	−464.0	−348.7	72.0
NH_4I	s	−201.4	−112.5	117.0
NH_4NO_3	s	−365.6	−183.9	151.1
$(NH_4)_2SO_4$	s	−1180.9	−901.7	220.1
N_2H_4	l	50.6	149.3	121.2
N_2H_4	g	95.4	159.4	238.5
NO	g	91.3	87.6	210.8
NO_2	g	33.2	51.3	240.1
N_2O	g	81.6	103.7	220.0
N_2O_3	g	86.6	142.4	314.7
N_2O_4	l	−19.5	97.5	209.2
N_2O_4	g	11.1	99.8	304.4
N_2O_5	g	113.3	117.1	355.7
Na	s	0	0	51.3
Na	g	107.5	77.0	153.7
Na^+	aq	−240.1	−261.9	59.0
$NaAlF_4$	g	−1869.0	−1827.5	345.7
$NaBF_4$	s	−1844.7	−1750.1	145.3
$NaBH_4$	s	−188.6	−123.9	101.3
NaBr	s	−361.1	−349.0	86.8
NaCl	s	−411.2	−384.1	72.1
$NaClO_3$	s	−365.8	−262.3	123.4
$NaClO_4$	s	−383.3	−254.9	142.3
NaCN	s	−87.5	−76.4	115.6
Na_2CO_3	s	−1130.7	−1044.4	135.0
NaF	s	−576.6	−546.3	51.1
NaH	s	−56.3	−33.5	40.0
$NaHSO_4$	s	−1125.5	−992.8	113.0
NaI	s	−287.8	−286.1	98.5
$NaIO_4$	s	−429.3	−323.0	163.0

续表

化学式	状态	$\Delta_f H_m^\ominus$/(kJ · mol^{-1})	$\Delta_f G_m^\ominus$/(kJ · mol^{-1})	$S_m^\ominus$/(J · mol^{-1} · K^{-1})
$NaNH_2$	s	−123.8	−64.0	76.9
$NaNO_2$	s	−358.7	−284.6	103.8
$NaNO_3$	s	−467.9	−367.0	116.5
NaOH	s	−425.8	−379.7	64.4
$Na_2B_4O_7$	s	−3291.1	−3096.0	189.5
Na_2HPO_4	s	−1748.1	−1608.2	150.5
Na_2O	s	−414.2	−375.5	75.1
Na_2O_2	s	−510.9	−447.7	95.0
Na_2S	s	−364.8	−349.8	83.7
Na_2SO_3	s	−1100.8	−1012.5	145.9
Na_2SO_4	s	−1387.1	−1270.2	149.6
Na_2SiF_6	s	−2909.6	−2754.2	207.1
Na_2SiO_3	s	−1554.9	−1462.8	113.9
Ni	s	0	0	29.9
Ni^{2+}	aq	−54.0	−45.6	−128.9
$NiBr_2$	s	−212.1	−198	136
$NiCl_2$	s	−305.3	−259.0	97.7
$Ni(OH)_2$	s	−529.7	−447.2	88.0
NiS	s	−82.0	−79.5	53.0
$NiSO_4$	cr	−872.9	−759.7	92.0
O_2	g	0	0	205.2
O_3	g	142.7	163.2	238.9
P(白)	s	0	0	41.1
P(红)	s	−17.6	−12	22.8
P_4	g	58.9	24.4	280.0
PCl_3	l	−319.7	−272.3	217.1
PCl_3	g	−287.0	−267.8	311.8
PCl_5	g	−374.9	−305.0	364.6
PH_3	g	5.4	13.5	210.2
Pb	s	0	0	64.8
Pb	g	195.2	162.2	175.4

续表

化学式	状态	$\Delta_f H_m^\ominus$/(kJ·mol^{-1})	$\Delta_f G_m^\ominus$/(kJ·mol^{-1})	$S_m^\ominus$/(J·mol^{-1}·K^{-1})
Pb^{2+}	aq	−1.7	−24.4	10.5
$PbCl_2$	s	−359.4	−314.1	136.0
$PbCO_3$	s	−699.1	−625.5	131.0
PbO(黄)	s	−217.3	−187.9	68.7
PbO(红)	s	−219.0	−188.9	66.5
PbO_2	s	−277.4	−217.3	68.6
PbS	s	−100.4	−98.7	91.2
$PbSO_4$	s	−920.0	−813.0	148.5
Pd	s	0	0	37.6
Pd	g	378.2	339.7	167.1
Pt	s	0	0	41.6
Pt	g	565.3	520.5	192.4
S(正交晶体)	s	0	0	32.1
S(单斜晶体)	s	0.3	0.1	33
S(单斜晶体)	g	227.2	236.7	167.8
SO_2	g	−296.8	−300.1	248.2
SO_3	l	−441.0	−373.8	113.8
SO_3	g	−395.7	−371.1	256.8
Si	s	0	0	18.8
Si	g	450.0	405.5	168.0
SiC(立方晶体)	s	−65.3	−62.8	16.6
SiC(立方晶体)	s	−62.8	−60.2	16.5
$SiCl_4$	l	−687.0	−619.8	239.7
SiO_2(α)	s	−910.7	−856.3	41.5
SiF_4	g	−1615.0	−1572.8	282.8
SiH_4	g	34.3	56.9	204.6
Sn(白)	s	0	0	51.2
Sn(灰)	s	−2.1	0.1	44.1
Sn	g	301.2	266.2	168.5
$SnCl_4$	l	−511.3	−440.1	258.6
$SnCl_4$	g	−471.5	−432.2	365.8

续表

化学式	状态	$\Delta_f H_m^\ominus$/(kJ·mol^{-1})	$\Delta_f G_m^\ominus$/(kJ·mol^{-1})	$S_m^\ominus$/(J·mol^{-1}·K^{-1})
$Sn(OH)_2$	s	−561.1	−491.6	155.0
SnO_2	s	−577.6	−515.8	49.0
SnS	s	−100.0	−98.3	77.0
Sr	s	0	0	52.3
Ti	s	0	0	30.7
Ti	g	473.0	428.4	180.3
$TiCl_2$	s	−513.8	−464.4	87.4
$TiCl_4$	l	−804.2	−737.2	252.3
TiO_2	s	−944.0	−888.8	50.6
V	s	0	0	28.9
V_2O_5	s	−1550.6	−1419.5	131.0
Zn	s	0	0	41.6
Zn	g	130.4	94.8	161.0
Zn^{2+}	aq	−153.9	−147.1	−112.1
$ZnCl_2$	s	−415.1	−369.4	111.5
$ZnCO_3$	s	−812.8	−731.5	82.4
ZnO	s	−350.5	−320.5	43.7
$Zn(OH)_2$	s	−641.9	−553.5	81.2
$ZnSO_4$	s	−982.8	−871.5	110.5
CH_4	g	−74.6	−50.5	186.3
C_2H_2	g	228.2	210.7	200.9
C_2H_4	g	52.4	68.4	219.3
C_2H_6	g	−84.0	−32	229.2
C_3H_8	g	−103.8	−23.4	270.3
C_6H_6	l	49.1	124.5	173.4
C_6H_6	g	82.9	129.7	269.2
CH_3OH	l	−239.2	−166.6	126.8
CH_3OH	g	−201.0	−162.3	239.9
C_2H_5OH	l	−277.6	−174.8	160.7
CH_2O	g	−108.6	−102.5	218.8
CH_2O_2	l	−425.0	−361.4	129.0
$C_2H_2O_4$	s	−829.9	—	109.8
$C_6H_{12}O_6$(葡萄糖)	s	−1273.3	—	228.0

附录 6　常见弱酸、弱碱在水中的解离常数

常见弱酸在水中的解离常数

名称	分子式	t/℃	级数	$K_a^\ominus$	p$K_a^\ominus$
砷　酸	H_3AsO_4	18	1	5.62×10^{-3}	2.25
		18	2	1.70×10^{-7}	6.77
		18	3	3.95×10^{-12}	11.40
硼　酸	H_3BO_3	20		7.3×10^{-10}	9.14
次溴酸	HBrO	25		2.06×10^{-9}	8.69
碳　酸	H_2CO_3	25	1	4.30×10^{-7}	6.37
		25	2	5.61×10^{-11}	10.25
草　酸	$H_2C_2O_4$	25	1	5.90×10^{-2}	1.23
		25	2	6.40×10^{-5}	4.19
氢氰酸	HCN	25		4.93×10^{-10}	9.31
次氯酸	HClO	18		2.95×10^{-5}	4.53
氢氟酸	HF	25		3.53×10^{-4}	3.45
次碘酸	HIO	25		2.3×10^{-11}	10.64
亚硝酸	HNO_2	25		4.6×10^{-4}	3.33
铵离子	NH_4^+	25		5.64×10^{-10}	9.25
过氧化氢	H_2O_2	25		2.4×10^{-12}	11.62
磷　酸	H_3PO_4	25	1	7.52×10^{-3}	2.12
		25	2	6.23×10^{-8}	7.21
		25	3	2.2×10^{-13}	12.66
氢硫酸	H_2S	18	1	9.1×10^{-8}	7.04
		18	2	1.1×10^{-12}	11.96
硫　酸	H_2SO_4	25	2	1.2×10^{-2}	1.92
亚硫酸	H_2SO_3	18	1	1.54×10^{-2}	1.81
		18	2	1.02×10^{-7}	6.99
偏硅酸	H_2SiO_3	25	1	1.7×10^{-10}	9.77
		25	2	1.6×10^{-12}	11.80
甲　酸	HCOOH	25		1.77×10^{-4}	3.75
乙　酸	CH_3COOH	25		1.76×10^{-5}	4.75
氯乙酸	$CH_2ClCOOH$	25		1.38×10^{-3}	2.86
二氯乙酸	$CHCl_2COOH$	25		5.0×10^{-2}	1.3

续表

名　称	分子式	t/℃	级数	$K_a^\ominus$	$pK_a^\ominus$
苯甲酸	C_6H_5COOH	25		6.2×10^{-5}	4.21
邻苯二甲酸	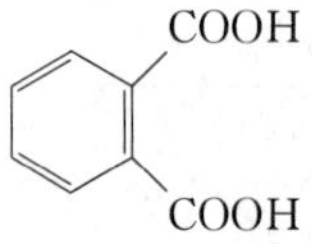	25	1	1.12×10^{-3}	2.95
		25	2	3.91×10^{-6}	5.41
柠檬酸	CH_2COOH | $C(OH)COOH$ | CH_2COOH	20	1	7.1×10^{-4}	3.15
		20	2	1.68×10^{-5}	4.77
		20	3	4.1×10^{-7}	6.39
α-酒石酸	$CH(OH)COOH$ | $CH(OH)COOH$	25	1	9.20×10^{-4}	3.04
		25	2	4.31×10^{-5}	4.37
琥珀酸	CH_2COOH | CH_2COOH	25	1	6.2×10^{-5}	4.21
		25	2	2.3×10^{-6}	5.64
苯　酚	C_6H_5OH	25		1.10×10^{-10}	9.95

常见弱碱在水中的解离常数

碱	分子式	t/℃	级数	$K_b^\ominus$	$pK_b^\ominus$
氨	NH_3	25		1.77×10^{-5}	4.75
氢氧化银	AgOH	25		1.1×10^{-4}	3.96
氢氧化铝	$Al(OH)_3$	25	1	5.01×10^{-9}	8.30
		25	2	2×10^{-10}	9.70
氢氧化铍	$Be(OH)_2$	25	1	1.78×10^{-6}	5.75
		25	2	2.51×10^{-9}	8.60
氢氧化锌	$Zn(OH)_2$	25		9.55×10^{-4}	3.02
联　氨	H_2N-NH_2	25	1	9.55×10^{-7}	6.02
		25	2	1.26×10^{-15}	14.9
甲　胺	CH_3NH_2	25		4.17×10^{-4}	3.38
乙　胺	$C_2H_5NH_2$	25		4.27×10^{-4}	3.37
苯　胺	$C_6H_5NH_2$	25		3.98×10^{-10}	9.40
乙二胺	$H_2NCH_2CH_2NH_2$	25	1	8.5×10^{-5}	4.07
		25	2	7.1×10^{-8}	7.15
吡　啶	C_5H_5N	25		1.48×10^{-9}	8.83

附录 7　常见难溶化合物的溶度积常数

化学式	$K_{sp}^{\ominus}$	$pK_{sp}^{\ominus}$	化学式	$K_{sp}^{\ominus}$	$pK_{sp}^{\ominus}$
AgBr	5.35×10^{-13}	12.27	β-CoS	2.0×10^{-25}	24.70
Ag_2CO_3	8.46×10^{-12}	11.07	$Cr(OH)_3$	6.3×10^{-31}	30.20
AgCl	1.77×10^{-10}	9.75	CuBr	6.27×10^{-9}	8.20
AgCN	5.97×10^{-17}	16.22	CuCl	1.72×10^{-7}	6.76
Ag_2CrO_4	1.12×10^{-12}	11.95	CuI	1.27×10^{-12}	11.90
AgI	8.52×10^{-17}	16.07	$Cu(OH)_2$	2.2×10^{-20}	19.66
AgOH	2.0×10^{-8}	7.70	CuS	6.3×10^{-36}	35.20
Ag_3PO_4	8.89×10^{-17}	16.05	$Fe(OH)_2$	4.87×10^{-17}	16.31
Ag_2S	6.3×10^{-50}	49.20	$Fe(OH)_3$	2.79×10^{-39}	38.55
Ag_2SO_4	1.4×10^{-5}	4.85	FeS	6.3×10^{-18}	17.20
$Al(OH)_3$	1.3×10^{-33}	32.89	Hg_2Br_2	6.40×10^{-23}	22.19
$AlPO_4$	9.84×10^{-21}	20.01	Hg_2Cl_2	1.43×10^{-18}	17.84
Al_2S_3	2.0×10^{-7}	6.70	Hg_2I_2	5.2×10^{-29}	28.28
$BaCO_3$	2.58×10^{-9}	8.59	HgS(红)	4×10^{-53}	52.40
$BaCrO_4$	1.17×10^{-10}	9.93	HgS(黑)	1.6×10^{-52}	51.80
BaF_2	1.84×10^{-7}	6.74	$MgCO_3$	6.82×10^{-6}	5.17
$Ba_3(PO_4)_2$	3.4×10^{-23}	22.47	MgF_2	5.16×10^{-11}	10.29
$BaSO_4$	1.08×10^{-10}	9.97	$Mg(OH)_2$	5.61×10^{-12}	11.25
$CaCO_3$	2.8×10^{-9}	8.55	$MnCO_3$	2.34×10^{-11}	10.63
$CaC_2O_4\cdot H_2O$	2.32×10^{-9}	8.64	$Mn(OH)_2$	1.9×10^{-13}	12.72
CaF_2	5.3×10^{-9}	8.28	MnS(无定形)	2.5×10^{-10}	9.60
$Ca(OH)_2$	5.5×10^{-6}	5.26	MnS(晶体)	2.5×10^{-13}	12.60
$Ca_3(PO_4)_2$	2.07×10^{-29}	28.68	$NiCO_3$	1.42×10^{-7}	6.85
$CaSO_4$	4.93×10^{-5}	4.31	$Ni(OH)_2$(新生成)	5.48×10^{-16}	15.26
$Cd(OH)_2$(新生成)	7.2×10^{-15}	14.14	β-NiS	1.0×10^{-24}	24
$Cd_3(PO_4)_2$	2.53×10^{-33}	32.60	$Ni_3(PO_4)_2$	4.74×10^{-32}	31.32
CdS	1.40×10^{-29}	28.85	$PbCl_2$	1.70×10^{-5}	4.77
$Co(OH)_2$(新生成)	5.92×10^{-15}	14.23	$PbCO_3$	7.4×10^{-14}	13.13
$Co(OH)_3$	1.6×10^{-44}	43.80	$PbCrO_4$	2.8×10^{-13}	12.55
$Co_3(PO_4)_2$	2.05×10^{-35}	34.69	PbF_2	3.3×10^{-8}	7.48
α-CoS	4.0×10^{-21}	20.40	PbI_2	9.8×10^{-9}	8.01

续表

化学式	$K_{sp}^{\ominus}$	$pK_{sp}^{\ominus}$	化学式	$K_{sp}^{\ominus}$	$pK_{sp}^{\ominus}$
$Pb(OH)_2$	1.43×10^{-15}	14.84	$SrSO_4$	3.44×10^{-7}	6.46
$Pb_3(PO_4)_2$	8.0×10^{-43}	42.10	$Sn(OH)_2$	5.45×10^{-27}	26.26
PbS	9.04×10^{-29}	28.04	$Sn(OH)_4$	1×10^{-56}	56
$PbSO_4$	2.53×10^{-8}	7.60	SnS	1.0×10^{-25}	25
$Pb(OH)_4$	3.2×10^{-66}	65.50	$ZnCO_3$	1.46×10^{-10}	9.84
$SrCO_3$	5.60×10^{-10}	9.25	$Zn(OH)_2$	3×10^{-17}	16.53
$SrCrO_4$	2.2×10^{-5}	4.66	α - ZnS	1.6×10^{-24}	23.80

附录 8 标准电极电势表(298.15 K)

1. 在酸性溶液中

	电对符号	电极反应	$\varphi_a^{\ominus}$/V
Ag	Ag^+/Ag	$Ag^+(aq)+e^- \rightleftharpoons Ag(s)$	0.7996
	Ag^{2+}/Ag^+	$Ag^{2+}(aq)+e^- \rightleftharpoons Ag^+(aq)$	1.980
	$AgBr/Ag$	$AgBr(s)+e^- \rightleftharpoons Ag(s)+Br^-(aq)$	0.07133
	$AgCl/Ag$	$AgCl(s)+e^- \rightleftharpoons Ag(s)+Cl^-(aq)$	0.22233
	Ag_2CrO_4/Ag	$Ag_2CrO_4(aq)+2e^- \rightleftharpoons 2Ag(s)+CrO_4^{2-}(aq)$	0.4470
Al	Al^{3+}/Al	$Al^{3+}(aq)+3e^- \rightleftharpoons Al(s)$	−1.662
As	$HAsO_2/As$	$HAsO_2(aq)+3H^+(aq)+3e^- \rightleftharpoons As(s)+2H_2O(l)$	0.248
	$H_3AsO_4/HAsO_2$	$H_3AsO_4(aq)+2H^+(aq)+2e^- \rightleftharpoons HAsO_2(aq)+2H_2O(l)$	0.560
Au	Au^+/Au	$Au^+(aq)+e^- \rightleftharpoons Au(s)$	1.692
	Au^{3+}/Au	$Au^{3+}(aq)+3e^- \rightleftharpoons Au(s)$	1.498
	Au^{3+}/Au^+	$Au^{3+}(aq)+2e^- \rightleftharpoons Au^+(aq)$	1.401
	$[AuCl_4]^-/Au$	$[AuCl_4]^-(aq)+3e^- \rightleftharpoons Au(s)+4Cl^-(aq)$	1.002
	$[Au(CN)_2]^-/Au$	$[Au(CN)_2]^-(aq)+e^- \rightleftharpoons Au(s)+2CN^-(aq)$	−0.596
Ba	Ba^{2+}/Ba	$Ba^{2+}(aq)+2e^- \rightleftharpoons Ba(s)$	−2.912
Br	Br_2/Br^-	$Br_2(l)+2e^- \rightleftharpoons 2Br^-(aq)$	1.066
	BrO_3^-/Br_2	$2BrO_3^-(aq)+12H^+(aq)+10e^- \rightleftharpoons Br_2(l)+6H_2O(l)$	1.482
Ca	Ca^{2+}/Ca	$Ca^{2+}(aq)+2e^- \rightleftharpoons Ca(s)$	−2.868
Cd	Cd^{2+}/Cd	$Cd^{2+}(aq)+2e^- \rightleftharpoons Cd(s)$	−0.4030
Ce	Ce^{4+}/Ce^{3+}	$Ce^{4+}(aq)+e^- \rightleftharpoons Ce^{3+}(aq)$	1.72
	Ce^{3+}/Ce	$Ce^{3+}(aq)+3e^- \rightleftharpoons Ce(s)$	−2.336

续表

	电对符号	电极反应	$\varphi_a^\ominus$/V
Cl	Cl_2/Cl^-	$Cl_2(g)+2e^- \rightleftharpoons 2Cl^-(aq)$	1.35827
	ClO_3^-/Cl^-	$ClO_3^-(aq)+6H^+(aq)+6e^- \rightleftharpoons Cl^-(aq)+3H_2O(l)$	1.451
	ClO_3^-/Cl_2	$2ClO_3^-(aq)+12H^+(aq)+10e^- \rightleftharpoons Cl_2(g)+6H_2O(l)$	1.47
	ClO_4^-/ClO_3^-	$ClO_4^-(aq)+2H^+(aq)+2e^- \rightleftharpoons ClO_3^-(aq)+H_2O(l)$	1.189
	$HClO/Cl_2$	$2HClO(aq)+2H^+(aq)+2e^- \rightleftharpoons Cl_2(g)+2H_2O(l)$	1.611
Co	Co^{2+}/Co	$Co^{2+}(aq)+2e^- \rightleftharpoons Co(s)$	−0.28
	Co^{3+}/Co^{2+}	$Co^{3+}(aq)+e^- \rightleftharpoons Co^{2+}(aq)$	1.92
Cr	Cr^{2+}/Cr	$Cr^{2+}(aq)+2e^- \rightleftharpoons Cr(s)$	−0.913
	Cr^{3+}/Cr^{2+}	$Cr^{3+}(aq)+e^- \rightleftharpoons Cr^{2+}(aq)$	−0.407
	$Cr_2O_7^{2-}/Cr^{3+}$	$Cr_2O_7^{2-}(aq)+14H^+(aq)+6e^- \rightleftharpoons 2Cr^{3+}(aq)+7H_2O(l)$	1.36
Cu	Cu^+/Cu	$Cu^+(aq)+e^- \rightleftharpoons Cu(s)$	0.521
	Cu^{2+}/Cu	$Cu^{2+}(aq)+2e^- \rightleftharpoons Cu(s)$	0.3419
	Cu^{2+}/Cu^+	$Cu^{2+}(aq)+e^- \rightleftharpoons Cu^+(aq)$	0.153
Fe	Fe^{2+}/Fe	$Fe^{2+}(aq)+2e^- \rightleftharpoons Fe(s)$	−0.447
	Fe^{3+}/Fe^{2+}	$Fe^{3+}(aq)+e^- \rightleftharpoons Fe^{2+}(aq)$	0.771
	$[Fe(CN)_6]^{3+}/[Fe(CN)_6]^{4+}$	$[Fe(CN)_6]^{3+}+e^- \rightleftharpoons [Fe(CN)_6]^{4+}(aq)$	0.358
H	H^+/H_2	$2H^+(aq)+2e^- \rightleftharpoons H_2(g)$	0.000
Hg	Hg^{2+}/Hg	$Hg^{2+}(aq)+2e^- \rightleftharpoons Hg(l)$	0.851
	Hg_2^{2+}/Hg	$Hg_2^{2+}(aq)+2e^- \rightleftharpoons 2Hg(l)$	0.7973
	Hg^{2+}/Hg_2^{2+}	$2Hg^{2+}(aq)+2e^- \rightleftharpoons Hg_2^{2+}(aq)$	0.920
	Hg_2Cl_2/Hg	$Hg_2Cl_2(s)+2e^- \rightleftharpoons 2Hg(l)+2Cl^-(aq)$	0.26808
I	I_2/I^-	$I_2(s)+2e^- \rightleftharpoons 2I^-(aq)$	0.5355
	I_3^-/I^-	$I_3^-(aq)+2e^- \rightleftharpoons 3I^-(aq)$	0.536
	IO_3^-/I_2	$2IO_3^-(aq)+12H^+(aq)+10e^- \rightleftharpoons I_2(s)+6H_2O(l)$	1.195
K	K^+/K	$K^+(aq)+e^- \rightleftharpoons K(s)$	−2.931
Li	Li^+/Li	$Li^+(aq)+e^- \rightleftharpoons Li(s)$	−3.0401
Mg	Mg^{2+}/Mg	$Mg^{2+}(aq)+2e^- \rightleftharpoons Mg(s)$	−2.372
Mn	Mn^{2+}/Mn	$Mn^{2+}(aq)+2e^- \rightleftharpoons Mn(s)$	−1.185
	MnO_2/Mn^{2+}	$MnO_2(s)+4H^+(aq)+2e^- \rightleftharpoons Mn^{2+}(aq)+2H_2O(l)$	1.224
	MnO_4^-/Mn^{2+}	$MnO_4^-(aq)+8H^+(aq)+5e^- \rightleftharpoons Mn^{2+}(aq)+4H_2O(l)$	1.507
	MnO_4^-/MnO_2	$MnO_4^-(aq)+4H^+(aq)+3e^- \rightleftharpoons MnO_2(s)+2H_2O(l)$	1.679
	MnO_4^-/MnO_4^{2-}	$MnO_4^-(aq)+e^- \rightleftharpoons MnO_4^{2-}(aq)$	0.558

续表

	电对符号	电极反应	$\varphi_a^\ominus$/V
N	NO_3^-/NO	$NO_3^-(aq)+4H^+(aq)+3e^- \rightleftharpoons NO(g)+2H_2O(l)$	0.957
	NO_3^-/HNO_2	$NO_3^-(aq)+3H^+(aq)+2e^- \rightleftharpoons HNO_2(aq)+H_2O(l)$	0.934
	NO_3^-/N_2O_4	$2NO_3^-(aq)+4H^+(aq)+2e^- \rightleftharpoons N_2O_4(aq)+2H_2O(l)$	0.803
	N_2O_4/NO	$N_2O_4(aq)+4H^+(aq)+4e^- \rightleftharpoons 2NO(g)+2H_2O(l)$	1.035
Na	Na^+/Na	$Na^+(aq)+e^- \rightleftharpoons Na(s)$	−2.71
Ni	Ni^{2+}/Ni	$Ni^{2+}(aq)+2e^- \rightleftharpoons Ni(s)$	−0.257
O	O_2/H_2O_2	$O_2(g)+2H^+(aq)+2e^- \rightleftharpoons H_2O_2(aq)$	0.695
	O_2/H_2O	$O_2(g)+4H^+(aq)+4e^- \rightleftharpoons 2H_2O(l)$	1.229
	O_3/H_2O	$O_3(g)+2H^+(aq)+2e^- \rightleftharpoons O_2(g)+H_2O(l)$	2.076
	H_2O_2/H_2O	$H_2O_2(aq)+2H^+(aq)+2e^- \rightleftharpoons 2H_2O(l)$	1.776
P	H_3PO_4/H_3PO_3	$H_3PO_4(aq)+2H^+(aq)+2e^- \rightleftharpoons H_3PO_3(aq)+H_2O(l)$	−0.276
Pb	Pb^{2+}/Pb	$Pb^{2+}(aq)+2e^- \rightleftharpoons Pb(s)$	−0.1262
	$PbO_2/PbSO_4$	$PbO_2(s)+SO_4^{2-}(aq)+4H^+(aq)+2e^- \rightleftharpoons PbSO_4(s)+2H_2O(l)$	1.6913
	PbO_2/Pb^{2+}	$PbO_2(s)+4H^+(aq)+2e^- \rightleftharpoons Pb^{2+}(aq)+2H_2O(l)$	1.455
	$PbSO_4/Pb$	$PbSO_4(s)+2e^- \rightleftharpoons Pb(s)+SO_4^{2-}(aq)$	−0.3588
Pt	Pt^{2+}/Pt	$Pt^{2+}(aq)+2e^- \rightleftharpoons Pt(s)$	1.188
	$[PtCl_4]^{2-}/Pt$	$[PtCl_4]^{2-}(aq)+2e^- \rightleftharpoons Pt(s)+4Cl^-(aq)$	0.758
	$[PtBr_4]^{2-}/Pt$	$[PtBr_4]^{2-}(aq)+2e^- \rightleftharpoons Pt(s)+4Br^-(aq)$	0.698
S	S/H_2S	$S(s)+2H^+(aq)+2e^- \rightleftharpoons H_2S(g)$	0.142
	H_2SO_3/S	$H_2SO_3(aq)+4H^+(aq)+4e^- \rightleftharpoons S(s)+3H_2O(l)$	0.449
	SO_4^{2-}/SO_2	$SO_4^{2-}(aq)+4H^+(aq)+2e^- \rightleftharpoons SO_2(g)+2H_2O(l)$	0.17
	SO_4^{2-}/H_2SO_3	$SO_4^{2-}(aq)+4H^+(aq)+2e^- \rightleftharpoons H_2SO_3(aq)+H_2O(l)$	0.172
	$S_2O_8^{2-}/SO_4^{2-}$	$S_2O_8^{2-}(aq)+2e^- \rightleftharpoons 2SO_4^{2-}(aq)$	2.010
	$S_4O_6^{2-}/S_2O_3^{2-}$	$S_4O_6^{2-}(aq)+2e^- \rightleftharpoons 2S_2O_3^{2-}$	0.08
Sn	Sn^{2+}/Sn	$Sn^{2+}(aq)+2e^- \rightleftharpoons Sn(s)$	−0.1375
	Sn^{4+}/Sn^{2+}	$Sn^{4+}(aq)+2e^- \rightleftharpoons Sn^{2+}(aq)$	0.151
V	VO_2^+/VO^{2+}	$VO_2^+(aq)+2H^+(aq)+e^- \rightleftharpoons VO^{2+}(aq)+H_2O(l)$	0.991
	VO^{2+}/V^{3+}	$VO^{2+}(aq)+2H^+(aq)+e^- \rightleftharpoons V^{3+}(aq)+H_2O(l)$	0.337
Zn	Zn^{2+}/Zn	$Zn^{2+}(aq)+2e^- \rightleftharpoons Zn(s)$	−0.7618
	$[Zn(CN)_4]^{2-}/Zn$	$[Zn(CN)_4]^{2-}(aq)+2e^- \rightleftharpoons Zn(s)+4CN^-(aq)$	−1.34

2. 在碱性溶液中

	电对符号	电极反应	$\varphi_b^\ominus$/V
Ag	Ag_2S/Ag	$Ag_2S(s)+2e^- \rightleftharpoons 2Ag(s)+S^{2-}(aq)$	−0.691
	Ag_2O/Ag	$Ag_2O(s)+H_2O(l)+2e^- \rightleftharpoons 2Ag(s)+2OH^-(aq)$	0.342
Al	$H_2AlO_3^-/Al$	$H_2AlO_3^-(aq)+H_2O(l)+3e^- \rightleftharpoons Al(s)+4OH^-(aq)$	−2.33
As	AsO_2^-/As	$AsO_2^-(aq)+2H_2O(l)+3e^- \rightleftharpoons As(s)+4OH^-(aq)$	−0.68
	AsO_4^{3-}/AsO_2^-	$AsO_4^{3-}(aq)+2H_2O(l)+2e^- \rightleftharpoons AsO_2^-(aq)+4OH^-(aq)$	−0.71
Br	BrO^-/Br^-	$BrO^-(aq)+H_2O(l)+2e^- \rightleftharpoons Br^-(aq)+2OH^-(aq)$	0.761
	BrO_3^-/Br^-	$BrO_3^-(aq)+3H_2O(l)+6e^- \rightleftharpoons Br^-(aq)+6OH^-(aq)$	0.61
Ca	$Ca(OH)_2/Ca$	$Ca(OH)_2(s)+2e^- \rightleftharpoons Ca(s)+2OH^-(aq)$	−3.02
Cl	ClO^-/Cl^-	$ClO^-(aq)+H_2O(l)+2e^- \rightleftharpoons Cl^-(aq)+2OH^-(aq)$	0.81
	ClO_3^-/Cl^-	$ClO_3^-(aq)+3H_2O(l)+6e^- \rightleftharpoons Cl^-(aq)+6OH^-(aq)$	0.62
	ClO_3^-/ClO_2^-	$ClO_3^-(aq)+H_2O(l)+2e^- \rightleftharpoons ClO_2^-(aq)+2OH^-(aq)$	0.33
	ClO_4^-/ClO_3^-	$ClO_4^-(aq)+H_2O(l)+2e^- \rightleftharpoons ClO_3^-(aq)+2OH^-(aq)$	0.36
Co	$Co(OH)_2/Co$	$Co(OH)_2(s)+2e^- \rightleftharpoons Co+2OH^-(aq)$	−0.73
	$Co(OH)_3/Co(OH)_2$	$Co(OH)_3(s)+e^- \rightleftharpoons Co(OH)_2(s)+OH^-(aq)$	0.17
Cr	$Cr(OH)_3/Cr$	$Cr(OH)_3(s)+3e^- \rightleftharpoons Cr(s)+3OH^-(aq)$	−1.48
	$CrO_4^{2-}/Cr(OH)_3$	$CrO_4^{2-}(aq)+4H_2O(l)+3e^- \rightleftharpoons Cr(OH)_3(s)+5OH^-(aq)$	−0.13
Cu	Cu_2O/Cu	$Cu_2O(s)+H_2O(l)+2e^- \rightleftharpoons 2Cu(s)+2OH^-(aq)$	−0.360
Fe	$Fe(OH)_3/Fe(OH)_2$	$Fe(OH)_3(s)+e^- \rightleftharpoons Fe(OH)_2(s)+OH^-(aq)$	−0.56
H	H_2O/H_2	$2H_2O(l)+2e^- \rightleftharpoons H_2(g)+2OH^-(aq)$	−0.8277
Hg	HgO/Hg	$HgO(s)+H_2O(l)+2e^- \rightleftharpoons Hg(s)+2OH^-(aq)$	0.0977
I	IO^-/I^-	$IO^-(aq)+H_2O(l)+2e^- \rightleftharpoons I^-(aq)+2OH^-(aq)$	0.485
	IO_3^-/I^-	$IO_3^-(aq)+3H_2O(l)+6e^- \rightleftharpoons I^-(aq)+6OH^-(aq)$	0.26
Mg	$Mg(OH)_2/Mg$	$Mg(OH)_2(s)+2e^- \rightleftharpoons Mg(s)+2OH^-(aq)$	−2.690
Mn	$Mn(OH)_2/Mn$	$Mn(OH)_2(s)+2e^- \rightleftharpoons Mn(s)+2OH^-(aq)$	−1.56
	MnO_4^-/MnO_2	$MnO_4^-(aq)+2H_2O(l)+3e^- \rightleftharpoons MnO_2(s)+4OH^-(aq)$	0.595
	MnO_4^{2-}/MnO_2	$MnO_4^{2-}(aq)+2H_2O(l)+2e^- \rightleftharpoons MnO_2(s)+4OH^-(aq)$	0.60
N	NO_3^-/NO_2^-	$NO_3^-(aq)+H_2O(l)+2e^- \rightleftharpoons NO_2^-(aq)+2OH^-(aq)$	0.01
O	O_2/OH^-	$O_2(g)+2H_2O(l)+4e^- \rightleftharpoons 4OH^-(aq)$	0.401
	O_3/O_2	$O_3(g)+H_2O(l)+2e^- \rightleftharpoons O_2(g)+2OH^-(aq)$	1.24
S	S/S^{2-}	$S(s)+2e^- \rightleftharpoons S^{2-}(aq)$	−0.47627
	SO_4^{2-}/SO_3^{2-}	$SO_4^{2-}(aq)+H_2O(l)+2e^- \rightleftharpoons SO_3^{2-}(aq)+2OH^-(aq)$	−0.93
	$SO_3^{2-}/S_2O_3^{2-}$	$2SO_3^{2-}(aq)+3H_2O(l)+4e^- \rightleftharpoons S_2O_3^{2-}(aq)+6OH^-(aq)$	−0.571

续表

	电对符号	电极反应	$\varphi_b^\ominus$/V
Sb	SbO_2^-/Sb	$SbO_2^-(aq)+2H_2O(l)+3e^- \rightleftharpoons Sb(s)+4OH^-(aq)$	−0.66
Zn	$Zn(OH)_2/Zn$	$Zn(OH)_2(s)+2e^- \rightleftharpoons Zn(s)+2OH^-(aq)$	−1.249

附录9 一些配位化合物的稳定常数

配离子	$K_f^\ominus$	$\lg K_f^\ominus$	配离子	$K_f^\ominus$	$\lg K_f^\ominus$
$[Ag(NH_3)_2]^+$	1.12×10^7	7.05	$[Co(SCN)_4]^{2-}$	1.00×10^3	3
$[AgBr_2]^-$	2.14×10^7	7.33	$[Co(SCN)_4]^{2-}$	1.00×10^3	3
$[AgCl_2]^-$	1.10×10^5	5.04	$[Co(en)_3]^{2+}$	8.71×10^{13}	13.94
$[Ag(CN)_2]^-$	1.26×10^{21}	21.10	$[Co(en)_3]^{3+}$	4.90×10^{48}	48.69
$[Ag(CN)_4]^{3-}$	3.98×10^{20}	20.60	$[Co(EDTA)]^-$	1.00×10^{36}	36
$[AgI_3]^{2-}$	4.79×10^{13}	13.68	$[Co(EDTA)]^{2-}$	2.04×10^{16}	16.31
$[AgI_2]^-$	5.5×10^{11}	11.74	$[Co(C_2O_4)_3]^{4-}$	5.01×10^9	9.70
$[Ag(SCN)_2]^-$	3.72×10^7	7.57	$[Cu(NH_3)_2]^+$	7.24×10^{10}	10.86
$[Ag(SCN)_4]^{3-}$	1.20×10^{10}	10.08	$[Cu(NH_3)_4]^{2+}$	2.09×10^{13}	13.32
$[Ag(S_2O_3)_2]^{3-}$	2.88×10^{13}	13.46	$[Cu(CN)_2]^-$	1.00×10^{24}	24
$[Ag(en)_2]^+$	5.01×10^7	7.70	$[Cu(CN)_4]^{3-}$	2.00×10^{30}	30.30
$[Ag(EDTA)]^{3-}$	2.09×10^7	7.32	$[Cu(OH)_4]^{2-}$	3.16×10^{18}	18.50
$[AlF_6]^{3-}$	6.92×10^{19}	19.84	$[CuI_2]^-$	7.08×10^8	8.85
$[Al(OH)_4]^-$	1.07×10^{33}	33.03	$[Cu(SCN)_2]^-$	1.51×10^5	5.18
$[Al(EDTA)]^-$	1.29×10^{16}	16.11	$[Cu(S_2O_3)_2]^{3-}$	1.66×10^{12}	12.22
$[Al(C_2O_4)_3]^{3-}$	2.00×10^{16}	16.30	$[Cu(en)_2]^+$	6.31×10^{10}	10.80
$[AuCl_2]^+$	6.31×10^9	9.80	$[Cu(en)_3]^{2+}$	1.00×10^{21}	21
$[Au(CN)_2]^-$	2.00×10^{38}	38.3	$[Cu(EDTA)]^{2-}$	5.01×10^{18}	18.70
$[Ca(EDTA)]^{2-}$	1.00×10^{11}	11	$[Cu(C_2O_4)_3]^{4-}$	3.16×10^8	8.50
$[Cd(NH_3)_6]^{2+}$	1.38×10^5	5.14	$[Fe(CN)_6]^{4-}$	1.0×10^{35}	35
$[Cd(NH_3)_4]^{2+}$	1.32×10^7	7.12	$[Fe(CN)_6]^{3-}$	1.00×10^{42}	42
$[Cd(CN)_4]^{2-}$	6.03×10^{18}	18.78	$[Fe(OH)_4]^{2-}$	3.80×10^8	8.58
$[Cd(OH)_4]^{2-}$	4.17×10^8	8.62	$[Fe(SCN)]^{2+}$	8.91×10^2	2.95
$[Cd(en)_3]^{2+}$	1.23×10^{12}	12.09	$[Fe(SCN)_2]^+$	2.29×10^3	3.36
$[Cd(EDTA)]^{2-}$	2.51×10^{16}	16.40	$[Fe(en)_3]^{2+}$	5.01×10^9	9.70
$[Co(NH_3)_6]^{2+}$	1.29×10^5	5.11	$[Fe(EDTA)]^{2-}$	2.14×10^{14}	14.33
$[Co(NH_3)_6]^{3+}$	1.58×10^{35}	35.20	$[Fe(EDTA)]^-$	1.70×10^{24}	24.23

续表

配离子	$K_f^{\ominus}$	$\lg K_f^{\ominus}$	配离子	$K_f^{\ominus}$	$\lg K_f^{\ominus}$
$[Fe(C_2O_4)_3]^{4-}$	1.66×10^{5}	5.22	$[Ni(NH_3)_6]^{2+}$	5.5×10^{8}	8.74
$[Fe(C_2O_4)_3]^{3-}$	1.58×10^{20}	20.20	$[Ni(NH_3)_4]^{2+}$	9.12×10^{7}	7.96
$[Hg(NH_3)_4]^{2+}$	1.91×10^{19}	19.28	$[Ni(en)_3]^{2+}$	2.14×10^{18}	18.33
$[HgCl_4]^{2-}$	1.17×10^{15}	15.07	$[Ni(EDTA)]^{2-}$	3.63×10^{18}	18.56
$[HgI_4]^{2-}$	6.76×10^{29}	29.83	$[PbI_4]^{2-}$	2.95×10^{4}	4.47
$[Hg(SCN)_4]^{2-}$	1.70×10^{21}	21.23	$[Pb(S_2O_3)_2]^{2-}$	1.35×10^{5}	5.13
$[Hg(S_2O_3)_4]^{6-}$	1.74×10^{33}	33.24	$[Pt(NH_3)_6]^{2+}$	2.00×10^{35}	35.30
$[Hg(en)_2]^{2+}$	2.00×10^{23}	23.30	$[PtCl_4]^{2-}$	1.00×10^{16}	16
$[Hg(EDTA)]^{2-}$	6.31×10^{21}	21.80	$[Zn(NH_3)_4]^{2+}$	2.88×10^{9}	9.46
$[Mg(EDTA)]^{2-}$	4.37×10^{8}	8.64	$[Zn(CN)_4]^{2-}$	5.01×10^{16}	16.70
$[Mn(en)_3]^{2+}$	4.68×10^{5}	5.67	$[Zn(en)_3]^{2+}$	1.29×10^{14}	14.11
$[Mn(EDTA)]^{2-}$	6.31×10^{13}	13.80	$[Zn(EDTA)]^{2-}$	2.51×10^{16}	16.40
$[Ni(CN)_4]^{2-}$	1.99×10^{31}	31.30			

附录 10　常用缓冲溶液的配制

缓冲溶液组成	$pK_a^{\ominus}$	缓冲液 pH	缓冲溶液配制方法
氨基乙酸-HCl	2.35 ($pK_{a1}^{\ominus}$)	2.3	150 g 氨基乙酸溶于 500 cm^3 水中，加 80 cm^3 浓盐酸，用水稀释至 1 dm^3
H_3PO_4-柠檬酸盐	—	2.5	113 g $Na_2HPO_4\cdot12H_2O$ 溶于 200 cm^3 水后，加柠檬酸 387 g，溶解，过滤后，稀释至 1 dm^3
一氯乙酸-NaOH	2.86	2.8	200 g 一氯乙酸溶于 200 cm^3 水中，加 40 g NaOH，溶解后，稀释至 1 dm^3
邻苯二甲酸氢钾-HCl	2.95 ($pK_{a1}^{\ominus}$)	2.9	500 g 邻苯二甲酸氢钾溶于 500 cm^3 水中，加 80 cm^3 浓盐酸，稀释至 1 dm^3
甲酸-NaOH	3.75	3.7	95 g 甲酸和 40 g NaOH 于 500 cm^3 水中，溶解，稀释至1 dm^3
NH_4Ac-HAc	—	4.5	77 g NH_4Ac 溶于 200 cm^3 水中，加 59 cm^3 冰醋酸，稀释到 1 dm^3
NaAc-HAc	4.76	4.7	83 g 无水 NaAc 溶于水中，加 60 cm^3 冰醋酸，稀释至 1 dm^3
NaAc-HAc	4.76	5.0	160 g 无水 NaAc 溶于水中，加 60 cm^3 冰醋酸，稀释至 1 dm^3
NH_4Ac-HAc	—	5.0	250 g NH_4Ac 溶于 200 cm^3 水中，加 25 cm^3 冰醋酸，稀释至 1 dm^3
六次甲基四胺-HCl	5.15	5.4	40 g 六次甲基四胺溶于 200 cm^3 水中，加 10 cm^3 浓盐酸，稀释至 1 dm^3

续表

缓冲溶液组成	$pK_a^\ominus$	缓冲液 pH	缓冲溶液配制方法
$NH_4Ac-HAc$	—	6.0	600 g NH_4Ac 溶于 200 cm^3 水中，加 20 cm^3 冰醋酸，稀释到 1 dm^3
$NaAc-Na_2HPO_4$	—	8.0	50 g 无水 NaAc 和 50g $Na_2HPO_4 \cdot 12H_2O$ 溶于水中，稀释至 1dm^3
NH_3-NH_4Cl	9.26	9.2	54 g NH_4Cl 溶于水中，加 63 cm^3 浓氨水，稀释到 1 dm^3
NH_3-NH_4Cl	9.26	9.5	54 g NH_4Cl 溶于水中，加 126 cm^3 浓氨水，稀释到 1 dm^3
NH_3-NH_4Cl	9.26	10.0	54 g NH_4Cl 溶于水中，加 350 cm^3 浓氨水，稀释到 1 dm^3

参考文献

[1] 钟福新,余彩莉,刘铮. 大学化学[M]. 2版. 北京:清华大学出版社,2017.

[2] 张祖德. 无机化学[M]. 2版. 合肥:中国科学技术大学出版社,2014.

[3] 宋天佑,程鹏,徐家宁,等. 无机化学(上册)[M]. 4版. 北京:高等教育出版社,2019.

[4] 郎建平,唐晓艳,陶建清. 无机化学[M]. 南京:南京大学出版社,2020.

[5] 杜志坚,吴瑛. 无机及分析化学[M]. 上海:华东理工大学出版社,2011.

[6] 陈德余,张胜建. 无机及分析化学[M]. 北京:科学出版社,2020.

[7] 王建辉,崔建中,王兴尧,等. 无机化学[M]. 5版. 北京:高等教育出版社,2018.

[8] 钟国清. 普通化学[M]. 北京:高等教育出版社,2017.

[9] 张会菊,段培高,范云场. 大学化学及实验[M]. 北京:科学出版社,2017.

[10] 徐建中,马海云. 化学简史[M]. 北京:科学出版社,2019.

[11] 冯辉霞,王毅. 无机化学[M]. 北京:中国石化出版社,2012.

[12] 傅献彩. 大学化学(上册)[M]. 北京:高等教育出版社,1999.

[13] 傅献彩. 大学化学(下册)[M]. 北京:高等教育出版社,1999.

[14] 展树中,刘静,杨少容. 大学化学[M]. 2版. 北京:高等教育出版社,2019.

[15] 张光伟. 无机化学[M]. 2版. 北京:科学出版社,2017.

[16] 陈林根. 工程化学基础[M]. 3版. 北京:科学出版社,2018.

[17] 耿汪昌. 工程化学基础[M]. 西安:西北工业大学出版社,2017.

[18] 刘巍. 新编大学化学实验1:基础知识与仪器[M]. 2版. 北京:化学工业出版社,2016.

[19] 朱霞石. 新编大学化学实验2:基本操作[M]. 2版. 北京:化学工业出版社,2016.

[20] 丁元华. 新编大学化学实验3:仪器与参数测量[M]. 2版. 北京:化学工业出版社,2016.

[21] 颜国朝. 新编大学化学实验4:综合与探究[M]. 2版. 北京:化学工业出版社,2016.

[22] 展海军,李建伟. 无机及分析化学实验[M]. 北京:科学出版社,2012.

[23] 徐志珍,张敏,田振芬. 工科无机化学[M]. 4版. 上海:华东理工大学出版社,2018.

[24] 武汉大学化学与分子科学学院实验中心. 无机化学实验[M]. 2版. 武汉:武汉大学出版社,2012.

[25] 倪哲明,刘秋平,夏盛杰. 新编基础化学实验1:无机及分析化学实验[M]. 2版. 北京:化学工业出版社,2015.

[26] 金安定,刘淑薇,吴勇. 高等无机化学简明教程[M]. 南京:南京师范大学出版社,2007.
[27] 高桂枝,陈敏东. 新编大学化学实验(上)[M]. 北京:科学出版社,2016.
[28] 李明星,张琳萍,康诗钊,等. 工程化学实验[M]. 北京:科学出版社,2012.
[29] 陈玉华. 新型清洁能源技术[M]. 北京:知识产权出版社,2019.
[30] 沈永嘉,王成云,徐晓勇. 精细化学品化学[M]. 北京:高等教育出版社,2016.
[31] 杨文,邱丽华. 化学与生活[M]. 北京:化学工业出版社,2020.
[32] 计亮年,毛宗万,黄锦汪,等. 生物无机化学导论[M]. 3 版. 北京:科学出版社,2010.